U0205973

中国清洁发展机制基金赠款项目（2011017）
"人口、资源与环境经济学"河北省重点学科　联合资助

河北省应对气候变化研究报告

RESEARCH REPORT ON FIGHTING
CLIMATE CHANGE IN HEBEI PROVINCE

袁太平　李智勇　牛建高
姚秋枫　牛晓耕　于振英　等／著

社会科学文献出版社
SOCIAL SCIENCES ACADEMIC PRESS (CHINA)

序

近年来，气候变化和温室气体减排问题持续升温，已成为国际社会普遍关心的全球性重大问题。各国携手应对气候变化，共同推进绿色、低碳发展已成为当今世界的潮流。《联合国气候变化框架公约》指出，随着经济和社会的不断发展，发展中国家排放的温室气体在全球中所占的份额将会逐步增加。中国是全球最大的发展中国家，人口众多，能源资源匮乏，气候条件复杂，生态环境脆弱，尚未完成工业化和城镇化的历史任务，发展很不平衡。同时，中国是最易受气候变化不利影响的国家之一，全球气候变化已对中国现有经济发展方式、能源消费结构、工业结构和能源利用水平、森林资源保护和发展、农业持续稳定发展、水资源开发和保护、沿海地区灾害预警和应急响应等诸多方面提出重大挑战。作为负责任的发展中大国，中国清醒认识到气候变化带来的严峻挑战，从基本国情和发展阶段的实际出发，把积极应对气候变化作为关系经济社会发展全局的重大议题。2009 年 11 月 25 日，国务院常务会议提出，2020年单位 GDP 的二氧化碳排放量要比 2005 年下降 40% ~ 45%，并将此作为约束性指标纳入国民经济和社会发展中长期规划。为确保如期实现这一战略目标，就需要客观把握我国气候变化和温室气体排放现状，系统总结应对气候变化所取得的成效与经验，研究并测算气候变化对生产和生活领域产生的影响，剖析查找应对气候变化存在的主要矛盾和深层次原因，明确未来应对气候变化的总体目标、基本思路和实现路径，研究并制定应对气候变化的应对策略，以不断提高我国应对气候变化的能力，增强可持续发展后劲，为应对全球气候变化做出应有贡献。

河北省作为一个经济大省，正处于经济快速发展阶段，人口多、气候条件差、生态环境脆弱、经济结构不尽合理的省情，使河北省经济社会可持续发展易受气候变化影响。以河北省为对象开展应对气候变化相关问题研究，对于全国范围而言具有较强的代表性和指导性。因此，本研究以河北省为例，共设置八章内容对应对气候变化重大问题进行了系统和深入研究。

第一章 河北省应对气候变化的现实基础。自然、经济和社会条件构成了一个国家或地区温室气体排放和应对气候变化的现实基础。为此，本章首先全面、客观地分析了河北省所具备的自然条件以及经济社会发展现状，在此基础上，系统总结了河北省在"十一五"应对气候变化的措施及成效，剖析查找出河北省应对气候变化存在的问题及未来面临的主要挑战。通过文献梳理发现，近50年来，河北省气候发生了显著变化，平均气温大体呈升高趋势，同时伴随降雨量减少、气象灾害增多等现象的发生，且有进一步加剧的趋势，对河北农业、森林及生态系统、水资源、海岸带等领域带来较大影响。"十一五"以来，河北省虽然在应对气候变化方面取得了一定成效，但仍面临着经济社会发展任务重、重化特征难以根本扭转、低碳发展面临巨大压力、地方财政保障能力弱等诸多挑战，应对气候变化任务艰巨。

第二章 河北省应对气候变化目标确定及指标分解研究。依据《联合国气候变化框架公约》，每个国家要按照"共同但有区别责任"原则，承担气候变化的义务和责任。同样，在设定国家和河北省减排目标及其分解时，必须贯彻"共同但有区别责任"原则。因此，本章首先遵循指标体系设计原则，从经济发展阶段、技术因素、资源禀赋三个层面构建了符合河北省实际的应对气候变化指标体系，并对主要指标变化趋势进行了详尽分析。基于前述分析结果，通过考虑河北省与全国经济发展阶段的差异性以及河北省温室气体排放情况，合理设定河北省经济增长速度，对河北省未来时期碳排放量进行了预测，并确定了河北省"十二五""十三五"单位GDP二氧化碳排放目标以及河北省应对气候变化分产业目标。最后，在研究确立单位GDP二氧化碳排放的地区分解模型和行业分解模型的基础上，运用地区分解模型将河北省应对气候变化目标合理分解和落实到各个设区市，从而为更好地推进河北省应对气候变化进程提供指导。

第三章 河北省应对气候变化的能源结构调整对策研究。能源消耗剧增、能源结构优质化程度低是河北省温室气体排放量大幅上升的主因。为此，本章在深入分析河北省能源生产和消费现状以及温室气体排放变动趋势的基础上，通过构建计量经济模型，实证计量了能源消费结构变动对经济增长的影响，刻画了能源消费结构演进的动态趋势，预测了河北省能源供求量及其变动情况，定量测算了能源结构变动的减排潜力，研究并提出了促进能源结构演进、挖掘能源结构性减排潜力的对策。研究发现，温室气体排放与化石能源消费密切相关，能源消费的快速增长会引致二氧化碳排放量的急剧上升。经济增长和人口膨胀对二氧化碳排放量增长产生正向驱动作用，能源结构优化和能源利用效率提高对二氧化碳排放量增长会产生负向驱动效应。因此，加快能源结构的正态演进，逐步摆脱对石油、煤炭等传统化石燃料的高度依赖，是河北省实现节能减排目标，保障政治、经济、能源安全并实现经济稳速增长和经济社会全面转型的重要突破口。

第四章 河北省工业应对气候变化的潜力与对策研究。工业是河北省控制温室气体排放和应对气候变化最为重要的领域，因此，如何探寻工业应对气候变化路径成为本课题的重点研究内容之一。为摸清河北省工业碳排放的"家底"，厘清河北省工业碳排放量在全国的位次，本章首先具体计算了工业能源终端消费的碳排放量，分析了河北省工业能源终端消费碳排放量和单位工业总产值碳排放量排名位居全国"前列"的原因，对河北省规模以上工业各行业和各市规模以上工业企业的碳排放差异进行了研究。在此基础上，指出了工业应对气候变化取得的成效、存在的问题以及面临的挑战，并以工业能源终端消费碳排放量为依据，从工业经济发展目标、工业能效目标和环境目标三个方面对河北省2015年和2020年工业碳排放情景进行预期分析，研究了基于"斯特恩报告"的综合情景和高耗能行业碳排放潜力。鉴于河北省工业温室气体排放的严峻形势，设计了"制度建设与能力建设→节能减排管理基础工作→适应气候变化措施→事后评估与激励"的工业应对气候变化路径，并从调整产业结构、优化能源结构、推广碳减排技术等方面提出了相应对策。

第五章 河北省农业应对气候变化的潜力与对策研究。气候变化对农业生产影响巨大，河北是农业大省，面对气候变化，必须加强应对气候变化研究方面的工作。因此，本章在简要概述河北省气候变化特点及其对农业生产的影响，全面分析河北省农业温室气体排放现状及变化趋势的基础上，深入分析了河北省农业应对气候变化的现状及潜力，研究制定了河北省农业应对气候变化的总体思路与主要对策。研究发现，"十一五"期间河北省农业温室气体排放总量呈上升趋势，主要是农业能源、农膜等投入排放 CO_2 当量增加所致；温室气体排放效率有较大幅度降低，主要缘于稻田种植面积缩减和役畜在农业机械化过程中逐渐被机器所代替。未来时期，河北省农业应对气候变化仍存在较大的潜力：一是河北省的化肥施用量超标严重，降低化肥施用量，增加地面秸秆还田比率，能够显著减少温室气体排放。其中，将化肥施用量降至 225kg/（hm^2·年），每年可减少 N_2O 排放约 40%。如果地面秸秆还田比率能够达到 90%，则其温室气体（CO_2）排放量将下降为当前的 2/3。二是通过植树造林扩大森林面积，调整林分结构，强化森林经营管理，保护湿地和控制林地水土流失，增加木材使用、延长使用寿命，可以增加碳汇，减少森林碳排放。三是除禽肉外，河北省粮食、肉类和禽蛋等必需品存放地的温室气体的排放量均低于全国平均水平，因此河北省畜禽业应对气候变化的潜力不大。

第六章　河北省应对气候变化产业结构调整对策研究。不同的产业结构会通过推动能源消费结构及规模的变化来影响一个国家或地区的碳排放总量。为此，本章基于河北省产业结构演进特征分析，通过构建因素分解模型和模糊预测模型，定量刻画了产业结构演进对二氧化碳排放的影响，估量了交通运输行业的节能减排潜力，并探讨制定了实现区域产业结构优化的对策。研究发现，二氧化碳排放强度的变化可分解为产业结构效应、能源消费结构效应、技术进步效应和生活耗能效应。其中，技术变动因素是二氧化碳排放强度或能源消耗强度变动的最主要驱动因素，其次则是产业结构变动因素。产业结构的正态演进会降低能源消耗强度和二氧化碳排放强度，同时产业结构的升级决定了能源消费结构的优化，有助于进一步实现节能、降耗、减排的目标。因此，对于产业结构优质化程度低的河北省而言，加快推进产业结构的优化升级，实现产业结构的正态演进是提高能源利用效率、降低二氧化碳排放强度以应对气候变化、建设美丽河北的重要突破口。

第七章　河北省低碳经济发展与应对气候变化。对于河北省而言，推动低碳经济发展有助于从根本上减少温室气体排放，缓解经济增长与资源短缺、环境污染之间的矛盾。为此，本章主要从三个方面开展了研究：一是全面总结了国内外低碳经济发展经验，总结了国内外低碳发展模式对河北省应对气候变化的借鉴作用。二是结合河北省各地发展低碳经济的做法，从宏观（低碳经济发展方向）、中观（低碳经济发展方式）、微观（低碳经济发展方法）三个层面研究了河北省低碳经济发展模式，设计提出河北省低碳经济发展路径为"制定低碳经济发展路线图→构建适应低碳要求的现代产业体系→构建工业、农业、建筑、交通'四位一体'的低碳经济发展网络→推进能源技术和减排技术创新→形成低碳发展的长效机制→营造低碳发展的社会氛围"。其中，宏观层面包括低碳经济发展模式目标、宏观政策以及公众参与；中观层面即低碳经济发展路径，包括构建新兴低碳产业集群、传统低碳产业的低碳保持、传统高碳产业的低碳化创新三个层次；微观层面即低碳经济发展方法，主要包括低碳技术的开发及应用。三是从明确实现低碳发展的障碍因素、确定重点领域，完善监测考核体系，积极开展低碳经济试点，建立激励机制等方面出发研究并提出了河北省应对气候变化的对策建议。

第八章 河北省应对气候变化的低碳生活模式研究。河北省是我国的人口大省，随着人民群众物质文化生活水平的大幅提高，生活用能快速攀升，因此，生活消费及交通运输领域是控制温室气体排放和应对气候变化的重要领域，减碳压力较大。为此，本章从与居民生活息息相关的交通、建筑、消费等领域入手，在全面分析河北省在上述领域的碳排放现状及发展趋势基础上，从不同角度预测了河北省 2015 年和 2020 年生活消费领域（含建筑领域）及交通运输领域碳排放量。研究发现，在改善能源消费结构的前提下，预计到 2015 年和 2020 年河北全省居民生活领域终端能源消费碳排放量分别为 3305 万吨和 3495 万吨，较 2010 年变化不大；2015 年和 2020 年河北省交通运输领域碳排放量将分别达到 4260 万吨和 6840 万吨，增速较快。为缓解居民生活碳排放压力，本章研究提出了推动低碳建筑、倡行低碳生活、打造低碳交通的具体对策措施。

本研究的贡献主要体现在以下几个方面：一是研究确定了河北省应对气候变化的总体目标及其产业分解目标，确立了应对气候变化目标分解模型。二是采用 LMDI 方法对二氧化碳排放的驱动因素进行了分解，采用 VAR 模型对能源消费与经济增长的关系进行了实证检验；运用能源消费结构——二氧化碳排放强度关联模型，分析了河北省能源消费结构演进与二氧化碳排放强度变动趋势的相关性，并通过情景设定预测了能耗结构调整带来的节能减排潜力。三是使用情景分析方法解析了"斯特恩报告"，确定了河北省工业应对气候变化的潜力，分析了 2015 年和 2020 年河北省高耗能行业节能空间、减排空间、碳排放强度降低空间。四是依据《省级温室气体清单编制指南（试行）》首次详细估算了河北省 2005 年和 2010 年农业温室气体排放量，实证分析了"十一五"规划期间河北省农业排放温室气体的变化趋势、原因以及农业应对气候变化的潜力。五是采用因素分解模型，定量刻画了产业结构演进对二氧化碳排放的影响，采用灰色预测 GM（1，1）模型，借助 Matlab 软件对河北省交通运输业的增长和能源消耗量进行了预测。另外，使用情景分析法，对河北省交通运输业的节能减排潜力进行了估算。六是研究绘制了河北省低碳发展技术路线图，提出了从核算、管理和审计方面设计河北省碳信息披露框架。七是从居民生活、交通运输能源消费结构出发，通过研究单位能耗碳排放系数的变化，预测了河北省 2015 年和 2020 年生活领域终端能源消费碳排放量。

在本研究成果的基础上，本书作者主持完成了《河北省应对气候变化规划（2011～2020）》的编制工作。该规划在客观分析河北省应对气候变化基础和面临形势的基础上，明确提出了河北省"十二五"时期应对气候变化的指导思想、总体目标和基本原则，确定了河北省应对气候变化的主要任务与保障措施。目前，该规划已经通过专家论证，并将以政府文件形式下发。因此，本研究成果为政府有关部门决策提供了科学依据和重要参考，对于推进河北省"十二五"乃至"十三五"应对气候变化进程将产生重要现实价值。

袁太平

2013 年 11 月

目 录

第一章 河北省应对气候变化的
现实基础

自然、经济和社会条件构成了任何一个国家或地区温室气体排放和应对气候变化的现实基础。为此，本章将在全面、客观地分析河北省所具备的自然条件以及经济社会发展现状的基础上，通过系统地总结河北省"十一五"应对气候变化的成效及措施，剖析查找其中存在的问题及未来面临的主要挑战，进而为研究确定河北省在"十二五"期间应对气候变化的策略奠定基础。

第一节 河北省自然条件概况[①]

一 地理位置

河北省位于华北地区东南部，地处北纬36°05′~42°40′，东经113°27′~119°50′，东临渤海，北邻内蒙古、辽宁，西倚太行山与山西省为邻，南与山东、河南两省接壤，内环北京市、天津市，地理位置独特，地位突出。全省总面积为187693平方公里，大陆海岸线长487公里，海岸带总面积为11380平方公里，其中浅海面积为6456平方公里，海岛面积为8.43平方公里。

二 地形地貌

如图1-1和图1-2所示，河北省是全国唯一兼有山地、平原、高原、盆地、丘陵、湖泊、浅海等地貌的省份，地势西北高、东南低，地貌复杂多样，

[①] 本部分有关内容主要参考了河北省发展和改革委员会、河北省科学院《河北省主体功能区域划分技术报告》，2009年12月。

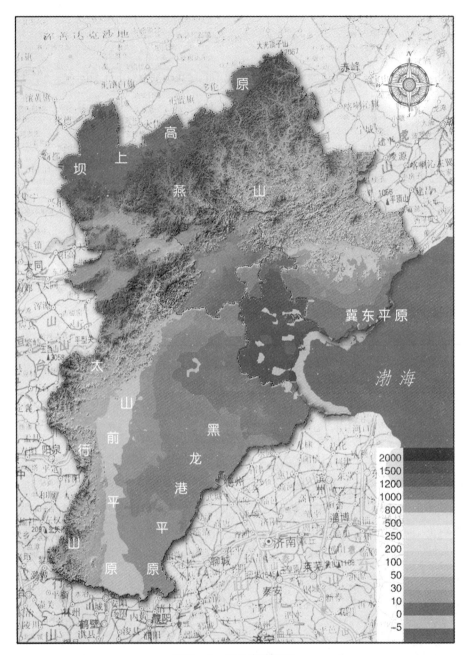

图 1-1 河北省地形图

大地貌单元排列整齐，高原、山地丘陵、盆地、平原自西向北向东南排列，呈现典型的半环状阶梯形地貌特征。山地面积为 70194 平方公里、平原面积为

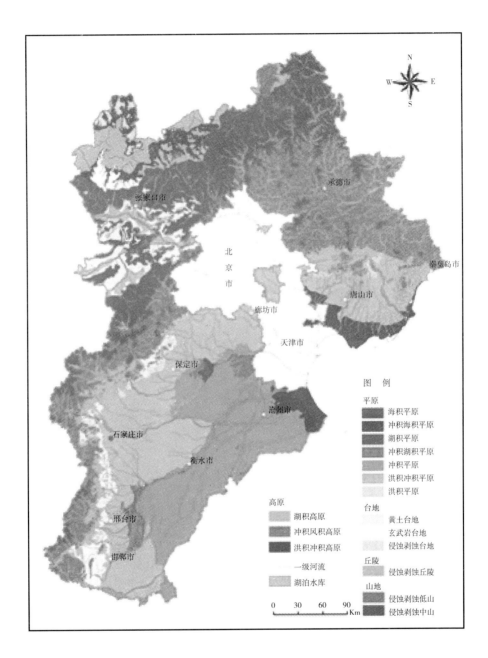

图 1 - 2　河北省地貌图

57223 平方公里、高原面积为 24343 平方公里、盆地面积为 22709 平方公里、丘陵面积为 9068 平方公里、湖泊面积为 4156 平方公里，分别占全省国土总面积的 37.40%、30.49%、12.97%、12.10%、4.83%和 2.21%。

河北省内高原俗称"坝上高原",分布于河北省北部,系内蒙古高原的南缘。地势南高北低,大部分地区海拔为 1350～1600 米,平均海拔为 1400 米左右,地形起伏不大,由于长期风化剥蚀和流水切割,山体浑圆并有较大的谷地形成。高原内部地貌特征区域差异明显,北部和南部皆以丘陵为主,东部地势较高,海拔为 1600～1800 米,相对高度为 200～300 米,以垄状高原为主,山坡较陡,在低山缓丘间有黄土分布,并有一些变质岩、花岗岩组成的残丘,还有一些固定、半固定的沙丘。

山地丘陵主要分布于该省的北部和西部,基本是由太行山和燕山两大山脉组成,丘陵区主要分布于太行山东侧和燕山南侧。太行山区位于西部,是河北与山西两省的天然分界线,由一系列"北北东—南南西"的平缓复式褶皱组成,与河北平原断裂接触,界线明显,山体由古老的花岗岩、片麻岩、砂岩组成。地势西北高、东南低,山间盆地和谷地穿插其中,拒马河、唐河、滹沱河、滏阳河、漳河等河流发源或流经此区域,河流横切山体从而形成峡谷。燕山山脉属燕山沉陷带,横亘于北部,地势北高南低,呈东西走向,岩性复杂多样,山体由花岗岩、片麻岩、石英岩、灰岩组成。冀北山地大部分属内蒙古台背斜,仅南部边缘属燕山沉陷带,片麻岩、花岗岩大面积裸露,第三纪本区北部沿断裂线有大量玄武岩流露溢出。

盆地大多成因于构造断裂,周围多被低山丘陵围绕,内多河流贯穿,形成冲积平原或河谷阶地,边缘多发育有洪积冲积扇。省内较大的盆地分布在洋河、桑干河流域,在太行山、燕山和冀北山地,盆地和谷地穿插其间,较大的有阳原、蔚县、怀安、宣化、涉县、武安、井陉、涞源、遵化、迁西、抚宁等盆地和平山、承德、平泉等谷地。盆地和谷地底部,由于地壳活动和河流贯穿而形成河床、河漫滩和阶地。

平原主要分布于太行山以东、燕山以南,为华北平原的一部分,冲积物覆盖层较厚,一般为 300～700 米,地势不高,海拔多在百米以下,绝大部分低于 50 米。根据微地貌特征,平原可以分为山麓平原(山前平原)、冲积平原和滨海平原等,是重要的农业地区。山麓平原分布于太行山和燕山东麓,由各河系冲积的山前地带洪积扇相连而成,坡度较冲积平原陡,土壤质地多为轻壤，土壤肥沃，水源相对丰富。冲积平原面积较广，系黄河、漳河、滹沱河、永定河等河流冲积物堆积而成。海拔为 5～50 米，地势平缓，多数河流河床淤高形成地上河。滨海平原基本由河流三角洲、滨海沙堤和滨海洼地组成。海拔低于 5 米，地势低平，滨海平原土壤质地一般较黏重，滨海沙堤一般平行于海岸，土壤质地为沙质。

三 水文

如图 1-3 所示，河北省河流水系众多，按照河川径流循环形式，可分为直接入海的外流河和不与沟通的内陆河两大系统。海河、滦河、辽河属外流河，固安里河、黑水河等属内陆河。

滦河（包括河北沿海诸小河）地处河北省东北部，境内流域面积达 45870 平方公里，占全省总面积的 24.4%。较大的支流有小滦河、兴州河、伊逊河、武烈河、老牛河、瀑河、青龙河等。

海河流域由潮白蓟运河、北运河、永定河、大清河、子牙河、南运河六大水系组成，省内流域面积为 125754 平方公里，占全省总面积的 67%。六大水系由北至南呈扇形分布，各水系汇集于天津附近后流入渤海。

辽河支流的阴河、西路嘎河、老哈河及辽东沿河的大凌河发源于河北省，东北部分别流入内蒙古及辽宁，省内面积为 4413 平方公里，占全省总面积的 2.4%，为河北省最小的外流河水系。

内陆河位于河北省坝上高原，流域面积为 11656 平方公里，占全省总面积的 6.2%。

四 气候

河北省属温带大陆性季风气候，四季分明，类型多样。全年平均气温介于 -0.5℃至 14.2℃之间，年极端最高气温多出现在 6、7 月份。热源充沛，年日照时数为 2355～3062 小时，坝上及北部山区和渤海沿岸，是河北省稳定的多日照区。年无霜期为 120～240 天，年均降水量为 300～800 毫米，主要集中在 7、8 月份。坝上高原区气温低，降水稀少，属于干旱半干旱气候；冀北山区雨量较多，属湿润半湿润气候；太行山区和冀东低山丘陵区夏季暴雨多，属

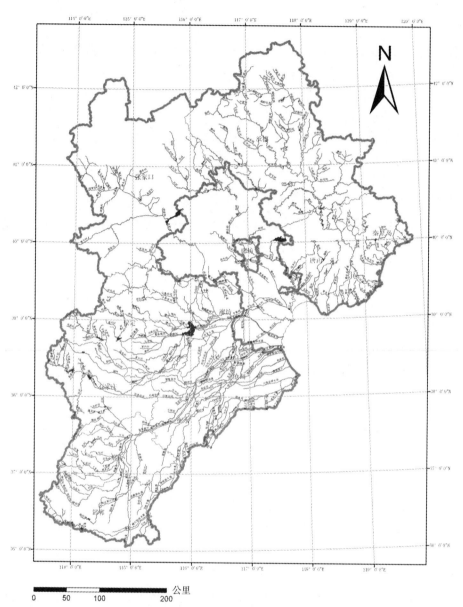

图 1－3　河北省水系图

资料来源：河北省环境科学研究院。

半湿润气候；平原地区热量丰富，冬春季少雨，夏季降水集中，属半干旱半湿
润气候；滨海地区日照充足，风能资源丰富，降水量较大，兼有大陆型季风气
候和海洋性气候特点。

五 生态系统

河北省地处温带与暖温带地区，植被具有温带植物区系特点，同时由于处于内蒙古高原与华北平原的过渡地带，植被区系的分布具有明显的交替特征，表现出明显的地带性和垂直性分布的规律。坝上高原植被以旱生及多年生草本植物为主要成分，发育为克氏针茅、羊草等组成的高原草原植被；太行山及燕山山地丘陵，主要发育由山杨、辽东栎、蒙古栎、白桦等组成的阔叶落叶林，由华北落叶松、油松等组成的针叶林，由虎榛子、胡枝子、荆条、酸枣等组成的灌丛等；平原地区原生植被是疏林草原。全省植被共分为针叶林、阔叶林、灌丛、草原、草丛、草甸、沼泽植被与水生植被、栽培植被8个植被型。

通过实施一系列生态建设工程，该省基本形成了坝上防风固沙林、燕山太行山水源涵养和水土保持林、沿海防护林体系，平原河渠林、道路林、农田防护林骨干防护林网，湿地自然保护区、森林自然保护区、草原自然保护区、海洋自然保护区、自然历史遗迹自然保护体系。截至2010年年底，全省自然保护区增加到27个，其中属于国家级的有8个，自然保护区面积已达53万公顷，占全省土地总面积的2.8%，全省森林面积为481.58万公顷，林木蓄积量为1.1722亿立方米，森林覆盖率为26%。

六 土地开发利用

图1-4为河北省土地利用现状图，截至2008年年底，全省土地调查总面积为28265万亩，其中农用地为19624万亩，占总面积的69.4%；建设用地为2691万亩，占总面积的9.52%；未利用地为5950万亩，占总面积的21.05%。

在农用地中，耕地为9476万亩、园地为1057万亩、林地为6633万亩、牧草地为1198万亩、其他农用地为1260万亩，分别占农用地的48.29%、5.39%、33.80%、6.10%、6.42%；建设用地中，居民点及独立工矿用地为2317万亩、交通运输用地为181万亩、水利设施用地为1934万亩，分别占建设用地的86.10%、6.71%、7.19%；未利用地中，未利用土地有5145万亩、其他土地有805万亩，分别占未利用地的86.47%、13.53%。

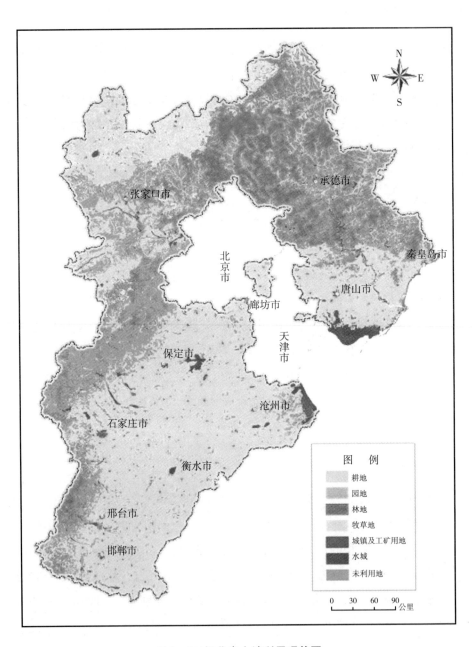

图 1-4 河北省土地利用现状图

七 资源条件及开发利用

（一）水资源

河北省多年平均水资源总量为204.7亿立方米，全省多年平均降水量约为520毫米，降水总量为130亿立方米，人均水资源量不足300立方米，亩均水资源量为211立方米，均不及全国平均值的1/7，人均、亩均水资源量在全国31个省区中，分别排在第27、29位。地域分布不均，北多南少、山区多平原少。海河领域多数三级河流干涸断流，部分陆域自然湿地消失。地下水超采严重，年均超采量达40亿立方米左右，沧州、衡水等平原地区已形成大面积地下水漏斗区。2010年年底，平原区浅层地下水平均埋深为16.38米，深层地下水平均埋深：沧州为58.41米、衡水为60.59米、邢台中东部平原为56.89米。年末全省大中型水库蓄水量为27.77亿立方米，白洋淀蓄水量为0.60亿立方米。农业用水比重大，现农业用水占全部用水量的75%以上，刚性强。河北省近一半的区域被纳入京津供水体系，水资源安全保障压力较大。

（二）矿产资源

河北省矿产种类多，资源量较丰富；产地分别广泛，储量较集中。全省目前已发现各类矿种156种，探明资源储量的有125种，排在全国前5位的矿产有39种。现已探明储量的矿产地有1157处，其中大中型矿产地有510处，占总量的44.08%。全省已开发利用矿产地819处，年开采矿石总量近4.66亿吨，开采利用矿种110种，是国家重要的石油、天然气、煤炭、铁、水泥灰岩、玻璃石英岩、有色金属等矿产品生产基地。

河北省是全国主要能源供应基地之一，也是全国近代能源供应发展较早的地区，是国家确定的13个煤炭基地之一，包括开滦、峰峰、邢台、井陉、蔚县、邯郸、宣化下花园、张家口北部8个大矿区和隆尧、大城平原含煤区，涵盖了除承德兴隆矿区以外的所有矿区。煤炭探明储量181亿吨，保有储量为152亿吨。境内有华北、冀东和大港三大油田，累计探明储量27亿吨。天然气储量有1800亿立方米。

（三）可再生能源资源

河北省风能、太阳能和地热能等可再生能源资源开发潜力大，是全国重要的风电和太阳能产业基地。全省风能资源总储量为7400万千瓦，陆上技术可开发量超过1700万千瓦，近海技术可开发量超过400万千瓦。主要分布在张家口、承德坝上地区，秦皇岛、唐山、沧州沿海地区以及太行山、燕山山区。太阳能资源丰富，北部张家口、承德地区年日照小时数平均为3000~3200小时，中东部地区为2200~3000小时，分别为太阳能资源二类和三类地区，具有较大的开发利用价值。全省地热资源可采量相当于94亿吨标准煤，截至2009年年底，累计开发地热能井点139处，水能资源可开发量为156万千瓦。可利用的生物质能也较丰富，全省各种农作物干秸秆年产量为3600多万吨，除去薪柴、还田、养殖、造纸等已利用秸秆外，剩余废弃秸秆量超过1200万吨。全省林地面积为7100多万亩，可作为能源林资源的有2100万亩，林木枝条年可利用量达200万吨左右。

（四）旅游资源

河北省旅游资源种类多、数量大，是全国旅游资源大省。截至2010年年底，共有长城、承德避暑山庄及周围寺庙和中国明清皇家陵寝3处世界文化遗产，有A级景区242处，其中5A级景区有4处，4A级景区有88处；全国工农业旅游示范点有40处，中国优秀旅游城市10座，旅游强县10个；共有星级饭店513家，其中五星级饭店有14家，四星级饭店有107家，旅行社共有1116家。

第二节　河北省经济社会发展现状及趋势

一　经济社会概况·

河北省共有11个设区市、22个县级市、108个县、6个自治县、962个建制镇。到2010年年底，全省总人口数量为7193.6万人。2010年，全省生产总值突破2万亿元，达20394.3亿元。其中，第一、二、三产业增加值分别为2562.8亿元、10707.7亿元和7123.8亿元。全省人均生产总值跃上4000美元台阶，达到28668元，折合美元为4235美元。城镇居民人均可支配收入由2005年的9107元提高到16190元，农民人均纯收入由3482元提高到5510元。

全部财政收入完成 2410.5 亿元，其中地方一般预算收入为 1330.8 亿元，分别是 2005 年的 2.3 倍和 2.6 倍。城镇基本养老、医疗保险覆盖面不断扩大，新型农村养老保险试点进一步扩大，新农合参合率达到 94.5%，城乡低保标准与全国平均水平同步增长。

二 产业结构及布局

（一）产业结构

截至"十一五"末，河北省三产业结构调整比为 12.6∶52.5∶34.9。在第二产业中，其中工业占 GDP 的比重为 48.01%，建筑业的比重为 5.53%。2010 年，全省钢铁工业增加值达 2838.8 亿元，占全省规模以上工业增加值的 34.7%，是名副其实的第一大支柱产业。装备制造业实现工业增加值 1409.81 亿元，占全省规模以上工业增加值的 17.23%，是河北省继钢铁之后的第二大产业。战略性新兴产业发展步伐加快，规模以上高新技术产业完成增加值 1162.5 亿元，占规模以上工业的 14.2%。

（二）总体布局

河北省重点产业主要布局在太行山前京广沿线和燕山山前京沈沿线，形成了"一带三区多极"产业空间发展格局，并呈现出"沿路、就城、依矿、靠农"布局特征。

"一带"是指拥有国铁、国道和高速公路三类交通干线束的燕山、太行山前产业隆起带。涉及秦皇岛、唐山、廊坊、保定、石家庄、邢台和邯郸 7 个设区市和抚宁等 26 个县（市）。依托燕山和太行山矿产资源、水资源和平原地区的农业资源，以及沿线城镇的人力资源，工业基础相对雄厚，工业产值占全省的一半以上，河北省钢铁、化工、医药、机械装备、建材、纺织服装、食品、电子信息等主导产业主要聚集在此带上，是河北省产业发展重点所在，构成全省产业发展框架的龙骨。

"三区"分别是指山坝资源型产业集中区、平原特色加工产业散点分布区和沿海临港产业集聚区。山坝资源型产业集中区，主要是指燕山和太行山山坝地区，包括承德、张家口 2 个设区市和卢龙等 21 个县（市），该地区依托当地矿产资源和农副产品资源，主要以煤炭、钢铁、机械、食品加工等产业为主，由于军事、交通、环境和生态等制约因素，发展条件差，产业聚集能力弱，该区工业占全省的比重不到1/5，成为河北产业发展的"洼地"。平原特色加工产业散点分布区，主要是指京九和106国道沿线的黑龙港低平原地区，包括衡水、沧州两个设区市和文安等63个县（市），与太行山前产业隆起带相交错，传统大工业发展相对滞后，依托当地油气资源和东部海洋资源，化学工业发展具备了一定基础；依托当地农业资源和山前原材料工业及以京津为核心的区域性市场需求，逐步形成以金属制品、电线电缆、橡塑制品、纺织服装、食品加工等特色加工制造业为主的县域特色产业发展格局。目前，该区工业占全省的比重已达1/5强。沿海临港产业集聚区，主要指临近秦皇岛港的山海关区、秦皇岛主城区、北戴河区、抚宁县和昌黎县；临近唐山港的曹妃甸区、丰南区、乐亭县、滦南县和唐海县；临近沧州港的渤海新区、黄骅市和海兴县。发挥当地海洋资源和港口交通优势，依托曹妃甸工业区、沧州临港经济技术开发区、秦皇岛经济技术开发区、南堡化工园区等临港产业园区，特种钢铁、装备制造、石油化工、盐化工、粮油加工等临港产业发展粗具规模。

"多极"是指石家庄、唐山、邯郸、保定、秦皇岛、廊坊、邢台、张家口、承德、沧州、衡水11个设区市，任丘、清河等一批县（市）及曹妃甸区、渤海新区等，是河北省区域性传统产业集聚中心和新兴产业增长极。位居山前产业隆起带的秦皇岛、唐山、廊坊、保定、石家庄、邢台、邯郸7个设区市，支撑带动着山前产业隆起带的形成和发展。位居山坝资源型产业集中区的张家口、承德2个设区市和迁安、遵化、鹿泉、武安等一批县级市，是山坝资源型产业集中区的主要集聚地。位居平原特色加工产业散点分布区的沧州、衡水2个设区市和霸州、任丘、清河等一批特色县市，是平原特色加工产业散点分布区的主要集聚地。位居沿海临港产业集聚区秦皇岛市以及开发建设中的曹妃甸工业区、沧州临港工业区，是沿海临港产业集聚区的主要集聚地。

（三）重点产业布局

钢铁、石化、医药、装备、建材、食品、纺织服装和电子信息是河北省工业主导产业，除电子信息外，这些产业同时又是河北省的传统优势产业，是支撑河北省经济发展的支柱。

钢铁产业主要分布于资源组合条件较好的燕山、太行山前交通干线沿线地区。钢铁产业是国民经济和社会发展重要的基础产业，是实现经济高速增长的重要保障之一。钢铁是河北省经济发展的重要支柱，钢铁工业持续快速协调健康发展对全省经济和社会发展具有举足轻重的深刻影响。由于河北省太行山和燕山山前地区煤、铁矿产资源丰富，水资源充裕，而且拥有京广线、京山线的便利交通条件，因此，该地区是河北省钢铁工业的主要分布区域，尤以燕山山前唐山地区和太行山前邯郸地区分布最为集中。以黑色金属冶炼及压延加工业来表征河北省钢铁工业，两地区钢铁工业产能占全省该行业的比重约为50%、20%，二者之和高达70%，是河北省钢铁工业的发展重点地区。此外，拥有一定资源条件的秦皇岛、邢台、石家庄、承德和张家口等地区也分别拥有千万吨以上钢铁生产能力。

医药产业主要分布于农业生产条件和经济区位较好的太行山前石家庄地区。医药产品是保障和增进人民健康、改善和提高人民生活质量、保证军需和战备的重要物资。医药产品的经济和社会双重属性决定了医药产业是极具发展潜力和活力的朝阳产业。农业生产条件和经济区位较好的石家庄市是河北省医药产业主要的分布地区，该地区占全省医药产业的比重为76%，是河北医药工业的发展重点地区。作为全国知名的"药都"，石家庄医药产业占全国医药工业总产值的3.5%。石家庄拥有一批在国内外影响大、实力强、管理好的大型医药企业，如华北制药集团、石家庄制药集团、以岭药业、神威药业等。此外，保定安国市中药产业久负盛名，自古就享有"草到安国方成药，药到安国始生香"的美誉。张家口、唐山在医药产业方面也有一定的发展基础和竞争优势。

化学工业主要分布于市场区位较好的石保衡地区和拥有油气资源与海洋资源的沿海沧唐地区。经过几十年的发展，河北省石油化工业已经形成了包括石油化工、海洋化工、煤化工、基本化工原料、农用化工、精细化工、生物化工、高分子材料、橡塑制品、化工机械等十几个门类的完整的化学工业生产体系。以省会石家庄为中心，以衡水、保定为两翼，形成依托华北油田和邯邢煤炭基地，服务京津冀区域市场的现代化学工业体系，占全省化学工业比重高达50%以上，是河北省化学工业发展的重点。依托华北油田和沿海海洋资源，沧州和唐山与天津一起构成渤海西岸沿海三化一体的石化工业基地，是河北省石化工业发展最具潜力的地区。一批在国内同行业中具有很大影响的大型骨干企业已经形成，其中：中石油华北油田分公司（沧州任丘市）、中石油华北石化分公司（沧州任丘市）、中石化石家庄炼油厂、中石化沧州炼油厂、河北沧州化工实业集团公司、唐山三友碱业集团有限公司、沧州大化集团、河北冀衡集团等十几家企业已进入国家大型企业行列。

装备制造业主要分布在技术支撑条件、工业配套条件和市场区位条件较好的太行山前保石地区。改革开放以来，河北省装备制造业逐步形成包括汽车及零部件、工业及工程设备、电子及通信产品制造业、农业及农副产品加工机械等门类的较为完整的工业体系。凭借着良好的钢铁、化工等产业基础，相对优越的科技资源和经济区位条件，太行山前保石地区已经成为河北省装备制造业的主要集中区域，是河北装备工业的发展重点，两地装备工业占全省的比重达40%。保定在以汽车为主的交通运输设备、以输变电设备为主的电气机械和器材以及通用设备制造领域形成突出优势。石家庄在通用设备、专用设备和电子设备方面具有明显发展优势，形成了唐山以水泥机械为主、张家口以工程机械为主、石家庄以泵业为主的专用设备制造基地；形成了以京津保为核心，以秦皇岛、唐山和石家庄、廊坊为两翼的京津冀山前汽车及配件产业集群；形成了以沧州、保定、邢台和衡水为主的电气机械及器材制造基地。涌现出了一批装备制造业的骨干企业，如长城汽车股份有限公司、河北长安汽车有限公司、保定风帆集团有限公司、保定天威集团、河北宝丰线缆集团等。

食品工业主要分布在农业生产条件良好、农产品资源丰富的太行山前平原地区。改革开放以来，随着我国城乡居民收入的不断提高，食品消费需求不断扩大，农业生产条件优越、农产品资源丰富的河北省食品工业得到长足的发展。现已形成粮食加工业、植物油加工业、屠宰及肉类加工业、水产加工业、盐类加工业、焙烤食品制造业、方便食品制造业、液体乳及乳制品制造业、罐头制造业、调味品发酵制品制造业、饮料酒制造业、软饮料制造业、烟草制品业等门类比较齐全的食品工业体系，主要分布在市场容量大、农产品资源丰富、以石家庄为中心的冀中南平原地区，该地区以各级城镇为中心，集聚了全省近70%的食品加工和制造业部门。另外，凭借交通运输和地理区位优势，秦皇岛已经成为中国北方重要的粮油加工和物流基地；凭借独特的地理气候条件，依托中粮集团，张家口在怀涿地区开发建设起中国著名的"长城"葡萄酒生产基地和葡萄种植基地；凭借燕山丰富的野杏扁资源，承德首创了杏仁饮料，并建立起以"露露"杏仁露为主导品牌的中国独特的杏扁食品加工基地。目前，河北省形成了一批全国知名的食品工业骨干企业，承德露露集团有限责任公司、河北华龙集团、中国长城葡萄酒有限公司、秦皇岛骊骅淀粉股份有限公司等骨干企业在国内同行业具有重要的影响。"华龙""露露""珍极"等荣获中国驰名商标称号，"露露"牌杏仁露、"长城"牌葡萄酒等产品荣获中国名牌产品称号。

纺织服装业主要分布于劳动力资源丰富的棉花主产区太行山前平原地区。纺织服装业是河北省的主导产业，也是我国加入 WTO 后最具比较优势的产业。太行山前平原是河北省棉花主产区，也是全国传统的棉花生产基地，农村剩余劳动力丰富，以纺织、服装鞋帽制造和皮革、毛皮、羽毛（绒）及其制品为主的河北省纺织工业的 90% 集中于该区域，其中以石家庄、保定和邢台等地最为集中，三地集聚了全省 70% 以上的纺织服装产业部门。形成一批县域特色纺织服装产业集群，如荣城的服装、高阳的毛纺、辛集的皮革、清河的羊绒、博野的衬布、唐县的篷盖布等，造就了一批全国知名龙头企业，如石家庄市常山纺织集团、河北鸣鹿服装集团、石家庄旅游装饰集团，保定的天鹅集团、依棉集团、丽友集团、三利集团，邯郸的雪驰集团等。

建材工业主要分布于矿产资源丰富、市场区位优越的以唐山为中心的燕山山前和以石家庄为中心的太行山前地区。河北省建材工业生产历史悠久，是全国最早采用现代手段生产水泥、玻璃和建筑卫生陶瓷的省份。目前，已经形成以水泥、玻璃、建筑卫生陶瓷等传统建材为主导产业，新型建材快速发展的多门类、多品种、多层次的工业体系。以水泥为主的建材运输半径小，市场的区域性明显。矿产资源、交通运输条件较好、市场区位条件优越的唐山、秦皇岛和石家庄，三地建材产业占到全省 60% 以上。形成了以唐山为中心的冀东、以石家庄为中心的冀中和以邢台、邯郸为中心的冀南三大水泥生产基地，以秦皇岛和邢台为中心的玻璃生产基地和以唐山、邯郸为中心的建筑卫生陶瓷生产基地，在这些地区涌现出冀东、太行、耀华、晶牛、金牛、宝硕、惠达等一批大型企业集团。

电子信息产业主要分布在科技资源相对丰富、工业基础相对雄厚的省会石家庄和区位优越的廊坊市。电子信息产业作为河北省的主导产业，起步较早，但发展基础相对较弱，发展规模也较小。拥有五十四所、十三所等部属科研机构和河北科技大学、河北师范大学等一批大学的省会石家庄，是全省电子信息产业发展的主要集聚地，该地通信设备、计算机及其他电子设备制造业占全省的比重高达30%以上。毗邻京津的廊坊市借助京津科研优势，直接接受京津产业转移和辐射，电子信息产业发展迅速，通信设备、计算机及其他电子设备制造业占全省的比重达10%以上，是河北省电子信息产业最具活力和最具潜力的地方。

三 能源工业及能源利用

"十一五"规划期间，全省能源供应保障能力增强。截至2010年年底，包括省外开发产量，全省原煤、原油、天然气产量分别为10199万吨、599万吨和12.7亿立方米，分别比2005年增长28.1%、6.4%和84.1%。二次能源中，全年发电量为1993亿千瓦时，形成北部两个500千伏环网、南部"三横两纵"500千伏主网架，各等级电网配套协调发展格局，主网已无拉闸限电现象。能源工业产业结构不断改善。组建了开滦和冀中能源集团，产能占全省煤炭产能的80%以上，产业集中度大幅提高。电源结构进一步优化。新增风电装机容量为450万千瓦（并网容量372万千瓦），生物质发电装机为35万千瓦，新能源发电装机占电力装机容量的9.2%；单机容量为30万千瓦及以上，装机达到2522万千瓦，占火电装机容量的69.1%。能源科技与装备制造水平大大提升。煤矿综合机械化固定充填开采技术达到国际领先水平，大型煤矿回采工作面机械化率达到97.3%；超临界火电机组、大型空冷技术在新建电厂中应用；能源装备制造业发展迅速，变压器产能为1.3亿千伏安，太阳能电池产能为180万千瓦，风力发电整机产能为350万千瓦，分别比2005年增长56%、89%和97%。2010年全年能源装备制造业实现销售收入为1200亿元。

能源消费结构逐步好转，清洁能源利用步伐加快。河北省能源局资料显示，2010年全省能源消费总量为2.75亿吨标准煤，煤炭、石油和天然气所占分别为90.45%、7.37%和1.44%。天然气消费量逐年增加，从2006年到2010年全省天然气消费量分别为9.9亿立方米、11.8亿立方米、16.2亿立方米、22.2亿立方米和28.8亿立方米，年均增长幅度为23.8%。但相对于全国平均水平而言，天然气消费量依然偏小，低于全国平均水平 3 个百分点。工业是能源消费的主体，在终端消费中，第一产业能耗占能源消费总量的 2.5%，第二产业能耗所占比重很大，达 81.7%，其中工业占 80.5%，第三产业能耗占 7.4%，居民生活消费能耗占 8.4%。

能源工业存在的主要问题：一是新能源开发利用不足。除陆上风力发电、太阳能热利用形成一定规模外，光伏发电、海上风电刚刚起步，核电开发尚属空白。农村生物质利用率不到 20%，生活用能主要依靠煤炭。二是新能源发展短期内很难有大的跨越。风电消纳难，光电成本高，生物质发展受限，水电、核电前期推进受阻，能源结构调整难度大。

四　未来发展战略与目标

根据《河北省国民经济和社会发展第十二个五年规划纲要》，河北省"十二五"发展战略以科学发展为主题，以加快转变经济发展方式为主线，围绕加快发展和加速转型双重任务，构筑环首都绿色经济圈，壮大沿海经济隆起带，打造冀中南经济区，培育一批千亿元级工业（产业）聚集区、开发区和大型企业集团，着力调整经济结构，着力推进新型工业化、新型城镇化和农业现代化。"十二五"期间，全省生产总值预期年均增长 8.5% 左右，预计 2015年生产总值可达到 30100 亿元，人均生产总值可达到 40780 元。环首都绿色经济圈指首都北京周边的 14 个县（市、区），该地重点建设高层次人才创业、科技成果孵化、新兴产业示范、现代物流四类园区；并且发展养老、健身、休闲度假、观光农业、绿色有机蔬菜、宜居生活六大基地。沿海经济隆起带指河北沿海的 11 个县（市、区），以及北戴河新区、曹妃甸新区、渤海新区等 8个功能区，该地重点发展装备制造、精品钢材、石油化工等特色优势产业，培育发展新能源、新材料、海洋经济等战略性新兴产业，大力发展港口物流、文化创意、商务会展等现代服务业，强化沿海地区产业分工与合作，形成环渤海地区具有重大影响力的临港产业带。冀中南经济区重点建设以石家庄为中心的大西柏坡、正定新区、临空港产业园区、东部产业新城，以邯郸冀南新区、衡水滨湖新区、邢台新区三个产业基地为重点的冀中南经济增长极和以特色产业集群为重点的正定、宁晋、武安、冀州等 18 个县（市）的特色经济。

第三节 河北省气候变化现状及其影响分析

一 河北省气候变化事实[①]

（一）气温升高

1. 年均气温呈升高趋势

河北省气象局提供的资料显示，从 1961 年到 2010 年，全省年平均气温为 10.7℃，最高值出现在 1998 年，为 11.9℃，较平均气温偏高 1.2℃；最低值出现在 1969 年，为 9.1℃，较平均气温偏低 1.6℃。从 1961 年到 2010 年的近 50 年，河北省年平均气温大体呈升高趋势，速率为 0.27℃/10 年，累计上升了 1.35℃。详见图 1-5。

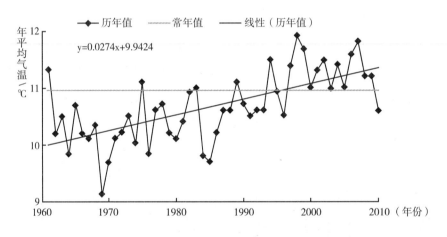

图 1-5 1961～2010 年河北省历年平均气温变化

从季节上看，近 50 年来河北省各季节平均气温均呈上升趋势，其中冬季平均气温上升趋势最为明显，为 0.52℃/10 年；春季平均气温上升趋势次之，为 0.27℃/10 年；秋季平均气温上升趋势为 0.19℃/10 年；夏季平均气温上升趋势最小，仅为 0.12℃/10 年。

---

① 本部分有关内容主要参考了河北省气候中心《近 50 年河北省气候概况和气候变化事实》，《河北省气候变化监测公报》2012 年第 1 期。

2. 平均最高气温

近50年来，河北省全省年平均最高气温为17.2℃，最高值出现在1998年，为18.1℃，较平均值偏高0.9℃；最低值出现在1964年，为15.5℃，较平均值偏低1.7℃。全省平均最高气温呈现一定的上升趋势，速率为0.18℃/10年。详见图1-6。

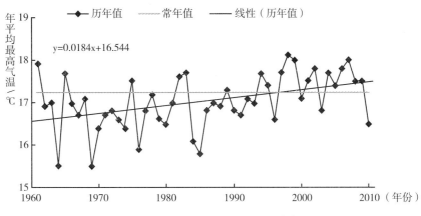

图1-6　1961~2010年河北省平均最高气温变化

3. 平均最低气温

近50年来，河北省全省年平均最低气温为5.5℃，最高值出现在1998年，为6.7℃，较常年值偏高1.2℃，最低值出现在1969年，为3.5℃，比常年值偏低2.0℃。近50年来，河北省年平均最低气温呈现明显的上升趋势，速率为0.42℃/10年，明显高于平均最高气温升温速率。详见图1-7。

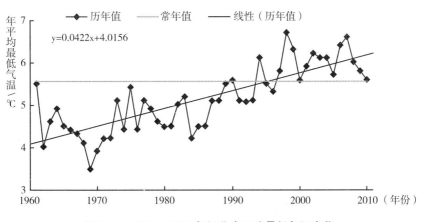

图1-7　1961~2010年河北省平均最低气温变化

（二）降水量减少

河北地区受季风影响，降水高度集中在夏季，冬季寒冷干燥，降水稀少。夏季降水量多年平均为 354mm，占全年降水总量的 68%；春季降水量为 69mm，占全年降水总量的 13%；秋季降水量为 85mm，占全年降水总量的 17%；冬季只有 11mm，占全年降水总量的 2%。1961～2010 年平均年降水量为 519mm。

从季节降水变化趋势来看，河北省夏季降水呈明显减少趋势，春季、秋季降水量表现为微弱增加趋势。夏季降水平均每 10 年减少 21mm，50 年累计减少了 100mm；年降水量平均每 10 年减少 16mm，50 年累计减少了 80mm。全年降水量减少主要是夏季降水量减少所致，只是由于春、秋两季降水略有增加，从而稍微减缓了全年降水量减少的速率。

（三）气象灾害增多

干旱面积呈扩大趋势，平均每 10 年增加 1.4%。其中，春、秋季的干旱面积呈减小趋势，夏旱呈扩大趋势，冬季变化不大。20 世纪 90 年代后期大范围干旱发生频率最高，其中 2006 年发生了近 50 年来罕见的冬春连旱；洪涝发生呈波动减小的趋势，总体减小趋势不明显。

大雾日数呈增加趋势。从 1954 年到 1986 年的 33 年中，高于平均数的年份有 12 年，低于平均日的有 21 年。而从 1987 年到 2006 年的 20 年中，低于平均大雾日数的年份仅有 2 年，其余 18 年均高于平均数。

全省气象灾害保险赔付增加。根据中国保险监督管理委员会河北监管局数据统计，河北省因气象灾害造成的保险赔付金额从 2001 年的 808 万元，增加到 2012 年的 59795 万元，年均增长 43.14%，远高于同期物价增长速度。从险种来看，12 年以来由于气象灾害造成的保险赔付金额累计达 120467 万元，其中累计赔付最多的是农险，为 49605 万元；其次是企业财产保险，为 42754 万元。具体数据详见表 1-1、表 1-2。

表 1-1　2001～2012 年河北省保险业气象灾害赔付情况（分年度）

单位：万元

年份	2001	2002	2003	2004	2005	2006	2007	2008	2009	2010	2011	2012	合计
金额	808	1353	1957	1029	2235	4624	5192	5148	18064	11298	8965	59795	120467

资料来源：表 1-1、表 1-2 数据均来自中国保险监督管理委员会河北监管局。

表1-2 2001~2012年河北省保险业气象灾害赔付情况（分险种）

单位：万元

险种	农险	企业财产险	机动车辆险	工程保险	家庭财产险	人身保险	货运险	船舶保险	责任保险	其他	合计
金额	49605	42754	20246	6861	442	255	223	36	10	37	120467

二 河北省气候变化影响

（一）对农业的影响

河北省是一个农业大省，气候变化对农业的影响，有利有弊。

一是温度升高，热量资源增加。全省平均无霜期比20世纪50年代延长了近10天，大于10℃的有效积温增加了130℃，冀东平原地区增幅最大，其有效积温为190℃，作物生长周期有所延长。喜温作物界北移，冬小麦各生育期均有所提前，安全种植北界在20世纪90年代比50年代向北推移了30~50公里，作物种植结构也有所调整。

二是冬春季节气温变暖，冻害发生率降低，有利于河北省设施农业的生产和发展。但是，气候变暖将使河北省小麦、玉米等主要粮食作物病虫害发生面积扩大，频率增加，危害加重。1986年以来，河北省大部分年份出现暖冬天气，造成主要农作物病虫越冬基数增加，越冬死亡率降低，次年病虫害发生加重，病虫发生或迁入期提前，危害加重，危害期延长。农业气象灾害的频发现象，诱发并加重了部分病虫害的发生、蔓延。2001年冬季，河北省气温异常偏高，次年降水偏少，小麦病虫害、蝗虫灾害大面积发生，中南部的邯郸、衡水、邢台、石家庄等市小麦产区受害较重，是20世纪90年代以来发生最重年份之一。

三是降水减少，农业用水增加，夏季干旱范围扩大。近50年来，河北省干旱影响范围呈现增加的趋势，尤其是夏季干旱影响范围扩大趋势明显，速度为每10年增加3.2%，作物受灾（成灾）面积呈逐年上升趋势。1951~2007年，全省因旱造成年平均受灾面积为119.6万公顷，成灾面积为77.6万公顷，年增长量分别为2.6万公顷和2.3万公顷，成灾比重也由20世纪50年代的44.1%上升到90年代的68.6%。尤其是在1997年到2000年期间，河北有三年出现大范围夏旱,其中 1997 年和 1999 年出现近 50 年来最严重的夏旱。干旱造成河北省粮食大幅度减产,1997 年每公顷粮食比 1996 年减产 39 公斤,1999 年比 1998 年减产 197.7 公斤。

四是气候变化增加农业生产的不稳定性。极端天气气候事件增加,粮食作物生长环境恶化,旱、涝、风、雹、冻等气象灾害以及农业病虫害频发,河北省每年因气象灾害造成的农作物受灾面积达 600 万公顷,直接经济损失达 100 亿元以上。水资源短缺形势加剧,导致粮食生产的自然风险加大,产量波动增加,全省冬小麦气候产量波动性逐年增大,并呈下降趋势,平均每 10 年亩产减产 3.5 公斤。

（二） 对森林和其他生态系统的影响

气候变化对河北省的森林和其他生态系统产生了一定的影响。例如,河流断流,湖泊萎缩,湿地面积急剧减少,湿地功能下降;最大冻土深度减少,平均每 10 年减少 1.1cm。未来气候变化将使森林生产力和产量呈现不同程度的增加,而森林火灾及病虫害发生的频率和强度可能增高,森林、半荒漠地区和草原鼠害、兔害有可能进一步加剧,内陆湖泊和湿地进一步萎缩,冻土面积进一步减少,物种多样性将受到威胁。

（三） 对水资源的影响

气候变化已经对河北省水资源产生了较大影响。一是地表径流减少。由于降水量的大幅度减少,导致 20 世纪 90 年代地表径流量比 50 年代减少了 98 亿立方米;入境水量减少了 70 亿立方米,出境水量减少了 137 亿立方米;入海水量减少了 62 亿立方米。白洋淀自 2000 年以来平均入淀量仅为 20 世纪 50 年代的 3.6%。二是地下水过量开采,造成地面沉降。地下水资源在 20 世纪 50 年代为 179.47 亿立方米,70 年代为 139.81 亿立方米,90 年代下降到 123.7 亿立方米,与 50 年代相比减少了 55.77 亿立方米。由于过度开采,不少地区已出现了地下漏斗。沧州地区地面沉降已经达到 2236 毫米,地下漏斗潜在的危害巨大。

（四） 对海岸带的影响

近 50 年来河北省沿海海平面总体呈上升趋势,年平均上升速度为 2.1 毫米,造成海岸侵蚀和海水入侵。海洋环境因素的变化使渤海湾海洋生物量减少,生态系统发生退化。未来气候变化将使河北省沿岸海平面继续上升,发生台风和风暴潮等自然灾害的几率增大，海岸侵蚀及致灾程度加重，滨海湿地生态系统损害程度也将加大。

（五）对其他领域的影响

气候变化可能引起炎热和酷热日数增加，导致心血管病、疟疾、登革热和中暑疾病的发生程度加重，范围扩大，死亡人数增加，危害人类健康。气候变化及其伴随的极端天气气候事件引发的气象灾害，对工程建设影响加大，对自然和人文旅游资源、某些区域的旅游安全等产生较大影响，也将加剧空调制冷电力消费的增长趋势，对保障电力供应带来更大压力，制约经济发展。气候变暖易造成水体富营养化和水质恶化，胁迫水生生态系统发生改变，白洋淀、衡水湖等水体部分区域均出现了不同程度的水质恶化和富营养化，导致各种生态环境问题的产生。

三　未来气候情景预估

根据国家气候中心 B_2 情景（一种二氧化碳的排放方案）下对 21 世纪中国东部气候变化情景的预测，未来 30～50 年，河北省气温将继续升高，到 2030 年，全省年平均气温将升高 1℃以上，到 2050 年将升高 2℃左右；未来降水量将普遍增加，东部沿海和南部降水量增加将更显著，但存在区域分布的不均衡性和时间上强度的不确定性。再加上工业、生活和农业灌溉用水需求的增加，河北省未来水资源短缺形势依然严峻。干旱区范围可能扩大，荒漠化可能性加大；沿海海平面将继续上升，沿海地区遭受洪涝、风暴潮以及其他自然灾害的频率可能加大。

第四节　河北省应对气候变化的现状及面临挑战

一　河北省温室气体排放现状

温室气体指任何会吸收和释放红外线辐射并存在大气中的气体。《京都议定书》中控制的 6 种温室气体包括二氧化碳、甲烷、氧化亚氮、氢氟碳化合物、全氟碳化合物和六氟化硫。其中后三类气体造成温室效应的能力最强，但对全球升温的贡献百分比来说，二氧化碳由于含量较多，所占的比例也最大，约为55%。由于化石燃料燃烧为二氧化碳人为排放的主要来源，因此，可根据化石燃料消耗量及排放因子推算二氧化碳排放量。根据测算，2005年河北省温室气体排放总量为84576.58万吨二氧化碳当量，人均温室气体排放12.35吨二氧化碳当量。其中二氧化碳排放量为50608.39万吨，占59.84%；甲烷排放量为5146.34万吨二氧化碳当量，占6.08%；氧化亚氮排放量为25626.33万吨二氧化碳当量，占30.30%；全氟化碳排放量为32.17万吨二氧化碳当量，占0.04%。

从排放部门看，能源活动排放温室气体为75061.78万吨二氧化碳当量，占88.75%；工业生产过程排放5371.51万吨二氧化碳当量，占6.35%；农业排放3162.34万吨二氧化碳当量，占3.74%；废弃物处理排放1829.45万吨二氧化碳当量，占2.16%。能源活动中化石燃料排放温室气体为72974.17万吨二氧化碳当量，占温室气体排放总量的86.28%。

从能源活动的行业分布看，能源工业活动排放温室气体为16815.59万吨二氧化碳当量，占温室气体排放总量的19.88%；农业排放189.15万吨二氧化碳当量，占0.22%；工业和建筑业排放24748.55万吨二氧化碳当量，占29.26%；交通运输排放27882.23万吨二氧化碳当量，占32.97%；服务业排放851.16万吨二氧化碳当量，占1.01%；居民生活排放2487.5万吨二氧化碳当量，占2.94%。

二 河北省减缓气候变化的措施与成效

（一）打造低碳产业体系

1. 加快淘汰落后产能，推进高碳产业低碳发展

2007年4月，为落实国家"十一五"期间淘汰落后产能任务，河北省人民政府与国家发展和改革委员会签订了《关停和淘汰落后钢铁生产能力责任书》，明确淘汰落后钢铁生产能力任务。自2009年10月份以来，河北省暂停了焦化、水泥、平板玻璃等行业新增生产能力的核准、备案手续；严把建设项目环评关，对国家规定的七个产能过剩行业实施从严审批政策；对重点工业聚集区严格规划环评的推进和审批；对列入淘汰计划的行业，不完成淘汰任务，

新上项目一律不批；严把土地利用计划关，对属于淘汰落后产能范围的建设项目，一律不予受理用地预审。针对"两高"行业，河北省进一步提高行业准入门槛，开展淘汰落后集中行动，加快落后产能退出步伐，于2010年4月印发了《河北省关于进一步加强淘汰落后产能工作的实施意见》（冀政〔2010〕52号），提出2010年重点行业淘汰落后产能的具体任务、职责分工和保障措施，确保"十一五"时期淘汰落后产能任务的完成。

"十一五"时期，全省共淘汰落后炼铁产能3696万吨、炼钢1888万吨，水泥6140万吨，平板玻璃5622万重量箱，焦炭796万吨，造纸205万吨，酒精15万吨，印染3亿米，制革650万标张，关停小火电机组343万千瓦。

2. 积极培育战略性新兴产业，推进低碳工业发展

"十一五"时期，河北省将电子信息、生物技术、新材料、新能源等高新技术产业作为发展重点，加大政策扶持力度，促其加快发展。2007年，河北省人民政府印发了《河北省高技术产业"十一五"专项规划》（冀政函〔2007〕10号），提出高新技术产业发展重点和政策措施。到2010年，全省高新技术产业增加值达到1220亿元，是2005年的3.5倍；战略性新兴产业发展迅速，电子信息、装备制造业增加值增速分别高于规模以上工业11.7个和5.9个百分点，占规模以上工业比重分别比2005年提高1.3个和4.9个百分点。六大高耗能行业占规模以上工业增加值比重逐年降低，由2005年的53.6%下降至2010年的49.2%。

3. 加快发展服务业，努力构建低碳产业体系

为促进包括物流业在内的服务业加快发展，2006年河北省人民政府印发了《河北省服务业振兴规划》，2008年先后印发了《关于促进现代物流业发展的实施意见》（冀政〔2008〕1号）《关于促进全省服务业发展若干政策措施》（冀政〔2008〕4号）《河北省人民政府关于促进服务业发展的若干意见》（冀政〔2008〕5号），为加快发展现代物流、文化产业、信息服务、旅游业、商贸物流、金融、研发设计等重点服务业领域起到了积极促进作用。"十一五"以来，全省服务业增长迅速，服务业增加值年均增长12.7%。到"十一五"末，全省服务业增加值达到7123.77亿元，占全省GDP的比重由"十五"末的33.3%增加到了34.9%。2010年物流业实现增加值1489亿元，是2005年的 1.93 倍，年均增长了 14%。

（二）推进节能减排

1. 加强节能工作组织领导、强化目标责任

各级政府、重点企业均成立了主要领导为第一责任人的节能减排组织领导机构，建立了协调推进机制和节能降耗目标责任制。加大了考核问责工作力度，将节能减排目标纳入各地经济社会发展综合评价体系，作为领导干部考核评价的重要内容，实行问责制和"一票否决"制。"十一五"节能减排目标如期实现，单位生产总值能耗比 2005 年下降了 20%，化学需氧量、二氧化硫排放量比 2005 年削减了 15% 以上。

2. 制订相关政策法规、完善相关标准

为促进全省节能减排，"十一五"期间河北省人民政府先后印发了《河北省清洁生产审核暂行办法》《河北省节约能源条例》《河北省节能减排综合性工作方案》《河北省人民政府关于加强节能工作的决定》《河北省人民政府关于推进节能减排工作的意见》《河北省固定资产投资项目节能评估和审查管理暂行办法》《河北省人民政府办公厅关于深入开展全民节能行动的通知》《河北省人民政府办公厅印发关于进一步加强节油节电工作实施方案的通知》《河北省建筑节能（2007~2010 年）发展规划》《河北省节约能源专项规划（2006~2010 年)》《河北省民用建筑节能条例》《河北省落实国务院节能减排工作部署确保实现河北省"十一五"节能减排目标的十项措施》等一系列节能减排政策法规，完善了单位 GDP 能耗统计、监测、考核体系等相关标准，为推进全省节能减排提供了政策保障和方向引领。

"十一五"期间，全省能源利用效率稳步提高。单位 GDP 能耗指标显著降低，累计下降了 20.11%，年均下降了 4.4%，全社会累计节能量为 5651 万吨标准煤。工业领域节能显著，单位工业增加值能耗大幅下降，由 2005 年的 4.41 吨标准煤下降到 2010 年的 2.73 吨标准煤，累计下降了 38.1%，年均下降了 9.1%。能源加工转换效率大幅提高，从 2005 年的 66.31% 提高到了 2010 年的 74.27%，提高了约 8 个百分点。能源回收利用水平不断提高。全省钢铁、煤炭和化工等高耗能行业大力实施余热余压余能回收利用等节能重点工程，不断挖掘节能潜力，能源回收利用水平明显提高。2010 年，全省规模以

上工业企业能源回收利用折合标准煤 1905.2 万吨，能源回收利用率为 9.5%，其中回收利用高炉煤气 1246.5 亿立方米，其他煤气 56.3 亿立方米，热力 3431.1 万百万千焦，煤矸石和工业废料等其他燃料 191.5 万吨标准煤。

3. 狠抓重点领域节能减排

"十一五"期间，全省抓住能耗污染大户，深入推进"双百企业"节能工程和"双三十"行动，到 2009 年年底，"双三十"单位多数已提前一年完成任务。"十一五"期间，全省"双三十"单位累计关停落后产能项目 369 个，实施 710 项重点节能工程，累计实现节能量 1506 万吨标准煤；114 家"国家千家企业"累计实现节能量 1160.3 万吨标准煤，完成节能目标的 145.1%；"双百"企业累计实现节能量 1603.8 万吨标准煤，完成节能目标的 153.3%。主要产品单位能耗降幅明显。2007～2010 年，全省统计监控的重点企业，吨钢综合能耗由 607.48 千克标准煤下降到 585.45 千克标准煤，水泥综合能耗由每吨 106.02 千克标准煤下降到 99.54 千克标准煤，平板玻璃综合能耗由每重量箱 20.61 千克标准煤下降到 15.79 千克标准煤，合成氨综合能耗由每吨 1551.93 千克标准煤下降到 1316.94 千克标准煤，离子膜烧碱（30%）综合能耗由每吨 346.27 千克标准煤下降到 325.04 千克标准煤。

4. 推广节能技术和节能产品

"十一五"期间，全省将节能新技术、能源高效转化技术、碳吸收技术作为重点，积极推广节能技术和节能产品。为促进节能技术的应用，鼓励企业实施节能技术改造，河北省财政厅、河北省发展和改革委员会于 2008 年 7 月印发了《河北省节能技术改造财政奖励资金管理暂行办法》，安排省级财政引导资金，采取"以奖代补"方式对重点节能工程给予适当奖励，奖励金额按项目技术改造完成后实际的节能量和规定的标准确定。

"十一五"期间，全省节能技术应用步伐加快。钢铁行业 TRT 发电、企业能源管理中心，水泥行业余热发电、高效球磨机，煤炭行业地源热泵、低浓度瓦斯发电，合成氨行业综合节能技改，氯碱行业离子膜改造，炼油乙烯行业裂解炉空气预热等节能降耗技术，以及高效电机、风机、水泵、锅炉等节能设备得到推广应用。

5. 大力发展循环经济

"十一五"期间，河北省发展循环经济的政策措施不断完善，先后出台了《河北省人民政府关于加快发展循环经济的实施意见》《河北省资源综合利用规定》《河北省资源综合利用认定管理办法》《河北省国家鼓励的资源综合利用认定管理实施细则》等政策文件，资源综合利用政策体系不断完善，认定工作进一步规范，激发了企业开展资源综合利用的积极性。

发展循环经济的技术水平不断提高，利用领域不断拓宽。选矿冶炼浮选药剂的广泛应用促进了共伴生矿有价元素的回收利用，高细粉磨技术促进了粉煤灰、钢铁渣等废料的高附加值利用。一批共性关键技术开发和应用取得实效，冀中能源永久煤柱矸石充填技术达到国际领先水平，冀东水泥新型干法窑"半黑"生料技术、沧州大化 TDI 副产氯化氢吸附精制工艺为国内首创，开滦集团固体充填技术已在现场应用，滦南林海科技大型电机修复与再制造技术处于同行业先进水平。一批有技术、有特点的资源综合利用和再制造企业得到快速发展。

促成了一批循环经济产业链条的形成。曹妃甸工业区形成了以精品钢铁项目、大型石油炼化一体化装置和海水冷却火电项目为龙头的三条循环经济产业链，初步实现了工业区的物质循环和能源高效利用。承德双滦钒钛冶金产业聚集区实现了钒钛精粉生产与冶炼的平衡，已成为中国北方最大的钒钛资源综合利用基地。以开滦、冀中能源为龙头的煤矸石综合利用基地和以西柏坡电厂、邯峰电厂为代表的粉煤灰综合利用基地初步成形，基地园区资源综合利用产业链初步形成，并逐步走向规模化。

2010 年，全省工业固体废物产生总量为 31688.21 万吨，资源综合利用率为 56.56%，其中，煤矸石、粉煤灰、脱硫石膏、冶炼渣综合利用率分别达到 92.2%、89.9%、98% 和 98% 以上。余热余压利用水平进一步提高，重点钢铁企业焦炉、高炉和转炉煤气回收利用率分别为 99.39%、96.74% 和 89.18%，资源综合利用的规模和效率不断提升。2010 年，新增资源综合利用产品认定企业 83 家，资源综合利用总产值超过 28 亿元。

（三）优化能源结构

通过积极发展低碳能源，加快淘汰落后能源产能，鼓励使用清洁能源，提高能源科技与装备水平，使全省能源结构得到优化。从能源生产结构来看，2010 年，全省全年一次能源生产总量为 8129.05 万吨标准煤，其中原煤占总能源总量的比重为 84.89%，比 2005 年降低了 2.16 个百分点；原油比重为 10.53%，比 2005 年降低了 0.8 个百分点；天然气比重为 2.07%，比 2005 年增加了 0.78 个百分点；水电和风电总比重为 2.50%，比 2005 年增加了 2.17 个百分点。从一次能源消费结构来看，煤炭消费依然占据绝大比重，但清洁能源利用步伐加快。2010 年，全年能源消费总量为 27531.11 万吨标准煤，煤炭、石油、天然气和水电消费量所占比重分别为 90.45%、7.37%、1.44% 和 0.74%，煤炭和石油比重分别比 2005 年降低 1.3 个和 0.08 个百分点；天然气、水电分别比 2005 年增加 0.83 个、0.62 个百分点，增长率分别为 110.67% 和 516.67%。从能源终端消费的品种结构来看，煤炭及其制品、油品作为效率低、污染较重的能源品种，其消费量所占比重略有降低，天然气和电力等清洁能源则略有提高。2010 年，煤炭及其制品、油品、电力和天然气比重分别为 57.3%、7.37%、33.8% 和 1.44%，煤炭及其制品、油品占终端消费的比重分别比 2005 年下降 4.4 个和 0.08 个百分点；电力和天然气比重则分别上升 4.9 个和 0.83 个百分点。

1. 积极发展低碳能源

"十一五"以来，全省积极发展低碳能源，全力推进可再生能源和新能源开发利用。2007 年，河北省人民政府政府印发了《河北省"十一五"能源发展规划》，提出优先发展新能源和可再生能源，大力开发风力发电技术，积极开发利用生物质能，稳步推进水电，搞好其他可再生能源利用。为进一步推动低碳能源发展，河北省编制了《河北省新能源产业"十二五"发展规划》《河北省能源科技与装备"十二五"发展规划》和《河北省天然气开发利用"十二五"规划》等专项规划，制订出台了《河北省新能源汽车供能设施示范工程方案》《河北省甲醇燃料示范应用工作实施方案》等政策性文件。为促进河北省光伏产业发展，鼓励全省光伏产品的应用，省政府出台了《关于促进光伏产业发展的指导意见》，提出重点支持大容量光伏电站、光电建筑一体化和分布式照明电源建设；以张家口、承德市为重点，集中建设一批 10 兆瓦及以上规模的大型光伏电站，优先发展风光储输、风光互补电站；鼓励其他地区在未利用土地上建设 1 兆瓦及以上光伏电站；支持机关、学校、体育馆、会展中心、宾馆饭店、大型超市等公共建筑实施光电建筑一体化；支持蔬菜大棚、农业观光园、畜禽养殖、农村新民居等设施建设太阳能屋顶发电系统；鼓励城市景观照明、路灯、信号灯等采用光伏产品。

河北省新能源产业从 2004 年开始起步，经过 8 年的发展，目前已经具备了一定的规模，截至 2011 年年底，可再生能源发电装机 708.7 万千瓦，占全部发电装机容量的比重达到了 15.9%。其中，风电装机容量达到了 580 万千瓦，并网容量为 480 万千瓦，位居全国第三位；光伏发电装机达到了 6.5 万千瓦；生物质能发电累计装机 42.2 万千瓦，其中农林生物质直燃发电量为 29 万千瓦、垃圾发电量为 13.2 万千瓦；天然气等清洁能源推广应用加快，全省天然气消费量达到了 36.1 亿立方米，是 2005 年的 3.6 倍。

2. 加快淘汰落后能源产能

"十一五"期间，河北省委、省政府坚决贯彻落实国务院关闭布局不合理、资源浪费、破坏环境、安全事故多发小煤矿的政策，制订了小煤矿兼并重组、资源整合和托管的措施，推进小煤矿集约化管理，提高煤矿防灾抗灾和防范事故的能力。"十一五"期间，全省共关闭小煤矿 577 处，淘汰落后煤炭产能 970 万吨，全省小煤矿由 2005 年的 937 处减少到 2010 年的 273 处。积极实施电力"上大压小"，淘汰关停小火电机组 124 台，容量 343.27 万千瓦。

3. 提高能源科技与装备水平

"十一五"期间，通过全面提高能源科技与装备水平，使能源开采使用效率大大提高。巷道锚喷网支护等先进采煤工艺广泛应用，煤矿综合机械化固体充填开采技术具有国际领先水平，大型煤矿回采工作面机械化率达到了 97.3%，比 2005 年提高了 1.9 个百分点。原煤入选率评价达到了 65%，精煤回收率提高了 1%。通过发展煤矸石发电、制砖等循环经济，矸石利用率达到了 90% 以上，煤矿瓦斯抽采量达到了 1.5 亿立方米，利用率达 50%，矿井水达标排放率达到了 98%。超临界火电机组、大型空冷技术在新建电厂付诸实施，耐低温、抗风沙风电设备及风电并网系统设计制造集成等新能源技术普遍推广。形成变压器产能为 1.3 亿千伏安，太阳能电池产能为 180 万千瓦，风力发电整机产能为 350 万千瓦，分别比 2005 年增长 56%、89% 和 97%。建设了一批大容量、高参数火电机组，单机容量 30 万千瓦及以上装机达到了 2582 万千瓦，占火电装机容量的 70.4%，比 2005 年提高了 17 个百分点。2010 年全省供电煤耗为 339 克/千瓦时、供电线损率为 5.2%，分别比 2005 年下降了 31 克/千瓦时和 0.5 个百分点。

（四）增加碳汇

1. 增加森林碳汇

加强全省生态建设，鼓励植树造林。2006 年，河北省政府印发了《河北生态省建设规划纲要》，作为指导全省生态建设的纲领性文件。2007 年，新修订的《河北省义务植树条例》出台，在义务植树属地化管理、产权关系、经费和种苗、场地等重要方面作了突破性规定。为鼓励和调动全社会力量加快城乡造林绿化步伐，2009 年 12 月河北省林业局印发了《河北省造林绿化工程以奖代补、先造后补、多造多补资金管理办法（试行）》。到"十一五"末，全省 1.67 亿人次参加义务植树活动，新建义务植树基地 1516 个，面积达 124 万亩，城乡绿化一体化建设取得新突破，城镇建成区绿化覆盖率平均达到了 31.6%，村庄绿化覆盖率达到了 26.4%。"十一五"期间，全省完成造林绿化面积 2279.3 万亩，新增林地面积 888 万亩；到"十一五"末，全省林地面积达到 7400 万亩，森林覆盖率从 2005 年的 23% 提高到 2010 年的 26%。

全省扎实推进重点造林工程。京津风沙源治理、退耕还林、三北防护林、太行山绿化、沿海防护林、平原绿化和速生丰产林等重点造林工程，完成造林绿化面积 2082.9 万亩，占全省完成造林绿化任务的 91.4%。三个"塞罕坝"林场和规模化造林绿化示范县建设累计完成规模化造林 264 万亩。加强了农田林网建设，农田林网控制率 85% 以上的县（市、区）达到了 25 个。积极开展生物质能源林基地建设，河北省被国家林业局列为林油一体化项目全国首批示范基地之一。

加大林业建设投入力度。"十一五"期间林业建设投入大幅度增加，落实省以上各类林业建设资金 154.9 亿元，其中，无偿资金投入 136.8 亿元，有偿资金投入 18.1 亿元，分别为"十五"时期的 1.67 倍、1.69 倍和 1.53 倍，为全省林业健康发展提供了有力保障。

2. 加强森林资源保护和管理

林业执法力度进一步加大，各类涉林案件查处率达 98%。林业有害生物防控体系建设进一步加强，防灾减灾机制进一步健全，主要危险性林业有害生物得到有效控制。全省林业有害生物成灾率控制在4‰以下，无公害防治率为90%，种苗产地检疫率为97%。"十一五"期间，全省界定国家生态公益林面积为2278万亩，省级公益林面积为50万亩，年落实生态补助资金为1.98亿元；共建成9个自然保护区，新增保护区面积99804.5公顷，占国土面积的比例达3.25%；新建湿地公园10处（国家级1处、省级9处），面积为23.8万亩。到2010年，全省自然保护区增加到27个，面积达到53万公顷，占全省土地总面积的2.8%。

三　河北省适应气候变化的措施与成效

（一）基础保障能力建设

1. 相关法律法规

制订了《河北省清洁生产审核暂行办法》《河北省节约能源条例》《河北省民用建筑节能条例》等相关条例，开展了应对气候变化研究工作，通过《河北省温室气体排放权交易管理办法（草案）》，制订并实施《河北省应对气候变化实施方案》，明确减缓目标和适应目标，以及减缓温室气体排放的重点领域和适应气候变化的重点领域，为全省应对气候变化提供政策支持和制度保障。

2. 管理体制和工作机制

加强应对气候变化工作的组织领导。按照全面贯彻落实科学发展观的要求，把应对气候变化与实施可持续发展战略、加快建设资源节约型、环境友好型社会结合起来，纳入国民经济和社会发展总体规划和地区规划。省政府成立河北省应对气候变化领导小组，办公室设在省发展和改革委员会。领导小组负责贯彻落实《中国应对气候变化国家方案》，研究确定全省应对气候变化的发展战略、方针和对策，协调解决应对气候变化工作中的重大问题。办公室负责具体事务的协调和督办。通过进一步完善多部门参与的决策协调机制，建立政府推动、企业和公众广泛参与应对气候变化的行动机制，形成与未来应对气候变化工作相适应的、高效的组织机构和管理体系。

3. 科研支撑能力

为不断提高应对气候变化相关科研支撑能力，河北省先后开展了"近50

年河北省气候变化及其影响研究""近50年河北省气候变化对水资源影响综合情势分析""河北省气候变化对水资源和荒漠化的影响及对策研究"等20多项省级科研课题的研究。

（二）农业适应气候变化能力

为加强河北省农业适应气候变化的能力，河北省发展和改革委员会起草了《河北省农业灌溉适应气候变化行动计划建议报告》，计划在大中型水利工程难以覆盖的地方，引导农民因地制宜地兴建一批水窖、集雨池等积水灌溉工程，在山区每3~5亩旱作农田建一座简易水池、水窖、水囤或其他储水设施等。从2008年开始，河北省以粮食生产大县为重点，集中建设了4000万亩粮食稳产高产核心区。按照"职能不变、渠道不乱、各司其职、各负其责、集中使用"的要求，对中央和省安排的中低产田改造、水利等支农资金进行整合，重点向核心区倾斜，通过完善核心区农田基础设施，进一步增强农业适应气候变化、防灾抗灾能力。加大农村"六小工程"投入力度，对现有小水库、小塘坝、水池等蓄水工程进行清淤扩容、整修配套、除险加固，增加蓄水能力。加强水池、水窖等小型集雨工程建设，提高应急抗旱能力；对老化失修的机井、泵站和灌溉设备改造修复，提高提水能力。同时，在五大旱区综合运用农艺、生物、农机、工程和高新技术等措施，改善农作物生长条件，提高旱区农作物产量。

推进农田节水技术，提高农业生产应对旱灾能力。全省建立墒情监测点45个，取得墒情数据560多组，结合墒情、气象、苗情等资料，为麦田灌溉管理提供科学依据和合理建议。到2010年年底，全省共建成106个国家级自动气象站、1650个区域气象观测站和77个自动土壤水分观测站；人工影响天气工作成效显著，"十一五"期间，累计增雨约110亿立方米。按照全省农田节水总体方案，推广冬小麦节水技术范围达1500万亩，蔬菜节水技术范围达350万亩，在旱作区优化节水种植结构，采取蓄水保墒措施，推广谷子、棉花、薯类、豆类等耐旱节水作物种植面积达1000万亩，推广抗旱保水剂、蒸腾抑制剂和抗旱种衣剂等化学调控技术，减少植株水分散失，促进根系生长，提高季节性和阶段性干旱防御能力。

（三）气象研究

开展了河北省气候变化的监测、趋势预测、影响分析等工作；完成了河北省近50年气候变化对水资源、粮食生产影响的基础研究，开展了河北省极端气候事件发生规律及预测技术的研究；开展了精细化农业气候区划、气候资源开发、风能和太阳能资料调查评估等工作，形成了"白洋淀地区实地考察调研情况报告""曹妃甸新区及周边地区的气候条件分析和建议""海河流域气候变化影响评估报告""河北省太阳能资源开发利用措施建议""河北省主体功能区规划中的气候背景和气象灾害特征分析""近50年海河平原气候变化对水资源影响研究""农业生产与粮食安全的气候分析报告"和"石家庄热岛效应的现状、影响及对策建议"等多篇文献资料，编制了《河北气象事业"十一五"发展规划》，出台了《河北省人民政府关于进一步加快气象事业发展的实施意见》和《河北省气象局防范和应对全球变暖引发极端天气气候事件工作方案》，为应对气候变化、加强气象研究工作提供指导和政策保障。

（四）防灾减灾

防灾减灾管理体制机制建设不断完善。河北省及11个设区市成立了减灾委员会，防灾减灾综合协调职能得到充分发挥。修订了《河北省自然灾害救助应急预案》《河北省地震应急预案》和《河北省地质灾害应急预案》等7个应急预案，各设区市、县（市、区）配套完善相关应急预案，形成了部门之间、上下级之间相互衔接的应急体系。自然灾害监测预警体系基本形成。气象、地震、国土资源、农业、林业、水利、海洋、环境保护等各类自然灾害监测站网和预警预报系统进一步完善，初步建成了覆盖全省的灾害预警监测平台和网络，特大自然灾害应对能力大幅提升。初步建成以应急指挥、抢险救援、灾害救助、恢复重建等为主要内容的救灾应急体系，应急救援、运输保障、生活救助、医疗救助、卫生防疫等应急能力显著增强。

（五）国际合作

2009年2月，河北省发展和改革委员会参加了"中日合作CDM管理能力建设项目第四次地区研讨会"。2009年10月，河北省与南荷兰省联合召开第二届水利环保研讨会，内容涉及气候变化与水务管理等议题。借助

CDM 这一新型合作机制，积极利用国外的先进技术和资金，开展节能减排项目的实施。为加快推进应对气候变化领域对外合作，河北省发展和改革委员会印发了《河北省〈应对气候变化领域对外合作管理暂行办法〉实施细则》，组织企业积极开展清洁发展机制项目开发，推进项目国际合作，截至2010 年 5 月底，全省累计批准 CDM 项目 104 项，合同交易减排温室气体 3174 万吨二氧化碳当量；截至 2013 年 6 月 25 日，全省累计批准 CDM 项目 253 项，占全国项目总数的 5.14%，在全国 31 个省（自治区、直辖市）中排名第 5 位。[①]

四 面临形势与困难

（一）面临机遇

1. 国际应对气候变化合作增多

气候变化是全球性问题，《京都议定书》、"巴厘岛路线图"、《联合国气候变化框架公约》等，形成国际社会的共识和在气候领域内全球治理机制的雏形。应对全球气候变化需要世界各国的参与。各国既有着共同利益，又有着各自利益，必须加强国际合作。2009 年在哥本哈根气候变化会议形成的《哥本哈根协议》要求，到 2020 年，发达国家应通过不同渠道，头三年每年要提供 100 亿美元，到 2020 年每年提供 1000 亿美元，对发展中国家的减缓适应和能力建设给予支持；应建立哥本哈根绿色气候基金，为发展中国家提供减排、适应、能力建设、技术开发与转让支持；应建立技术机制，支持各国自主采取的减排行动。中国本着"互利共赢、务实有效"的原则积极参加和推动应对气候变化的国际合作，并积极推动和参与气候公约框架下的技术转让，努力创建有利于国际技术转让的国内环境，并提交了技术需求清单。通过对清洁发展机制方面进行系统研究，为国际规则和国内政策措施的制订提供了科学基础，并组织企业积极开展清洁发展机制项目开发，推进项目国际合作。截至 2013 年 6 月 25 日，国家发展和改革委员会批准的全部 CDM 项目达到 4920 项，年减排二氧化碳当量 77228 万吨，其中河北省累计批准 CDM 项目 253 项，年减排二氧

---

① 资料来源：中国清洁发展机制网。

化碳当量 3083 万吨。国际合作增加，对河北省加快节能减排、发展低碳产业提供了资金和技术支持，是积极推进河北省减缓温室气体排放的重要机遇。

2. 京津产业外溢效益凸显

京津经济辐射外溢的重要标志是首都经济圈规划方案的制订，它表明首都北京的发展已进入一个新的阶段，迫切需要与周边地区进一步深化经济合作。作为首都和直辖市的北京，经过改革开放 30 多年的迅猛发展，近来由于受辖区内资源环境的限制，已经走到了一个新的拐点。修订后的《北京城市总体规划》明确提出，新北京要以经济建设为中心，但不去做全国经济中心；第一次将京津冀及环渤海地区协调发展纳入视野，强调北京在推动全国区域协调发展格局战略调整中的带动和辐射作用，从而成为统筹区域发展的一大突破。对于河北来说，借势京津发展早已列入发展战略。京津冀经济一体化，不仅是北京和天津提高层次的需要，也是河北加快发展的机遇。京津冀之间深化合作是寻求共赢的有效途径。京津冀区域经济一体化、首都经济圈纳入国家"十二五"规划，为河北省积极承接京津产业外溢、加快低碳产业发展提供了千载难逢的机遇。

3. 资金、技术创新与人才流动加速

京广、京沪高铁开通运营，首都新机场的建设，使得河北省与京津及周边省份的一小时交通圈、一小时经济圈和一小时生活圈加快形成，将极大地发挥京津冀同城效应，推动包括资金、技术及人才在内的优质资源自由流动和有效配置。京津产业外溢趋势、高昂的生活成本以及巨大的人口压力，使得资金、技术及人才加速向周边地区流动。处于接受京津辐射的第一梯度地区的河北省，必将分享京津优质资源外溢带来的实惠，为打造河北省新的经济增长点提供了新的重大机遇。

4. 能源渠道拓宽，面临能源结构多元化发展机遇

发达国家为应对金融危机和气候变化，普遍推行"能源新政"，发展低碳经济的潮流正在形成。预计到 2015 年，全球天然气产量将超过石油产量，全球开始进入天然气时代。国内不断加大天然气开发力度，预计产量达到 2600 亿立方米。进口液化天然气不断增多，全国接收能力将达到 280 亿立方米。煤层气、煤制天然气发展迅速，预计全国将形成 300 亿立方米以上供应能力。河北省境内天然气干线网络进一步完善，境内建成和在建国家干线管道共 12 条，省内总长度为 2272 公里，输气能力为 763.5 亿立方米，其中中石油陕京一线、陕京二线、陕京三线、应县—张家口和大唐煤制气管道（内蒙古克旗经承德至北京）为主要输入性干线，输气能力为 396 亿立方米；建成和在建省级干线管道 7 条，总长度为 1229 公里，输气能力为 47 亿立方米，主要有北京—邯郸、高邑—清河、河间—石家庄、冀中管网等，覆盖全省 11 个设区城市和 81 个县（市）。苏桥储气库群项目一期工程即将投入运营，总库容达 64 亿立方米，工作气量达 23 亿立方米，二期工程将于 2015 年投产，建成后总库容达到 87 亿立方米，工作气量达 34 亿立方米。石家庄、秦皇岛等地区建设的小型 LNG 储气调峰设施已投入使用，水容积总量分别为 900 立方米和 1500 立方米。陕京西线、中海油煤制天然气管道、中俄东线天然气管线等重大项目有望开工建设。环渤海地区地下储气库等重大调峰项目建成投产，京津冀地区的供气安全性进一步增强。这些都有利于河北省拓宽利用国外、省外能源资源渠道，促进能源多元化发展。

同时，我国已将加快发展新兴能源产业确定为国家战略，将极大地推动能源科技及新能源和可再生能源发展，加速能源结构战略性调整。河北省地处华北腹地和环渤海中心区域，分布着我国最大的能源生产体系，也是国内最重要的能源消费市场之一。特别是近年来，河北省新能源发展势头良好，千万千瓦级风电基地成为国家重点支持的 7 个大型风电基地之一，光伏、风电、变压器、核电、煤矿采掘等能源装备制造业优势明显，与国内能源大省和能源领域大公司、大集团战略合作日益深化，合作领域不断拓展，这为河北省调整能源结构，加快发展新能源提供更多机遇。

（二）挑战

1. 经济社会发展任务重，能源消费总量将持续增长

河北经济总量在全国排第六位，但经济发展水平并不高，人均 GDP 和人均可支配财力低于全国平均水平，城镇化率只有 45.6%，比全国低 5.7 个百分点。另外在坝上高原、燕山太行山山区和黑龙港低平原地区，由于受自然、历史和生态等多种因素的制约，经济社会发展的总体水平较低、贫困人口集中。因此，到 2020 年以前，河北省仍处于工业化、城镇化加速推进的工业化中期阶段，担负着进一步提高工业化、城镇化水平，消除区域贫困，改善人民生活质量的艰巨任务，能源消耗总量将继续增长，碳排放压力将不断增大。

2. 重化特征难以根本扭转，低碳发展面临巨大压力

河北省是典型的资源依赖型经济，发展惯性大，结构刚性强，过去10年，国民经济中服务业比重仅提高了1.1个百分点，规模以上工业中重工业比重超过80%，重工业中原材料工业比重高达64%，是全国重要的能源原材料产地，其中钢铁产能及产量占全国1/4左右。另外，由于财税体制和地方保护因素，大量小钢铁、小水泥仍然存在，发展方式粗放。全省工业能耗占全社会总能耗的80%左右，冶金、石化、建材、煤炭等高能耗行业占规模以上工业能耗的90%左右。要降低能耗，减少碳排放，关键在工业领域。产业结构重化趋势决定了经济发展的高碳特征。实现低碳发展面临诸多障碍和制约。

3. 能源支撑结构不合理，减少碳排放难度较大

"多煤少气"是河北能源资源特点，作为全国能源生产大省，一次能源生产总量占全国2.74%，其中煤炭产量占全国3.15%，发电量占全国4.74%。从全省能源生产结构看，煤炭、石油、天然气等化石能源占一次能源生产总量的比重高达97.5%，水电和风电等非化石能源所占比重只有2.5%。长期以来，资源禀赋决定了煤炭主导的能源结构，也造成了二氧化碳高排放特征，未来减少碳排放面临着资源约束。

4. 地方财政保障能力弱，基础设施建设任务艰巨

河北省经济总量大，但地方一般预算财政收入占GDP比重只有6.5%，远低于全国平均水平和发达省份，人均可支配财力为1851元，只有全国平均水平的61%，属于典型的吃饭财政。而河北在全国的农业发展地位和生态保障地位突出，是京津重要的生态屏障和水源涵养区，是全国重要的农产品生产供应基地。为适应气候变化带来的不利影响，农田水利、水土保持、流域治理、生态安全等基础设施建设任务艰巨、投入巨大，地方财力难以保障。

第二章 河北省应对气候变化目标确定及指标分解研究

1992 年联合国制订了《联合国气候变化框架公约》，该公约的核心内容是"共同但有区别的责任"原则，"共同"是指每个国家都要承担起气候变化的义务；"有区别的责任"是指发达国家要对其历史排放和高人均排放负责，发展中国家在得到发达国家的技术和资金支持下，采取措施减缓或适应气候变化。我国提出，到 2020 年单位国内生产总值二氧化碳排放量比 2005 年下降 40% ~ 45%，并作为约束性指标纳入国民经济和社会发展中长期规划。国家的减排目标势必要分解到各个省份，各个省份也要把目标分解到各个地区和各个行业。在设定河北省减排目标及其分解时，必须贯彻"共同但有区别的责任"原则，因此，本章拟在研究构建应对气候变化指标体系，确定河北省应对气候变化规划目标的基础上，试图将规划目标在地区和行业间进行合理分解，以便为更好地加快河北省应对气候变化进程提供指导。

第一节 河北省应对气候变化指标体系构建

本节将基于指标体系构建原则，确立符合河北实际的应对气候变化指标体系，并通过河北与全国的比较，客观分析河北省应对气候变化主要指标的变化趋势，进而为研究确定河北省"十二五"和"十三五"应对气候变化目标提供依据。

一 指标体系构建原则

（一）指标体系设计的基本思想

基于中国的国情和发展阶段，应对气候变化不应以单纯的减排为核心，而是要节能和减排并重，重点是要提高能源利用效率，发展可再生能源，直接导向是要调整经济结构、转变发展方式，走与已完成工业化国家不同的发展路径。

（二）指标体系设计的原则

应对气候变化规划目标确定的前提是构建科学、合理、符合实际的评价指标体系，指标体系的各指标之间必须相互联系，具有一定互补性，但又不能完全相关。建立一个科学合理的指标体系应遵循以下原则：

1. 科学性原则

评价工作必须保持公平、公正、公开的原则，保证评估活动依据客观事实做出科学的评估。指标体系首先应该做到科学性，要求所选择的各项指标含义明确，计算方法规范，功能相对独立；所建立的指标体系必须能够全面客观地反映应对气候变化的内涵；在应用指标体系对不同地区进行横向比较时，要符合实际差距。

2. 可操作性原则

选取的指标要立足客观现实，要尽可能利用已有的信息资源，要充分考虑指标体系中各指标定量化的可行性以及数据来源的可靠性，实用的指标体系易于获得数据，易于评价和比较，并要求真实可靠。

3. 全面性原则

应对气候变化工程是一个综合性的概念，构建应对气候变化规划指标体系要求指标体系覆盖面广，能全面综合地反映其主要特征和状况。由于可选指标很多，只能选择有代表性的作为评价指标，使评价指标体系既简明又能表达系统的本质特征。

4. 层次性原则

应对气候变化规划指标体系主要是为各级政府的决策提供信息，因此应对气候变化规划指标体系在不同层次上应有不同的指标，以便反映应对气候变化工作的深度情况和结构特征。

5. 可比性原则

应对气候变化规划指标体系的设置要考虑评价指标便于进行纵向比较和横向比较。所谓纵向可比，即与历史数据可比，应对气候变化规划指标应相对稳定；所谓横向可比，指评价指标体系应能对不同地域间的应对气候变化工作进行比较，表现其地域差别。因此，指标要在计量范围、统计口径和计算方法上保持统一。

二　指标体系的建立

在 2009 年底哥本哈根会议前，我国宣布了到 2020 年单位 GDP 的 CO_2 排放强度下降 40% ~ 45% 的目标，该目标是我国统筹国内可持续发展与应对全球气候变化的战略选择。温家宝在 2010 年全国人大所作的政府工作报告中提出，要努力建设以低碳排放为特征的产业体系和消费方式，积极参与应对气候变化国际合作，推动全球气候变化取得新进展。报告阐明了我国在可持续发展框架下应对气候变化、减缓碳排放的基本战略思路，其关键衡量指标就是 GDP 的碳强度。促进 GDP 的 CO_2 排放强度下降主要依靠两方面因素：一是节能所导致的 GDP 能源强度下降，二是能源结构优化导致能源构成中含碳率下降。我国以煤为主的资源禀赋，决定了能源结构调整不可能在短期内大幅度实现。因此以能源效率提高为核心的技术节能和产业与消费结构调整升级所产生的结构节能，是应对气候变化的基本方向和工作重心。

根据《联合国气候变化框架公约》中"共同但有区别的责任"原则，应对气候变化要考虑国情和发展阶段。在一国内的省级层面，要考虑省情和区域差异。因此，应对气候变化指标大致包含四个核心要素，即经济发展阶段、技术因素、消费模式、资源禀赋。经济发展阶段，主要体现在产业结构、人均收入和城市化等方面；技术因素，主要指单位产品能耗和行业的碳效率水平；消费模式，主要指不同消费习惯和生活质量对碳的需求或排放；资源禀赋，包括传统化石能源、可再生能源、核能、碳汇资源等，也包含人力资源和资本的投入。

衡量经济发展阶段的指标一般包括人均国内生产总值，城镇人口比重，二、三产业劳动力占就业总量的比重，二、三产业增加值占国内生产总值的比重，制成品出口占出口总额的比重，总投资占 GDP 的比重，基尼系数，城乡居民恩格尔系数，市场化指标。以上指标包括要素配置结构、产出结构、贸易结构、分配结构、消费结构和制度结构，基本涵盖了经济发展阶段的基本内涵。根据可操作性原则和《河北省经济年鉴》，本研究选择人均国内生产总值，城镇人口比重，二、三产业劳动力占就业总量的比重，二、三产业增加值占国内生产总值的比重，总投资占 GDP 的比重，城乡居民恩格尔系数六个指标。

技术因素主要包括单位 GDP 能源消耗量、人均碳排放量、单位 GDP 碳排放量。在某种程度上能源消费总量和碳排放总量也可看作技术因素。

绿色消费模式主要包括绿色出行居民比率、家电节能标识、节能消费习惯等，由于数据难以获得，本研究将不考虑这一因素，由于消费模式短期内变化不大，舍弃这一因素并不会产生太大的偏差。

资源禀赋因素包括化石能源占总能源比例、化石能源消费总量、煤炭在能源消费结构中所占的比重、森林覆盖率、城市绿化覆盖率。

将以上指标汇总，得到河北省应对气候变化指标体系，具体见表 2-1。

表 2-1　河北省应对气候变化指标体系框架

一级指标	二级指标	一级指标	二级指标
经济发展阶段	人均国内生产总值	技术因素	单位 GDP 碳排放量
	城镇人口比重		能源消费总量
	就业结构		碳排放总量
	产业结构	资源禀赋	化石能源占总能源比重
	总投资比重		化石能源消费总量
	恩格尔系数		煤炭消费比重
技术因素	单位 GDP 能源消费量		森林覆盖率
	人均碳排放量		城市绿化覆盖率

三　河北省应对气候变化主要指标变化趋势

由上可知，河北省应对气候变化指标体系共包括经济发展阶段、技术因素、资源禀赋三个一级指标和人均国内生产总值等 16 个二级指标。

（一）经济发展阶段层面主要指标变化趋势

根据国内外有关经济理论和历史经验，一般运用人均总量指标和结构指标来判断一个国家或地区的工业化水平，即从人均国内生产总值、产业结构、就业结构、城乡结构和工业内部结构几方面来综合判断河北省的工业化阶段。

1. 人均 GDP

自 2005 年起，河北省人均 GDP 分别为 14659 元、16682 元、19662 元、22986 元、24581 元、28668 元、33969 元，按同期人民币对美元汇率折算（819.7、797.18、760.4、694.51、683.1、676.95、645.88），分别为 1788.34

美元、2092.63 美元、2585.74 美元、3309.67 美元、3598.45 美元、4234.88 美元、5259.34 美元。根据钱纳里的工业化发展阶段理论，如表 2 - 2 所示，2007 年起河北省从工业化初期阶段步入工业化中期阶段。

表 2 - 2 钱纳里的工业化发展阶段

人均 GDP(1970 年,美元)	人均 GDP(2000 年,美元)	经济发展阶段	
140 ~ 280	574 ~ 1148	初级产品生产阶段	
280 ~ 560	1148 ~ 2296	初　　期	工业化阶段
560 ~ 1120	2296 ~ 4592	中　　期	
1120 ~ 2100	4592 ~ 8610	后　　期	
2100 ~ 3360	8610 ~ 13776	初级阶段	发达经济阶段
3360 ~ 5040	13776 ~ 20664	高级阶段	

资料来源：钱纳里，《工业化和经济增长的比较研究》，上海三联书店，1989。

2. 产业结构

美国经济学家西蒙·库兹涅茨等人的研究成果表明：工业化演进阶段可通过产业结构的变动过程表现出来。在工业化的初期，工业化的演进使第一产业比重逐步下降，第二产业比重较快上升，并拉动第三产业比重的提高；随着工业化的推进，当第二产业的比重超过第一产业时，工业化进入中期（中期的第一阶段）；当第一产业比重下降到20%以下，第二产业的比重超过第三产业，而在 GDP 结构中占最大份额时，工业化进入中期的第二个阶段；当第一产业比重下降到10%以下，第二产业比重上升到最高水平并保持稳定或有所下降时，工业化到了后期结束阶段。

由表 2 - 3 可知，全国产业结构变动情况与上述规律基本一致，2011 年全国三次产业结构为 10.0∶46.6∶43.4，一产比重已降到10% 左右，目前处于工业化中期的第二个阶段。1978 年，河北省三次产业结构为 28.5∶50.5∶21.0，属于工业化中期的第一阶段；2011 年河北省三次产业结构为 11.9∶53.5∶34.6，处于工业化中期的第二个阶段。虽然从大的阶段上河北省与全国处于同一阶段，但从产业结构演变的具体指标看，河北省的工业化进程稍微落后于全国。

3. 就业结构

克拉克定理认为：随着人均国民收入水平的提高，劳动力首先由第一产业向第二产业转移；当人均国民收入水平进一步提高后，劳动力便由第二产业向第三产业转移。他进一步把经济发展划分为五个阶段，见表2-4。此外，库兹涅茨按照第一产业就业比例将工业化进程划分为三个阶段，其中在工业化初期，第一产业就业比例达50%以上；在工业化中期，第一产业就业比例降到了30%左右；在工业化后期，第一产业就业比例降到了20%以下。

表2-3　河北省和全国分年度产业结构比重

单位：%

年份	全　国			河北省		
	第一产业	第二产业	第三产业	第一产业	第二产业	第三产业
1978	28.2	47.9	23.9	28.5	50.5	21.0
1980	30.2	48.2	21.6	31.0	48.3	20.7
1985	28.4	42.9	28.7	30.3	46.5	23.2
1990	27.1	41.3	31.6	25.4	43.2	31.4
1995	19.9	47.2	32.9	22.2	46.4	31.4
2000	15.1	45.9	39.0	16.4	49.9	33.8
2005	12.1	47.4	40.5	14.0	52.7	33.4
2006	11.1	48.0	40.9	12.8	53.3	34.0
2007	10.8	47.3	41.9	13.3	52.9	33.8
2008	10.7	47.5	41.8	12.7	54.3	33.0
2009	10.3	46.3	43.4	12.8	52.0	35.2
2010	10.1	46.8	43.1	12.6	52.5	34.9
2011	10.0	46.6	43.4	11.9	53.5	34.6

资料来源：《中国统计年鉴2012》《河北经济年鉴2012》。

表2-4　克拉克关于人均GDP同劳动力产业分布的划分

阶　段	1	2	3	4	5
人均GDP（1982年美元）	357	746	1529	2548	5096
第一产业（%）	80.5	63.3	46.1	31.4	17.0
第二产业（%）	9.6	17.0	26.8	36.0	45.6
第三产业（%）	9.9	19.7	27.1	32.6	37.4

资料来源：克拉克，《经济进步的条件》，麦克米兰，1940年英文版，第5章。

表2-5反映了全国和河北省就业结构的变动情况。根据克拉克定理，中国第一产业就业比重2011年已降至34.8%，位于31.4%~46.1%之间；第二产业就业比重2011年已升至29.5%，位于26.8%~36%之间；第三产业就业

比重 2011 年已升至 35.7%，介于 32.6%~37.4% 之间，综合来看，中国应处于工业化进程的第三阶段和第四阶段之间。河北省第一产业就业比重 2011 年已降至 36.33%，位于 31.4%~46.1% 之间；第二产业就业比重 2011 年已升至 33.31%，位于 26.8%~36% 之间；第三产业就业比重 2011 年已升至 30.36%，介于 27.1%~32.6% 之间，因此河北省目前处于工业化进程的第三阶段和第四阶段之间。

表 2 - 5　河北省和全国分年度劳动力就业产业结构比重

单位：%

年份	全　国			河北省		
	第一产业	第二产业	第三产业	第一产业	第二产业	第三产业
1978	70.5	17.3	12.2	76.9	13.9	9.2
1980	68.7	18.2	13.1	75.0	14.7	10.3
1985	62.4	20.8	16.8	62.7	21.8	15.5
1990	60.1	21.4	18.5	61.6	23.0	15.4
1995	52.2	23.0	24.8	53.2	27.0	19.8
2000	50.0	22.5	27.5	49.6	26.2	24.2
2005	44.8	23.8	31.4	43.8	29.2	26.9
2006	42.6	25.2	32.2	42.2	30.0	27.8
2007	40.8	26.8	32.4	40.4	31.0	28.6
2008	39.6	27.2	33.2	39.8	31.4	28.8
2009	38.1	27.8	34.1	39.0	31.7	29.3
2010	36.7	28.7	34.6	37.9	32.4	29.8
2011	34.8	29.5	35.7	36.33	33.31	30.36

资料来源：《中国统计年鉴 2012》《河北经济年鉴 2012》。

根据库兹涅茨按照第一产业就业比例划分的工业化发展阶段，全国在 2000 年以前处于工业化初期阶段，2001~2011 年处于工业化中期阶段。河北省的 2000 年第一产业就业比重下降为 49.6%，进入工业化中期阶段。由于第一产业比重一直维持在 37.9%~50% 之间，可以判断河北省工业化进程位于工业化中期初期，这和全国工业化进程所处阶段是一致的。2008 年以前河北省工业化进程稍微慢于全国，2008 年以后稍微高于全国工业化水平。

世界银行对不同收入国家近 35 年劳动力结构变化的规律进行了研究分析，

得出了从 1960 年到 1995 年低、中、高收入国家的劳动力结构变化情况（见表2-6）。

表2-6 1960~1995 年不同发展水平国家劳动力结构

单位：%

年份	低收入国家			中等收入国家			高收入国家		
	农业	工业	服务业	农业	工业	服务业	农业	工业	服务业
1960	77	9	14	59	17	24	17	38	45
1980	72	13	15	38	28	34	9	35	56
1995	69	15	16	32	27	41	5	31	64

资料来源：中国统计信息网，http：//www. stats. gov. cn/tjfx/dfxx/t20070705_ 402415980. htm。

对照表2-5和表2-6，河北省在2010年的就业结构大致相当于20世纪80年代中等收入国家。

4. 城市化水平

钱纳里等经济学家概括了工业化进程与城市化关系的一般模式：在工业化前的准备期，城市化率介于10%~30%之间；工业化初期，城市化率在30%左右；在工业化的实现和经济增长期（工业化中期），城市化率在30%~70%之间；在工业化后期，城市化率一般在70%~80%之间；后工业化时期，城市化率在80%以上。城市化进程一般分为初期、中期和后期三个发展阶段，分别对应于工业化前期、中期和后期三个阶段。

根据城市化率变动情况（见表2-7），全国在1996年以前城市化率一直低于30%，对应于工业化初期水平；1996年以后工业化率一直处于30%~50%之间，对应于工业化中期阶段。河北省没有公布2000年以前的城镇人口及城市化率，而在2000年时河北省城镇化率仅26.09%，比全国低10%个百分点，处于工业化初期阶段；虽然以后年份城市化率超过30%，但仍低于全国一般水平，因此，河北省目前处于工业化中期阶段，但工业化进程落后于全国。

5. 工业化率

钱纳里等人认为，工业化的程度一般可由GDP中制造业份额的增加来度量。工业化初期对应的工业化率为20%~40%；半工业化阶段对应的工业化

表2-7 河北省和全国分年度城市化率

单位：%

年份	全国	河北省	年份	全国	河北省
1978	17.92		2005	42.99	37.69
1980	19.36		2006	44.34	38.44
1985	23.71		2007	45.89	40.26
1990	26.41		2008	46.99	41.89
1995	29.04		2009	48.34	43.75
1996	30.48		2010	49.95	44.50
2000	36.22	26.09	2011	51.27	45.60

资料来源：《中国统计年鉴2012》《河北经济年鉴2012》。

率为40%～60%；工业化完成阶段对应的工业化率为60%以上。

表2-8反映了改革开放以来河北省和全国工业化水平的变动情况。自1978年以来，全国工业化率大致保持在41%左右，大体位于半工业化初期阶段；河北省工业化率大致保持在45%左右，也大体位于半工业化初期阶段。

表2-8 河北省和全国分年度工业化率

单位：%

年份	全国	河北省	年份	全国	河北省
1978	44.1	45.44	2006	42.2	47.84
1980	43.9	42.91	2007	41.6	47.88
1985	38.3	41.4	2008	41.5	49.29
1990	36.7	39.52	2009	39.7	46.32
1995	41.0	40.37	2010	40.1	46.85
2000	40.4	43.65	2011	39.9	48.01
2005	41.8	46.99			

资料来源：《中国统计年鉴2012》《河北经济年鉴2012》。

6. 总投资比重

投资与消费应保持适合比例，投资比重过高，消费比重过低，说明经济结构扭曲，不仅不利于应对气候变化，也不利于经济复苏。

投资率一般用资本形成额除以支出法国内生产总值求得，各国工业化进程表明，伴随着消费结构和产业结构的升级，投资率会不断提高、消费率会相对下降，但在工业化进程结束后，投资率和消费率将趋于稳定。但绝大多数国家的消费率在下降过程中都没有降至 60% 以下，投资率也没有超过 30% 以上。以 2000 年为例，世界平均投资率在 22.9% 左右，消费率在 75.3% 左右。其中，低收入国家分别为 23%、77%；中等收入国家分别为 25%、74%；高收入国家分别为 23%、78%。2000 年我国投资率和消费率分别为 35.3%、62.3%，2011 年投资率和消费率分别为 48.3%、49.1%，远高于世界平均水平。2000 年河北省投资率和消费率分别为 44.5%、44.4%，2011 年投资率和消费率分别为 56.7%、39.3%，不仅远高于世界平均水平，也高于全国一般水平。投资率过高造成能源及其他原材料供应紧张，减排压力大，同时也加大了金融风险和经济波动。

7. 恩格尔系数

恩格尔系数是食品支出总额占个人消费支出总额的比重，反映了居民消费水平和消费结构的优化程度。一个家庭收入越少，家庭收入中（或总支出中）用来购买食物的支出所占的比例就越大；随着家庭收入的增加，家庭收入中（或总支出中）用来购买食物的支出比例则会下降。推而广之，一个国家越穷，每个国民的平均收入中（或平均支出中）用于购买食物的支出所占比例就越大；随着国家的富裕，这个比例呈下降趋势。

表 2-9 反映了改革开放以来河北省和全国恩格尔系数指标的情况。根据国际粮农组织划分贫困与富裕的标准①，自 2000 年起，我国城镇居民生活整体上处于比较富裕水平，农村居民生活整体上处于小康水平。河北省城镇居民自 1999 年起整体上处于比较富裕水平，农村居民自 2000 年起整体上处于比较富裕水平。与一些发达国家和地区相比较我国还有明显差距，如美国 1980 年恩格尔系数已降到 16.5%，日本 1990 年的恩格尔系数为 21.1%，中国香港 1990 年的恩格尔系数为 35.6%。与全国水平比较，河北省恩格尔系数还略低于全国水平。

---

① 根据恩格尔系数的大小，国际粮农组织将居民贫困与富裕的标准划分为以下几个层次：30 以下为富裕，31~39 为比较富裕，40~49 为小康，50~59 为温饱，60 以上为勉强度日。

表 2 - 9 河北省和全国分年度恩格尔系数

单位：%

年 份	全 国		河北省	
	农村居民	城镇居民	农村居民	城镇居民
1978	67.7	57.5		
1980	61.8	56.9	56.06	60.08
1985	57.8	53.3	50.03	49.96
1990	58.8	54.2	49.05	51.16
1995	58.6	50.1	56.81	46.22
2000	49.1	39.4	39.50	34.39
2005	45.5	36.7	41.02	34.56
2006	43.0	35.8	36.69	33.94
2007	43.1	36.3	36.81	33.88
2008	43.7	37.9	38.17	34.73
2009	41.0	36.5	35.69	33.59
2010	41.1	35.7	35.15	32.32
2011	40.4	36.3	33.53	33.80

资料来源：《中国统计年鉴 2012》《河北经济年鉴 2012》。

（二）技术因素层面主要指标变化趋势

1. 单位 GDP 能源消耗量

表 2 - 10 反映了全国 31 个省（直辖市、自治区）"十一五"期间单位 GDP 的变化情况。"十一五"期间，河北省单位 GDP 能耗逐年下降，从 2005 年的 1.981 吨标准煤/万元下降到 2010 年的 1.583 吨标准煤/万元，降低率为 20.09%。从绝对量上来看，2005 年，河北省单位 GDP 能耗排在全国第 24 位，仅低于新疆、甘肃、内蒙古、贵州、山西、青海、宁夏；2010 年，河北省单位 GDP 能耗仍排在全国第 24 位（新疆另行考核），仅低于甘肃、内蒙古、山西、贵州、青海、宁夏。由此可见，几大高耗能省份在"十一五"期间基本没有发生变化。

2. 碳排放总量

由图 2 - 1、表 2 - 11 可以看出，河北省碳排放量逐年增长，但增长幅度波动较大。除个别年份外，河北省碳排放增长波动情况基本与全国同步。在 30 年中，大约有 20 个年份河北省碳排放增长速度高于全国水平。2000～2007

表 2－10 2005～2010 年各地区单位 GDP 能耗

单位：吨标准煤/万元

地　区	2005 年	2006 年	2007 年	2008 年	2009 年	2010 年
北　京	0.792	0.760	0.714	0.662	0.606	0.582
天　津	1.046	1.069	1.016	0.947	0.836	0.826
河　北	1.981	1.895	1.843	1.727	1.640	1.583
山　西	2.890	2.888	2.757	2.554	2.364	2.235
内蒙古	2.475	2.413	2.305	2.159	2.009	1.915
辽　宁	1.726	1.775	1.704	1.617	1.439	1.380
吉　林	1.468	1.591	1.520	1.444	1.209	1.145
黑龙江	1.460	1.412	1.354	1.290	1.214	1.156
上　海	0.889	0.873	0.833	0.801	0.727	0.712
江　苏	0.920	0.891	0.853	0.803	0.761	0.734
浙　江	0.897	0.864	0.828	0.782	0.741	0.717
安　徽	1.216	1.171	1.126	1.075	1.017	0.969
福　建	0.937	0.907	0.875	0.843	0.811	0.783
江　西	1.057	1.023	0.982	0.928	0.880	0.845
山　东	1.316	1.231	1.175	1.100	1.072	1.025
河　南	1.396	1.340	1.285	1.219	1.156	1.115
湖　北	1.510	1.462	1.403	1.314	1.230	1.183
湖　南	1.472	1.352	1.313	1.225	1.202	1.170
广　东	0.794	0.771	0.747	0.715	0.684	0.664
广　西	1.222	1.191	1.152	1.106	1.057	1.036
海　南	0.920	0.905	0.898	0.875	0.850	0.808
重　庆	1.425	1.371	1.333	1.267	1.181	1.127
四　川	1.600	1.498	1.432	1.381	1.338	1.275
贵　州	2.813	3.188	3.062	2.875	2.348	2.248
云　南	1.740	1.708	1.641	1.562	1.495	1.438
西　藏	1.450					1.276
陕　西	1.416	1.426	1.361	1.281	1.172	1.129
甘　肃	2.260	2.199	2.109	2.013	1.864	1.801
青　海	3.074	3.121	3.063	2.935	2.689	2.550
宁　夏	4.140	4.099	3.954	3.686	3.454	3.308
新　疆	2.110	2.092	2.027	1.963	1.934	1.525

资料来源：《中国统计年鉴（2006～2011）》，地区生产总值按 2005 年价格计算。

年是河北省碳排放量增长速度较快的年份，2003~2007年是全国碳排放量增长较快的年份。虽然2007年起碳排放量增长速度放缓，但2010年起碳排放总量增长速度开始回升。这与"十一五"规划期间的能源消耗情况相似，因为碳排放量是根据能源消耗量推算的。

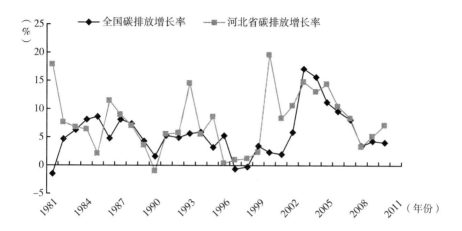

图2-1　1981~2011年河北省与全国碳排放量增长速度

资料来源：根据表2-11测算。

表2-11　河北省及全国1980~2010年河北省碳排放量状况

年份	河北省			全　国		
	二氧化碳排放总量（万吨）	二氧化碳排放强度（吨/万元）	人均二氧化碳排放（吨/人）	二氧化碳排放总量（万吨）	二氧化碳排放强度（吨/万元）	人均二氧化碳排放（吨/人）
1980	7928.63	11.07	1.53	99938.63	5.638	0.992
1981	9342.60	12.77	1.78	98565.37	5.284	1.023
1982	10057.04	12.92	1.88	103228.22	5.074	1.073
1983	10743.39	12.36	1.98	109772.01	4.868	1.144
1984	11439.74	11.65	2.08	118659.98	4.568	1.227
1985	11677.58	10.49	2.10	128948.77	4.375	1.266
1986	13012.39	10.76	2.31	135106.30	4.212	1.347
1987	14190.09	10.82	2.49	146061.59	4.081	1.424
1988	15190.20	10.29	2.62	156822.16	3.937	1.462
1989	15733.66	9.73	2.68	163575.83	3.946	1.464
1990	15594.03	9.10	2.53	166198.73	3.861	1.520

续表

年份	河北省			全　国		
	二氧化碳 排放总量 （万吨）	二氧化碳 排放强度 （吨/万元）	人均二氧 化碳排放 （吨/人）	二氧化碳 排放总量 （万吨）	二氧化碳 排放强度 （吨/万元）	人均二氧 化碳排放 （吨/人）
1991	16471.10	8.86	2.65	174960.58	3.723	1.576
1992	17433.37	8.27	2.78	183601.64	3.420	1.647
1993	19971.02	8.11	3.15	194132.84	3.173	1.725
1994	21080.64	7.37	3.30	205583.63	2.971	1.761
1995	22914.36	7.01	3.56	212188.14	2.765	1.835
1996	23013.33	6.19	3.55	223392.24	2.646	1.807
1997	23260.47	5.54	3.56	222234.69	2.408	1.785
1998	23564.42	5.03	3.59	221674.23	2.228	1.831
1999	24137.85	4.69	3.65	229430.63	2.143	1.861
2000	28880.97	5.13	4.33	234981.32	2.024	1.884
2001	31291.94	5.10	4.67	239560.51	1.905	1.982
2002	34596.63	5.16	5.14	253762.11	1.850	2.306
2003	39716.74	5.36	5.87	297078.54	1.968	2.652
2004	44898.01	5.39	6.59	343699.73	2.069	2.931
2005	51368.29	5.45	7.50	382171.42	2.067	3.197
2006	56731.29	5.31	8.22	419138.19	2.011	3.441
2007	61463.95	5.09	8.85	453431.90	1.906	3.544
2008	63544.29	4.72	9.09	469453.44	1.800	3.677
2009	66831.60	4.51	9.50	489570.14	1.719	3.808
2010	71631.30	4.35	10.02	509413.94	1.619	4.078

资料来源：根据全国及河北省能源消费量测算。

3. 单位 GDP 碳排放量

从图 2-2 可以看出，1980~2010 年，河北省碳排放强度与全国碳排放强度变动趋势相同，1981~1999 年碳排放强度呈指数下降，1998~2010 年虽有所波动，但基本平稳。在所有年份中，河北省碳排放强度均高于全国水平，这对河北省应对气候变化是极为不利的。

4. 人均碳排放量

从图 2-3 可知，人均碳排放量与碳排放强度变化趋势完全相反，1980~2010 年，河北省及全国人均碳排放量均呈指数上升趋势，每年河北省人均碳

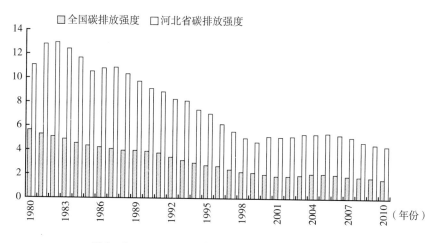

图 2 - 2　1980 ~ 2010 年河北省与全国碳排放强度

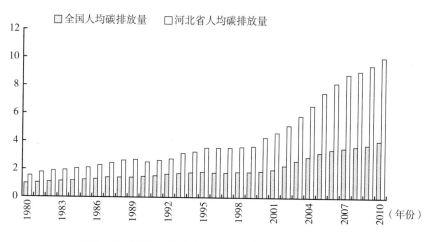

图 2 - 3　1980 ~ 2010 年河北省与全国人均碳排放量

排放量均高于全国人均碳排放量，且差距越来越大。人均碳排放量的变化分两个阶段，第一个阶段为 1980 ~ 1999 年，人均碳排放量上升幅度较小；第二个阶段为 2000 ~ 2011 年，人均碳排放量上升幅度较大。

5. 能源消费总量

从表 2 - 12 中可知，河北省能源消费总量逐年增长，变动趋势与全国较为一致，但存在几个主要的极值点，1993 年，恰好是市场化改革后的第一年，市场化改革使长期被压抑的经济增长动力迸发，对能源的消费量剧增；2000 ~

2005年，进入21世纪后，河北省经济高速发展，尤其是高耗能行业发展迅速，能源消费量大幅增加。全国在2003~2004年能耗消费增长速度达到顶峰，在此背景下，国家"十一五"规划提出2010年末单位GDP能耗降低20%的目标，河北省被分解到的降耗指标也为20%。为了完成节能降耗目标，国家出台了"对标""淘汰落后产能""双三十""区域限批"等政策，各省单位GDP能耗逐年下降，除新疆另行考核外，其他省份均完成了目标。值得注意的是，不管是国家层面还是河北省单省的地方层面，由于其在2010年初判断基本可以完成节能目标，导致能源消费量反弹，河北省反弹幅度远超过全国一般水平。

表2-12 1990~2011年全国、河北省能源消费总量及增长率

单位：万吨标准煤，%

年份	全 国		河 北	
	能源消费总量	增长率	能源消费总量	增长率
1990	98703		6124.22	
1991	103783	5.15	6471.93	5.68
1992	109170	5.19	6866.29	6.09
1993	115993	6.25	7861.92	14.50
1994	122737	5.81	8168.62	3.90
1995	131176	6.88	8892.41	8.86
1996	135192	3.06	8938.47	0.52
1997	135909	0.53	9033.01	1.06
1998	136184	0.20	9151.12	1.31
1999	140569	3.22	9379.27	2.49
2000	145531	3.53	11195.71	19.37
2001	150406	3.35	12114.29	8.20
2002	159431	6.00	13404.53	10.65
2003	183792	15.28	15297.89	14.12
2004	213456	16.14	17347.79	13.40
2005	235997	10.56	19835.99	14.34
2006	258676	9.61	21794.09	9.87
2007	280508	8.44	23585.13	8.22
2008	291448	3.90	24321.87	3.12
2009	306647	5.21	25418.79	4.51
2010	324939	5.97	27531.11	8.31
2011	348002	7.10	29498.29	7.15

资料来源：《中国统计年鉴2012》《河北经济年鉴2012》。

（三）资源禀赋层面主要指标变化趋势

1. 化石能源消费总量

化石能源是一种碳氢化合物或其衍生物。它由古代生物的化石沉积而来，是一次能源。化石能源所包含的天然资源有煤炭、石油和天然气。化石能源是目前全球消耗的最主要能源，2006 年全球消耗的能源中化石能源占比高达 87.9%。化石能源在使用过程中会新增大量温室气体——二氧化碳，同时可产生一些有污染的烟气，对全球生态环境产生危害。

如图 2 - 4 所示，近十多年来，全国化石能源消费总量持续增长，从 1990 年的 93669.15 万吨标准煤增加到 2011 年的 320161.8 万吨标准煤。不同时期增长率波动幅度不同，其中 2003 ~ 2007 年增长幅度较大，2003 ~ 2005 年增长率在 10% 以上，2006 ~ 2007 年增长率虽下降到 10% 以下，但与 10% 相差不远。河北省化石能源消费总量增长速度较快，从 1990 年的 6097.9 万吨标准煤增加到 2010 年的 27327.4 万吨标准煤，年平均增长率为 7.79%，且大部分年份高于全国化石能源消费总量的增长率。2000 ~ 2007 年是河北省化石能源消费增加较快的年份。另外，需要注意的是，2010 年河北化石能源消费反弹较大。

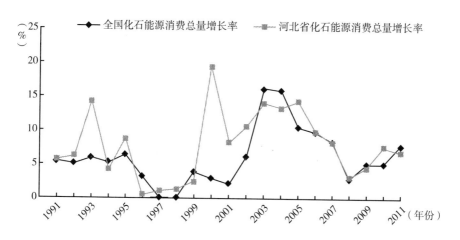

图 2 - 4 1990 ~ 2011 年全国及河北省化石能源消费总量增长率

2. 化石能源占总能源比重

由表 2 - 13 可知，我国能源消费对象比较单一，基本以化石能源为主，全国化石能源占能源消费总量的比重保持在90%以上，且总体上呈下降趋势，2010年已下降到91.4%。就河北省而言，其化石能源所占比重更高，基本保持在99%以上，个别年份甚至接近100%，如此大的化石能源消费比重对节能减排的实施是极为不利的。

表2-13　全国及河北省各种能源消费情况表

单位：万吨标准煤，%

年份	全国			河北省		
	化石能源消费总量	化石能源消费比重	煤炭消费比重	化石能源消费总量	化石能源消费比重	煤炭消费比重
1990	93669.15	94.9	76.2	6097.9	99.57	90.3
1991	98801.42	95.2	76.1	6448.0	99.63	90.6
1992	103820.7	95.1	75.7	6845.7	99.7	90.6
1993	109961.4	94.8	74.7	7824.2	99.52	90.1
1994	115741	94.3	75	8153.9	99.82	90.4
1995	123174.3	93.9	74.6	8875.5	99.81	90.3
1996	127080.5	94	73.5	8919.7	99.79	90.6
1997	127210.8	93.6	71.4	9020.4	99.86	90.3
1998	127332	93.5	70.9	9141.1	99.89	89.7
1999	132275.4	94.1	70.6	9369.0	99.89	90.0
2000	136217	93.6	69.2	11190.1	99.95	90.9
2001	139125.6	92.5	68.3	12109.4	99.96	91.8
2002	147792.5	92.7	68	13400.5	99.97	91.1
2003	171845.5	93.5	69.8	15287.2	99.93	92.8
2004	199154.4	93.3	69.5	17330.4	99.9	91.1
2005	219949.2	93.2	70.8	19812.2	99.88	91.8
2006	241344.7	93.3	71.1	21772.3	99.9	91.6
2007	261433.5	93.2	71.1	23563.9	99.91	92.4
2008	269006.5	92.3	70.3	24301.8	99.92	92.3
2009	282728.5	92.2	70.4	25401.0	99.93	92.5
2010	296994.2	91.4	68	27327.4	99.26	90.5
2011	320161.8	92.0	68.4	29179.71	98.92	89.61

资料来源：《中国统计年鉴2012》《河北经济年鉴2012》。

3. 煤炭消费比重

由图2-5可知，河北省煤炭消费比重相对比较稳定，1991～2000年基本保持在90%～91%之间，2001～2009年消费比重大致在91%～93%之间，2011年消费比重首次降至90%以下。而全国煤炭消费比重基本呈下降趋势，从1991年的76.1%降至2011年的68.4%。这一时期，河北省煤炭消费比重远远高于全国，因此，河北省应对气候变化面临的挑战和任务更加艰巨。

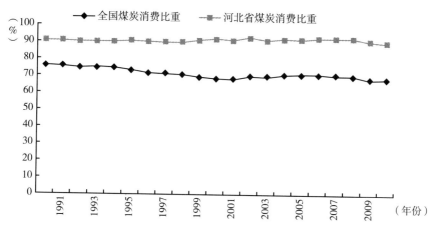

图2-5 1990～2010年全国及河北省煤炭消费比重

资料来源：《中国统计年鉴2012》《河北经济年鉴2012》。

4. 森林覆盖率

由图2-6可知，2011年，全国森林覆盖率为20.36%，河北为22.39%，略高于全国水平，排在全国第19位。其中森林覆盖率最高的五个省份为福建、江西、浙江、广西、海南，这五个省份的森林覆盖率均在50%以上；森林覆盖率最低的五个省份为宁夏、上海、天津、青海、新疆，这五个省份的森林覆盖率均在10%以下。同全国先进省份相比，河北省的森林覆盖率指标在全国排位较低，这对河北省应对气候变化而言，既是一个劣势，同时又意味着巨大的潜力。

就应对气候变化的三个一级指标来说，通常经济发展阶段在某种程度上决定了技术条件和资源禀赋，而经济发展阶段与能源消耗及碳排放之间存在着密切联系。许涤龙等研究指出，中国在从工业化初期阶段向中期阶段发展过程中，能源消耗强度增强，能源需求增长超过经济增长，经济增长是能源消耗的单向Granger因果关系；符淼等研究发现，基于经济发展阶段的整体污染、水

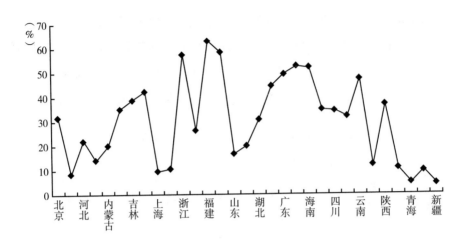

图 2 - 6　各地区森林覆盖率（2011）

资料来源：《中国统计年鉴 2012》。

污染、大气污染和固体废物污染曲线都为倒 U 形曲线，整体污染和水污染曲线的拐点出现在工业化高级阶段，大气污染和固体废物污染曲线的拐点出现在工业化中级阶段；陈武等通过处于相同经济发展阶段的国际比较发现，中国当前所处阶段的碳排放总量要高于美国、欧洲、日本等发达国家和地区相同阶段的碳排放量，但中国当前所处发展阶段的人均碳排放量和碳排放强度都远远低于美国、欧洲等发达国家和地区相同经济发展阶段的排放水平。因此，中国在制定应对气候变化目标，并将承诺的碳减排比例分解到各省时，需要综合考虑不同经济发展阶段、技术条件和资源禀赋的影响。同样，河北省在制定自己的温室气体减排目标时，也需要结合河北省与全国的经济发展阶段的差异及河北省温室气体排放现状来确定。

第二节　河北省应对气候变化目标的确定

根据前述运用应对气候变化指标体系分析的结果，河北省经济发展阶段略落后于全国平均水平，技术水平和经济结构与全国相比也有些差距，因此河北省在应对气候变化方面所承担的任务应略低于全国平均水平，但鉴于河北省经济大省地位，且近年来空气污染严重，河北省可承担与全国平均水平相当的减排任务。"十一五"期间，河北省单位 GDP 能耗下降 20%，这与全国的目标任务是一样的，这也从一定程度上说明我们所设定的应对气候变化任务的合理性。

一　单位 GDP 碳排放目标的确定

2009 年 11 月 25 日，中央政府决定，到 2020 年全国单位国内生产总值二氧化碳排放比 2005 年下降 40%～45%，作为约束性指标纳入"十二五"及其后的国民经济和社会发展中长期规划，并制订了相应的国内统计、监测、考核办法加以落实。为确保这一目标的实现，既需要合理确定全国各个时期的控制目标，也需要将全国不同时期的目标分解到各个区域。对于河北省而言，就需要根据全国的总体目标，科学选择和确定适合本省省情的单位 GDP 碳排放目标。

（一）2020 年单位 GDP 碳排放下降 45% 左右

1. 目标设定

为确保实现提出的"到 2020 年中国单位国内生产总值二氧化碳排放比 2005 年下降 40%～45%"的控制温室气体排放的行动目标，"十一五"期间，我国提出单位 GDP 能耗下降 20% 的目标。到 2010 年年底，单位 GDP 能耗比 2005 年已下降 19.1%，非化石能源比重已由 6.8% 上升到 8.3%，相应 GDP 的二氧化碳强度下降约 21%。"十二五"期间，我国又提出单位 GDP 能耗下降 16%，单位 GDP 二氧化碳强度下降 17% 的目标。如果在"十二五"末如期实现上述目标，"十三五"期间只要我国的单位 GDP 二氧化碳强度下降 15%～16%，即可实现 2020 年单位 GDP 二氧化碳强度比 2005 年下降 45% 的目标，达到我国自主减排目标的上限。

从应对气候变化指标体系来看，无论是经济发展阶段、技术因素还是资源禀赋，河北省都应承担比全国略低的减排责任。但同时河北省又是经济大省，毗邻京津，空气污染严重，则可能被要求承担与全国水平相同的减排责任。出于稳健原则，河北省可将 2020 年减排目标确定为比 2005 年下降 45%。

到 2010 年年底，河北省单位 GDP 二氧化碳强度比 2005 年下降 20%，比全国略高，若将"十二五"期间下降目标定为 17%（与全国"十二五"目标相同)，"十三五"期间单位 GDP 二氧化碳强度仍需下降 15.38%，才能实现 2020 年单位 GDP 二氧化碳强度比 2005 年下降 45% 的目标。此目标略高于全国"十三五"目标。若将"十二五"期间下降目标定为 18%，"十三五"期间只要单位 GDP 二氧化碳强度下降 16% 左右，即可实现 2020 年单位 GDP 二氧化碳强度比 2005 年下降 45% 的目标。

若按照河北省节能减排"十二五"规划，将"十二五"期间下降目标定为 19%，"十三五"期间只要单位 GDP 二氧化碳强度下降 15%，即可实现 2020 年单位 GDP 二氧化碳强度比 2005 年下降 45% 的目标。鉴于近年来河北省空气污染严重，可按上述指标值设定目标。

2. 优点分析

如果河北省选择上述指标值作为应对气候变化目标，有很多优点，主要包括以下几个方面：

(1) 有助于表明政府降低碳排放的决心和力度。选择单位 GDP 碳排放下降 19% 左右作为"十二五"河北省应对气候变化目标，延续了"十一五"期间约束性节能减排指标要求，表明政府节能的决心和力度不变。为了实现"十一五"节能减排目标。河北省制定并出台了一系列的政策和措施，如发布了《河北省节约能源条例》《河北省关于加强节能工作的决定》《河北省节能减排综合性实施方案》《河北省单位 GDP 能耗统计指标体系实施方案》《河北省单位 GDP 能耗监测体系实施方案》《河北省单位 GDP 能耗考核体系实施方案》等法规或文件，并采取了加大淘汰落后力度，落实十大重点节能工程和千家企业节能行动，自行实施"双三十"工程等措施，不仅产生了良好的节能效果，而且体现了政府节能的信心和决心。0 如果"十二五"期间确定将单位 GDP 碳排放下降 19% 左右作为应对气候变化的约束性指标，可以给全省发出继续保持"十一五"期间节能减排工作力度不放松的重要而明确的信号。

(2) 有助于保持政策的一致性。"十二五"期间提出单位 GDP 碳排放下降 19% 左右的目标，与"十一五"期间实施的节能减排政策和措施保持了连贯性和一致性，有利于"十一五"已有手段的延续。同时，有利于避免"突击式"短期行为，如有些地区为了完成节能减排目标，限制居民用电、责令高耗能企业间断性停产等。减排目标的持续性有利于减排技术的研发、碳排放市场的培育、节能减排人才的培养以及消费者低碳行为的转变等。

（3）有利于应对长期资源与环境问题。2011 年，河北省能源消耗总量为29498.29 万吨标准煤，且能源消费品种结构较差，煤炭占到 89.61%、石油为7.73%、天然气为 1.58%，水电为 1.08%。大量的能源消耗不仅对能源供应产生影响，也对环境造成极大污染。2010 年，河北省碳排放总量为 71631.30万吨，占全国碳排放总量的 14.06%；工业二氧化硫排放量为 99.4 万吨，在全国排在第 6 位，仅次于山东、内蒙古、河南、山西、江苏；生活二氧化硫排放量为 24 万吨，排在第 2 位，仅次于贵州；工业烟尘排放量为 32.3 万吨，排在第 5 位，仅次于内蒙古、河南、山西、辽宁；生活烟尘排放量为 17.7 万吨，排在第 3 位，仅次于辽宁、山西；工业粉尘排放量为 32.1 万吨，排在第 3 位，仅次于湖南、山西。因此，"十二五"期间提出单位 GDP 碳排放下降 19% 左右的目标，可以促使河北省在大幅度减少碳排放的同时，显著消除工业发展对生态环境造成的不良影响，对于推进河北省资源节约型和环境友好型社会建设进程具有重要意义。

3. 潜在问题

当然，将 2020 年单位 GDP 碳排放下降目标定为 45%，"十二五"末碳排放下降目标定为 19%，也存在一些潜在问题：

（1）减排难度比"十一五"时期更大。淘汰落后产能是"十一五"工业节能取得显著进展的重要原因之一，同时也是造成"十一五"碳排放大幅下降的原因。"十一五"以来，河北省紧紧围绕炼铁、炼钢、水泥、平板玻璃、造纸、焦化、制革、印染、铜冶炼、酒精 10 个工业行业，锁定落后产能淘汰目标和期限，持续采取"铁腕"措施力促企业淘汰落后产能，强力推进全省工业节能减排目标的实现。随着"十一五"工业节能目标的实现，企业的落后产能也大部分被淘汰，因此，"十二五"期间继续靠淘汰落后产能推进工业节能和降低碳排放的空间将十分有限，如果继续关停落后产能，被关停生产能力的单机规模将有所增加。而且，对于河北省大中型企业，吨钢可比能耗在 2007 年时已达到国际先进水平，水泥综合能耗也早已超过国际先进水平，进一步节能的空间有限，这无疑增大了"十二五"期间实现碳排放目标的难度。

（2）减排率过高，远远超过世界平均水平。碳排放量和国家的发展阶段密切相关，当前中国处于快速发展阶段，碳排放量适当增长是经济发展的规律。但是我们也应控制并减少碳排放。从1990年到2010年，中国产出单位GDP的二氧化碳排放下降了55%，而发达国家下降了35%，世界平均水平是15%。1990～2010年，河北省单位GDP的二氧化碳排放量下降了52.2%，虽然略低于全国水平，但仍远高于发达国家水平和世界平均水平。

（3）减排速度过快不利于经济持续增长。碳减排本质上是经济发展方式的变革，是一种制度变迁。而制度变迁分强制性制度变迁和诱导性制度变迁两种。苏联和中国制度变迁的实践表明，强制性制度变迁是具有破坏性的，最起码在早期是这样。碳减排方式的制订既应该包括强制性的也应该包括诱导性的。但是，从"十一五"节能减排实践来看，强制性的措施起主导作用，如淘汰落后产能、限产限电等，而诱导性的措施如技术创新等在短期内发挥作用空间不大。如果减排率过高，肯定还是强制性措施起主导作用，这样必然不利于国民经济的长期持续稳定增长。

（4）经济结构对减排带来巨大压力。由于历史原因，河北省经济结构偏重，2000年以来第二产业比重一直在50%以上。2011年，按工业增加值占地区生产总值的比重来排名，河北省排在全国第7位，仅低于山西、河南、内蒙古、青海、辽宁、天津；按工业增加值占第二产业增加值比重来排名，河北省排在全国第6位，仅低于广东、天津、上海、河南、山西，具体见图2-7。

从工业内部来讲，2011年河北省六大高耗能行业占规模以上工业增加值的比重为25%，而六大高耗能行业占规模以上工业能源消费量的比重达90%左右。但高耗能行业尤其是钢铁行业是河北省的支柱产业，且在技术上具有优势，2010年前4个月，河北省烧结工序能耗水平最好的企业是宣钢（42.55千克标准煤/吨），比太钢（41.78千克标准煤/吨）高5.21%；焦化工序能耗水平最好的企业是唐钢（98.75千克标准煤/吨），比南昌（54.46千克标准煤/吨）高81.33%；炼铁工序能耗最好的企业是宣钢（367.93千克标准煤/吨）、邯钢（379.54千克标准煤/吨）、河北敬业（391.99千克标准煤/吨）和石钢（389.89千克标准煤/吨），分别比新余（359.60千克标准煤/吨）高2.32%、5.55%、9.01%和30.29%。因此可以看出，河北省结构减排的空间有限。

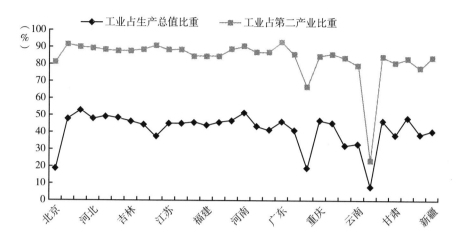

图 2－7　2011 年各地区工业占生产总值比重、工业占第二产业增加值比重

资料来源：《中国统计年鉴 2012》。

（二）2020 年单位 GDP 碳排放下降 40％左右

1. 目标设定

鉴于河北省的经济发展阶段和资源禀赋，也可将 2020 年单位 GDP 碳排放下降目标定为 40％。到 2010 年年底，河北省单位 GDP 二氧化碳强度比 2005 年下降 20％左右，若将"十二五"期间下降目标定为 17％（与全国"十二五"目标相同），"十三五"期间只要单位 GDP 二氧化碳强度下降 9.6％，即可实现 2020 年单位 GDP 二氧化碳强度比 2005 年下降 40％。此目标与全国"十三五"目标相差太多。若根据河北省节能减排"十二五"规划将"十二五"期间下降目标定为 19％，"十三五"期间只要单位 GDP 二氧化碳强度下降 7.4％即可完成目标任务量；若将"十二五"期间下降目标定为 15％，"十三五"期间只要单位 GDP 二氧化碳强度下降 11.8％左右，即可实现 2020 年单位 GDP 二氧化碳强度比 2005 年下降 40％的目标。若将"十二五"期间下降目标定为 14％，"十三五"期间只要单位 GDP 二氧化碳强度下降 12.8％左右，即可实现 2020 年单位 GDP 二氧化碳强度比 2005 年下降 40％的目标。为了不和国家目标相差太多，以及不和"十二五"和"十三五"下降目标相差太多，可将"十二五"期间下降目标定为 15％，"十三五"期间下降目标定为 11.8％左右。

2. 优点分析

这样设定的优点在于可使减排目标更容易实现。更关键的是，可以留出一定缓冲时间，有利于河北省在碳减排的人才培养、制度建设、市场培育等多方面综合水平的提高；有利于企业筹集更多资金，掌握更先进的节能减排技术；有利于解决银行坏账和就业问题；同时也有利于经济增长方式的逐步转变和新兴产业的发展。

3. 潜在问题

当然，这种设定也存在一些潜在问题。

（1）容易造成重视程度下降。"十二五"期间，如果将单位GDP碳排放下降率从"十一五"的20%左右下降到15%左右，容易造成减排工作支持力度降低的负面印象，导致政府和企业对减排工作重视程度的下降，从而不利于"十二五"碳减排工作的开展和"十二五"减排目标的实现。

（2）同国家大力推进减排战略的导向不符。目前，我国已成为世界上二氧化碳排放第一大国，国际社会对我国减排温室气体的呼声也越来越强烈。随着全球气候变化谈判议题越来越受到国际社会的重视，我国作为一个发展迅速的发展中国家将面临外部越来越大的节能减排压力。因此，河北省"十二五"减排目标的确定，必须与我国的温室气体减排目标相协调。与发达地区和全国平均水平相比，河北省还有一定的减排潜力可挖，作为重工业省份的河北，依然有可能成为减排的重点。

综上分析，河北省到2020年单位GDP碳排放下降的目标是选择40%还是45%，可以说各有优劣和利弊。但鉴于河北省经济大省和碳排放大省的地位，以及与我国温室气体减排战略目标的协调和实现，河北省的碳减排目标确定为"到2020年单位GDP碳排放下降45%"，"十二五""十三五"分别下降19%和15%可能更为合理。

二　河北省"十二五""十三五"碳排放量测算

为了分析碳排放目标对河北省碳排放量的影响，我们根据实际，通过设定河北省在"十二五""十三五"期间有可能实现的发展速度，并就既定经济发展速度下不同单位GDP碳排放下降目标进行了测算。

（一）方案一：河北省地区生产总值保持8.5%的速度

假定："十二五"减排目标为19%，"十三五"减排目标为15%。

河北省"十二五"规划纲要提出，到 2015 年，生产总值预期突破 3 万亿元，年均增长 8.5% 左右，人均生产总值比 2000 年翻两番。我们假定"十二五""十三五"河北省均保持 8.5% 的增长率。

如果将"十二五"减排目标设定为下降 19%，则按照 8.5% 的地区生产总值增长速度，2015 年河北省碳排放量将达到 86770.7 万吨，详见表 2-14。这就是说，"十二五"时期，河北省年均碳排放量增长将达 3027.88 万吨左右，年均增长速度为 3.90%。若按 2005 年的碳排放强度来计算，减排潜力为 47144.3 万吨（133915 - 86770.7 = 47144.3）。

表 2-14　"十二五"经济增长 8.5%、减排目标下降 19%

年份	地区生产总值 （亿元，2005 年价）	五年地区生产总值 增速（%）	碳排放 （万吨）	五年碳排放 增速（%）	五年单位 GDP 碳排放 下降（%）
2010	17402.86		71631.30		
2015	26104.29	8.5	86770.7	3.90	19

资料来源：2010 年数据来源于《河北经济年鉴 2011》，其他数据为情景分析法预测数。

如果将"十三五"减排目标设定为下降 15%，则按照 8.5% 的地区生产总值增长速度来计算，2020 年河北省碳排放量将达到 110911.89 万吨，详见表 2-15。这样，"十三五"时期，河北省年均碳排放量增长将达 4828.24 万吨左右，年均增长速度为 5.06%。若按 2005 年的碳排放强度来计算，减排潜力为 90853.36 万吨。

表 2-15　"十三五"经济增长 8.5%、减排目标下降 15%

年份	地区生产总值 （亿元，2005 年价）	五年地区生产总值 增速（%）	碳排放 （万吨）	五年碳排放 增速（%）	"十三五"单位 GDP 碳排 放下降（%）
2010	17402.86		71631.30		
2020	39330.46	8.5	110911.89	5.06	15

资料来源：2010 年数据来源于《河北经济年鉴 2011》，其他数据为情景分析法预测数。

（二）方案二：河北省地区生产总值保持 7.18% 的速度

假定："十二五"减排目标为 19%，"十三五"减排目标为 15%。

2012 年党的十八大提出，到 2020 年国内生产总值比 2010 要翻一番，即年均增长速度要达到 7.18%。假定河北省在"十二五"和"十三五"期间也按 7.18% 的速度增长。

如果将"十二五"减排目标设定为下降 19%，则按照 7.18% 的地区生产总值增长速度来计算，2015 年河北省碳排放量将达到 81942.84 万吨，详见表 2-16。这就是说，"十二五"时期，河北省年均碳排放量增长将达 2062.31 万吨左右，年均增长速度为 2.66%。若按 2005 年的碳排放强度来计算，减排潜力为 44318.04 万吨。

表 2-16　"十二五"经济增长 7.18%、减排目标下降 19%

年份	地区生产总值 （亿元，2005 年价）	五年地区生产 总值增速（%）	碳排放 （万吨）	五年碳排放 增速（%）	五年单位 GDP 碳排放 下降（%）
2010	17402.86		71631.30		
2015	24607.46	7.18	81942.84	2.66	19

资料来源：2010 年数据来源于《河北经济年鉴 2011》，其他数据为情景分析法预测数。

如果将"十三五"减排目标设定为下降 15%，则按照 7.18% 的地区生产总值增长速度来计算，2020 年河北省碳排放量将达到 98152.13 万吨，详见表 2-17。这样，"十三五"时期，河北省年均碳排放量增长将达 3241.86 万吨左右，年均增长速度为 3.71%。若按 2005 年的碳排放强度来计算，减排潜力为 80666.9 万吨。

表 2-17　"十三五"经济增长 7.18%、减排目标下降 15%

年份	地区生产总值 （亿元，2005 年价）	五年地区生产 总值增速（%）	碳排放 （万吨）	五年碳排放 增速（%）	"十三五"单位 GDP 碳排放下降（%）
2010	17402.86		71631.30		
2020	34805.72	7.18	98152.13	3.71	15

资料来源：2010 年数据来源于《河北经济年鉴 2011》，其他数据为情景分析法预测数。

三　河北省应对气候变化分产业目标确定

三次产业结构依据：2015 年服务业比重为 38%，2020 年为 40%；2015 年第二产业比重为51.5%，2020年为50.5%；2015年单位生产总值能耗下降20%，单位生产总值二氧化碳排放量下降19%。

河北省"十二五"规划纲要提出，到2015年，生产总值预期突破3万亿元，年均增长8.5%左右。我们假定"十二五""十三五"时期河北省均保持8.5%的增长率。则2015年的地区生产总值为26104.29亿元（2005年不变价格），则第一产业增加值为2740.95亿元，第二产业增加值为13443.71亿元，第三产业增加值为9919.63亿元；三次产业的年均增长率分别为4.6%、8%、10.3%。2020年的地区生产总值为39330.46亿元，则第一产业增加值为3736.39亿元，第二产业增加值为19861.88亿元，第三产业增加值为15732.18亿元。

在计算三次产业碳排放强度时，不能简单以2010年的碳排放强度4.116吨/万元作为比较基础，因为单位GDP碳排放量包括生活用能（即用总碳排放除以GDP），但按产业算的时候不包括生活用能（能源消费包括第一产业、第二产业、第三产业和生活用能），不包括生活用能的碳排放强度2010年为3.45吨/万元，则2015年碳排放强度为3.45×（1−19%）=2.80吨/万元，因此，如果不考虑生活用能，则2015年河北省三次产业的碳排放总量为73092万吨。三次产业排放量和总排放量之间的差异通过节约生活用能来完成。

2010年，河北省第一产业碳排放强度为0.7吨/万元，比2005年下降了28.5%；第三产业碳排放强度为0.75吨/万元，比2005年下降了30%；第二产业碳排放强度为4.94吨/万元，比2005年下降了32%。按照到2015年工业碳排放强度下降20%的目标，则可以假定到2015年：第二产业碳排放强度下降19%[①]，第三产业碳排放强度下降8.5%，第一产业碳排放强度下降8%[②]。通过计算，2015年第一产业碳排放量为2049.88万吨，第二产业碳排放量为63098.33万吨，第三产业碳排放量为7940.1万吨，三次产业碳排放总量为

---

① 由于因为第二产业包括工业和建筑业，建筑业碳排放远低于工业，因此，第二产业碳排放强度下降目标应略低于工业。

② 一是第三产业碳排放强度比第一产业稍高，二是第一产业、第三产业碳排放强度本身不太高，下降潜力有限。

73088.31 万吨。同上面测算的 2015 年河北省不包括生活用能的三次产业的碳排放总量 73092 万吨指标相比，这一结果可以说基本无差异（完全相等基本不可能），从而实现了在三次产业间的较好分解。

根据碳排放规划，2020 年碳排放强度下降 40%～45%，由于河北省空气污染较重，考虑按最高标准，则 2020 年单位 GDP 碳排放强度为 2.37 吨/万元（不包括生活部分），根据 8.5% 的经济增长率，2020 年河北省地区生产总值为 39156.44 亿元（2005 年价格），2020 年三次产业的增加值分别为 3719.86.86 亿元、19774 亿元、15662.58 亿元，所占比例分别为 9.5%、50.5%、40%；2020 年碳排放总量（不包括生活碳排放）为 92800.76 万吨。令第一产业碳排放强度降低率为 5.6%，第二产业碳排放强度降低率为 15.5%，第三产业碳排放强度降低率为 5.8%，则 2020 年第一产业碳排放量为 2626.43 万吨，第二产业碳排放量为 78341.76 万吨，第三产业碳排放量为 11828.5 万吨，三次产业碳排放量总计为 92796.7 万吨，和规划目标 92800.76 万吨基本相等，从而实现了碳排放总量在三次产业间的合理分解。

第三节　河北省应对气候变化主要指标地区分解研究

在合理确定河北省"十二五"应对气候变化目标的基础上，本节将运用地区分解的理论模型把全省应对气候变化目标分解到各个设区市，通过合理分解和落实各个设区市的目标来确保全省"十二五"应对气候变化目标的实现。

一　按地区分解的理论模型

（一）模型构成

河北省碳排放总量要根据各设区市的实际情况，采用定量化方法，将碳排放总额科学合理地分解到各个设区市，碳排放分解的辅助决策系统由以下四个模块构成。

1. 因素（因子）分析

该模块的目的是在碳排放总量确定的条件下，通过相关因素分析找出碳排放分解的决定因素（指标体系）。确定指标体系的原则，是选取能体现各地区应对气候变化的责任、潜力、能力与难度的量化因素指标，作为碳排放分解的决策因素。

用于碳排放分解的因素指标的确定，可按照如下步骤进行：首先，选取与碳排放分解有关的量化因素指标。其次，对选中的因素指标做相关分析。若某些因素相关性很强，则可取其中最主要的因素指标作为决策因素，舍弃次要因素。若某些因素相关性很强，彼此之间又无轻重之别，则可采用综合成一个或几个少数指标的方法（如因子分析法、熵值法等）加以综合，用综合后的指标作为参与分解决策的决策因素。最后，分析确定与碳排放分解有关而又彼此不相关的定量指标，作为整个碳排放分解的决策因素。

2. 单位分类

参与碳排放分解的各设区市，在与分解有关的决策因素上彼此差异很大，可在分类的基础上进行分解。单位分类就是在对决策因素进行综合分析的基础上，按相近程度的高低进行归类，以实现同一类别承担分解任务相近，不同类别承担分解任务区别较大的思想。

3. 单位排序

在对各设区市进行分类后，各设区市在某些指标上仍存在一定差异，因此，它们分解到的目标也应该有所区别。排序就是在同类地区内，根据指标体系，采用某种方法将其综合为一个综合指标（或综合因子），然后根据此综合指标的大小，将不同类别内的地区进行排序，以此作为应承担分解任务的依据。

分类与排序是并行的两个模块，排序是必要的，但分类与否取决于不同地区间决策因素的差异程度。

另外，由于排序结果取决于综合指标大小，而综合指标大小取决于各指标的权重，所以不同评价方法下的排序结果可能并不相同。因此，在产生综合指标时，要尽量多选用几种方法，通过检验各种方法的一致性，来保证综合指标能反映各设区市的实际情况。

4. 碳排放总量分解

在依据指标体系进行分类、排序后，计算各设区市的分解目标。计算公式为：

$$分解数量 = 基数数量 + 配置数量$$

其中，基数数量是指同类单位因决策因素差异较小而应分担的最起码的基本数量。在分类进行时，不同类下基数数量的取值是不同的。在不需分类进行分解时，基数数量可取统一数量或不取任何数值，其具体取值大小，要视具体问题和情况而定。

配置数量是指同类地区因决策因素差异而分解到的配置额。其计算公式为：

$$配置数量 = 配置总量 \times 分配系数$$

其中，配置总量 = 碳排放总量 - 基数数量 × 单位数。

（二）统计模型

1. 分类模型

（1）初始分类

根据指标体系可对各地区进行分类。分类常用的统计方法为聚类分析，而聚类分析中又以系统聚类最常用。系统聚类的基本思想是开始将 n 个样品各自作为一类，并规定样品之间的距离和类与类之间的距离，然后将距离最近的两类合并成一个新类，计算新类与其他类的距离；重复进行两个最近类的合并，每次减少一类，直至所有的样品合并为一类。系统聚类包括最短距离法、最长距离法、中间距离法、类平均法、重心法、离差平方和法等。不同的聚类方法分类结果不完全相同，太浓缩的方法不够灵敏，太扩张的方法可能因灵敏度过高而容易失真。类平均法比较适中，它既不太浓缩也不太扩张，是相对比较理想的方法，许多软件默认的聚类方法为类平均法。

类平均法有两种定义，一种定义方法是把类与类之间的距离定义为所有样品对之间的平均距离，即定义 G_K 和 G_L 之间的距离为：

$$D_{KL} = \frac{1}{n_K n_L} \sum_{i \in G_K, j \in G_L} d_{ij}$$

式中，d_{ij} 表示第 i 个样品与第 j 个样品的距离；$G_1, G_2, \cdots$ 表示类；D_{KL} 表示 G_K 与 G_L 的距离。

该方法又被称为组间连接法，其递推公式为：

$$D_{MJ} = \frac{n_K}{n_M}D_{KJ} + \frac{n_L}{n_M}D_{LJ}$$

另一种定义方法是定义类与类之间的平方距离为样品对之间平方距离的平均值，该方法又被称为组内连接法。计算公式为：

$$D_{KL} = \frac{1}{n_K n_L} \sum_{i \in G_K, j \in G_L} d_{ij}^2$$

其递推公式为：

$$D_{MJ} = \frac{n_K}{n_M}D_{KJ}^2 + \frac{n_L}{n_M}D_{LJ}^2$$

（2）分类调整

假设已将 n 个地区分为 m 类，第 i 类包含的单位数为 n_i，为了判断聚类结果的有效性，需要按照指标体系，将已划分成的 m 个类别进行判别验证。对拥有 p 个指标的单位决定归属，须先计算判别函数，然后才可以进行判别、验证和调整。

定义样品 X 到总体 G_i 的广义平方距离为：

$$D^2(X, G_i) = d^2(X, G_i) + g_i + h_i$$

其中

$$g_i = \begin{cases} \ln\left|\sum_i\right|, & \text{若各组先验概率不全相等} \\ 0, & \text{若各组的先验概率全相等} \end{cases}$$

$$h_i = \begin{cases} -2\ln p_i, & \text{若各组先验概率不全相等} \\ 0, & \text{若各组的先验概率全相等} \end{cases}$$

利用广义平方矩阵的判别法为：

$$X \in G_L, \text{当} D^2(X, G_l) < D^2(X, G_i)$$

定义 X 属于第 i 组（类）的后验概率为：

$$p(G_i \mid X) = \frac{\exp[-0.5D^2(X, G_i)]}{\sum_{i=1}^{m} \exp[-0.5D^2(X, G_i)]}$$

采用最大后验概率准则的判别法为：

$$X \in G_L , 当 p(G_L \mid X) < p(G_i \mid X)$$

根据判别规则对初始分类进行判别，根据误判率调整各单位的分类。

2. 排序模型

首先确定 p 个指标的权重 $w_1, w_2, \cdots, w_p$，然后进行各地区排序。

设 n 个地区最后分为 m 类，第 i 类第 j 个单位的第 a 个指标为 x_{aj}^i，$a = 1$，$2, \cdots, p$；$j = 1, 2, \cdots, n_i$；$i = 1, 2, \cdots, m$。

则第 i 类第 a 个指标的效用函数值为：

$$F_{aj}^i = \left[x_{aj}^i - \min(x_{aj}^i) \right] / \left[\max(x_{aj}^i) - \min(x_{aj}^i) \right]$$

于是第 i 类第 j 个单位的 p 个指标的综合效用函数值为：

$$F_j^i = \sum_{a=1}^{p} w_a F_{aj}^i , j = 1, 2, \cdots, n_i ; i = 1, 2, \cdots, m$$

将 F_j^i 按大小顺序排列，即为 n 个地区的排序结果。

3. 总量分解

由 F_j^i 可得各地区分解的分解系数为：

$$f_j^i = F_j^i / \sum_{j=1}^{n_i} F_j^i , j = 1, 2, \cdots, n_i ; i = 1, 2, \cdots, m$$

设待分解的碳排放总量为 T，第 i 类地区分解的基数数量为 T_i，则第 i 类地区第 j 个地区分解的碳排放量为：

$$B_j^i = T_i + \left(T - \sum_{i=1}^{m} T_i n_i \right) f_j^i , j = 1, 2, \cdots, n_i ; i = 1, 2, \cdots, m$$

在实际应用中，可以每个地区作为一类，也可以采用不同的综合评价方法计算效用函数值。

二 温室气体排放地区分解的指标评价体系

温室气体排放目标分解要在促进地区协调、可持续发展要求下，综合考虑不同地区资源禀赋、经济水平、能源结构、产业结构、技术能力等方面的差距。因此，温室气体排放目标分解的关键是建立尽可能反映不同地区特点的参考指标评价体系。

参考指标评价体系的设立应该遵循以下原则：

（1）科学性原则。指标体系首先应该做到科学性，它要正确反映温室气体排放分解影响因素的各个方面，在应用指标体系对不同地区进行横向比较时，要符合实际差距。

（2）实用性原则。要充分考虑指标体系中各指标定量化的可行性以及数据来源的可靠性，实用的指标体系易于获得数据，易于评价和比较。

（3）完备性原则。指标体系应全面地涵盖各系统的内部关系、变化趋势，应该根据层次关系，进行层次分明的分解，选取代表性强、可比性好和比较重要的指标。

根据以上方法确定的指标体系见表 2 – 18。

表 2 – 18　各地区应对气候变化目标分解的参考评价体系

应对气候变化指标分解的参考评价体系	减排责任	工业能源碳排放量占全省比重(X1)
		地区生产总值占全省比重(X2)
		地区碳排放量(X3)
	减排潜力	单位 GDP 能耗(X4)
		单位工业增加值能耗(X5)
		工业增加值占 GDP 的比重(X6)
	减排能力	地方财政收入占全省比重(X7)
		固定资产投资额(8)
		人均 GDP(9)
		人才密度(X10)
	减排难度	地区经济发展速度(X11)
		人口密度(X12)
		企业个数(X13)
		企业平均资产(X14)

应该指出，对于某些指标来讲，可以从不同角度进行衡量。比如，能力强往往也意味着责任大，把节能责任和节能能力合并成一个层次也是可以的。

三 各地区分层指标的基本状况与比较

（一）各地区节能责任

表2-19为河北省各设区市2011年节能责任指标情况。按规模以上工业碳排放占全省比重排序，排在前五位的分别为唐山、石家庄、邯郸、沧州、保定，说明这五个城市规模以上企业碳排放比较大；按地区生产总值占全省比重，排在前五位的分别为唐山、石家庄、邯郸、沧州、保定，比重越高，说明在全省的经济实力越强；按地区碳排放量排序，排在前五位的仍为唐山、石家庄、邯郸、沧州、保定。唐山、石家庄、邯郸、沧州、保定在三个指标中均排名前五，应该承担较大的减排责任。

表2-19 河北省2011年各地区节能责任指标

单位：%，万吨

地 区	规模以上工业碳排放占全省比重	地区生产总值占全省比重	地区碳排放量
石家庄	14.21	16.65	2878.74
承 德	3.79	4.50	767.05
张家口	4.97	4.56	1006.97
秦皇岛	3.04	4.36	615.26
唐 山	28.68	22.20	5812.34
廊 坊	5.61	6.57	1136.68
保 定	7.48	9.99	1516.24
沧 州	9.45	10.55	1914.92
衡 水	3.35	3.79	678.87
邢 台	6.47	5.83	1310.15
邯 郸	12.97	11.38	2627.54

资料来源：《河北经济年鉴2012》。

（二）各地区减排潜力

表2-20为河北省各设区市2011年碳减排潜力指标情况。按单位GDP能耗排序，排在前五位的分别为唐山、邯郸、邢台、张家口、衡水；按单位工业增加值能耗排序，排在前五位的分别为邯郸、张家口、唐山、承德、邢台；按工业增加值占GDP比重排序，排在前五位的分别为唐山、邢台、邯郸、承德、

衡水。综合三个指标，尤其是前两个指标，唐山、邯郸、邢台均排在前五位，减排潜力较大。

表 2 - 20　河北省 2011 年各地区节能潜力指标

单位：吨标准煤/万元，%

地　区	单位 GDP 能耗	单位工业增加值能耗	工业增加值占 GDP 比重
石家庄	1.243	2.178	44.30
承　德	1.266	2.647	49.06
张家口	1.537	3.811	37.14
秦皇岛	0.971	2.424	33.15
唐　山	1.915	3.744	56.19
廊　坊	1.241	1.171	46.21
保　定	1.086	1.417	45.83
沧　州	1.273	0.888	47.56
衡　水	1.274	1.263	47.88
邢　台	1.593	2.498	51.23
邯　郸	1.631	3.947	49.99

资料来源：《河北经济年鉴 2012》。

（三）各地区应对气候变化能力

表 2 - 21 为河北省各设区市 2011 年应对气候变化能力指标情况。按地方财政收入占全省比重排序，排在前五位的分别为唐山、石家庄、邯郸、廊坊、保定，财政收入越高，说明这个地区政府支出能力越强；按固定资产投资排序，排在前五位的分别为石家庄、唐山、邯郸、保定、沧州，固定资产投资越多，表明这个地区发展潜力越强；按人均 GDP 排序，排在前五位的分别为唐山、石家庄、廊坊、沧州、秦皇岛，人均 GDP 越高，反映了这个地区人均收入越高，对环境质量的需求弹性越大；按人才密度指数排序，排在前五位的分别为唐山、石家庄、廊坊、邯郸、沧州，人才密度指数越高，表明这个地区技术创新能力越强。综合四个指标，唐山、石家庄均排在前两位，均有较强的应对气候变化能力；另外，邯郸、廊坊、沧州的应对气候变化能力也排在前列。

表 2－21　河北省 2011 年各地区应对气候变化能力指标

地　区	地方财政收入占全省比重（%）	固定资产投资（万元）	人均 GDP（元）	人才密度指数（%）
石家庄	16.15	30269778	39715.56	12.88
承　德	5.19	7973624	31647.13	10.38
张家口	6.06	9670897	25575.83	10.44
秦皇岛	6.33	5980309	35595.77	10.40
唐　山	18.66	24919095	71353.93	13.06
廊　坊	10.24	10563172	36620.68	11.97
保　定	9.39	15581131	21733.81	7.97
沧　州	8.51	15303896	35917.03	11.13
衡　水	2.72	5199938	21289.90	9.44
邢　台	5.15	9785990	19969.53	8.64
邯　郸	11.61	18888065	30186.92	11.91

资料来源：《河北经济年鉴 2012》。

（四）各地区应对气候变化难度

表 2－22 为河北省各设区市 2011 年应对气候变化难度指标情况。按照"十一五"期间经济发展速度排序，排在前五位的分别为承德、唐山、石家庄、保定、廊坊，经济发展速度是一把双刃剑，一方面有能力应对气候变化，

表 2－22　河北省 2011 年各地区应对气候变化难度指标

地　区	经济增长速度（%）	人口密度（人/平方公里）	企业个数（个）	企业平均资产（万元）
石家庄	20.04	650.62	2379	14510.17
承　德	24.21	88.29	422	36668.25
张家口	15.75	118.66	415	34719.04
秦皇岛	15.00	384.80	379	39929.29
唐　山	21.78	566.17	1288	65429.50
廊　坊	19.27	684.45	986	16895.13
保　定	19.49	510.06	1491	19333.67
沧　州	17.34	536.38	1610	13900.68
衡　水	18.83	495.05	856	8038.79
邢　台	17.89	573.08	869	23627.62
邯　郸	18.10	765.98	875	43186.63

资料来源：《河北经济年鉴 2012》。

另一方面为了保持较高的增长速度，地方政府难以下重手应对气候变化；按人口密度排序，排在前五位的分别为邯郸、廊坊、石家庄、邢台、唐山，人口密度越大，在就业和应对气候变化之间权衡的难度越大，同时高排放带来的污染的损失也越大；按规模以上企业个数排序，排在前五位的分别为石家庄、沧州、保定、唐山、廊坊，规模以上企业个数越多，越难以淘汰落后产能，同时企业转型的难度也越大；按企业平均资产排序，排在前五位的分别为唐山、邯郸、秦皇岛、承德、张家口，这几个城市企业平均资产大的主要原因在于规模以上企业个数较少。

四 按地区分解的综合评价

为全面客观地评价各个设区市的碳排放情况，下面将在对各个设区市分别按照评价指标体系单独评价的基础上进行综合评价打分。综合评价的关键在于各层指标的权重。权重的设定方法有多种，如主观赋权法、层次分析法、熵值法、因子分析法等，此处采用主观赋权法。

主观赋权法的优点在于可以区分不同情形下各地区的得分情况。为全面起见，我们分别按照强调责任、强调潜力、强调能力、强调难度、同等权重五种情形设置不同权重，在对各变量进行标准化的基础上，计算各地区综合评分结果（见表 2-23、表 2-24）。

表 2-23 不同权重下的综合评分结果（得分）

一级指标权重		强调责任	强调潜力	强调能力	强调难度	同等权重
		4:2:2:2	2:4:2:2	2:2:4:2	2:2:2:4	2.5:2.5:2.5:2.5
地区综合评价得分	石家庄	2.00	1.93	2.32	2.19	2.11
	承 德	0.85	1.15	1.02	1.14	1.04
	张家口	0.74	1.05	0.90	0.82	0.88
	秦皇岛	0.52	0.61	0.72	0.71	0.64
	唐 山	3.12	3.11	3.28	3.10	3.16
	廊 坊	1.05	1.17	1.33	1.33	1.22
	保 定	0.99	1.02	1.02	1.22	1.06
	沧 州	1.20	1.22	1.37	1.35	1.29
	衡 水	0.54	0.75	0.60	0.79	0.67
	邢 台	0.94	1.26	0.96	1.18	1.09
	邯 郸	1.82	2.07	2.00	2.02	1.97

表 2 - 24　不同权重下的综合评分结果（排序）

一级指标权重	强调责任	强调潜力	强调能力	强调难度	同等权重
	4:2:2:2	2:4:2:2	2:2:4:2	2:2:2:4	2.5:2.5:2.5:2.5
地区综合评价得分排序	唐　山	唐　山	唐　山	唐　山	唐　山
	石家庄	邯　郸	石家庄	石家庄	石家庄
	邯　郸	石家庄	邯　郸	邯　郸	邯　郸
	沧　州	邢　台	沧　州	沧　州	沧　州
	廊　坊	沧　州	廊　坊	廊　坊	廊　坊
	保　定	廊　坊	承　德	保　定	邢　台
	邢　台	承　德	保　定	邢　台	保　定
	承　德	张家口	邢　台	承　德	承　德
	张家口	保　定	张家口	张家口	张家口
	衡　水	衡　水	秦皇岛	衡　水	衡　水
	秦皇岛	秦皇岛	衡　水	秦皇岛	秦皇岛

在强调责任时，各设区市的排名依次为唐山、石家庄、邯郸、沧州、廊坊、保定、邢台、承德、张家口、衡水、秦皇岛；在强调潜力时，各设区市的排名依次为唐山、邯郸、石家庄、邢台、沧州、廊坊、承德、张家口、保定、衡水、秦皇岛；在强调能力时，各设区市的排名依次为唐山、石家庄、邯郸、沧州、廊坊、承德、保定、邢台、张家口、秦皇岛、衡水；在强调难度时，各设区市的排名依次为唐山、石家庄、邯郸、沧州、廊坊、保定、邢台、承德、张家口、衡水、秦皇岛；当设置同等权重时，各设区市的排名依次为唐山、石家庄、邯郸、沧州、廊坊、邢台、保定、承德、张家口、衡水、秦皇岛。

可以看出，在强调不同因素情形下，各地区综合评分结果排序虽然略有变化，但并没有出现颠覆性结果。经济发达地区以及能耗和资源消耗大市，如唐山、石家庄、邯郸、廊坊、沧州等，其排序基本上始终居于全省前一半。当然，个别地区在突出强调某一方面因素时，其排序会发生较大变化，如邢台在其他情形下排名居中，但在强调节能潜力时则排名靠前。

五　以2011为基年测算的分解结果

（一）聚类分析结果

为了进行地区间的相对比较，区别不同类型，根据综合评价指标体系，对

11 个设区市进行聚类分析。聚类分析方法有多种，如最短近邻法、最远近邻法、组间连接法、WARD 方法等。经过运用组间连接法和 WARD 方法试算，两种方法的聚类效果相同。

从聚类图 2 - 8 可以看出，11 个设区市可以分为三类或四类，分成三类可能更合适，第一类为石家庄和唐山，应承诺较高的减排目标。第二类为保定、沧州、邯郸，应承诺与全省减排目标近似的目标。第三类为张家口、邢台、廊坊、承德、秦皇岛、衡水，可略有照顾，略低于全省减排目标。

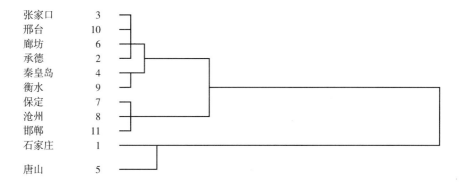

图 2 - 8　综合评价指标聚类分析结果[*]

* 各数字分别代表设区市的含义：1——石家庄，2——承德，3——张家口，4——秦皇岛，5——唐山，6——廊坊，7——保定，8——沧州，9——衡水，10——邢台，11——邯郸。

（二）河北省应对气候变化目标区域分解

在确定了不同地区的减排目标类型后，接下来需要将单位 GDP 碳排放降低 19% 的比例分解到各设区市，分解后需要保证各设区市数据与全省数据相吻合、目标相一致，这就需要两个关键的平衡关系：

"十二五"期间各设区市 GDP 总量(五年合计) = 全省 GDP 总量
"十二五"期间各设区市碳排放总量(五年合计) = 全省碳排放总量

要保证两个平衡关系的成立，需要省、市两级的协调。以第一个平衡关系为例，若各个设区市按照自己设定的增长速度增长，各设区市 GDP 总量很难和全省 GDP 总量相等。因此省市应先就增长速度进行协调，以保证全省经济增长目标的实现。简便起见，此处假定各设区市经济增长速度相等，即按照

"十二五"规划中8.5%的增长速度；且各市基年的GDP以河北省经济年鉴为准，而不以各市统计年鉴为准。一般情况下，各省GDP合计大于全国GDP，各设区市GDP合计大于全省GDP，因此，在将全省碳排放向各设区市分解过程中，全省GDP的合计数会略大于情景分析下的数据。由于河北省经济年鉴并没有提供各设区市能源消耗数据，只提供了2010年单位GDP能耗（以2005年价折算），本节首先将2010年名义GDP（可变价）折算成2010年实际GDP（2005年价），然后用2010年实际GDP乘以单位GDP能耗，得到2010年各设区市能源消耗量，再乘以二氧化碳综合排放系数，即可得到2010年各设区市的碳排放量。

在分解过程中，按照聚类分析结果，石家庄和唐山，应承诺较高的减排目标，将这两个城市的碳排放强度下降目标设定为20%左右；保定、沧州、邯郸，应承诺与全省减排目标近似的目标，即19%左右；其余城市承诺17% ~ 18%的降碳目标。为了保证两个平衡式的平衡，以及考虑各设区市的碳排放总量、碳排放强度、产业结构等，每一类别内各城市的碳排放强度目标可以有所不同。具体分解结果见表2-25。

表2-25 "十二五"河北省碳排放分解结果

单位：亿元，%，万吨

地 区	2010年GDP总量	碳排放强度降低率	2015年GDP总量	2015年碳排放总量
石 家 庄	2970.31	0.199	4466.32	13321.60
承 德	678.44	0.175	1020.14	3936.29
张 家 口	764.25	0.175	1149.17	5368.09
秦 皇 岛	796.96	0.16	1198.35	3022.23
唐 山	3766.32	0.2	5663.25	27884.34
廊 坊	1125.40	0.17	1692.22	3158.89
保 定	1810.45	0.19	2722.30	5323.01
沧 州	1991.80	0.19	2994.99	5479.00
衡 水	773.68	0.16	1163.34	2040.12
邢 台	1164.34	0.18	1750.77	5687.82
邯 郸	2022.88	0.19	3041.71	12608.41
全 省	17864.83	1.989	26862.57	87829.80

按照到 2015 年河北省碳排放下降 19% 的目标，以年均 8.5% 的 GDP 增速，2015 年河北省碳排放总量约为 87829.80 万吨，虽然唐山市碳排放总量远高于石家庄，碳排放强度也远高于石家庄，但鉴于钢铁等行业为唐山市支柱产业，"全国钢铁看河北，河北钢铁看唐山"，可以将唐山市碳排放强度降低目标设定为 20%，石家庄市碳排放强度降低率目标设定为 19.9%；保定、沧州、邯郸的 GDP 水平非常接近，将这三个城市的碳排放强度降低率目标设定为 19%；在其他几个城市中，邢台市 GDP 最高，碳排放强度也较高，将其碳排放强度降低率目标设定为 18%，承德、张家口虽然 GDP 较低，但单位 GDP 能耗较高，可将目标设定为 17.5%，廊坊虽 GDP 较高，但单位 GDP 能耗较低，可将目标设定为 17%，秦皇岛和衡水 GDP 和单位 GDP 能耗均较低，可将目标设定为 16%。按以上标准进行分解，基本可将全省碳排放量分解到各个设区市。

再一次需要强调的是，碳排放分解不仅是一个技术活动，更重要的是需要各设区市政府与省政府的沟通协调，在沟通协调过程中，政府的执政理念和上下级政府的信息对称与否以及机制设计都会起到很大的作用。

第四节　　河北省应对气候变化主要指标行业分解研究

为确保河北省如期实现"十二五"应对气候变化目标，不仅要将全省应对气候变化目标分解到各设区市，还需要落实到各个行业。因此，本节将对全省应对气候变化目标如何进行行业分解加以研究。

一　分解思路

不同行业能源消耗量不同，从而温室气体排放也不同。由于不同地区产业结构相异，各地区的能源消耗和温室气体排放也迥异，因而各地区的温室气体减排目标也不全然相同。因此，行业温室气体减排目标和地区温室气体减排目标息息相关。

假设可以得到各地区各行业温室气体排放数据，简化起见，我们按大类分类，将温室气体排放量分为第一产业温室气体排放量，第二产业温室气体排放量，第三产业温室气体排放量和生活温室气体排放量。数据格式见表2-26。

表2-26　各地区各行业温室气体排放数据

地区	第一产业温室气体排放	第二产业温室气体排放	第三产业温室气体排放	生活温室气体排放
A_1	e_{11}	e_{12}	e_{13}	e_{14}
A_2	e_{21}	e_{22}	e_{23}	e_{24}
A_3	e_{31}	e_{32}	e_{33}	e_{34}
⋮	⋮	⋮	⋮	⋮
A_i	e_{i1}	e_{i2}	e_{i3}	e_{i4}
⋮	⋮	⋮	⋮	⋮
A_n	e_{n1}	e_{n2}	e_{n3}	e_{n4}
合计	T_1	T_2	T_3	T

其中，$A_i(i=1,2,\cdots,11)$ 表示河北省的第 $e_{ij}(j=1,2,3,4)$ 个设区市；$e_{ij}(j=1,2,3,4)$ 表示第 j 个设区市第 j 个产业的温室气体排放量，$j=4$ 时表示第 T_i 个设区市的生活消费温室气体排放量；T_i 为第 T 个设区市的温室气体排放总量，T 为河北省全省的温室气体排放总量。

二　温室气体排放行业赋权

利用表中数据可对各产业温室气体排放量进行赋权，赋权的方法有两种，即主观赋权法和客观赋权法。主观赋权法是一类根据评价者主观上对各指标的重视程度来决定权重的方法。客观赋权法所依据的赋权原始信息来源于客观环境，它根据各指标的联系程度或各指标所提供的信息量来决定指标的权重。此处采用熵值法进行客观赋权，熵值法赋权的基本步骤如下：

在绩效评价中，某项指标值的差距越大，该指标在综合评价中所起的作用越大；如果某项指标的指标值全部相等，则该指标在综合评价中不起作用。在信息论中，信息熵的计算公式为：

$$H(x) = -\sum_{j=1}^{n} p(x_i) \ln p(x_i)$$

信息熵是系统无序程度的度量，信息是系统有序程度的度量，二者绝对值相等，符号相反。某项指标的指标值变异程度越大，信息熵越小，该指标提供的信息量越大，该指标的权重也应越大；反之，某项指标的指标值变异程度越小，信息熵越大，该指标提供的信息量越小，该指标的权重也越小。所以，可以根据各项指标数值的变异程度，利用信息熵这个工具，计算出各指标的权重，为多指标综合评价提供依据。

用熵值法进行温室气体排放赋权的步骤是：

（1）将各指标进行标准化，计算公式为：

$$x'_{ij} = (x_{ij} - \bar{x}_j)/s_j$$

式中，$\bar{x}_j$ 为第 j 项指标的均值，s_j 为第 j 项指标的标准差。

（2）一般地，x'_{ij} 的范围在 -5 到 5 之间，为消除负值，可将坐标平移，令

$$z_{ij} = 5 + x'_{ij}$$

这种方法有利于缩小极端值对综合评价的影响。

（3）将各指标同度量化，计算第 j 项指标下第 i 个设区市指标值的比重 p_{ij}。

$$p_{ij} = z_{ij}\Big/\sum_{i=1}^{m} z_{ij}$$

（4）计算第 j 项指标的熵值 e_j

$$e_j = -k\sum_{i=1}^{m} p_{ij}\ln p_{ij}$$

式中，$k > 0$，$\ln$ 为自然对数，$e_j \geq 0$，如果 x_{ij} 对于给定的 j 全部相等，那么

$$p_{ij} = z_{ij}\Big/\sum_{i=1}^{m} z_{ij} = 1/m$$

此时，e_j 取最大值，即

$$e_j = -k\sum_{i=1}^{m}(1/m)\ln(1/m) = k\ln m$$

（5）计算第 j 项指标的差异性系数 g_j

对于给定的 j，x_{ij} 的差异性越小，则 e_j 越大；当 x_{ij} 全部相等时，e_j 取最大值

1，此时对于各设区市的比较，指标 x_{ij} 毫无作用；当各设区市的指标值相差越大时，e_j 越小，该项指标对于各设区市比较所起的作用越大。所以，定义差异性系数 g_j 公式如下：

$$g_j = 1 - e_j$$

则当 g_j 越大时，指标越重要。

（6）确定第 j 项指标的信息权重

$$\alpha_j = g_j \Big/ \sum_{j=1}^{n} g_j$$

三 温室气体排放的行业分解

对温室气体减排目标的分解就是将减排目标分解到到各个行业，以三大产业及生活排放为例，就是分解到三次产业和生活消费等方面。假定河北省第 i 产业单位增加值温室气体排放降低目标为 $y_j(j = 1,2,3)$，y_4 表示生活消费温室气体排放降低目标；$P_j(j = 1,2,3)$ 分别为第一、二、三产业的增加值，P_4 为总人口数，用 $V_j(j = 1,2,3,4)$ 分别代表各产业的单位增加值温室气体排放量与人均生活温室气体排放量。则下式成立：

$$\sum_{j=1}^{4} V_j y_j P_j = 20\% \, TGDP$$

$$V_j P_j = \sum_{i=1}^{n} e_{ij} , j = 1,2,3,4$$

式中，T 为全省的单位 GDP 温室气体排放量，20% 为提出的节能目标，利用前文得到的各行业权重系数就有下式：

$$\frac{\alpha_1}{y_1} = \frac{\alpha_2}{y_2} = \frac{\alpha_3}{y_3} = \frac{\alpha_4}{y_4}$$

综合以上三个公式，即各得到可产业温室气体减排目标 $y_j(j = 1,2,3,4)$。

很明显，此种方法也适用于将温室气体减排目标分解到各细分行业，如第一产业各行业、第二产业各行业、服务业各行业等。

在得到各产业（行业）温室气体减排目标后，根据各地区各行业数据，可以轻松得到各地区的温室气体减排目标 q_i：

$$q_i = \frac{\sum_{j=1}^{4} e_{ij} y_j}{E_i} \quad i = 1,2,\cdots,n \; ; j = 1,2,3,4$$

其中，E_i 为第 i 个地区的温室气体排放总量，e_{ij} 为第 i 个地区第 j 产业或生活消费温室气体排放量。

当然，这种确定各地区温室气体减排目标的方法有一个前提，即假定全省各行业减排目标与各地区各行业减排目标是一致的。例如，假定河北省第二产业温室气体排放减排目标为 35%，各设区市第二产业温室气体排放减排目标也为 35%。这一假定虽然很合理，但在实际中不一定如此操作，比如不同地区不同行业比重不同，政府在确定不同地区不同行业减排目标时可能有所倾斜，有的地区该行业减排目标可能高于 35%，而有的地区则有可能低于 35%。

总之，这种方法的根本是确定各行业温室气体排放减排目标，而不是各地区温室气体排放减排目标。鉴于全省各行业减排目标与各地区各行业减排目标的差异，本节仅对河北省应对气候变化目标的行业分解进行初步探讨。

第三章 河北省应对气候变化的能源结构调整对策研究

国外越来越多的文献研究表明生态环境的破坏并不是人类经济活动的必然结果，而是源于不恰当的产业活动。以高碳为特征的工业化进程，是近 200 年来人类活动导致温室气体加剧累积的始作俑者，也是能源消费扩张、能源消费结构变迁的决定性因素之一。作为世界碳排放第一大国，中国改革开放 30 多年来经济的高速增长同样是以能源的高产出、高消费为代价的，而我国以煤炭为主的能源消费结构更是加剧了能源消费过程中的温室气体排放压力，致使我国的自然环境亦不堪重负。

地处京津冀环渤海经济区腹地的河北省，进入 21 世纪后，后发优势迸发，经济增速高于全国平均水平，重工化特征突出，区域间产业转移承接处于低端区位，与以上种种现实相伴的则是河北省的能源消费量激增，二氧化碳排放需求膨胀。显然，在应对气候变化、实现节能减排目标、推进经济社会可持续发展的道路上，河北省更是压力重重。为此，本章在深入分析河北省能源供给体系及消费现状的基础上，分解二氧化碳排放增长的驱动因素，计量能源消费结构变动对经济增长的影响，刻画能源消费结构演进的动态趋势，预测河北省能源供求量及其变动，定量描述能源结构变动的减排潜力，进而提出促进能源结构演进、挖掘能源结构性减排潜力的对策，最终形成河北省优化能源结构和节能减排的研究成果。

第一节 河北省温室气体排放同能源消费及其结构变化关系分析

一个国家和地区能源消费总量及其结构的变化直接决定其温室气体排放量的多与少。为此，本节将基于河北省与全国的比较，系统分析河北省能源消费及其温室气体排放量的变化特征，实证计量能源消费结构变化对温室气体排放的影响，进而为研究确定河北省应对气候变化的对策建议提供科学依据。

一 温室气体排放概况

H（90%）、He（9%）、O、Ne、N、C、Si、Mg、Fe、S、Ar 和 Al 是地球形成初期存在的 12 种主要元素。其中，只有 H、O、N、C 和 S 能结合成分子并进入大气中，积年累月的进化中，大量的 He、Ne 和 Ar 元素逃逸至太空，在地球引力的作用下，诸元素及元素结合形成的气体大部分被吸聚在地表附近，形成了以氮、氧、氩为主的大气层，同时，大气中还有水蒸气和少量的二氧化碳以及一些稀有气体。

大气层中的温室气体包括水蒸气（H_2O）、二氧化碳（CO_2）、臭氧（O_3）、氧化亚氮（N_2O）、甲烷（CH_4）、氢氟氯碳化合物（HFCs，CFCs，HCFCs）和全氟碳化物（PFCs）以及六氟化硫（SF_6）等。由于水蒸气和臭氧时空分布不均、变异较大，因此，1997 年京都议定书确定对以下六种气体（见表 3 - 1）的排放量进行削减。

表 3 - 1 温室气体的种类和增温效应

种 类	增温效应（%）	100 年全球增温潜势	生命周期（年）
二氧化碳（CO_2）	63	1	50 ~ 200
甲烷（CH_4）	15	23	12 ~ 17
氧化亚氮（N_2O）	4	296	120
氢氟碳化物（HFCs）	11	1200	13. 3
全氟化碳（PFCs）		6500	50000
六氟化硫（SF_6）及其他	7	22200	—

资料来源：表中数据来源于《气候变化研究进展》2006 年第 6 期。

尽管后面三类气体的增温能力最强，从温室气体的全球增温潜势（GWP）来看，每分子六氟化硫每百年的吸热量是二氧化碳的 6500 倍以上；但是，就全球升温的贡献率来看，CO_2 的增温效应为 63%，且其浓度不断增加，由工业革命以前的 CO_2 质量分数 275×10^{-6} 增至当前的 345×10^{-6} 以上，已经成为各国温室气体减排的主要对象。以 1990 年为基期，我国 2008 年的 CO_2 排放量为 6550.5 百万吨，比 1990 年提高了 191.9%[①]。

造成这一结果的主要原因是工业化进程中矿物燃料的开采使用和采伐树木。1860 年以来，其中全球由燃烧矿物质燃料排放的二氧化碳量，平均每年增长率为 4.22%。我国温室气体排放源分布大致状况如表 3-2 所示。

表 3-2 我国/世界关键年份温室气体排放情况[*]

单位：百万吨二氧化碳当量，%

年份		CO_2					
		燃料燃烧	逃逸	工业生产过程	其他	总计	能源排放份额
1990	全球	20964.8	377.5	728.5	5378.5	27449.3	77.80
	中国	2244.4	23.4	166.0	36.2	2470.0	91.80
1995	全球	21793.7	374.4	860.8	5143.2	28172.1	78.70
	中国	3022.1	15.1	304.7	37.4	3379.2	89.90
2000	全球	23496.5	366.6	921.5	4554.8	29339.4	81.30
	中国	3077.8	31.6	346.6	33.2	3489.2	89.10
2005	全球	27129.1	349.1	1212.8	5562.6	34253.6	80.20
	中国	5108.3	24.4	539.2	34.2	5706.1	90.00

年份		CH_4					
		能源	农业	废弃物	其他	总计	能源排放份额
1990	全球	2319.6	3195.4	1057.3	308.9	6881.2	33.70
	中国	351.8	545.6	137.2	4.2	1038.8	33.90
1995	全球	2278.8	3110.9	1103.4	253.2	6746.3	33.80
	中国	409.4	526.0	156	4.4	1095.7	37.40
2000	全球	2277.5	3022.7	1138.2	195.4	6633.8	34.30
	中国	378.3	501.6	178.8	3.5	1062.1	35.60
2005	全球	2685.3	3160.8	1221.0	252.5	7319.6	36.70
	中国	611.3	517.5	203.8	3.3	1335.9	45.80

年份		N_2O					
		能源	工业生产	农业	其他	总计	能源排放份额
1990	全球	238.8	239.8	1820.8	542.4	2841.9	8.40
	中国	21.4	5.1	253.4	35.0	315.0	6.80
1995	全球	253.7	243.1	1801.6	535.1	2833.6	9.00
	中国	26.5	8.4	300.6	45.6	381.1	7.00
2000	全球	272.3	167.5	1822.7	527.3	2789.8	9.80
	中国	29.4	11.0	303.6	48.7	392.7	7.50
2005	全球	289.2	162.1	1981.1	565.0	2997.5	9.60
	中国	45.1	15.1	347.1	60.3	467.6	9.70

[*] 根据 100 年全球增温潜势折算。

资料来源：根据 IEA（国际能源署）数据整理而得。

---

① IEA：《CO_2 EMISSIONS FROM FUEL COMBUSTION》，OECD/IEA，2010.

根据表 3-2 中数据，可观察到我国能源利用与温室气体排放的直接相关性：CO_2 的排放 90% 以上来源于化石燃料的燃烧；CH_4 的排放中约有 40% 以上来源于一次能源的开采（例如煤矿开采过程中的煤层甲烷）与利用；N_2O 的排放有 9% 以上源自能源的利用。河北省地处我国北部沿海，与全国相比，其"富煤、贫油、少气"的资源禀赋、农业大省的地位和"重工化"突出的产业结构意味着：该地区 CO_2 的排放更多地取决于化石燃料的燃烧；该地区 CH_4 和 N_2O 的排放则更多地取决于农业生产活动。因此，本部分将侧重研究能源消费、能源消费结构与 CO_2 排放之间的动态相关性。

二 河北省能源生产与消费概况

（一）河北省能源生产概况

河北省富煤贫油的资源禀赋决定了其能源生产结构。通过查阅年鉴、文献资料和简单折算，河北省传统能源（此处主要是指化石能源）的基础储量以及与全国的对比如表 3-3 所示。

表 3-3 全国和河北省传统能源基础储量表

年份	种类	全国			河北省		
		探明储量	折合标准煤量（亿吨）	结构（%）	探明储量	折合标准煤量（亿吨）	结构（%）
2003	煤炭（亿吨）	3342	2387.1906	97.4	89	63.5727	96.8
	石油（亿吨）	24.31936	34.7426	1.4	1.27628	1.823294	2.8
	天然气（亿 m³）	22288.7	29.6440	1.2	182.1	0.242193	0.4
	合 计	—	2451.5772	100	—	65.63819	100
2005	煤炭（亿吨）	3326.4	2376.0475	97.0	71.8	51.2867	96.1
	石油（亿吨）	24.89721	35.5682	1.5	1.2952	1.8503	3.5
	天然气（亿 m³）	28185.4	37.4866	1.5	179.5	0.2387	0.4
	合 计	—	2449.1023	100	—	53.3758	100
2011	煤炭（亿吨）	2157.9	1541.3880	93.9	38.41	27.4363	86.2
	石油（亿吨）	32.39679	46.2821	2.8	2.77361	3.9624	12.4
	天然气（亿 m³）	40206.4	53.4745	3.3	333.1	0.4430	1.4
	合 计	—	1641.1446	100	—	31.8417	100

资料来源：根据《中国统计年鉴 2004》《中国统计年鉴 2006》《中国统计年鉴 2012》中的数据整理、计算而得，其中各类能源折合标准煤的折算系采用的是《中国能源统计年鉴》中给定的系数，石油、天然气数据为剩余可开采数量。

1980 年以来，河北省在对传统能源进行开发利用的同时，对于可再生能源的开发利用也不断加大投入，使得新能源产业取得了一定的发展，但是相对于现阶段经济增长的能源需求来看，新能源的供给仍是杯水车薪。鉴于短期内（至 2015 年）新能源开发利用技术的约束，河北省的能源生产仍将以传统能源为主。但是，从长期来看，河北省太阳能、风能、地热能、生物质能等可利用资源量较为充裕（见表 3 - 4），大力发展新能源将是河北省能源消费结构根本性改善和能源困境突围的关键路径。

表 3 - 4　河北省可再生能源资源状况

能源种类		年资源量	折合标准煤（亿吨）	说明
太阳能（焦）		5.02×10^{22}	17000	理论资源量
风能（瓦）		2.1×10^{10}	0.18	可开发资源量
地热能（焦）		2.75×10^{20}	94	探明资源量
潮汐能（亿千瓦时）		870	0.3	可开发资源量
生物质能	农作物秸秆（亿吨）	0.36	0.177	秸秆资源年产量
	合理采伐薪柴（亿吨）	1.4	0.8	按林地面积计算资源量
	人畜粪便（亿吨）	3	1.3	理论资源量

资料来源：太阳能、潮汐能、合理采伐薪柴以及人畜粪便的年资源量和折合标准煤量引用王茜（2006）"河北省能源消费与经济增长实证分析"文中数据；风能、地热能、农作物秸秆的资源量和折合标准煤量借鉴《河北省新能源产业"十二五"发展规划》文中数据。

河北省"富煤、贫油、少气"的资源禀赋以及新能源开采利用的短期内"技术、成本刚性约束"，决定了其能源生产结构的状况和短期内的变动趋势，如图 3 - 1 所示，长期以来，河北省的能源生产以传统能源为主，并且严重地依赖高排放、高污染和低利用效率的煤炭。以 2010 年为例，河北省煤炭生产所占份额为 84.87%（全国为 77.8%），石油生产所占份额为 9.6%（全国为 9.1%），天然气生产所占份额为 1.86%（全国为 4.3%），水电生产所占份额为 3.66%（全国为 8.8%）。结合图 3 - 1 易见，河北省煤炭生产所占份额远高于全国平均水平；石油生产所占份额经历了 20 世纪 80 年代的快速下降、90 年代的小幅波动后（低于全国平均水平），进入了 21 世纪初的快速增长期，近两年又出现较快下降趋势；天然气生产所占份额在 1981～2011 年呈小幅波动、持续上涨态势；水电等的生产份额远低于全国平均水平，但 2009 年以来河北水电等的生产出现了快速增长的苗头。仅就 2009 年以来河北省的能源生产结构变动来看，出现了短期的优化趋势。

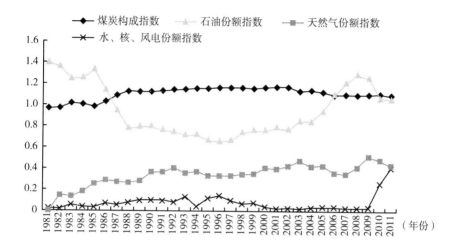

图 3 - 1　1981 ~ 2011 年河北能源生产相对结构的变动趋势（以全国为参照背景）

资料来源：根据《河北经济年鉴 2012》中相关数据处理而得。

（二）河北省能源消费概况

大体上看，河北省能源消费呈现出以下几个特征：

一是河北省的能源消费总量伴随着地区经济增长而持续增加。1980 ~ 2011 年的 32 年间，河北省的实际地区生产总值从 1980 年的 727.8 亿元涨至 2011 年的 19370.12 亿元，上涨了 26.6 倍，全国的实际 GDP 上涨了 19.4 倍。考察时序区间内河北省能源消费总量上涨了 9.45 倍，而全省能源消费总量占全国的比重由 1980 年的 5.2% 上涨到了 2011 年的 8.5%。从能源消费总量的变动上看，经济增长与能源消费量二者间存在正相关关系，但能源消费量的增长速度低于产出增长速度，这在一定程度上表明能源消耗的产出弹性不断上升，能源利用效率有所提高。

二是河北省的能源消费过度依赖煤炭，能源消费结构优质化程度低。河北省"富煤、贫油"的资源禀赋决定了其能源生产结构，进而形成了以煤炭这一低质能源为主的不合理能源消费结构（见表 3 - 5），且与全国相比河北省能源消费结构优质化程度很低。2003 年河北省能源消费结构中煤消费比重高达

92.78%，高于全国平均水平近 23 个百分点，2004 年有所回落后又重拾升势，2009 年这一比重为 92.51%，高于全国同期平均水平 22.11 个百分点。随着河北省水电等生产能力的提升，2011 年这一比重略有下降，但依然高于全国同期平均水平 21.21 个百分点。相比之下，河北省石油、天然气、水能等资源相对匮乏，能源消耗所占比重尤其是水电、风能、核能的消费比重远低于全国平均水平。与全国相比，河北省能源消费的结构性矛盾更加突出，能源消费结构优质化程度更低。

表 3 - 5　河北省与全国的能源消费构成

单位：万吨标准煤，%

年份	能源消费总量	河北省能源消费比重				能源消费总量	全国能源消费比重			
		煤炭	石油	天然气	水电等		煤炭	石油	天然气	水电等
1981	3627.80	90.10	8.20	1.60	0.10	59447	72.7	20	2.8	4.5
1983	4185.78	89.25	9.19	1.19	0.37	66040	74.2	18.1	2.4	5.3
1985	4548.85	89.91	8.36	1.58	0.15	76682	75.8	17.1	2.2	4.9
1987	5516.81	90.26	8.12	1.34	0.28	86632	76.2	17.0	2.1	4.7
1989	6169.26	90.77	7.74	1.09	0.4	96934	76	17.1	2.0	4.9
1991	6471.93	90.63	7.67	1.33	0.37	103783	76.1	17.1	2.0	4.8
1993	7861.92	90.12	8.44	0.96	0.48	115993	74.7	18.2	1.9	5.2
1995	8892.41	90.33	8.54	0.94	0.19	131176	74.6	17.5	1.8	6.1
1997	9033.01	90.33	8.66	0.87	0.14	135909	71.4	20.4	1.8	6.4
1999	9379.27	90.01	9	0.88	0.11	140569	70.6	21.5	2.0	5.9
2001	12114.29	91.84	7.42	0.7	0.04	150406	68.3	21.6	2.4	7.5
2003	15297.89	92.78	6.49	0.66	0.07	183792	69.8	21.2	2.5	6.5
2005	19835.99	91.82	7.44	0.62	0.12	235997	70.8	19.8	2.6	6.8
2007	23585.13	92.34	6.89	0.68	0.09	280508	71.1	18.8	3.3	6.8
2009	25418.79	92.51	6.89	1.21	0.07	306647	70.4	17.9	3.9	7.8
2011	29498.29	89.61	7.73	1.58	1.08	348002	68.4	18.6	5.0	8.0

资料来源：能源消费数据来源于《新中国六十年统计资料汇编》《河北经济年鉴 2012》《中国能源统计年鉴 2011》。

三是从能源消费主体构成看，第二产业能源消费比重过大。就自身来看，河北省能源消费构成与产业结构相适应，能源消费以第二产业为主，第三产业次之，第一产业消耗比重最低（见图 3 - 2）。其中，工业能源消耗比重上升趋势明显，工业能源消耗强度呈下降趋势。与全国平均水平相比较，河北省第二产业能源消耗比重远高于全国平均水平，第一、三产业能源消耗比重则低于全国平均水平，这与河北省产业结构的"重工化"特征突出、第三产业发展相对滞后等因素直接相关。

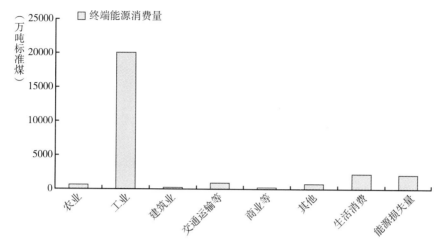

图 3 - 2　2010 年河北省终端能源消费状况

资料来源：《河北经济年鉴 2012》。

四是河北省生活能源消费总量呈不断上升的趋势，人均生活能耗亦呈不断上升趋势，且高于全国平均水平。与区域经济发展趋势相匹配，河北省人均生活耗能呈不断上升的趋势（见图 3 - 3）。这一方面反映出人民生活水平的提高，另一方面也反映出河北省生活能耗出于各方面的原因（如北方地区供暖

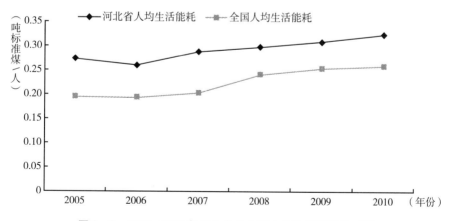

图 3 - 3　2005 ~ 2010 年河北省与全国人均生活能耗的对照

资料来源：《河北经济年鉴 2012》《中国统计年鉴 2012》。

对煤炭的高消耗）高于全国平均生活能耗。例如 2010 年河北省生活能耗为 2302. 56 万吨标准煤，占全国生活能源消耗总量的 6. 66%，而同期河北省人口 仅占全国人口的 5. 40%，因此，河北人均生活能耗必然高于全国平均水平。 这种状况既和资源禀赋、能源供求结构有关，又与部分农村地区依然存在大量 使用煤炭、秸秆和薪柴等低质燃料直接相关。

三 河北省温室气体排放量及其变动趋势

（一）河北省二氧化碳排放量的估算

鉴于现有的统计资料中没有温室气体排放数据，本研究将依据二氧化碳排 放的计算公式来估算河北省二氧化碳排放量。当前通用的二氧化碳估算公式主 要有以下两种。

一是根据能源碳排放系数来估算，公式为：

$$CO_2 = \sum_{i=1}^{3} \frac{E_i}{E} \times \frac{CO_{2i}}{E_i} \times E + 电力净调入量 \times 1.246 \tag{3-1}$$
$$= \sum_{i=1}^{3} S_i \times F_i \times E + 电力净调入量 \times 1.246$$

其中，E 为能源消费量；E_i 为各类能源（主要指一次能源中的煤炭、石 油和天然气）消费量；S_i 为各类能源消费占能源消费总量的比重，用以表示 能源消费构成；F_i 为各类能源的二氧化碳排放系数。

二是根据 IPCC 提供数据和《中国能源统计年鉴》中提供的各类能源的低 位发热值来估算，公式为：

$$CO_2 = (E \times A - B) \times R \times 44/12 \tag{3-2}$$

其中，E 为能源消费量（MJ）；A 为单位能源含碳量（$t-c/MJ$）；B 代表 固碳量（t）；R 代表氧化率。

本研究中采用式 3 - 1 来估算河北省的二氧化碳排放量，其中能源碳排放 系数采用 2005 年国家温室气体减排清单确定的各类能源的二氧化碳排放因子。 各类能源的二氧化碳排放因子分别为：煤炭 2. 64 吨二氧化碳/吨标准煤；石油 2. 08 吨二氧化碳/吨标准煤；天然气 1. 63 吨二氧化碳/吨标准煤；区域电网供电二氧化碳排放因子为 1.246。

课题组选取了 1980~2010 年能源消费总量的相关数据，其中河北省数据来源于《新中国六十年统计资料汇编》《河北经济年鉴 2011》，以及《中国能源统计年鉴》，全国数据来源于《中国统计年鉴 2012》。数据选取区间定于1980~2010 年，相关数据和数据处理结果如表 3-6 和表 3-7 所示。

表 3-6　河北省 1980~2010 年河北省能源消耗及二氧化碳排放状况

年份	煤炭消费总量(万吨标准煤)	石油消费总量(万吨标准煤)	天然气消费总量(万吨标准煤)	电力净调入量(万吨标准煤)	二氧化碳排放总量(万吨)	二氧化碳排放强度(吨/万元)	能源消耗强度(吨标准煤/万元)	人均二氧化碳排放(吨/人)
1980	2652.43	402.54	59.29	-6.18	7928.63	10.895	4.288	1.53
1981	3268.65	297.48	58.04	0.00	9342.60	12.710	4.936	1.78
1982	3449.31	402.33	69.94	0.00	10057.04	12.238	4.781	1.88
1983	3735.81	384.67	49.81	-0.37	10743.39	11.725	4.568	1.98
1984	3892.36	515.07	56.83	-0.05	11439.74	10.914	4.269	2.08
1985	4089.87	380.28	71.87	-22.33	11677.58	9.903	3.857	2.10
1986	4550.23	429.73	80.76	-20.20	13012.39	10.499	4.098	2.31
1987	4979.47	447.96	73.93	-6.40	14190.09	10.259	3.989	2.49
1988	5398.95	471.03	70.95	-127.15	15190.20	9.676	3.798	2.62
1989	5599.84	477.50	67.24	-122.57	15733.66	9.446	3.704	2.68
1990	5532.62	484.43	80.84	-121.56	15594.03	8.849	3.475	2.53
1991	5865.51	496.40	86.08	-149.80	16471.10	8.420	3.309	2.65
1992	6220.17	533.51	92.01	-198.68	17433.37	7.710	3.037	2.78
1993	7085.16	663.55	75.47	-190.21	19971.02	7.504	2.954	3.15
1994	7386.88	678.81	88.22	18.89	21080.64	6.894	2.671	3.30
1995	8032.51	759.41	83.59	-5.86	22914.36	6.579	2.553	3.56
1996	8093.78	737.42	88.49	-25.96	23013.33	5.821	2.261	3.55
1997	8159.52	782.26	78.59	-28.77	23260.61	5.230	2.031	3.56
1998	8206.72	853.80	80.53	-6.82	23564.42	4.786	1.859	3.59
1999	8442.28	844.13	82.54	-32.19	24137.85	4.494	1.746	3.65
2000	10181.38	914.69	94.04	-43.11	28880.97	4.910	1.903	4.33
2001	11125.76	898.88	84.80	-70.61	31291.94	4.894	1.895	4.67
2002	12214.21	1092.47	93.83	-59.02	34596.08	4.937	1.913	5.14
2003	14193.38	992.83	100.97	13.27	39716.06	5.079	1.956	5.87
2004	15810.78	1389.56	130.11	44.31	44898.01	5.085	1.965	6.59
2005	18129.96	1469.04	122.42	200.68	51368.29	5.131	1.981	7.50
2006	19974.66	1657.14	36.87	394.24	56731.29	4.997	1.919	8.22
2007	21690.54	1618.45	159.73	460.83	61463.95	4.799	1.842	8.85
2008	22372.42	1607.17	227.09	616.40	63544.29	4.506	1.725	9.09
2009	23514.92	1578.51	307.57	776.54	66831.60	4.309	1.639	9.50
2010	24901.89	2029.04	396.45	821.59	71631.30	4.116	1.582	10.02

资料来源：能源消费数据来源于《新中国六十年统计资料汇编》和《河北经济年鉴 2011》；电力调入量原始数据来源于相应年份的《中国能源统计年鉴》，2005 年以前的河北省电力调入量根据《新河北 60 年》中相应年份的电力消耗量和生产量的差额计算，再按照电力折标准煤系数折算成标准煤，根据公式 3-1 计算二氧化碳排放量，并推算其他指标；1980~2010 年河北省的实际地区生产总值按照 2005 年不变价格推算。

表 3 - 7　全国 1980~2010 年能源消耗及二氧化碳排放状况

年份	煤炭消费总量(万吨标准煤)	石油消费总量(万吨标准煤)	天然气消费总量(万吨标准煤)	二氧化碳排放总量(万吨)	二氧化碳排放强度(吨/万元)	能源消耗强度(吨标准煤/万元)	人均二氧化碳排放(吨/人)
1980	43518.55	12476.93	1868.53	143886.69	8.118	3.401	1.458
1981	43217.97	11889.40	1664.52	141538.56	7.587	3.187	1.414
1982	45743.38	11730.66	1551.68	147691.53	7.260	3.051	1.453
1983	49001.68	11953.24	1584.96	156810.66	6.953	2.928	1.522
1984	53390.71	12337.30	1701.70	169386.83	6.521	2.730	1.623
1985	58124.96	13112.62	1687.00	183473.95	6.225	2.602	1.733
1986	61284.30	13906.20	1859.55	193746.51	6.040	2.520	1.802
1987	66013.58	14727.44	1819.27	207874.34	5.807	2.420	1.902
1988	70770.72	15902.49	1952.94	223095.17	5.601	2.335	2.009
1989	73766.77	16575.71	2035.61	232539.79	5.610	2.339	2.063
1990	75211.69	16384.70	2072.76	236017.64	5.483	2.293	2.064
1991	78978.86	17746.89	2075.66	248801.05	5.294	2.208	2.148
1992	82641.69	19104.75	2074.23	261292.94	4.867	2.034	2.230
1993	86646.77	21110.73	2203.87	276250.10	4.515	1.896	2.331
1994	92052.75	21356.24	2332.00	291241.40	4.210	1.774	2.430
1995	97857.30	22955.80	2361.17	309940.04	4.039	1.709	2.559
1996	99366.12	25280.90	2433.46	318877.37	3.777	1.601	2.605
1997	97039.03	27725.44	2446.36	317839.52	3.445	1.473	2.571
1998	96554.46	28326.27	2451.31	317818.05	3.194	1.369	2.547
1999	99241.71	30222.34	2811.38	329443.13	3.076	1.313	2.619
2000	100707.50	32307.88	3201.68	338286.93	2.913	1.253	2.669
2001	102727.30	32788.51	3609.74	345284.05	2.746	1.196	2.705
2002	108413.10	35553.11	3826.34	366397.99	2.671	1.162	2.852
2003	128286.80	38963.90	4594.80	427211.59	2.831	1.218	3.306
2004	148351.90	45466.13	5336.40	494916.90	2.979	1.285	3.807
2005	167085.90	46727.41	6135.92	548301.34	2.965	1.276	4.193
2006	183918.60	49924.47	7501.60	601615.61	2.887	1.241	4.577
2007	199441.20	52735.50	9256.76	651303.13	2.738	1.179	4.929
2008	204887.90	53334.98	10783.58	669418.05	2.567	1.117	5.041
2009	215879.50	54889.81	11959.23	703586.23	2.470	1.077	5.271
2010	220958.50	61738.41	14297.32	735050.96	2.336	1.033	5.482

　　资料来源：数据来源于《新中国六十年统计资料汇编》《中国统计年鉴 2012》以及《中国能源统计年鉴 2010》，根据公式 3-1 计算二氧化碳排放量，并推算其他指标；1980~2010 年实际 GDP 按照 2005 年不变价格推算。

与河北省二氧化碳排放量估算方式相同，全国二氧化碳排放数据如表3－7所示。

（二）河北省二氧化碳排放量的变动趋势

与全国相比，河北省二氧化碳排放总量以及其他碳排放指标的变动呈现以下趋势。

第一，二氧化碳排放总量持续上涨，与经济增长趋势大致相同。观察图3－4和图3－5可知：1980～2010年，河北省一次能源消费总量和二氧化碳排放总量一直在持续增长，并且其增长趋势与河北省地区经济增长步调协同。以2010年为例，能源消费总量由1980年的3120.50万吨标准煤上升至27531.11万吨标准煤，上涨了7.823倍；能源消耗的二氧化碳排放量由1980年的7928.63万吨二氧化碳上升至71631.30万吨二氧化碳，上涨了9.035倍；实际总产出（以2005年为基期）规模由1980年的727.8亿元上升至19370.12亿元，上涨了27.1倍。

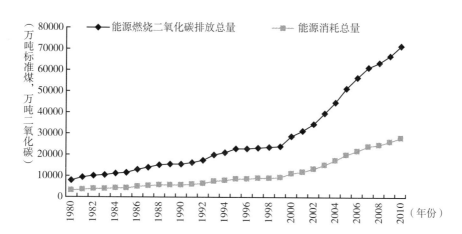

图3－4 1980～2010年河北省的能源消费总量与二氧化碳排放总量趋势

资料来源：《河北经济年鉴2012》和表3－6。

如果从图3－6中河北省地区生产总值、能源消耗总量、二氧化碳排放总量的增长率来观察，能源消耗总量与二氧化碳排放总量的变动趋势自然是趋同的，总产出扩张的过程中，经济增长的低谷大都对应着能源消耗量增长的低点。

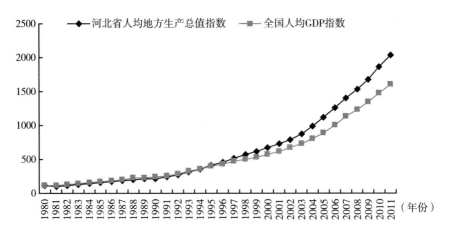

图 3 - 5   1980 ~ 2011 年河北省与全国人均国内生产总值指数
(1978 年 = 100) 的对照

资料来源:《河北经济年鉴 2012》《中国统计年鉴 2012》。

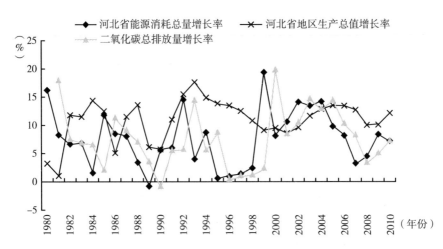

图 3 - 6   1980 ~ 2010 年河北省地区生产总值、
能源消耗总量、二氧化碳总排放量增长率的变动

资料来源: 根据《河北经济年鉴 2012》和表 3 - 6 中相关数据处理而得。

第二,单位产出二氧化碳排放(二氧化碳排放强度)大于全国,但差距不断缩小。随着河北省经济结构的调整、生产技术的进步和相应政策的引导,单位产出二氧化碳排放量持续下降,下降的过程呈明显的阶段性。如图 3 - 7所示,1980 ~ 1994 年是二氧化碳排放强度的急速下降阶段;1994 ~

1999 年是二氧化碳排放强度的缓慢下降的阶段，2000～2004 年是二氧化碳排放强度平稳静止阶段，或略有上升；2005～2010 年二氧化碳排放强度又开始逐渐缓慢下降。河北省与全国二氧化碳排放强度的变动趋势大体一致，但下降速度较快，与全国的二氧化碳排放强度间的差距在逐步缩小，这说明河北省的低碳经济发展的成效显著。然而，进入 1999 年后，河北省与全国二氧化碳排放强度的平均水平间的差距弥合难度加大。在 2005 年这个基点上，河北省的碳排放强度为 5.13 吨二氧化碳/万元，全国碳排放强度为 2.96 吨二氧化碳/万元，河北省碳排放强度高出全国平均水平 73.04%。2010 年，河北省的碳排放强度虽然降至 4.115 吨二氧化碳/万元，但依然高出同期全国平均水平 76.16%，这在一定程度上意味着河北省节能减排的效率较低，未来一段时期内节能减排的压力加大。

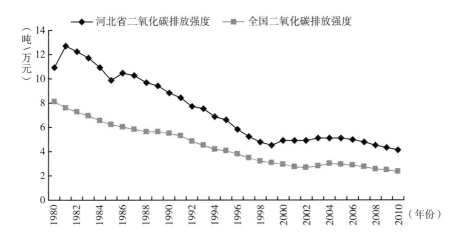

图 3 - 7　1980～2010 年河北省与全国单位产出二氧化碳排放强度的对比

资料来源：表 3 - 6 和表 3 - 7。

第三，人均二氧化碳排放量高于全国，且差距呈扩大趋势。从人均二氧化碳排放的变动来看，如图 3 - 8 所示，河北省人均二氧化碳排放持续走高，与其二氧化碳排放总量的变动趋势一致，呈现出明显的阶段性。同时，与全国平均水平相比，河北省人均二氧化碳排放高于全国平均水平，且差距持续显著扩大。2005 年这个基点上，河北省人均二氧化碳的排放量为 7.5 吨，高出全国平均水平 78.9%。2010 年，河北省人均二氧化碳排放量为 10.2 吨，高出全国平均水平86%。这一变动趋势，一方面说明了随着人均收入水平的提高，人均能源消耗不断增加；另一方面说明了"十一五"期间河北省经济增速高于全国平均水平致使能源消费快速扩张，进而碳排放急剧增长；此外，河北省能源消费结构优质化程度低于全国平均水平，且能源消费结构呈负向演进也是人均能耗与全国平均水平差距扩大的重要原因之一。

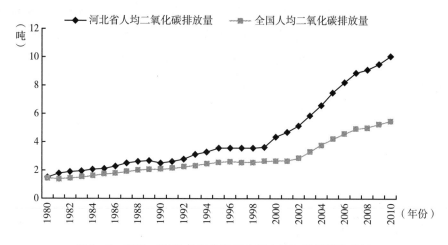

图3－8　1980～2010年河北省与中国人均二氧化碳排放量

资料来源：表3－6和表3－7。

第四，二氧化碳排放总量呈现出阶段性波动的特征。在研究的时序内，河北省二氧化碳排放总量持续增长的过程中呈现出明显的阶段性。如图3－4所示，1980～1995年是二氧化碳排放量的迅速增长阶段；1996～1999年是二氧化碳排放量的平稳阶段，2000～2006年是二氧化碳排放量的急速增长阶段；2006～2010年二氧化碳排放量增长相对放缓，相对此阶段的其他年份来讲，2009年、2010年二氧化碳排放量增长有所加快，这基本与经济发展的周期性波动相吻合。

另外，观察图3－7和图3－8可知，与全国相比，河北省无论是从能源消耗总量、人均能耗量、人均二氧化碳排放的上升趋势看，还是从单位产出二氧化碳排放的下降趋势来看，其波动幅度都大于全国的平均水平。这在一定程度上说明了河北省经济发展起伏较大，也反映了河北省在经济快速增长过程中过多地依赖于高投入和高能耗。

综上分析，改革开放以来，河北省的二氧化碳排放总量和人均排放量呈不断上升的趋势；单位产出的二氧化碳排放量虽呈不断下降的趋势，但仍高于全国的平均水平；人均二氧化碳排放量放高于全国平均水平，且呈不断上升的趋势，与全国的差距也呈扩大趋势。这充分说明河北省目前经济发展表现为"高排放—低效率"的特征，而且，伴随着未来经济的快速发展、工业化和城市化进程的提速，对能源的消耗还将持续增加，二氧化碳排放量需求还将扩大，节能减排压力将继续加大，区域经济和社会的可持续发展将面临更大的考验。

四　河北省温室气体排放与能源消费结构变化关系的实证分析

（一）模型选择

综观能源消费与碳排放的相关研究，涉及影响因素的实证研究多采用指数因素分解法（Index Decomposition Analysis，IDA），即将一个总量的变化分解为几个影响因素进行分析。IDA 主要包括 Laspeyres 指数分解和 Divisia 指数分解两大类。Ang B W.（2004）基于理论基础、适应性、可操作性、结果呈现这四个特征比较了上述两种分解方法，认为对数平均 Divisia 因素分解法（LMDI）相对优势明显。本研究采用 LMDI 方法，结合二氧化碳排放量的基本公式，对河北省能源消费二氧化碳排放的影响因素进行分解，以计量能源消费结构变动对二氧化碳排放的驱动效应值。

（二）模型构建

根据对数平均 Divisia 因素分解法（LMDI）的原理，本课题设立相应模型如下：

$$CO_2 = \sum_{i=1}^{3} \frac{CO_{2i}}{E_i} \times \frac{E_i}{TE} \times \frac{TE}{Q} \times \frac{Q}{P} \times P \qquad (3-3)$$

式 3-3 中：CO_2 为研究区域能源消费二氧化碳排放总量；CO_{2i} 为研究区域的 i 类能源消费的二氧化碳排放量，$i = 1$，2，3，…；E_i 为研究区域 i 类能源消费量；TE 为研究区域的能源消费总量；Q 为研究区域的实际地区生产总值；P 为研究区域的人口数量。

$$CO_2 = \sum_{i=1}^{3} F_i \times S_i \times I \times R \times P \qquad (3-4)$$

其中：$F_i = \dfrac{CO_{2i}}{E_i}; S_i = \dfrac{E_i}{TE}; I = \dfrac{TE}{Q}; R = \dfrac{Q}{P}$

式 3 - 4 中：F_i 为 i 类能源消费的二氧化碳排放系数，即各类能源二氧化碳排放量；S_i 为 i 类能源消费在一次能源消费总量中所占比重，反映能源消费结构的变动，即能源结构因素；I 表示能源消耗强度，在一定程度上反映能源的利用效率，即能源效率因素；R 为人均地区生产总值，体现区域经济增长水平，即经济增长因素；P 为研究区域人口总量，即人口因素。

研究区域基期 i 类能源消费的 CO_2 排放量用 CO_{2i}^0 表示，t 期的 i 类能源消费的 CO_2 排放量用 CO_{2i}^t 表示，然后利用 LMDI 加和分解方法对式 3 - 4 式进行分解，可得：

$$\Delta CO_{2tot} = \Delta CO_{2F} + \Delta CO_{2S} + \Delta CO_{2I} + \Delta CO_{2R} + \Delta CO_{2P} \qquad (3-5)$$

其中：

$$\Delta CO_{2F} = 0 \qquad (3-6)$$

$$\Delta CO_{2S} = \sum_{i=1}^{3} \frac{CO_{2i}^t - CO_{2i}^0}{\ln CO_{2i}^t - \ln CO_{2i}^0} \times \ln \frac{S_i^t}{S_i^0} \qquad (3-7)$$

$$\Delta CO_{2I} = \sum_{i=1}^{3} \frac{CO_{2i}^t - CO_{2i}^0}{\ln CO_{2i}^t - \ln CO_{2i}^0} \times \ln \frac{I^t}{I^0} \qquad (3-8)$$

$$\Delta CO_{2R} = \sum_{i=1}^{3} \frac{CO_{2i}^t - CO_{2i}^0}{\ln CO_{2i}^t - \ln CO_{2i}^0} \times \ln \frac{R^t}{R^0} \qquad (3-9)$$

$$\Delta CO_{2P} = \sum_{i=1}^{3} \frac{CO_{2i}^t - CO_{2i}^0}{\ln CO_{2i}^t - \ln CO_{2i}^0} \times \ln \frac{P^t}{P^0} \qquad (3-10)$$

上述公式中：ΔCO_{2tot} 为能源消费二氧化碳排放的总效应；ΔCO_{2F}、ΔCO_{2S}、ΔCO_{2I}、ΔCO_{2R}、ΔCO_{2P} 分别表示能源消费二氧化碳排放的排放因子效应、能源结构效应、能源效率效应、经济增长效应和人口效应。能源消费二氧化碳排放因子即各类能源的二氧化碳排放系数，通常取不变的常数，本研究中采用了 2005 年国家温室气体清单初步数据，因此，分解过程中 ΔCO_{2F} 为 0。

（三）指标选取与数据来源

本研究以河北省为研究区域，根据研究思路、目的、LMDI 模型的设计和研究区域能源消费构成状况，选取河北省 1980～2010 年的地区生产总值（Q）、三类主要能源的消费量（E_i）、三类主要能源二氧化碳排放系数（F_i）、能源消费总量（TE）、人口数量、参照区（全国）的生产总值、人口数量等指标，组成 LMDI 因素分解模型的基础数据库。

数据资料来源于《新中国六十年统计资料汇编》《河北经济年鉴 2012》，以及《中国能源统计年鉴 2011》等。

（四）河北省能源消费二氧化碳排放的 LMDI 分解

以构建的指标数据库为基础，运用 LMDI 模型对河北省能源消费二氧化碳排放的各类影响因素的累积效应进行分解，结果如图 3－9 所示。考虑中国国民经济和社会发展的五年计划进程，把考察的 1980～2010 年这一时序区间划分为六个阶段，以 1980 年为基期，提取 1985 年、1990 年、1995 年、2000 年、2005 年、2010 年这六个时间点，对河北省二氧化碳排放的驱动因素的累积效应进行阶段性分析比较，相应的数据处理结果如表 3－8 所示。

表 3－8　河北省 1980～2010 年能源消费二氧化碳排放的驱动因素分解

单位：万吨，%

年份	ΔCO_{2tot}		ΔCO_{2S}		ΔCO_{2I}		ΔCO_{2R}		ΔCO_{2P}	
	总额	比重	总额	比重	总额	比重	总额	比重	总额	比重
1985	3769.1	100	119.4	3.17	－1029.2	－27.3	3986.9	105.8	687.1	18.4
1990	7809.2	100	139.0	1.78	－2396.0	－30.7	8064.8	103.2	1995.6	25.6
1995	14985.3	100	216.1	1.44	－7319.9	－48.8	18985.2	126.7	3096.8	20.7
2000	20998.4	100	305.1	1.45	－13162.3	－62.7	29705.0	141.5	4142.3	19.8
2005	43418.1	100	541.3	1.25	－17910.7	－41.3	54240.4	124.5	6535.5	15.1
2009	57927.7	100	717.3	1.24	－26248.7	－45.3	75037.0	129.5	8408.2	14.5
2010	62671.3	100	379.0	0.60	－28541.6	－45.5	81356.5	129.6	9462.9	15.3

资料来源：以河北统计年鉴中所收集的数据为基础，运用 LMDI 模型计算而得。

（五）河北省二氧化碳排放的驱动因素分解效应评析

1980 年以来，河北省能源消费的二氧化碳排放持续增长，尤其是进入 21 世纪以来，二氧化碳排放总量加速上扬。与 1980 年相比，2010 年河北省二氧化碳排放总量约增加了 62671.3 万吨，即能源消费二氧化碳排放的总效

应 ΔCO_{2tot}。鉴于能源二氧化碳排放因子的相对稳定性，能源消费二氧化碳排放因子效应被视为 0，所以推动二氧化碳排放增长的主要驱动因素有能源结构变动、能源效率因素、经济增长因素和人口增长因素四个方面。具体来看：

第一，能源结构效应（ΔCO_{2S}）由 1981 年的 109.96 万吨上升至 2009 年的 717.3 万吨二氧化碳，2010 年这一效应为 379 万吨二氧化碳。能源结构效应占总效应的比重则从 1985 年的 3.17% 下降至 2009 年 1.24%，2010 年下降为 0.60%。从绝对量来看，能源结构变动推升了河北省二氧化碳排放量，为正向驱动力量，能源结构效应除 2010 年有所回落外，总体上呈不断上涨趋势，但上涨速度逐步放缓。从相对量来看，能源结构变动所带来的二氧化碳排放量的增量占总效应的比重呈明显下降趋势，即 ΔCO_{2S} 对 ΔCO_{2tot} 的贡献率呈下降趋势，但依然为正。富煤贫油的资源禀赋决定了河北省的能源生产结构，进而形成了以煤炭这一低质能源为主的落后的能源消费结构，对二氧化碳排放的增长产生正向的驱动效应。

第二，能源效率效应（ΔCO_{2I}）由 1981 年的 1206.3 万吨降至 2010 年的 -28541.6 万吨二氧化碳；能源效率效应占总效应的比重则由 1985 年的 -27.3%（1981 年这一比例为 85.7%）变至 2010 年的 -45.5%。从考察时序期内该效应的动态变化趋势来看，能源效率变动从 1984 年开始对二氧化碳排放总量的驱动效应为负，亦即能源利用效率的提高抑制了二氧化碳排放量的上涨，但是其对 ΔCO_{2tot} 的贡献率（绝对值）波动较大。这在一定程度上表明了能源利用效率的提高是降低能源消耗二氧化碳排放的重要途径，但能源效率的持续提高会遭遇技术革新瓶颈。

第三，经济增长因素对二氧化碳排放的驱动效应（ΔCO_{2R}）由 1985 年的 3986.9 万吨二氧化碳上升至 2010 年的 62671.3 万吨二氧化碳；对 ΔCO_{2tot} 的贡献率围绕 120% 上下波动。如图 3-9 所示，在能源消费二氧化碳排放的驱动因素中，经济增长效应是推动二氧化碳排放增长的关键原因，也就是说改革开放以来，河北省经济的快速增长（见图 3-10）是二氧化碳排放量增长的最主要的正向驱动力。

第四，人口效应（ΔCO_{2P}）总值由 1981 年的 145.3 万吨升至 2010 年的

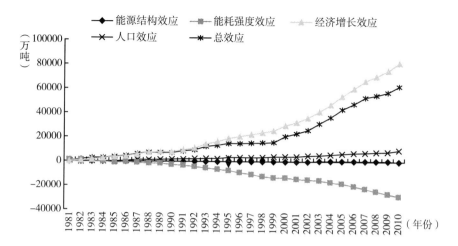

图 3 – 9　1981 ~ 2010 年河北省能源消费二氧化碳排放的驱动因素分解

资料来源：根据 LMDI 方法的处理结果整理而得。

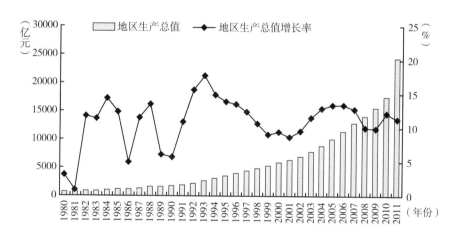

图 3 – 10　1980 ~ 2011 年河北省经济增长状况

资料来源：《河北经济年鉴 2012》。

9462.9 万吨二氧化碳；考察时序期内人口效应对 ΔCO_{2tot} 的贡献率呈先升后降的趋势，2010 年这一比重约为 15.3%。由图 3 – 9 可看出，人口效应稳步提高（见图 3 – 9），也是能源消费二氧化碳排放的正向驱动因素之一。

　　综合驱动二氧化碳排放量增长的四类因素的驱动效应来看：经济增长、人口增长和能源结构变动在考察时序内是二氧化碳排放量上升的正向驱动因素；能源效率变动（能源利用效率提高）是二氧化碳排放量上升的负向驱动因素，即抑制了二氧化碳排放的快速增长。考虑到河北省社会、人口、经济发展所处的阶段以及河北省的发展规划与战略，可以初步预计未来的 5～15 年内仍将是经济较快增长、人口稳步增加的阶段，因此，经济增长和人口增长将继续推升二氧化碳的排放总量，那么，2020 年节能减排目标的实现，必须要依靠能源消费结构的优化和能源利用效率的进一步提高。本研究将着重分析能源消费结构的调整这一节能减排的重要路径的实现方式。

第二节　河北省能源消费需求预测

市场经济条件下，一个国家或地区能源消费量的大小主要取决于其能源消费需求与供应的变化。为此，要准确把握河北省未来时期能源消费及温室气体排放量的变化趋势，就必须合理预测其能源消费需求与供应情况。本节将首先对河北省能源消费需求做出预测。

一　河北省能源消费需求变动趋势

河北省与全国能源消费需求量的变动趋势大体上是一致的，1980～2011年，随着产出的上升、人口的增长、人均（收入）消费的提高、工业化进程的推进和城市化进程的加快，河北省与全国的能源消费需求不断扩张，表现为其历年的能源消费量不断攀升。

从能源消费需求的增长率来看，如图 3-11 所示，河北省能源需求的波动幅度明显大于全国平均水平，进入新世纪以来，河北省能源需求的增长趋势与全国平均水平大体一致。

从能源消费需求的相对结构的变动来看，如图 3-12 所示，以全国作为参照，河北省能源消费过度依赖煤炭，且这种依赖呈缓升态势。河北省石油、天然气消费份额与全国石油、天然气消费份额之比由 1980 年的 60% 左右下降至2011 年的 40% 左右。河北省水、风、核电等消费的份额指数，虽然在 2009 年以来出现快速上升趋势，但是仍远远低于 1。比较的结果表明，伴随全国能源

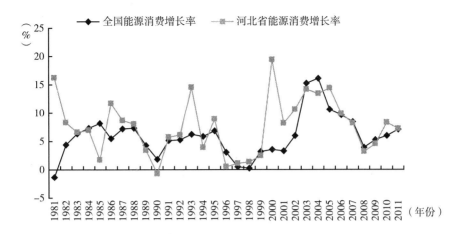

图 3 – 11　1981～2011 年河北省与全国能源消费增长率的对照

资料来源：根据《河北经济年鉴 2012》中相关数据整理而得。

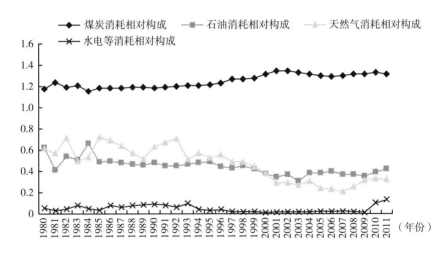

图 3 – 12　1980～2011 年河北省能源消费的相对结构
（以全国为参照区）变动趋势

资料来源：根据《河北经济年鉴 2012》《中国统计年鉴 2012》中相关数据处理而得。

消费结构的优化，河北省能源消费结构升级优化滞缓，甚至在一些年份中出现能源消费结构优质化程度下降的状况，例如，1992～2003 年的能源消费结构的优质化程度持续降低。

　　从能源需求主体的构成来看，如表 3－9 所示，工业是最大的能源消费部门，河北省工业能耗所占比重又显著高于全国平均水平，第三产业能耗比重则低于全国平均水平，这与河北省产业结构特点相匹配。河北省农业能耗所占比重呈下降趋势，但是下降速度低于全国平均水平，体现出了河北省作为农业大省的特点。河北省生活耗能比重显著低于全国平均水平，但前述研究指出河北省人均生活能耗又高于全国平均水平，这与区域内资源禀赋、能源需求特征、能源供给状况和能源利用效率有关。

表 3 – 9   河北省与全国能源需求主体的构成状况

单位：%

项　目	年份	2005	2006	2007	2008	2009	2010	2011
农业能耗比重	全　国	0.0257	0.0341	0.0310	0.0206	0.0204	0.0199	0.0194
	河北省	0.0268	0.0261	0.0247	0.0252	0.0254	0.0249	0.0239
工业能耗比重	全　国	0.7149	0.7112	0.7160	0.7181	0.7148	0.7112	0.7082
	河北省	0.7337	0.7510	0.7450	0.7478	0.7406	0.7275	0.7890
建筑业能耗比重	全　国	0.0144	0.0151	0.0152	0.0131	0.0149	0.0192	0.0169
	河北省	0.0102	0.0100	0.0098	0.0101	0.0104	0.0116	0.0130
交通运输等能耗比重	全　国	0.0779	0.0755	0.0777	0.0786	0.0773	0.0802	0.0820
	河北省	0.0357	0.0358	0.0343	0.0340	0.0327	0.0354	0.0364
批发、零售、住宿、餐饮能耗比重	全　国	0.0205	0.0224	0.0224	0.0197	0.0209	0.0210	0.0224
	河北省	0.0103	0.0084	0.0100	0.0109	0.0115	0.0118	0.0124
其他行业能耗比重	全　国	0.0392	0.0387	0.0367	0.0404	0.0414	0.0421	0.0436
	河北省	0.0234	0.0211	0.0263	0.0271	0.0280	0.0270	0.0266
生活能耗比重	全　国	0.1072	0.1031	0.1009	0.1094	0.1104	0.1064	0.1075
	河北省	0.0942	0.0823	0.0845	0.0852	0.0852	0.0836	0.0847

资料来源：能源消费数据来源于2006年以来的《中国统计年鉴》和《河北经济年鉴》；表中数据经计算而得。

从能源消费的地区结构上来看，这里选取各地级市规模以上工业企业能源消费量占河北省规模以上工业企业总能耗的比重这一指标来衡量，如表 3 – 10 所示。石家庄、唐山、邯郸作为传统的资源型工业地区，对于能源的需求总量大，占全省能源消费总量的比重高，但是，2005 ~ 2011 年石家庄市和邯郸市能源消费占比呈明显下降趋势。

表 3 – 10 河北省规模以上工业企业能源需求的地区构成

单位：%

地区\年份	2005	2006	2007	2008	2009	2010	2011
石家庄	16. 1427	16. 55365	16. 53182	16. 20534	15. 47487	15. 3379	14. 418
承 德	3. 462295	3. 659705	3. 996785	4. 010205	4. 182414	4. 047308	4. 006885
张家口	6. 399677	6. 076574	6. 247226	5. 883176	5. 259946	5. 257128	5. 354378
秦皇岛	3. 720035	3. 736152	3. 799248	3. 867337	3. 664651	3. 722181	3. 536891
唐 山	33. 43411	33. 34708	32. 83894	33. 74821	35. 02279	34. 66534	35. 88399
廊 坊	2. 001692	2. 166085	2. 532673	2. 828482	2. 888686	3. 082301	2. 965635
保 定	4. 223995	3. 833541	3. 564155	3. 587935	3. 58392	3. 974582	3. 833233
沧 州	3. 397826	3. 494367	3. 552405	3. 585553	4. 322148	4. 215425	5. 071251
衡 水	2. 192011	1. 97531	1. 787881	1. 763029	1. 556444	1. 50123	1. 545561
邢 台	6. 747088	7. 010243	7. 103845	6. 884092	6. 456863	6. 504767	6. 48104
邯 郸	18. 2786	18. 14729	18. 045	17. 63665	17. 58727	17. 69184	16. 90313

资料来源：规模以上工业企业能源消费数据来源于《河北经济年鉴 2012》；表中数据经过计算获得。

二 能源消费与经济增长关系的实证分析

能源消费与经济增长之间存在着较为稳定的因果关系，学术界对于能源消费与经济增长的相关性多有探讨，既可通过能源消费弹性系数、电力消费弹性系数单位产出能耗等指标来进行分析，又可通过历史数据及其波动进行描述性理论分析，亦可通过计量工具量化能源消费与经济增长之间的相关性。此处，不再做理论上的赘述，而是直接建立计量模型，对二者间的关系做定量刻画。

（一）指标选择与方程确立

课题组仍以 1980 ～ 2011 年为考察时序区间，选取河北省地区生产总值来表征经济增长状况，选取河北省历年一次能源的消费量表征能源投入（或能源需求）状况，选取河北省历年劳动投入量和生产性资本存量表征生产过程中传统生产要素的投入。采用经典的 C － D 函数来分析河北省的投入产出状况，由于传统的 C － D 生产函数仅考虑了劳动、资本投入以及外生技术对产出的影响，因此，本书借鉴 Nerlove（1965）年的处理方法，将原本分摊在资本和劳动要素中的能源消费的驱动因子从 C – D 函数中抽离出来，对 C – D 函数加以改进。

改进后的生产函数形式为：

$$Y = AK^\alpha L^\beta E^\gamma \tag{3 – 11}$$

考虑到劳动投入的复杂性，课题组用人力资本投入（H）来替代劳动投入，在希克斯中性技术条件下，生产函数进一步改进为：

$$Y = AK^\alpha H^\beta E^\gamma \tag{3 – 12}$$

式 3 – 12 中，Y 表示地区生产总值；A 表示外生的技术进步亦即全要素生产率，K 表示生产性资本存量，α 代表资本的产出弹性系数或资本的贡献率，H 表示人力资本投入或有效劳动投入，β 代表有效劳动投入的产出弹性系数，E 代表能源投入，γ 代表能源投入的产出弹性系数（此处等同于能源消费弹性系数）。

鉴于实践中经济变量间的依存关系一般为非线性的，因此，首先对选择的各变量进行线性转换。对于经济分析中常用的生产函数，通常是通过对数变换使经济变量之间的关系线性化，所以式 3 – 12 可写成：

$$lnY = lnA + \alpha lnK + \beta lnH + \gamma lnE \tag{3 – 13}$$

基于以上分析，我们建立计量方程如下：

$$lnY_t = lnA_t + \alpha lnK_t + \beta lnH_t + \gamma lnE_t + \mu_t \tag{3 – 14}$$

其中，t 表示样本选择时期，或样本容量，此处，$t = 1, 2, \cdots, 32$。

（二）数据来源与处理

1980 ~ 2011 年的 Y 指标对应的时序数据来源于《河北经济年鉴 2012》，能源消费数据来源于《新河北 60 年》及相应年份的《河北经济年鉴》，样本容量为 32 个。为了剔除物价波动因素的影响和课题研究前后的一致性，选取 2005 年作为基期，折算 1980 ~ 2011 年的实际地区生产总值。

资本累积是解释经济增长的重要变量，1980 ~ 2011 年河北省的资本存量（K）数据在年鉴和相关资料中无法直接获得，因此，课题组采用 Goldsmith 于

1951 年开创的永续盘存法（PIM）来估算，资本存量的估算公式为：

$$K_t = K_{t-1}(1 - \delta_t) + I_t \qquad\qquad (3 - 15)$$

其中：K_t 为当期的资本存量，K_{t-1} 为上一期的资本存量，以 1978 年为基点；δ_t 为当期的资本折旧比率，折旧率设为常数，借鉴 Hall 和 Jones（1999）研究 127 个国家资本存量时采用的折旧率，即 $\delta = 6\%$；I_t 为当期的投资额，课题组选取当期的固定资本形成总额来代表资本流量。

人力资本或有效劳动投入的增加是解释经济增长的另一重要变量。课题组首先选取历年的从业人员数和从业人员平均受教育年限作为基础数据，折算河北省人力资本投入量。本课题采用的从业人员平均受教育年限的测算公式和人力资本估算公式为：

$$h_t = \frac{\sum_{i=1}^{6} X_i T_i}{\sum_{i=1}^{6} X_i} \qquad\qquad (3 - 16)$$

$$H_t = L_t h_t \qquad\qquad (3 - 17)$$

式 3 - 16 和式 3 - 17 中：H_t 为 t 时期的人力资本存量；h_t 为 t 时期的从业人员平均受教育年限；L_t 为 t 时期从业人员数；X_i 为 i 类教育水平的从业人员数，$i = 1$，$2 \cdots$，6，分别代表文盲半文盲、小学、初中、高中、专科、本科（及本科以上）六类学历水平；T_i 为 i 类教育水平人员接受教育的年数，对应前述六类学历层次的就业人员，T_i 的赋值分别为 2 年、6 年、9 年、12 年、15 年和 19 年。

最后，为了消除异方差和方便数据之间的比较，对各指标对应的时序数据均取自然对数。数据初步处理的结果如表 3 - 11 所示。

（三）VAR 模型的建立和实证检验

鉴于 VAR 模型摆脱了经济理论的掣肘，将系统中每一个内生变量作为系统中所有变量的滞后值的函数来构造模型，依据时序数据自身的固有特征探讨经济变量之间的关系，弥补了传统经济计量方法的不足。在经济领域内，VAR 模型已广泛而频繁地被用于分析各类干扰对系统变量的动态影响。观察所设立的理论模型中的各指标时间序列的折线图（见图 3 - 13），可知 lnY、lnK、

表3-11 河北省能源消费与经济增长相关数据处理结果

年份	lnY	lnK	lnH	lnE	年份	lnY	lnK	lnH	lnE
1980	5.301	3.566	9.545	8.046	1996	6.994	5.542	10.165	9.098
1981	5.311	3.525	9.601	8.196	1997	7.112	5.662	10.181	9.109
1982	5.423	3.696	9.655	8.276	1998	7.213	5.757	10.203	9.122
1983	5.532	3.851	9.732	8.339	1999	7.300	5.831	10.199	9.146
1984	5.666	4.043	9.769	8.406	2000	7.391	5.913	10.227	9.323
1985	5.784	4.193	9.795	8.423	2001	7.475	5.984	10.238	9.402
1986	5.834	4.221	9.836	8.533	2002	7.566	6.070	10.250	9.503
1987	5.944	4.356	9.887	8.616	2003	7.676	6.185	10.262	9.635
1988	6.070	4.514	9.931	8.693	2004	7.797	6.317	10.292	9.761
1989	6.129	4.555	9.962	8.727	2005	7.923	6.454	10.315	9.895
1990	6.186	4.592	10.008	8.720	2006	8.049	6.589	10.343	9.989
1991	6.290	4.715	10.044	8.775	2007	8.169	6.714	10.366	10.068
1992	6.435	4.901	10.073	8.834	2008	8.265	6.802	10.395	10.099
1993	6.598	5.106	10.101	8.970	2009	8.361	6.890	10.421	10.143
1994	6.737	5.266	10.121	9.008	2010	8.476	7.009	10.448	10.223
1995	6.867	5.407	10.141	9.093	2011	8.583	7.115	10.494	10.292

资料来源：河北省地区生产总值数据、资本形成总额、就业人员数、能源消费数据来源于《新河北60年》和《河北经济年鉴2012》，地区生产总值、资本形成总额数据均按1978年价格计算；1980~2004年河北省从业人员平均受教育年限数据引自李爱君等（2005）的《河北省人力资本与经济增长的实证分析》一文，2005~2007年的数据引自王文君（2009）的《河北省经济发展的人力资本分析》一文，2008~2011年的数据经推算而得；折算物质资本存量时，以1978年为基期，以基期价格计算的物质资本存量为549.18，此估算依据为张军扩（1991）、何枫等（2003）、张军等（2003）的相关研究结论，然后计算各期资本存量变化量。对所有原始数据进行处理得到模型所需指标后，取自然对数进而得到上表。

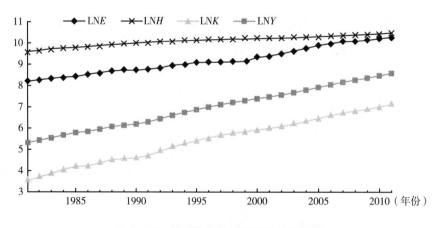

图3-13 模型各指标时间序列的折线图

lnH、lnE 均是带有时间趋势的非平稳序列，且四指标变动趋势大致相同，应该存在某种均衡关系。因此，考虑建立 VAR 模型对河北省能源消费与经济增长的相关性进行实证检验。具体步骤如下：

1. 时间序列的平稳性检验——ADF 检验

鉴于现实中经济变量的时间序列大多是非平稳的，为了避免"伪回归"问题的出现，应对经济变量作平稳性检验，且后续的 VAR 模型的建立和协整检验均建立在数据平稳性检验的基础之上。因此，课题组利用 EViews6.0 软件，选取 ADF 方法对相关经济变量的时间序列进行检验，具体检验结果如表 3 – 12 所示。

表 3 – 12　ADF 单位根检验结果

变量	检验形式 (c,t,k)	t – 统计量	ADF 临界值 1%	ADF 临界值 5%	伴随概率	检验结果
lnY	$(c,t,1)$	– 3.184344	– 4.309824	– 3.574244	0.1072	不平稳
$dlnY$	$(c,0,1)$	– 3.900435	– 3.689194	– 2.971853	0.0060	平　稳
lnK	$(c,t,0)$	– 2.989265	– 4.309824	– 3.574244	0.1521	不平稳
$dlnK$	$(c,0,1)$	– 3.942890	– 3.689194	– 2.971853	0.0054	平　稳
lnH	$(c,t,1)$	– 2.971100	– 4.309824	– 3.574244	0.1564	不平稳
$dlnH$	$(c,0,1)$	– 3.572221	– 3.689194	– 2.971853	0.0132	平　稳
lnE	$(c,t,1)$	– 1.712428	– 4.309824	– 3.574244	0.7206	不平稳
$dlnE$	$(c,0,1)$	– 3.948055	– 3.679322	– 2.967767	0.0052	平　稳

注：表中检验形式 (c,t,k) 分别表示单位根检验方程中包括常数项、时间趋势项和滞后期数，d 代表一阶差分。

平稳性检验结果表明在 5% 的显著性水平下，四个指标都是非平稳的，但是四个变量的一阶差分在 1% 的显著性水平下都通过了 t 检验，即 lnY、lnK、lnH、lnE 均为 I（1）序列，可在 VAR 模型估计的基础上进行 Johansen 协整检验和协整方程估计。

2. 协整检验与协整方程简析

确定变量的滞后阶数（k）是建立 VAR 模型的关键，本书根据赤池准则

（AIC）和施瓦茨信息准则（SC）等判别方法，同时考虑到样本容量问题以及模型有效估计的残差应具备的正态分布特征来进行滞后阶数的判别，最终确定建立 VAR（1）模型。

在 VAR 模型估计的基础上，对内生变量进行协整检验，以判别四个数据序列是否存在协整关系。本书采取数据空间具有明确趋势和协整方程具有截矩项对 lnY、lnK、lnH、lnE 进行协整检验。

根据表 3 - 13 中 Johansen 检验的结果可知 lnY、lnK、lnH、lnE 四个数据序列在 5% 的显著水平上存在两个协整关系，标准化后的可选协整方程（圆括号中数字为标准差、方括号中数字为 t 值）为：

表 3 - 13   Johansen 协整检验结果

原假设成立条件下协整关系数	特征值	迹统计量	0.05 临界值	伴随概率**	最大特征值统计量	0.05 临界值	伴随概率**
不存在*	0.945328	134.7418	54.07904	0.0000	87.19189	28.58808	0.0000
最多有一个*	0.607629	47.54991	35.19275	0.0015	28.06644	22.29962	0.0070
最多有两个	0.368843	19.48347	20.26184	0.0637	13.80602	15.89210	0.1034

注：（1）迹检验和最大特征值检验表明在 5% 的显著性水平下存在两个协整关系。

（2）* 表示在 5% 的显著性水平下拒绝原假设。

（3）** 根据 MacKinnon-Haug-Michelis（1999）提出的临界值所得到的显著性 P 值。

$$lnY = 0.499011 + 0.901972lnK + 0.089327lnH + 0.103700lnE + u$$
$$(0.30242)\quad (0.01223)\quad (0.03175)\quad\quad (0.01447) \qquad (3-18)$$
$$[1.65006]\quad [73.75078]\quad [2.813449]\quad\quad [7.166551]$$

根据协整方程可知：河北省的地区生产总值与资本存量的变动量（净投资）、人力资本投入量以及能源消费量正相关。净投资量每增加 1%，地区生产总值将增加 0.902%；人力资本投入量每增加 1%，地方生产总值将增加 0.09%；能源消费量每增加 1%，地方生产总值将增加 0.104%。相比之下可以看出：河北省经济增长的主要驱动力为资本存量的扩张，即净投资；人力资本存量的增加虽然对于产出增长有正向驱动作用，但是，在考察时序区间内，人力资本增加的经济增长驱动力很弱；能源消费对经济增长存在正向驱动效应，且显著于考察期内人力资本驱动效应。

（四）主要结论

综合上述分析，可知能源消费对于总产出存在较为明显的正向驱动作用，在产出增长中，能源消费增长的产出份额约为 10.37%；在上一节关于二氧化碳排放总量驱动因素分解模型的分析中，我们已经观察到，二氧化碳排放总量与能源消费总量存在着稳定的正相关关系，而二氧化碳排放总量扩张的最为关键的正向驱动因素即为经济增长，因此，可推知总产出对于能源消费（需求）增长有更为明显的正向拉动作用。

简言之，能源需求扩张与经济增长存在着双向因果关系，预测能源需求量的变动直接依赖于未来经济增长的变动趋势。20 世纪中叶以来，能源问题引起了国内外的普遍重视，对能源规划和能源预测的重视程度日益提高。考虑到利用计量模型做中长期预测准确性较低以及本课题研究成果的应用途径，本部分关于河北省未来能源需求量的变动，课题组将根据未来不同阶段的经济发展战略目标进行情景预测。

三　河北省能源消费需求的情景预测

（一）能源需求预测的方法及选择

对能源需求进行预测，一般采用趋势判断法（相关关系法）预测或情景设定预测两类方法。当前，对于能源消费趋势进行预测的研究方法有类比法、外推法、因果分析法，实际应用中具体采用的研究方法有能源消费弹性系数法、人均能耗法、能耗强度法、计量模型法。趋势判断法预测的基本思路是在对历史和现状进行研究的基础上，借助统计方法找出能源需求的变动规律、确认能源需求未来的发展趋势并进行推测，或根据变量间相关关系建立计量模型进行预测；情景设定预测法的基本思路是从未来经济社会发展的战略目标设定出发，预测各经济目标实现情景下的能源需求。

考虑到研究成果的应用方向，本课题研究对能源消费需求的预测主要采用情景设定预测方法，并辅以能源消费弹性系数法。

（二）能源消费的情景设定和预测

经济增长是现阶段能源需求扩张的关键性驱动因素，而能源效率（单位能耗）的下降则是能源需求的关键抑制性因素，因此，不同的经济增长情景和不同的节能减排目标的设置将引致不同规模的能源消费需求。

全国经济增长和节能减排目标情景设定的依据有：我国"十二五"发展规划纲要中，对 2011～2015 年经济增长设定的目标为 GDP 年均增长率为 7%；综合国务院发展中心和各机构对于我国经济增长速度的预测，课题组根据 2011 年我国经济发展的实际状况，选定 2016～2020 年 GDP 年均增速亦等于 7%；节能减排的目标安排是，与 2010 年相比，"十二五"期间我国单位产值能耗下降 16%，二氧化碳排放强度下降 17%；到 2020 年，我国的碳减排目标是二氧化碳排放强度比 2005 年下降 40%～45%。

河北省经济增长和节能减排目标情景设定的依据有：河北省"十二五"发展规划纲要中，对 2011～2015 年经济增长设定的目标为地区生产总值年均增长 8.5%；鉴于经济运行过程中的不确定性，课题组根据河北省经济增长所处阶段和经济增长的历史轨迹，设定了目标速度、低速、高速增长三种方案；假定河北省 2016～2020 年的地区生产总值增速与全国保持一致，年均增长率为 7%；节能减排的目标安排是，与 2010 年相比，"十二五"期间河北省单位产值能耗下降 17%，二氧化碳排放强度下降 18%；到 2020 年，河北省的碳减排目标是达到国家要求，即二氧化碳排放强度比 2005 年下降 40%～45%。

经济增长、节能减排的情景设定和能源需求预测值如表 3－14 所示。显然，与 2005 年相比，河北省和全国"十一五"期间的经济增长目标超预期实现，能源消耗强度的削减、碳排放强度下降的预期目标任务也圆满完成。而"十二五"和"十三五"期间的经济增长目标和节能减排任务的实现，则面临巨大的节能和减排压力。

2015 年，在完成节能减排任务安排的前提下，河北省能耗强度将降至 1.12 吨标准煤/万元，碳排放强度将降至 2.872 吨二氧化碳/万元（均按 2010 年不变价折算）。若按照"十二五"规划的经济增长方案，河北省的能源需求量将增加至 34359.8 万吨标准煤，需节能 17465.7 万吨标准煤，需减排二氧化碳 46242.4 万吨。若经济增长保持高速，则河北省的能源需求量将增至 38505.0

表 3 – 14　经济增长、节能减排情景设定及能源需求预测

项　　目	区域	2010 年	"十二五"增长方案与2015年目标值			2016 ~ 2020 年
			目标速度	低速	高速	
GDP 年均增长率(%)	河北省	12.20	8.50	7.50	11.00	7.00
	全　国	10.40	7.00	6.00	10.00	7.00
GDP(亿元)	河北省	20394.3	30666.0	29278.6	34365.5	44119.8
	全　国	401512.8	563142.5	537314.7	646640.4	806874.9
二氧化碳排放量(以2005年碳排放强度计算,万吨)	河北省	89326.9	134316.9	128240.3	150520.9	193244.5
	全　国	931509.7	1306490.5	1246570.1	1500205.7	1871949.8
二氧化碳排放量(假定节能减排阶段目标得以实现,万吨)	河北省	71631.4	88074.5	84089.9	98699.8	106239.5
	全　国	735050.9	868641.6	828802.5	997436.4	1030919.9
至目标年需减排碳(万吨)	河北省	17695.5	46242.4	44150.4	51821.1	87005.0
	全　国	196458.8	437848.9	417767.5	502769.4	841029.9
各时期能耗强度(2005 年不变价,吨标准煤/万元)	河北省	1.58	1.30	1.30	1.30	1.04
	全　国	1.03	0.89	0.89	0.89	0.70
各时期能耗强度(2010 年不变价,吨标准煤/万元)	河北省	1.35(1.69)	1.120	1.120	1.120	0.930
	全　国	0.81(1.00)	0.680	0.680	0.680	0.550
各时期的二氧化碳排放强度(以2005年为基期计算,吨二氧化碳/万元)	河北省	4.116(5.13)	3.874	3.874	3.874	2.839
	全　国	2.336(2.97)	1.934	1.934	1.934	1.637
各时期的二氧化碳排放强度(以2010年为基期计算,吨二氧化碳/万元)	河北省	3.51(4.38)	2.872	2.872	2.872	2.408
	全　国	1.83(2.32)	1.542	1.542	1.542	1.278
各时期能源需求量(按2005年能耗强度算,万吨标准煤)	河北省	34466.3	51825.5	49480.8	58077.7	74562.4
	全　国	401459.8	563068.1	537243.8	646555.0	806768.4
各时期能源需求量(目标设定实现的情况下,万吨标准煤)	河北省	27531.1	34359.8	32805.3	38505.0	41023.9
	全　国	324939.0	382823.0	365265.3	439584.7	443722.6
目标实现情况下的节能量(万吨标准煤)	河北省	6935.2	17465.7	16675.5	19572.8	33538.5
目标实现情况下二氧化碳减排量(万吨)	河北省	17695.5	46242.4	44150.4	51821.1	87005.0

注：(1) 2010 年河北省与全国的地区生产总值、能源消费总量等数据均为历史数据。

(2) 地区生产总值, 以及 2005 年和 2010 年河北省与全国的能源消耗强度分别按照 2010 年不变价格计算的实际 GDP 来折算。

(3) 预测各年 GDP 值时, 以 2010 年为不变价格, 鉴于 2011 年的相关数据已有, 所以将其折算为实际 GDP 后, 以此为基础按照情景设定外推预测。

(4) 括号中数据为 2005 年的指标值。

117

万吨标准煤，需节能 19572.8 万吨标准煤，需减排二氧化碳 51821.1 万吨。若经济增长速度走低，则河北省的能源需求量将增至 32805.3 万吨标准煤，需减排的二氧化碳为 44150.4 万吨。按我国"十二五"发展规划的经济增长和节能减排的目标设定，我国 2015 年的 GDP 将达到 563142.5 亿元，能源消费需求量将增至 382823.0 万吨标准煤，需节能 180245.2 万吨标准煤，需减排的二氧化碳为 437848.9 万吨。

2020 年，若实现了地区生产总值比 2010 年翻一番、碳排放强度比 2005 年降低 40%～45%的目标，河北省需减排二氧化碳 87005.0 万吨，届时的能源消费需求总量约为 44602.00 万吨标准煤，单位 GDP 能耗将降至 0.930 吨标准煤/万元；全国实现 GDP 比 2010 年翻一番、碳排放强度比 2005 年降低 40%～45%的目标，需减排二氧化碳 841029.9 万吨，届时能源消费需求总量约为 443722.6 万吨标准煤，单位 GDP 的能耗将由 2005 年的 0.99986 吨标准煤/万元下降至 0.550 吨标准煤/万元。[①]

（三）能源消费弹性系数法预测

能源需求总量年均增长率 = GDP 年均增长率 × 能源消费弹性系数

根据《河北省"十二五"发展规划纲要》中设定的经济发展目标中关于地区生产总值年均增长率为 8.5%的设定，根据河北省能源消费结构的状况和经济发展所处的阶段，以及"十一五"时期能源消费弹性系数的平均值为 0.57 的事实，设"十二五"时期河北省能源消费弹性系数的均值为 0.5。

所以有："十二五"期间河北省能源需求的年均增长率 = 8.5% × 0.5 = 4.25%。

国务院发展中心、中国社科院、国家信息中心、北京大学、世界银行和国际能源署关于中国 2010～2020 年经济增长的预测值分别为 7.1%、6%、7.3%、6.5%～7.5%、5.6%、4.7%，课题组对以上预测结果取均值为 6.28%，进而设定全国 2015～2020 年的年均增长率为 6.28%，2015～2020 年河北省的年均增长率为 7%。

所以有：2015～2020 年河北省能源需求的年均增长率 = 7% × 0.5 =

---

① 本部分中涉及物价波动数据均按 2010 年不变价格进行了平减。

3.5%。

综合上述分析，以 2010 年为基期，可得各年能源消费需求的情景预测值，具体见表 3 – 15。2015 年河北省的能源消费需求总量约为 34841.84 万吨；2020 年能源消费需求总量约为 41381.18 万吨。此预测结果与情景预测的结果相比，能源消费弹性系数法的预测值稍大。考虑到能源消费弹性系数取决于经济增长速度和能源消费增长速度两方面的因素，而经济增长速度、能源消费增长速度的高低受多方面因素的影响，因此，能源消费弹性系数的变动趋势往往很难预测，以此为基础的能源消费需求预测结果的准确性较低。

表 3 – 15　依据能源消费弹性系数法预测的能源消费需求量

单位：万吨，亿元

年份	能源消费总量	地区生产总值	年份	能源消费总量	地区生产总值
2010	27531.11	20449.12	2016	36061.31	33658.78
2011	22698.42	24585.91	2017	37323.45	36014.89
2012	24627.78	26675.71	2018	38629.77	38535.93
2013	26721.15	28943.15	2019	39981.81	41233.45
2014	28992.44	31403.32	2020	41381.18	44119.79
2015	31456.8	34072.60			

注：（1）2010 年和 2011 年河北省地区生产总值、能源消费总量数据是现实发生的数据，来源于《河北经济年鉴 2012》，预测值以 2010 年不变价推测。
　　（2）本表涉及的地区生产总值数据均按现价测算。

第三节　河北省能源供应情景预测

在能源消费需求既定的条件下，一个国家或地区能源消费量及结构的变化主要取决于其能源供应的变化。为此，本节将对河北省能源供应进行预测，对河北省"十二五"及"十三五"时期能源供需均衡状况加以分析。

一　河北省能源供应分析

（一）河北省能源供应概况

河北省的能源供应状况直接取决于区域的资源禀赋状况和能源开采利用的

技术水平。结合表 3－3、表 3－16 和图 3－14、图 3－15 可知，从河北省传统能源的基础储量来看，其"富煤、贫油、少气"的资源禀赋决定了以煤炭为主的能源生产结构，煤炭产出占一次能源总产量的比重常年维持在 85% 左右的水平，若无新能源开采利用技术的重大突破，这一特征仍将在未来较长时期内无法改变。从能源生产总量的变动来看，可知河北省能源产出总体上呈不断扩张趋势，2011 年的能源产出量扩张为 1981 年的 1.584 倍，但地区能源生产波动幅度较大。从能源产出增长速度来看，1981～2011 年，河北省能源产出的年均增长率为 1.784%，远低于地区能源消费需求量的年均增长速度（7.339%）。从河北省能源供应的自给率来看，1981～1987 年河北省的能源供应足够满足省内能源消费需求；1988～1999 年河北省的能源供应缺口缓慢扩大，省内能源消费需求中的一部分要靠省外调入或进口来满足；2000 年至

表 3－16　河北省与全国的能源生产构成

单位：万吨标准煤，%

年份	能源生产总量	河北省能源生产比重				能源生产总量	全国能源生产比重			
		煤炭	石油	天然气	水电等		煤炭	石油	天然气	水电等
1981	5502.86	67.9	32.00	—	0.10	63227.0	70.2	22.9	2.7	4.2
1983	5506.73	72.93	26.48	0.31	0.28	71270	71.6	21.3	2.3	4.9
1985	5292.72	71.51	27.85	0.51	0.13	85546	72.8	20.9	2.0	4.3
1987	5716.06	79.3	19.88	0.55	0.27	91266	72.6	21.0	2.0	4.4
1989	5354.45	83.56	15.42	0.56	0.46	101639	74.1	19.3	2.0	4.6
1991	5199.85	84.03	14.77	0.74	0.46	104844	74.1	19.2	2.0	4.7
1993	5348.20	85.16	13.43	0.72	0.69	111059	74.0	18.7	2.0	5.3
1995	6619.56	87.41	11.16	0.64	0.79	129034	75.3	16.6	1.9	6.2
1997	6470.60	86.97	11.68	0.70	0.65	133460	74.3	17.2	2.1	6.5
1999	5763.48	85.42	13.17	0.88	0.53	131935	73.9	17.3	2.5	6.3
2001	5656.12	85.7	12.96	1.12	0.22	143875	73.0	16.3	2.8	7.9
2003	5998.00	86.38	12.15	1.28	0.19	171906	76.2	14.1	2.7	7
2005	7089.90	87.05	11.33	1.29	0.33	216219	77.6	12.0	3.0	7.4
2007	7246.47	85.39	13.01	1.31	0.29	247279	77.7	10.8	3.7	7.8
2009	6879.85	85.19	12.44	2.11	0.26	274619	77.3	9.9	4.1	8.7
2010	8129.05	84.89	10.53	2.07	2.50	296916	76.5	9.8	4.3	9.4
2011	8718.40	84.87	9.60	1.86	3.66	317987	77.8	9.1	4.3	8.8

　　资料来源：能源消费数据来源于《新中国六十年统计资料汇编》《河北经济年鉴2012》和《中国能源统计年鉴2011》。

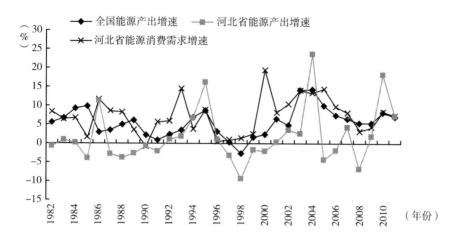

图 3 – 14　1982～2010 年河北省能源供需状况变动及与全国产出增速的对照

资料来源：根据《河北经济年鉴 2012》《中国统计年鉴 2012》中相关数据处理而得。

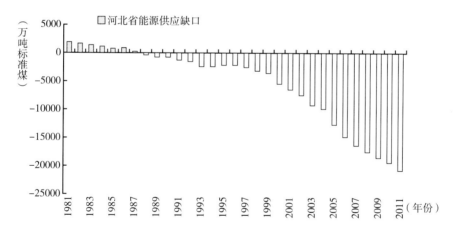

图 3 – 15　1981～2011 年河北省能源生产与能源需求的缺口

资料来源：根据《河北经济年鉴 2012》中相关数据处理而得。

今，在区域经济快速增长的背景下，能源消费需求急剧扩张，省内能源供应缺口快速扩大，2010 年河北省能源供应的自给率仅为 29.53%，远低于全国 91.3% 的能源自给率。

（二）河北省与全国能源供应的对比分析

河北省与全国的能源供应状况相比（具体见表 3 – 16），相同之处在于以下三点：一是能源的供应总量不断增长；二是能源供应以煤炭为主、石油供应所占份额次之；三是各类能源供应的比重不断调整。

河北省与全国的能源供应状况相比，不同之处在于以下四点：一是河北省能源供应量增速波动较为剧烈（见图 3 – 14）；二是河北省能源供应对煤炭的依赖程度高于全国（见表 3 – 16）；三是河北省石油供应比重波动大，天然气、水电等生产处于相对弱势地位；四是河北省能源自给率一路下滑，远低于全国平均水平，供应缺口扩张速度高于全国（见图 3 – 16）。

图 3 – 16　1981～2011 年河北省与全国能源供应自给率的变动趋势

资料来源：根据《河北经济年鉴 2012》《中国统计年鉴 2012》中相关数据处理而得。

二　河北省能源供应情景预测

（一）能源供应预测的方法及选择

关于能源供应（生产）状况的预测，大致有趋势判断法（相关关系法）预测、能源储量分析法预测、能源系统分析法预测和情景设定预测四类方法。当前，对于能源供应趋势进行预测的研究方法有类比法、外推法、因果分析法，实际应用中具体采用的研究方法有能源生产弹性系数法、人均能源产出法、计量模型法等。趋势判断法预测的基本思路是在对历史和现状进行研究的基础上，借助统计方法找出能源供应的变动规律、确认能源供应未来的发展趋势并进行推测，或根据变量间相关关系建立计量模型进行预测；能源储量分析法的思路是根据已经查明和未来可能发现的可供开采的能源储量，并结合各类能源生产的寿命周期表征等来预测能源供应量；能源系统分析法的基本思路是综合考虑资源禀赋、能源消费需求、能源投资、能源运输、能源贸易、生态环境等因素的基础上，提出若干可行方案，继而根据给定的评价准则，系统分析之后选择出最佳能源供应方案；情景设定预测法的基本思路是从未来经济社会发展的战略目标设定出发，预测各经济目标实现情景下的能源产出。

由于能源产出变动受地区资源禀赋、地区能源战略安排、新能源开采利用技术革新的不确定性、能源投资与贸易等诸多方面的影响，所以，能源供应变动比能源需求的变动趋势更难以把握。鉴于此种原因以及课题研究的需要，课题组仍采用情景设定预测法，并辅以能源生产弹性系数法来探讨河北省能源供应的情景。

（二）能源供应的情景设定和预测

在我国 2011～2015 年经济增长目标设定为年均增长率 7% 的背景下，全国能源供应目标情景设定的依据有：我国《能源"十二五"发展规划纲要》中，提出到 2015 年，在一次能源的消费结构中，煤炭、石油、天然气、水电、核电及其他非化石能源的电力消费所占比重将由 2010 年的 68%、19%、4.4%、7.1%、0.7% 上升至 63%、17.1%、8.3%、9% 和 2.6% 左右。为了实现我国承诺的 2020 年非化石能源消费比重达到 15% 的目标，我国将重点发展核电、水电、风能、太阳能、生物质能，到 2020 年，我国核电规模至少达到 7500 万千瓦，水电装机规模至少达到 3 亿千瓦以上，其他生物质能的利用规模达到 2.4 亿吨标准煤以上。另外，国家能源局发布的《煤炭工业发展"十二五"规划》指出 2015 年煤炭供应能力的目标是达到 41 亿吨/年。

《河北省能源"十二五"发展规划纲要》中指出，"十二五"期间，省内煤炭生产保持在年均 8500 万吨的水平，能源生产结构中煤炭占比控制在 85%。《河北省新能源产业"十二五"发展规划》中则指出，新能源产量（不包含水电）占一次能源消费的比重将由 2010 年的 2.4% 提升至 2015 年的 5%，风电、生物质能发电、太阳能发电量到"十二五"期末将分别提升至 900、70、30 万千瓦。上述均为河北省经济增长和节能减排目标情景设定的依据。

根据上述情景设定依据，对河北省的能源供应进行预测，结果见表 3 - 17。

表 3 - 17　经济增长、节能减排情景设定及能源供应预测

项目	能源类别		2010 年	2015 年	2020 年
河北省一次能源供应量（万吨标准煤）	化石能源	煤炭（万吨）	6900.75	8500	
		石油	855.99		
		天然气	168.27		
	非化石能源	水电	203.23		
		风能	0.058992	1.1061	
		生物质能	0.005186	0.008603	
		太阳能	0.000799	0.003687	
		地热能			
		潮汐能			
新能源在一次能源消费中所占比重（%）			2.4	5	15
全国能源供应量（万吨标准煤）	化石能源	煤炭	227319.77	410000	
		石油	29002.58		
		天然气	12614.78		
	非化石能源	水电（万千瓦）	8875.49		30000
		核电（万千瓦）	907.99		7500
		风电及其他生物质能	548.40		24000
新能源在一次能源消费中所占比重（%）			8.1	11.6	15

注：（1）2010 年河北与全国的地区生产总值、能源消费总量等数据均为历史数据。
（2）地区生产总值，以及 2005 年和 2010 年河北省与全国的能源消耗强度分别按照 2010 年不变价格计算的实际 GDP 来折算。

（三）能源生产弹性系数法预测

能源生产总量年均增长率 = GDP 年均增长率 × 能源生产弹性系数

根据《河北省"十二五"国民经济和社会发展规划纲要》中设定的经济发展目标中关于地区生产总值年均增长率为 8.5% 的设定，根据河北省能源生产结构的状况和经济发展所处的阶段，以及"十一五"时期能源生产弹性系数的平均值为 0.23735 的事实，设"十二五"时期河北省能源生产弹性系数的均值为 0.23735。

所以"十二五"期间河北省能源生产的年均增长率 = 8.5% × 0.23735 = 2.0175%。

国务院发展中心、中国社科院、国家信息中心、北京大学、世界银行和国际能源署关于中国 2010 ~ 2020 年经济增长的预测值分别为 7.1%、6%、7.3%、6.5% ~ 7.5%、5.6%、4.7%，课题组对以上预测结果取均值为 6.28%，进而设定全国 2015 ~ 2020 年的年均增长率为 6.28%，2015 ~ 2020 年河北省的年均增长率为 7%。

所以 2015 ~ 2020 年河北省能源生产的年均增长率 = 7% × 0.23735 = 1.6614%。

综合上述分析，以 2010 年为基期，可得各年能源生产的情景预测值，具体见表 3 – 18。2015 年河北省的能源生产总量约为 9443.55 万吨标准煤；2020 年能源生产总量约为 10254.53 万吨标准煤。由于能源生产弹性系数取决于经济增长速度和能源生产增长速度两方面的因素，而经济增长速度、能源生产增长速度的高低又受多方面因素的影响，这些都致使能源生产弹性系数的变动趋势往往很难预测，进而导致情景设定往往与未来的实际情况偏差较大。另外，能源生产和能源消费需求的预测都未考虑能源开采利用技术的跃进、产业结构优化所带来的能源供需的变化。总而言之，此部分预测结果可用以分析能源供需的变动趋势，但预测值和未来实际值之间的误差可能较大。

表 3 – 18　依据能源生产弹性系数法预测的能源生产总量

单位：万吨，亿元

年份	能源生产总量	地区生产总值	年份	能源生产总量	地区生产总值
2010	8129.05	20449.12	2016	9600.45	36457.68
2011	8718.40	24585.91	2017	9759.95	39009.72
2012	8894.29	26675.71	2018	9922.10	41740.40
2013	9073.74	28943.15	2019	10086.95	44662.22
2014	9256.80	31403.32	2020	10254.53	47788.58
2015	9443.55	34072.60			

注：（1）2010 年和 2011 年河北省地区生产总值、能源生产总量数据是现实发生的数据，来源于《河北经济年鉴 2012》。
　　（2）本表涉及的地区生产总值数据均按现价测算。

（四）2012 ~ 2020 年河北省能源供需均衡状况简析

根据能源供需的预测结果，可粗略描绘 2012 ~ 2020 年河北省能源供需状况的变动，具体如图 3 - 17 所示。在"十二五"期间河北省的经济将保持较快增长态势，2016～2020 年河北省的经济增速也很可能维持在年均 7% 的水平的背景下，区域内能源的消费需求仍将较快扩大，但在能源资源禀赋等因素的影响下，河北省能源生产增速相对滞缓，因此，区域能源供求缺口将继续快速加大。若能源开采、利用技术没有突破，河北省能源供给缺口在 2015 年将升至 25398.29 万吨标准煤，2020 年这一缺口将增至 31126.65 万吨标准煤，能源供应的区域自给率将由 2010 年的 29.527% 下降至 24.781%，能源供求矛盾更为突出。

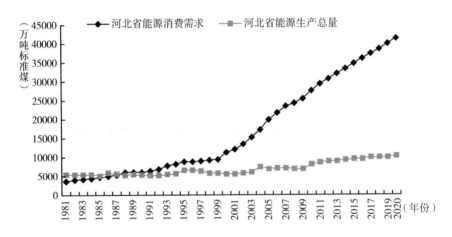

图 3 - 17　1981～2020 年河北省能源生产和能源消费需求的变动

资料来源：《河北经济年鉴 2012》和预测数据。

综合前述研究可知：能源消费需求与经济增长双向互动，2010～2020 年伴随地区生产总值和人口数量的增长，河北省的能源消费需求将持续扩张。温室气体排放与化石能源消费密切相关，2010～2020 年能源消费的快速增长将引致二氧化碳排放量的急剧上升；经济增长和人口膨胀将对二氧化碳排放量增长产生正向驱动作用，能源结构优化和能源利用效率提高对二氧化碳排放量增长会产生负向驱动效应；在资源禀赋和能源开采利用技术的约束下，河北省能源供应能力扩张相对缓慢，与能源消费需求之间的缺口将不断扩大。简言之，河北省经济的可持续发展正面临节能减排压力巨大、能源供给严重不足的困境，亟待挖掘节能减排潜力，探索低碳化发展的突破路径。

第四节　河北省能源消费结构性节能减排潜力分析

低碳经济发展的全球实践表明，突破技术瓶颈、大力开发新能源、提升传统能源利用效率、优化能源消费结构是破解能源困境、化解节能减排巨大压力的必然途径。

一　能源消费结构调整的途径

（一）能源消费视角下河北省节能减排的路径选择

整体来看，节能减排、推动低碳经济发展的基本途径如图3－18所示。简言之，区域节能减排需依靠结构性减排、技术性减排、贸易性减排和制度性减排四轮驱动。从能源系统角度来看，化解节能减排巨大压力则需控制能源消费需求和改善能源供应双管齐下。

从能源需求的角度来看，结合本章前述研究和图3－18可知：第一，能源消费需求增长的驱动因素中，经济和人口的稳定增长态势在"十二五"期间乃至"十三五"期间仍将持续，其对能耗总量的正向驱动效应将持续；第二，技术的进步对能耗增长呈明显的抑制或负向驱动效应，是节能减排、发展低碳经济的关键环节，但技术跃进不会一蹴而就，因此，技术瓶颈的突破具有时间上的不确定性；第三，能耗结构的正态演进（能源消费结构的优化）将有利于提高能源的综合利用效率、有利于提高清洁能源消费的比重，进而将降低能耗强度、降低能耗的综合排放系数，并最终降低碳排放强度，实现节能减排目标。

具体到河北省，根据对该区域能源消费二氧化碳排放驱动因素分解的结果（见前表3－8）来看：假定河北省地区生产总值在"十二五"期间保持8.5%的年均增速，人口规模年均增长率与"十一五"期间的人口年均增长率（0.98%）持平，明显快于全国人口规模的平均增长率（0.53%），显然，经济增长和人口扩张将进一步推进能源消费和碳排放量的增长。鉴于此，从能源消费角度来看，节能减排目标的实现需要依靠技术的进步和能源消费结构的正态演进。

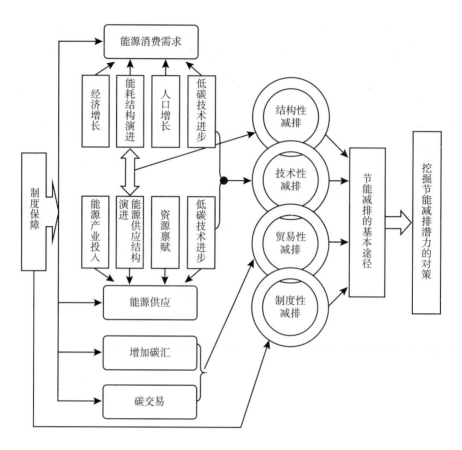

图 3－18　区域节能减排的基本途径

技术进步对于节能减排目标实现的关键作用不再赘述，此处重点分析能源消费结构优化的途径和能耗结构优化所蕴涵的节能减排潜力。"六五"至"十一五"各个规划时期内，河北省能源消费结构演进对二氧化碳排放增长的驱动力均为正，这说明1981年以来河北省能源消费结构呈负向演进态势，即能源消费结构的优化程度总体上是下降的。若河北省能源消费结构持续正态演进，将大大提高能源利用效率、降低单位能源消耗的二氧化碳排放量，通过源头控制来应对温室气体排放所带来的气候问题。

（二）河北省能源消费结构调整的途径

河北省能源消费结构的发展呈低质化特征，主要表现为：一是对"低效高排放"的煤炭能源的依赖程度不断提高；二是碳排放因子较低的石油、天然气消费所占份额低于全国平均水平；三是水电、核电、风电、生物质能等清洁能源的消费份额更是明显低于全国平均水平，尽管 2009～2011 年区域内水电等的生产和消费份额有了明显的提升，但与全国平均水平相比仍存在较大差距；另外，河北省能源消费的产业构成中，第二产业能耗比重显著高于全国平均水平，这既反映了河北能耗结构的低质，也反映了产业结构演进的滞后。

事物皆有两面性，河北省能源消费结构（生产结构）的种种劣势特征也意味着结构性节能减排的潜力较大。因此，推进能源消费结构的演进是河北省实现节能减排目标、有效应对气候变化的必然选择。

优化河北省能源消费结构的途径主要有以下几点：

第一，将能源消费结构的优化嵌入地区经济发展转型的全过程，将能源结构调整工作制度化、日常化。在建设资源节约、环境友好型和谐河北的过程中，区域能源—经济—环境三大系统（3E 系统）相互耦合。一方面，能源消费结构的优化受制于经济发展阶段、产业构成、资源禀赋、能源供应等多方面因素；另一方面，能源消费结构的优化也能引致能源供应结构的变化，进而引起产业结构的变动。可见，能源消费结构的调整是一项长期的、复杂的、艰巨的系统工程，因此，必须将能源消费结构的优化嵌入地区经济发展转型的全过程。

第二，依托区域资源禀赋优势，大力发展非化石能源。如图 3 - 19 所示，一次能源可以分为化石能源与非化石能源。就河北省而言，其风能、地热能、太阳能、生物质能等非化石能源资源量丰富，开发利用潜力大。但由于技术和成本的约束，河北省对非化石能源的开发和利用尚处于起步阶段，须有规划、有步骤地加大非化石能源（包括核电）的开发和利用。《河北省能源"十二五"发展规划》提出：到 2015 年末风电装机容量将达到 700 万千瓦，生物质能发电装机容量将达到 40 万千瓦，光伏发电容量将达到 50 万千瓦。新能源发电装机占全部发电装机的比重将达到 15% 以上。全省非化石能源在一次能源中消费比例将达到 6.14%，比 2010 年提升 4.14 个百分点。

第三，提高化石能源的利用效率，积极开发清洁化石能源。区域资源禀赋条件的刚性约束决定了未来较长时期内河北省能源生产构成仍将以化石能源为主，因此，能源消费结构的演进须考虑这一客观背景。具体应从以下三个方面

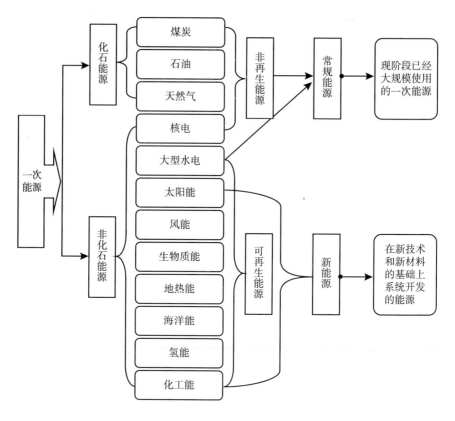

图 3-19　一次能源种类的划分

努力：一是着力提升非化石能源供应和消费比重的同时，优化常规化石能源的消费结构，即降低对煤炭的依赖、提升石油天然气的消费比重。《河北省能源"十二五"发展规划》中设定 2015 年末煤炭消费比重降低至 85% 以下，天然气和石油的消费比重则为 8.86%；二是优先发展火电，加快推进煤炭等化石能源的清洁、高效、综合利用；《河北省能源"十二五"发展规划》中设定：2015 年煤电装机占火电装机的比重比 2010 年下降 6.8%，大容量、高参数发电机组装机比重比 2010 年提高 14.3 个百分点，达到 85%；三是积极开发清洁化石能源，加快河北省煤层气①、页岩气等清洁化石能源的开发利用。

---

① 归属于非常规天然气资源，主要成分是甲烷，增温效应较强的温室气体，是一种高效、清洁的非常规化石能源，其单位消耗的二氧化碳排放系数较低。因此，对其有效开采利用将有助于节能减排和促进经济增长的双赢。

二 河北省能源消费结构节能减排的潜力分析

（一）二氧化碳排放的能源消费结构效应分析

1. 模型构建

构建能源消费结构—二氧化碳排放强度关联模型用以分析河北省能源消费结构演进与二氧化碳排放强度变动趋势的相关性，以揭示能耗结构对二氧化碳排放的影响。具体公式为：

$$ESCE = \frac{TCE/GDP_{200年不变价格}}{EUSD} \qquad (3-19)$$

式 3-19 中，TCE 为河北省能源消费二氧化碳排放总量，$EUSD$ 为河北省一次能源消费结构演进的状态值。

$$EUSD = \sum \left(\frac{C}{C}, \frac{O}{C}, \frac{G}{C}, \frac{H}{C} \right) \qquad (3-20)$$

式 3-20 中，C 为煤炭消费量，O 为石油消费量，G 为天然气消费量，H 为水电等非化石一次能源消费量。能源结构演进的状态值 $EUSD$ 大于 1，随着时间的推移，若 $EUSD$ 的值递增，则能源消费结构优化或能源消费结构呈正向演进，反之，能源消费结构劣质化或呈负向演进。

2. 数据处理与结果分析

选择 1981~2011 年河北省和全国的能源消费二氧化碳排放总量、各类能源消费量等时序数据，经过简要计算得到模型分析的数据库。河北省与全国能源消费结构演进的趋势如图 3-20 所示，能源消费结构—二氧化碳排放强度关联模型的分析结果如图 3-21 所示。

由图 3-20 可知，1980~2011 年，河北省能源消费结构的演进状态值在 1.07~1.20 波动，这说明河北省能源消费结构演进十分缓慢，甚至在 1980~2009 年能源消费结构呈劣质化趋势。而在 1980~2011 年，全国能源消费结构的演进虽也十分缓慢，但是，整体来看能源消费结构呈正向演进趋势。

河北省与全国能源消费结构—二氧化碳排放强度关联模型分析的结果表明：一是能源消费结构调整缓慢，进而导致能源消费结构—二氧化碳排放强度

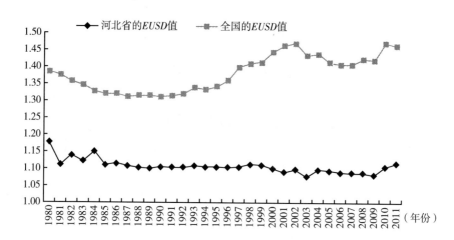

图3-20 1980~2011年河北省与全国能源消费结构演进的比较

资料来源：据能源消费结构—二氧化碳排放强度关联模型的处理结果整理而得。

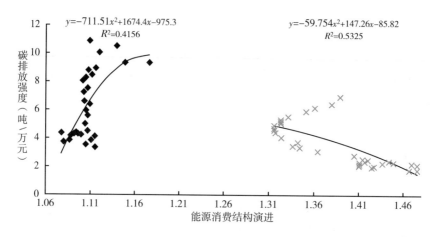

图3-21 1980~2011年河北省与全国能耗结构—二氧化碳排放关联模型比较分析

注：左半图为河北省的模型分析结果，右半图为全国的模型分析结果。

关联的相关系数较低。其中，河北省能源消费结构—二氧化碳排放强度关联的相关系数只有0.4156，全国能源消费结构—二氧化碳排放强度关联的相关系数为0.5325，显著高于河北省。二是很难从能源消费结构演进角度解释河北省二氧化碳排放强度的持续下降。由于河北省能耗结构的演进滞后于全国平均水平，甚至相当长一段时期内结构劣质化，这直接导致了河北省和全国能耗结构—二氧化碳排放强度关联模型分析结果的迥异（见图3-21）。三是河北省二氧化碳排放强度高于同期全国的平均水平，这在一定程度上可以由河北省能源消费结构高度依赖煤炭、结构优质化程度低、能源结构演进迟滞来解释。

总之，河北省以煤炭为主的能源供应结构下，能源消费结构演进迟缓是二氧化碳排放强度无法大幅下降、远高于全国平均水平的关键因素之一（因素之二在于河北省重工化特征突出的产业结构）。毋庸置疑，加快能源消费结构的快速正态演进是河北省实现节能减排目标、推进经济低碳化发展的重要突破口。

（二）不同情景下，河北省能源消费结构演进的减排潜力比较

1. 情景设定

基准情景：在实现河北省经济增长和节能减排目标的前提下，2011~2020年河北省能源消费结构维持2005年的状态，$EUSD$状态值保持为1.09，即煤炭、石油、天然气、水电等一次能源消费的不变构成为91.82∶7.45∶0.61∶0.12。

低碳情景：在实现河北省经济增长和节能减排目标的前提下，到"十二五"期末，煤炭、石油、天然气、水电等一次能源消费的构成调整为85∶7.45∶2.41∶6.14，即$EUSD$状态值为1.189。[1]"十三五"时期末，煤炭、石油、天然气、水电等一次能源消费的构成进一步调整为78∶7.45∶4.55∶10，即$EUSD$状态值为1.282。

强低碳情景：在实现河北省经济增长和节能减排目标的前提下，且水电等非化石能源消费比重达到国家设定的远景目标，到2020年末，河北省煤炭、石油、天然气、水电等一次能源消费的构成调整为73∶7.45∶4.55∶15，相应的$EUSD$状态值为1.3698。

基准情景代表能源消费结构演进现状，即能源消费结构演进停滞或轻微负向演进，作为二氧化碳减排和二氧化碳排放强度降低的参照标准；低碳情景和强低碳情景则分别表示能源消费结构缓慢或稳定正向演进，分别代表河北省2012~2020年能源消费结构调整的规划目标和稳定正向演进的超预期目标。根据情景设定而推断出的河北省能源消费结构变动情景如表3-19所示。

---

[1]　其中煤炭消费比重和水电等非化石能源消费比重为《河北省能源"十二五"发展规划》中所设定，鉴于剩下的石油和天然气间的替代关系和省内未来节能减排的需要，保持选定时点上石油消费比重不变，若天然气消费比重上升，则将石油消费比重视为平衡项。

表3－19　河北省能源消费结构变动的情景设定

单位：%

年份	基准情景				低碳情景				强低碳情景			
	煤耗占比	油耗占比	气耗占比	水电等占比	煤耗占比	油耗占比	气耗占比	水电等占比	煤耗占比	油耗占比	气耗占比	水电等占比
2005	91.82	7.45	0.61	0.12	91.82	7.45	0.61	0.12	91.82	7.45	0.61	0.12
2006	91.59	7.64	0.67	0.10	91.59	7.64	0.67	0.10	91.59	7.64	0.67	0.10
2007	92.36	6.87	0.68	0.09	92.36	6.87	0.68	0.09	92.36	6.87	0.68	0.09
2008	92.31	6.67	0.94	0.08	92.31	6.67	0.94	0.08	92.31	6.67	0.94	0.08
2009	92.51	6.21	1.21	0.07	92.51	6.21	1.21	0.07	92.51	6.21	1.21	0.07
2010	90.45	7.37	1.44	0.74	90.45	7.37	1.44	0.74	90.45	7.37	1.44	0.74
2011	89.61	7.73	1.58	1.08	89.61	7.73	1.58	1.08	89.61	7.73	1.58	1.08
2012	91.82	7.45	0.61	0.12	88.46	7.41	1.79	2.35	87.76	7.70	1.91	2.63
2013	91.82	7.45	0.61	0.12	87.31	7.09	2.00	3.61	85.92	7.67	2.24	4.17
2014	91.82	7.45	0.61	0.12	86.15	6.77	2.20	4.88	84.07	7.64	2.57	5.72
2015	91.82	7.45	0.61	0.12	85.00	6.45	2.41	6.14	82.23	7.61	2.90	7.27
2016	91.82	7.45	0.61	0.12	83.60	6.65	2.84	6.91	80.38	7.57	3.23	8.81
2017	91.82	7.45	0.61	0.12	82.20	6.85	3.27	7.68	78.54	7.54	3.56	10.36
2018	91.82	7.45	0.61	0.12	80.80	7.05	3.69	8.46	76.69	7.51	3.89	11.91
2019	91.82	7.45	0.61	0.12	79.40	7.25	4.12	9.23	74.85	7.48	4.22	13.45
2020	91.82	7.45	0.61	0.12	78.00	7.45	4.55	10.00	73.00	7.45	4.55	15.00

注：（1）本表中数据2005～2011年为实际统计数据，来源于《河北经济年鉴2012》。

　　（2）低碳情景和强低碳情景中，2012～2020年数据为基于情景设定目标（在2011年数据的基础上）按年均增长量推算而得。

2. 不同情景下，能耗结构性减排的潜力

设 EUSD 代表能源消费结构演进状态值，ECE 代表单位能源消费的综合排放系数，EUI 代表单位产出的能耗即能耗强度，CET 代表能源消费导致的二氧化碳排放总量（万吨），SDCE 代表结构性碳减排量（万吨）。根据前文关于2012～2020年河北省能源消费需求和地区生产总值的预测值，以及表3－19中基于不同能源消费结构演进的情景下的能耗构成，河北省能源消费结构演进所带来的二氧化碳减排潜力估算结果如表3－20所示。

"十二五"期末，即2015年，在实现经济增长的目标设定的基础上，若按照2005年的能耗强度和能耗结构来估算，河北省能源消费需求总量为51825.5万吨标准煤，二氧化碳的排放总量为134316.9万吨。若按照2015年

表 3 – 20　不同能耗结构变动的情景下的二氧化碳减排潜力

年份	基准情景				低碳情景				强低碳情景			
	EUSD	ECE	EUI	CET	EUSD	ECE	EUI	SDCE	EUSD	ECE	EUI	SDCE
2005	1.089	2.589	1.69	51354	1.089	2.589	1.69	0	1.089	2.589	1.69	0
2010	1.106	2.565	1.35	71277	1.106	2.565	1.35	669	1.106	2.565	1.35	669
2011	1.116	2.552	1.30	76370	1.116	2.552	1.30	1083	1.116	2.552	1.30	1083
2012	1.089	2.589	1.25	79615	1.130	2.519	1.25	2162	1.139	2.508	1.25	2485
2013	1.089	2.589	1.20	82999	1.145	2.485	1.20	3331	1.164	2.464	1.20	3995
2014	1.089	2.589	1.15	86526	1.161	2.451	1.15	4609	1.189	2.420	1.15	5638
2015	1.089	2.589	1.11	90204	1.176	2.417	1.11	5976	1.216	2.376	1.11	7405
2016	1.089	2.589	1.07	93361	1.196	2.392	1.07	7115	1.244	2.332	1.07	9261
2017	1.089	2.589	1.04	96629	1.217	2.366	1.04	8326	1.273	2.288	1.04	11221
2018	1.089	2.589	1.00	100011	1.238	2.340	1.00	9621	1.304	2.244	1.00	13316
2019	1.089	2.589	0.97	103511	1.259	2.314	0.97	10988	1.336	2.200	0.97	15535
2020	1.089	2.589	0.94	107134	1.282	2.288	0.94	12440	1.370	2.156	0.94	17903

注：（1）本表中数据 2005～2011 年为根据实际数据计算而得，2012～2020 年相关数据的计算以表 3 – 15 中的能源消费需求和地区生产总值的预测数据为基础。

（2）涉及物价波动的均按 2010 年不变价格涨缩。

如期实现节能减排目标，则河北省当年节约能源 17465.7 万吨标准煤，减少二氧化碳排放量 46242.4 万吨。在实现节能减排目标所需减排的二氧化碳总量中：低碳情景中能源消费结构演进为河北省带来的减排量为 5976 万吨二氧化碳，贡献率为 12.92%。强低碳情景中能源消费结构演进为河北省带来的减排量为 7405 万吨二氧化碳，贡献率为 16.1%，均显著高于张雷、李艳梅（2010）所测算的全国能源消费结构性减排的 10% 的贡献率。

"十三五"期末，即 2020 年，在实现经济增长的目标设定的基础上，若按照 2005 年的能耗强度和能耗结构来估算，河北省能源消费需求总量为 74562.4 万吨标准煤，二氧化碳的排放总量为 193244.5 万吨；若按照 2020 年如期实现节能减排目标，则河北省当年节约能源 33538.5 万吨标准煤，减少碳排放 87005.0 万吨二氧化碳。在实现节能减排目标所需减排的二氧化碳总量中：低碳情景中能源消费结构演进为河北省带来的减排量为 12440 万吨二氧化碳，贡献率为 14.298%；强低碳情景中能源消费结构演进为河北省带来的减排量为 17903 万吨二氧化碳，贡献率为 20.577%。

河北省能源消费（生产）结构优质化程度低，对煤炭的依赖程度远高于全国；2010 年以前能耗结构演进迟滞；即使按照能耗结构演进的强低碳情景的设置，到 2020 年区域能耗结构演进的状态值仅能达到 1.37，仍远低于 2011 年全国能耗结构演进的状态值。基于上述三点客观事实，2012～2020 年河北省能源消费结构演进所蕴涵的碳减排潜力分析的结果表明，虽然能源消费结构演进的起点低，但只要逐步摆脱对煤炭的高度依赖，提高非化石能源的供应与消费，能源消费结构演进所带来的结构性减排潜力巨大，能耗结构性优化对实现减排目标的贡献率更是远高于全国。所以，接下来的关键问题是如何逐步摆脱对煤炭的高度依赖、推进能源结构的演进，以充分挖掘节能减排的潜力。

第五节　河北省能源结构调整的对策建议

能源结构优化是降低碳排放强度的有效途径之一，尤其是对于能源消费结构优质化程度低的区域来说，能源结构调整所蕴涵的减排潜力很大。

正在蓬勃发展的中国，一次能源总能耗、二氧化碳总排放量已居世界之首，未来能源需求和碳排放需求仍将扩张，作为世界能源的渴求者，中国已经被美国等世界主要经济体视为能源战略对手和稀有资源竞争方。从国内来讲，迅速增长的煤炭需求受制于煤炭资源储量、煤炭产能、节能减排目标和可持续发展战略的约束，迅速增长的石油、天然气需求则使我国日渐成为石油、天然气进口大国，非化石能源尤其是可再生能源发展滞缓又难以满足新增的能源需求，国内能源供求缺口势必扩大。从国际市场上来看，随着中国能源国内供需缺口的扩大，中国对世界石油、天然气资源的依赖程度会迅速提高，这种情况将严重威胁世界上所有的石油消费大国，可能会引发经济、政治冲突。所以，推进能源结构演进，逐步摆脱对石油、煤炭等传统化石燃料的高依赖，是保障我国政治、经济、能源安全并实现经济稳速增长和经济发展全面转型必然选择的路径。对于产业结构、能源结构演进相对滞后且正处于经济快速增长阶段的河北省来说，则更是如此。

能源消费（供应）结构取决于区域资源禀赋条件、经济发展阶段、产业结构、能源生产利用技术、人民生活方式、能源价格等多方面的因素。资源禀赋条件的刚性、经济系统的复杂性、技术跃进的长期性、能源价格的波动性等均制约着能源消费结构的持续正向演进。若无制度安排、战略规划和政策倾斜等外力的推动，河北省能源结构的劣势将有持续扩大的趋势。这既不利于节能减排目标的实现，又将激化能源供求矛盾、阻滞区域经济的可持续发展。那么，如何借助外力并激发内在动力来推进能源结构的快速演进呢？

一 国外优化能源结构的相关政策和经验评析

自 20 世纪 90 年代越来越多的国家开始把二氧化碳看作一种污染物以来，低碳经济的大幕徐徐拉开。我们综观世界主要经济体的低碳行动以及未来的能源战略规划，抽丝剥茧，总结出以下几点可供借鉴的优化能源结构的经验。

（一）战略规划先行

全球性节能减排运动中，世界主要经济体多根据自身经济发展、能源安全、资源禀赋、政治博弈等方面的状况制定了相应规划，规划中或多或少均涉及了能源结构调整的内容。例如，2008 年年底，欧洲议会通过了欧盟能源气候一揽子计划，规定到 2020 年欧盟可再生清洁能源消费的比例将提升至 20%，2010 年这一比例仅为 8.65%（其中水电为 4.79%，可再生能源为 3.86%，见图3－22），将石油、天然气和煤炭的化石能源的消费量减少 20%；美国政府通过的《瓦克斯曼—马凯气候变化议案》提出，到 2020 年电力公共事业部门要利用可再生能源和能效方式满足 15% 的能源需求。2011 年 5 月 10 日，美国能源部公布的未来五年的战略规划中提出到 2035 年清洁能源供应全美 80% 电力；英国能源与气候变化部 2011 年 7 月 12 日发布的"英国可再生能源发展路线图"，提出到 2020 年可再生能源满足 15% 的能源需求的目标；日本化石能源匮乏，多年来着力开发新能源，计划在 2020 年左右将太阳能发电量提高 20 倍，发电价格减至目前的 1/2。

（二）立法保障

由于市场机制固有的缺陷、市场行为主体的利己性、政府（利益集团之一）行为选择的主观取向等均会成为资源整体配置和高效利用的制约性因素，

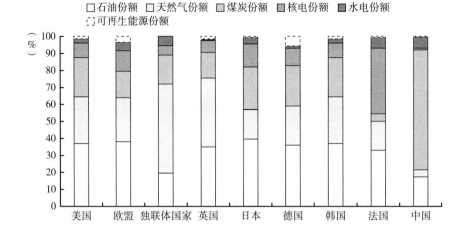

图 3 - 22 2010 年世界一些国家和地区的能源消费结构

资料来源：根据《BP 世界能源年鉴 2011》中数据整理而得。

而相关法律的制定可以约束各类经济主体的市场行为，为规划目标的实现提供法律保障。因此，低碳经济发展的先行者们纷纷通过立法来确立低碳减排的框架路线。例如，英国 2009 年正式生效的《气候变化法》；挪威制定的《污染物控制法案》《温室气体排放交易法案》《产品控制法案》和《废弃物管理条例》等法律文件；美国通过了《低碳经济法案》《2009 年美国清洁能源与安全法案》和《清洁能源工作和美国电力法案》等；澳大利亚出台了《2007 年澳大利亚温室气体和能源数据报告法案》《2008 年国家温室和能源报告实施条例》和《碳请求和交易法案》；日本颁布了《关于促进新能源利用的特别措施法》和《新能源利用的特别措施法实施令》；韩国 2010 年公布了《低碳绿色增长基本法》。

（三）经济政策护航

低碳战略规划目标的实现需依靠市场和政府的合力。相关法律能够约束各类行为主体的行为选择，相关经济政策则可引导经济主体的行为选择方向，法律与经济政策的有效配合将为低碳发展战略的推进保驾护航。例如，英国通过立法确立低碳减排框架之后，设计了一系列可操作的微观政策工具和行动计划，包括碳税、碳交易、碳基金、低碳交通计划、着力建立碳捕获和存储的价格机制等，同时辅以行政和财政手段推进计划的实现；美国不断加大政府在新能源领域的投入（见图 3 - 23）、成立了美国能源资源局（Bureau of Energy Resources）、推进地区碳交易市场的发展等；丹麦构建了由政府、企业、科研、市场关联、互动的绿色能源技术开发社会支撑体系，率先建成了绿色能源模式；挪威碳税和碳市场减排政策双管齐下，并加大对环保技术开发的支持力度。

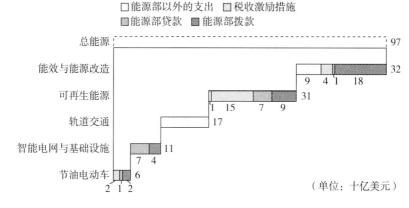

图 3 - 23　美国与能源相关的刺激性支出

资料来源：美国国会预算办公室，2009。

（四）技术驱动

全球减排的积极推动者均把技术看作低碳战略规划目标实现的内驱力，竭力推动低碳技术跃进。例如，德国将环保技术产业确定为新的主导产业并重点培育，计划于 2020 年将其打造成第一大产业；美国能源部在其战略规划中明确提出要推进能源技术变革，具体包括部署已有技术、电网现代化、加速能源创新、推动技术产业化、碳捕获以及碳封存技术等；德国不断加大能源技术领域的投资，计划 2011～2014 年拨款 34 亿欧元，重点资助能源效率、能源储存系统、电网技术以及可再生能源等领域；丹麦则很早就开始了智能电网方面的技术攻关，拟从技术和机制两方面入手，改进当前的智能电网并将其扩大到欧洲所有国家，建成欧洲"能源高速公路"，为丹麦可再生能源的发展奠定市场基础。

（五）努力占据能源链高端

能源链是指发现、占有并充分利用能源及其衍生技术等一系列制度和活动的集合。① 能源链竞争一直伴随着国际政治、经济格局的演变，在新的经济增长点匮乏和能源困境加剧的双重压力之下，发达国家纷纷盯住新能源产业，加大政策倾斜与投入，因此，当前以及未来国际经济、政治竞争的焦点之一将是能源链条的高端位置。达到能源链高端的途径有两条，一是通过能源链的占有，这取决于一国资源禀赋条件和对他国资源的经济控制；二是通过新能源开采利用的制度和技术方面的不断创新。例如，美国能源部战略规划中明确指出要变革能源技术，保障美国在清洁能源技术领域中的领导地位；英国着力发展碳金融、碳交易、碳基金，逐步奠定国际碳交易市场上的主导地位；德国拟将环保技术产业打造成第一大产业以应对国际能源链竞争；日本则广泛开展新能源领域的国际合作，力求在能源链竞争中处于优势地位；丹麦将减排的长期目标定位于 2050 年以前摆脱对化石能源的依赖，当前正在改善和发展智能电网体系，力求通过"能源高速公路"的构建确立在新能源领域的主体地位。

二 河北省能源结构优化的对策建议

与全国平均水平相比，河北省的能源自给率下降快、能源消费（生产）结构优质化程度低、演进十分滞缓，甚至在较长时间内出现了负向演进态势。因此，河北省能源结构演进的任务更为艰巨、道路更为漫长，需要采取更为切实可行的策略，坚持不懈地推进能源结构的正向演进。

（一）将能源结构优化上升至战略高度，植入经济发展转型全程

地区资源禀赋条件、产业结构、生产技术条件、生活用能技术条件和能源相对价格既决定了能源生产结构也决定了能源消费结构，初始的能源供给结构是由能源需求结构决定的，但是能源供给结构一旦形成，就会形成路径依赖，或者说能源结构的变动是存在惯性的。

对于河北省来说，若无外力干预，其能源消费（生产）结构劣势自身有持续扩大的趋势。政府及相关部门要认识到：能源消费结构的转变，需要强大的外力，比如技术的突破、新能源的替代、制度的约束、产业结构的升级、政策的引导等外力的推进。能源消费结构的转变是一个长期的过程，并将是

---

① 于宏源：《权力转移中的能源链及其挑战》，《世界经济》2008 年第 2 期。

"嵌入"低碳经济发展进程的一项系统工程。因此,河北省应该在国家通过立法确立的低碳减排框架下,将能源结构演进状态值,或其他能反映能源结构演进的指标纳入河北省国民经济和社会发展、能源发展以及各类产业发展的中长期规划,将能源结构升级上升至战略高度,植入经济发展转型全过程,并制定切实可行的措施逐步促进能源结构调整目标的达成。

(二)　建立长效的低碳政策机制,为能源消费结构升级提供导向

建立动态、长效的低碳政策机制,一是能够提高政策的稳定性、前瞻性;二是能够连续追踪政策实施的足迹,持续考量政策效果,有助于实现政策的动态微调;三是适应客观实际且不断纵深发展的政策安排,受众较易预期、接受,也易于各类经济活动主体调整生产、生活活动中的资源配置,有助于保证政策执行的时效性。

完善的低碳政策机制应该具有系统性、自组织性、相对稳定性和可操作性。具体低碳政策机制设计和运行如图 3-24 所示:能源结构调整目标将通过强制性机制置入低碳减排框架,然后通过激励机制、压力机制和支持性机制来保障节能、减排、结构升级目标的整体实现;相关的政府组织机构则是低碳减排框架下的信息搜集者、政策制定者、执行者、参与者、服务方,是保障低碳政策长效机制高效运行的保障者;激励性机制通过经济手段引导用能单位行为选择方向;压力性机制则通过能耗标准约束、信息披露与监督机制形成用能单位节能减排的外在压力,且汇集大量节能减排信息,反馈至相关政府部门,为加强能源系统管理和政策动态调整提供决策依据。总之,能源供给者、能源消费者是框架下的经济活动主体,其行为选择受强制性机制的约束、激励性机制的引导、压力性机制的驱动、支持性机制的帮扶,最终促进能源系统的合意发展(包括能源结构的优化)。

河北省低碳政策安排基本都是围绕"实现节能减排目标"而制定和实施的,尚未建立起系统性、持续性、专门性的低碳政策长效机制,缺乏长期的战略安排,主要依靠行政命令和奖惩机制来敦促节能减排目标的实现,不能标本兼治,长期内将显现其不良后果,甚至会形成"硬伤"。为了避免形成失败的路径依赖,河北省应尽快建立低碳政策的长效机制,为能源系统的发展和经济活动主体的行为选择提供合理导向,推进能源结构的升级。

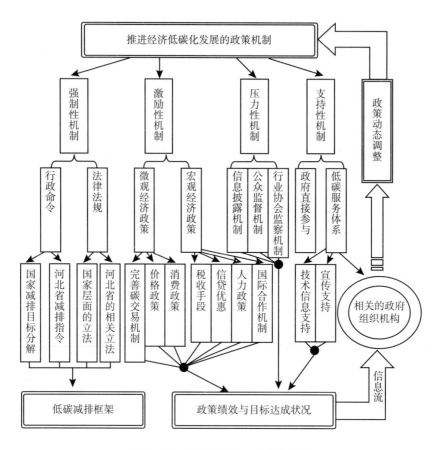

图 3-24　低碳政策长效机制构成图

（三）以产业结构优化带动能源结构优化

我国能源消费有明显的行业集中性，这一特征在河北省更为突出。河北省能源消费尤其是煤炭消费主要集中于第二产业，且集中度明显高于全国。产业结构及产业结构的变动与能源消费结构及能源消费结构的演进有着直接的相关性。伴随产业结构的演进，全国能耗结构缓慢演进，但是河北省产业结构的缓慢演进一定程度上制约了区域能耗结构的演进（见图 3-25）。在经济发展的工业化中后期阶段，第一产业产值比重不断下降，第三产业产值比重将快速提高，第二产业产值比重会经历中期稳中有降、后期较快下降的调整过程，在产业结构正向演进的过程中，能源的消费结构将逐渐随之优化。因此，能源结构调整应与产业结构的调整挂钩，通过产业结构的快速升级带动能耗结构的演进。

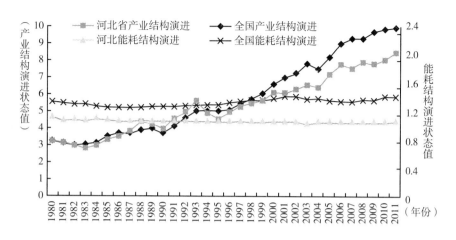

图 3 - 25　产业结构演进与能源消费结构演进的比较

资料来源：根据能源消费结构—二氧化碳排放强度关联模型的处理结果整理而得。

主要调整途径有：一是加快第二产业内部结构的优化和传统制造业的技术改造；二是基于区位交通运输优势，打造河北省的物流产业链，带动第三产业快速发展；三是依托环抱京津、教育科技资源丰富，大力发展高科技产业；四是基于独特的环抱京津的地理优势和肩负的首都生态屏障的历史使命，加快发展碳汇林业，积极探索碳汇交易、修复自身生态环境，缓解能源、环境压力。

（四）因地制宜，大力推进新能源产业的聚集发展

充分利用区位优势，发挥能源禀赋优势，推进新能源产业发展，打造低碳企业集群，扭转能源消费结构的劣势，建立多元化、清洁型的能源消费结构。首先，基于自然资源优势，大力开发新能源，扭转能源生产、消费的被动局面。河北省有着优质丰富的太阳能资源、风能资源、秸秆资源、地热资源以及海洋资源，且风能、水能、多晶硅太阳能的开发利用技术相对成熟、新能源开发潜力巨大，有助于逐渐改善能源生产、消费结构，进而提升能源的利用效率，降低能源消费的碳排放综合系数。其次，抓住发展机遇，着力新能源产业的培育与发展，打造低碳企业集群，从能源的生产与消耗的源头抓起，促进多元化、清洁型的能源生产与消费结构的形成。最后，加快第二产业内部的技术改造，推广新能源的使用，进而优化用能结构，降低单位能耗和碳排放强度。

（五）形成技术创新内聚力，为能源结构调整置入永动机

能源链的竞争中，立于不败之地的关键是占有能源链或在原有链条上进行新能源开发的制度与技术创新。在世界和平发展的背景下，在区域资源禀赋条件的刚性约束下，能源链的扩张易引起政治经济冲突，因此能源链的竞争集中在新能源领域，清洁能源技术创新已经成为实现能源替代、摆脱化石能源依赖症的关键。

河北省低碳技术储备不足、核心技术稀缺、自主创新能力弱、缺少低碳技术专门人才，技术创新不足等因素已经成为河北能源消费结构优化、发展低碳经济的瓶颈。河北省应充分利用自身以及京津的教育、科研资源以及现有的高科技产业基础，建立由政府、企业、科研院所、市场关联、互动的低碳技术开发社会支撑体系，并加大政策倾斜、着力高技术人才的培养、加快人才技术双重引进、加强技术人才储备，然后依靠市场的力量促进该体系的高效运转，形成技术创新内聚力，为能源结构调整和低碳经济发展置入永动机。

（六）能源消费终端、能源供应、能源替代、能源调配四轮驱动

能源结构的调整、能源系统的可持续发展、低碳经济发展模式的探索是一个复杂而又漫长的过程。依靠单方面的策略是难以实现，需在科学制定发展战略的基础上：综合运用法律法规、行政手段、经济手段来规范、约束、引导能源供求主体的行为；推进能源技术创新以降低能源替代的边际成本，进而通过市场价格机制引导能源的重新配置；在以市场调配为主的基础上，加强用能管理，并辅以计划调配手段。鉴于当前河北省能源自给率低、能源生产和消费结构均低质、低碳技术落后、节能减排压力大的现实，河北省能源结构演进必须多管齐下，坚持能源消费终端引导、能源供应管理、能源替代推进和能源合理调配四轮共驱。

第四章
河北省工业应对气候变化的
潜力与对策研究

　　自 1750 年来，由于人类活动，全球大气中 CO_2（二氧化碳）、CH_4（甲烷）和 N_2O（氧化亚氮）等温室气体的浓度明显增加，远远超出了根据冰芯记录测定的工业化前几千年中的浓度值。在上述温室气体中，CO_2 是最重要的人为温室气体，其排放总量占人为造成的温室气体排放总量的 77%，而且增温效应最显著，与其他温室气体相比较，CO_2 的增温效应达 63%，生命周期达 50~200 年。同时，工业领域能源消费量占全社会能源消费总量的比重较高，诸多统计资料表明，这一比重一般在 70% 以上，所以工业是控制温室气体排放和应对气候变化的重要领域。鉴于此，本章将主要研究温室气体二氧化碳的排放，着重分析工业发展过程中各种碳源排碳量对气候变化的影响。

　　就河北省而言，"十一五"期间，河北省万元工业增加值能耗由 2005 年的 4.41 吨标准煤下降到 2010 年的 2.73 吨标准煤，2006~2010 年分别下降了 5.59、7.10、14.33、9.54 和 8.88 个百分点，为减缓二氧化碳排放发挥了重要作用。但是，河北省重化工产业特征仍十分突出，产业结构偏重、能源消耗加大等问题仍困扰工业发展，节能减排压力较大。2010 年，全省工业能耗占全社会总能耗的 80% 左右，规模以上工业万元增加值能耗是全国平均水平的 1.43 倍。2011 年，全省规模以上工业综合能源消费量占能源消费总量的比重为 68%。"十二五"时期是河北省加快转变经济发展方式的关键时期，加快推进工业节能降耗，实现工业的绿色、低碳发展，是提高应对气候变化能力、建设"两型社会"的根本要求和走新型工业化道路的必然选择。为此，本章将在全面分析河北省工业发展和工业温室气体排放现状，总结工业应对气候变化所取得的成效和存在问题及面临挑战的基础上，基于对电力、钢铁、建材、石化和煤炭等高耗能产业节能减排潜力测算的结果，研究提出河北省工业应对气候变化的总体目标，设计工业应对气候变化的路径和具体对策。

第一节　河北省工业温室气体排放现状分析

一　河北省工业发展现状分析

工业是河北省经济社会发展的重要产业。新中国成立以来，特别是改革开放三十年来，河北省工业经济一直保持着较快的增长速度，在国民经济中的比重不断提高。到"十一五"末，全省规模以上工业企业实现增加值 8182.8 亿元，占全省生产总值的 40% 左右；规模以上工业企业达到 13378 家，主要工业产品钢材、平板玻璃、青霉素、维生素 C、水泥、食品、纯碱、变压器、皮卡汽车、冶金轧辊等产品产量居全国前列。"十一五"期间，装备制造、高新技术产业增加值年均分别增长 22.2% 和 26.2%，增速分别高于全省工业 5.8 和 9.8 个百分点；电子信息产业发展迅速，近年来一直保持 40% 左右的增速；产业集中度明显提高，大中型工业企业主营业务收入占规模以上工业企业的 66.5%；累计淘汰炼铁 3840 万吨、炼钢 1888 万吨、玻璃 5622 万重量箱、水泥 6187 万吨，工业产业结构不断优化，圆满完成了工业节能减排和淘汰落后任务。[①] 与全国相比，河北省工业发展呈现出以下特征。

（一）工业总产值、增加值增长速度在波动中呈现出总体较快的趋势

2003~2010 年，河北省全部国有及规模以上非国有工业企业 5 个年份的工业总产值增长速度高于全国水平，3 个年份低于全国水平（2006、2007 和 2009 年）；4 个年份工业增加值增长速度高于全国水平，4 个年份低于全国水平（2005、2006、2007 和 2009 年），如图 4-1 和图 4-2 所示。从 8 年的平均增长速度来看，无论是工业总产值还是工业增加值，河北省全部国有及规模以上非国有工业企业的增长速度均高于全国，河北省分别为 28.57% 和

---

① 河北省工业与信息化厅：《河北省工业概览》，http://www.ii.gov.cn/news/gygl/2009/6/09651553373084.html，引用日期：2012 年 8 月 10 日。

24.93%，全国分别为 26.12% 和 22.97%。这说明河北省工业发展速度较快，在应对气候变化方面面临更大的挑战。

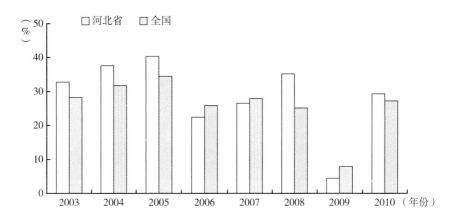

图 4 - 1 河北省与全国工业总产值增长速度对比图

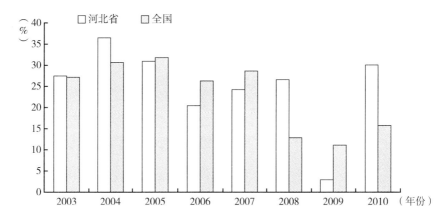

图 4 - 2 河北省与全国工业增加值增长速度对比图

（二）人均工业总产值和工业增加值低于全国水平

2003 ~ 2010 年，河北省全部国有及规模以上非国有工业企业人均工业总产值和人均工业增加值呈逐年增长状态，平均增速分别为 27.52% 和 23.90%，超过了全国 25.44% 和 22.31% 的水平。但是，在人均指标快速增长的同时，其历年绝对数量却低于全国水平（见图 4 - 3 和图 4 - 4），这说明河北省在加快工业发展速度的同时，更要控制人口增长。联合国人口基金会发表的 2009

年《世界人口状况报告》指出，人口过快增长是导致温室气体总排放量增长 40% ~60% 的主要原因，人口快速增长将阻碍以其他方式应对气候变化的有效性。所以，人口的快速增长对河北省工业应对气候变化提出了严峻挑战。

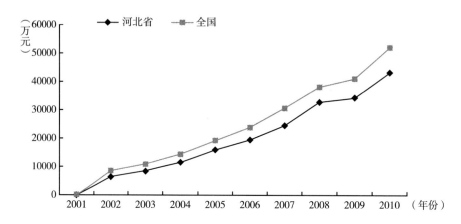

图 4-3　河北省与全国人均工业总产值对比图

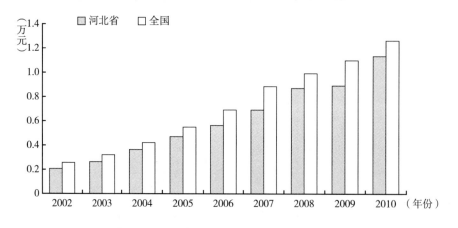

图 4-4　河北省与全国人均工业增加值对比图

资料来源：图 4-1~图 4-4 数据均来自《中国统计年鉴》（2003-2011）以及《河北经济年鉴》（2006-2011）。

（三）各市工业发展差异较大

2002~2010 年，河北省各市工业发展的区域差异较突出。以 2009 年各市规模以上工业企业工业增加值为例，衡水市最低，为 170.81 亿元；唐山市最高，为 1699.99 亿元，是衡水市的 9.95 倍（见图 4-5）。再以 2010 年各市规模以上工业企业主营业务收入为例，张家口市最低，为 831.20 亿元；唐山市最高，为 7980.95 亿元，是张家口市的 9.6 倍。2011 年，唐山市规模以上工业企业工业增加值是衡水市的 8.76 倍（见图 4 - 6），规模以上工业企业主营业务收入是张家口市的 9.3 倍。工业发展的不平衡必然加剧区域经济发展的不平衡，各区域经济社会发展状况的不同则反映了应对未来气候变化的行动能力差异，因此河北省各市需要共同承担应对气候变化的责任，但是在责任大小上应加以区分。

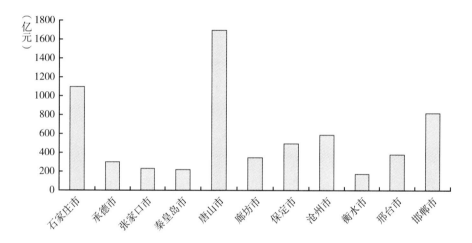

图 4 - 5　2009 年河北省各市工业增加值对比图

资料来源：《河北经济年鉴 2010》。

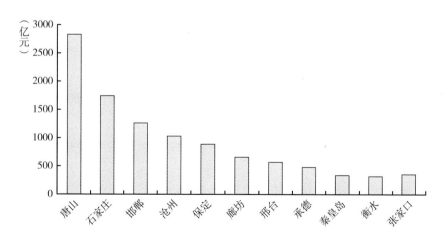

图 4 - 6　2011 年河北省各市工业增加值对比图

资料来源：《河北经济年鉴 2012》。

（四）产业结构层次低，资源环境压力大

河北省是以钢铁、煤炭、石化、装备制造为主的资源型、重化工大省，以低端劳动密集型和低附加值的产业为主，煤炭、钢铁等行业中的落后产能占比较大造成河北省产业结构层次低、资源环境压力大。

从 2010 年规模以上工业企业分行业总产值所占比重来看，河北省这一指标值为全国 1 倍以上的行业包括煤炭开采和洗选业，橡胶制品业，石油加工、炼焦及核燃料加工业，电力、热力的生产和供应业，金属制品业，皮革、毛皮、羽毛（绒）及其制品业，黑色金属冶炼及压延加工业以及黑色金属矿采选业，其中黑色金属冶炼及压延加工业和黑色金属矿采选业总产值比重分别是全国这一指标值的 3.91 倍和 6.15 倍，基本上是处在以资源型生产、初级产品生产、原材料生产为主的产业链下端的产业，技术含量低、环境污染重、资源消耗大、附加值低。2010 年，河北省钢铁产量占全国的比重为 22.06%，居全国第一位；水泥产量占全国的比重为 6.8%，仅次于江苏省、山东省和四川省。钢铁、水泥等初级原材料工业比重高，淘汰落后产能的任务重，压力大。

产业结构层次低的原因之一是河北省产业结构一直偏重。2010 年，河北省三大产业结构比例为 12.6∶52.5∶34.9，其中，第一产业比重居全国第 15 位，高于全国平均比重 1.6 个百分点；第二产业比重居全国第 10 位，高于全国平均比重 3.9 个百分点；第三产业比重居全国第 27 位，低于全国平均比重 5.5 个百分点。2011 年，河北省三大产业结构比例为 11.85∶53.54∶34.61，其中，第一产业生产总值比重高于全国平均比重 1.85 个百分点，第二产业比重高于全国平均比重 6.94 个百分点，第三产业比重低于全国平均比重 8.8 个百分点。产业结构层次低、工业发展的资源环境压力大致使河北省在调整产业结构、应对气候变化方面面临更大挑战。

（五）面临工业化、城镇化、应对气候变化多重压力

目前，河北省处于工业化和城镇化加速推进阶段。衡量工业化率的指标包括人均 GDP、工业化率（工业增加值占全部生产总值的比重）和三次产业结构。根据国际标准，人均 GDP 达到 5000 美元即为工业化后期，工业化率达到 40%～60% 为半工业化阶段，工业化初期的三次产业结构为 12.7∶37.8∶49.5。2011 年，河北省人均 GDP 为 5221 美元，工业化率为 43.38%，三次产业结构为 12.0∶54.1∶33.9，工业主导经济发展的格局基本形成，工业发展和资源消耗、生态环境保护之间存在矛盾。根据2011年4月公布的第六次人口普查数据，2010年中国居住城镇的人口接近6.66亿，城镇化率达到49.68%，河北省2010年的城镇化率则为45%。根据河北省"十二五"规划纲要中提出的目标，2015年河北省城镇化率要达到54%。城镇化过程必然伴随着人口和产业向城市聚集，导致城市空间布局和生态承载能力发生变化。所以，在推进工业化和城镇化的过程中，河北省面临着加速工业发展和应对气候变化的多重任务压力。

二　河北省工业能源消费的基本格局

（一）工业能源消费总体状况

"十一五"期间以及"十二五"开局之年，随着工业化和城镇化进程的加快，出于基础设施建设和产业发展需要，河北省规模以上工业能源消费总量除2008年有所下降外，总体上呈不断增长态势。2008～2010年，河北省规模以上工业能源消费总量所占比重呈下降态势（见表4－1、图4－7），说明河北省在工业节能降耗和应对气候变化等方面所做的工作取得了一定成效，但2011年又呈现出上升态势，所以"十二五"期间的节能形势仍十分严峻。工业终端能源消费量不断增长，从2006年的16143.72万吨标准煤增加到2011年的23275.37万吨标准煤；工业终端能源消费比重稳定在79%左右，高于全国2009年70.24%的水平，说明河北省工业节能和应对气候变化任重道远。

表4－1　河北省工业能源消费变化态势

单位：万吨标准煤，%

年　份	2005	2006	2007	2008	2009	2010	2011
能源消费总量	19835.99	21794.09	23585.13	24321.87	25418.79	27531.11	29498
规模以上工业能源消费总量	12543.4	14138.25	16991.3	16683.8	17159.6	18117.9	19996.3
规模以上工业能源消费比重	63.24	64.87	64.26	61.34	60.48	59.17	67.79
能源终端消费量	18536	20381.47	22041.66	22870.35	23736.29	25381.36	29088.99
工业终端能源消费量	14554	16143.72	17570.76	18188.88	18824.74	20029.45	23275.37
工业终端能源消费比重	78.52	79.21	79.72	79.53	79.31	78.91	80.01

资料来源：《河北经济年鉴2011》；《河北统计提要2011》。

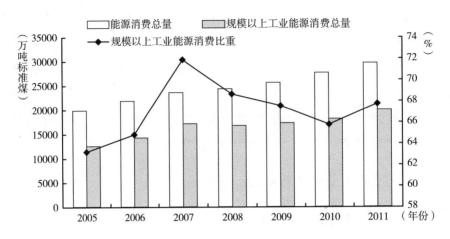

图4-7 河北省规模以上工业能源消费变化态势

(二) 工业能源消费结构

受资源禀赋、能源供给构成、能源技术进步等因素的影响,河北省工业能源消费主要来自于煤炭,原煤占能源生产总量和能源消费总量的比重均远高于全国水平（见表4-2),原油生产比重略高于全国水平,天然气和其他能源的生产与消费比重均低于全国水平。2009年,河北省煤炭消费量为26516万吨,仅次于山东省和山西省,居全国第3位。河北省"能源生产总量"指标中不包括核电,"能源消费总量"指标中不包括风电和核电,这说明河北省能源生产和消费过分依赖煤炭,造成工业污染严重、能源利用效率低下,因而在应对气候变化方面面临严峻挑战。

表4-2 河北省与全国一次能源生产与消费结构比较

单位: %

年 份	占能源生产总量的比重							
	原 煤		原 油		天然气		其他	
	河北	全国	河北	全国	河北	全国	河北	全国
2005	87.05	77.6	11.33	12	1.29	3	0.33	7.4
2006	85.9	77.8	12.54	11.3	1.25	3.4	0.31	7.5
2007	85.39	77.7	13.01	10.8	1.31	3.7	0.29	7.8
2008	84.4	76.8	13.6	10.5	1.72	4.09	0.28	8.62
2009	85.19	77.3	12.44	9.9	2.11	4.1	0.26	8.7
2010	84.89	76.5	10.53	9.8	2.07	4.3	2.5	9.4

续表

年　　份	占能源消费总量的比重							
	原　煤		原　油		天然气		其他	
	河北	全国	河北	全国	河北	全国	河北	全国
2005	91.82	70.8	7.45	19.8	0.61	2.6	0.12	6.8
2006	91.59	71.1	7.64	19.3	0.67	2.9	0.1	6.7
2007	92.36	71.1	6.87	18.8	0.68	3.3	0.09	6.8
2008	92.31	70.3	6.67	18.3	0.94	3.7	0.08	7.7
2009	92.51	70.4	6.21	17.9	1.21	3.9	0.07	7.8
2010	90.45	68	7.37	19	1.44	4.4	0.74	8.6

资料来源：《河北经济年鉴2011》，《中国统计年鉴2011》。

（三）分行业工业能源消费量与消费结构

"十一五"期间以及2011年，河北省规模以上工业综合能源消费量呈增长趋势，工业能源消费主要集中在六大高耗能行业，比重在89%左右；六大高耗能行业中，黑色金属冶炼及压延加工业、电力热力生产和供应业能耗所占比重最大，分别为46%～55%和22%以上（见表4-3）。鉴于钢铁工业为河北省三大支柱产业之一，"十二五"期间乃至2020年，降低二氧化碳排放、应对气候变化是钢铁工业发展的核心举措，要通过制定钢铁工业低碳路径、研发低碳技术，以提高钢铁工业应对气候变化的能力，实现可持续发展。

表4-3　河北省高耗能行业能源消费量与比重

单位：万吨标准煤，%

行　业＼年　份		2005	2006	2007	2008	2009	2010	2011
煤炭开采和洗选业	能源消费量	839.67	793.68	724.44	804.75	793.35	868.84	938.46
	占高耗能行业能耗比重	6.69	5.61	4.78	5.39	5.16	5.33	5.19
石油加工、炼焦及核燃料加工业	能源消费量	730.46	713.88	717.54	588.24	592.49	625.67	779.89
	占高耗能行业能耗比重	5.82	5.05	4.73	3.94	3.85	3.84	4.31
化学原料及化学制品制造业	能源消费量	1041.74	1131.59	1276.30	1191.81	1010.17	986.55	1083.38
	占高耗能行业能耗比重	8.31	8.00	8.42	7.99	6.57	6.06	5.99

续表

行业 \ 年份		2005	2006	2007	2008	2009	2010	2011
非金属矿物制品业	能源消费量	892.68	1132.04	1215.00	1108.40	1093.57	1115.42	1305.76
	占高耗能行业能耗比重	7.12	8.01	8.02	7.43	7.11	6.85	7.22
黑色金属冶炼及压延加工业	能源消费量	5863.88	6977.67	7735.15	7817.77	8466.07	8812.55	9910.85
	占高耗能行业能耗比重	46.75	49.35	51.04	52.40	55.07	54.09	54.78
电力、热力的生产和供应业	能源消费量	3174.96	3389.40	3487.80	3407.52	3416.46	3881.98	4074.22
	占高耗能行业能耗比重	25.31	23.97	23.01	22.84	22.23	23.83	22.52
六大高耗能行业	能耗合计	12543.40	14138.25	15156.23	14918.50	15372.10	16291.02	18092.7
	占规模以上工业综合能源消费量比重	89.75	89.15	89.20	89.42	89.58	89.92	90.48
规模以上工业综合能源消费量		13976.29	15859.48	16991.34	16683.83	17159.63	18117.87	19996.3

资料来源:《河北经济年鉴2011》,《河北统计提要2011》。

以2009年为例,将河北省高耗能行业能源消费所占比重与全国水平进行比较(见图4-8),可以看出河北省黑色金属冶炼及压延加工业,电力、热力的生产和供应业能耗所占比重大于全国的相应值。这说明无论是纵向对比还是横向对比,两大行业能耗所占比重均比较高。

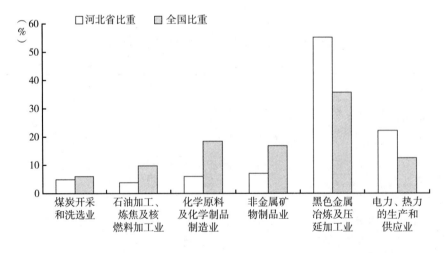

图4-8 2009年河北省高耗能行业能源消费所占比重与全国水平比较

三 河北省工业能源终端消费的碳排放量分析

温室气体是导致全球气候变暖的主要因素。鉴于二氧化碳（CO_2）是全球最主要的温室气体之一，因此，在研究温室气体排放时，将主要研究二氧化碳排放问题。

（一）碳排放的计量

根据《中国能源统计年鉴》，最终能源消费种类包括 9 类，即煤炭、焦炭、原油、汽油、煤油、柴油、燃料油、天然气和电力。其中，煤炭、石油、天然气燃烧所产生的二氧化碳排放量的计算依据是国家发展和改革委员会颁布的化石燃料燃烧过程二氧化碳排放因子，原油、汽油、煤油、柴油、燃料油消费量使用《中国能源统计年鉴》中的"油品合计"数据，区域电网供电二氧化碳排放量使用区域电网供电平均排放因子计算，焦炭能源排放系数均来自《2006 年 IPCC 国家温室气体清单指南》。使用能源终端消费量计算碳排放量，忽略了生产过程中产生的二氧化碳和原材料中的碳流入，但是由于统一了计算口径，所以在进行省际差异分析时并不影响分析结果。

在计算工业能源终端消费的碳排放时，采用 5 类能源消费总量乘以各自的排放因子或排放系数。计算公式如下：

燃煤排放量(吨二氧化碳) = 当年煤炭消费量(吨标准煤)×
上次燃煤综合,排放因子(吨二氧化碳／吨标准煤)排放因子为 2.64；
燃油排放量 = 当年油品消费量×上次燃油综合排放因子,
排放因子为 2.08；当年油品消费量以"油品合计"计量,
包括原油、汽油、煤油、柴油、燃料油。
燃气排放量 = 当年天然气消费量×上次燃气综合排放因子,排放因子为 1.63；
电力调入调出二氧化碳排放量 = 电力调入二氧化碳排放量 –
电力调出二氧化碳排放量 = (调入电量×调入电网供电平均排放因子) –
(调出电量×所在电网供电平均排放因子),
华北地区的排放因子为 1.246,
排放因子单位为千克／千瓦时。在研究工业用电的碳排放时,
直接用工业用电量乘以相应的排放因子。
焦炭的排放系数为 0.855,单位为吨二氧化碳／吨标准煤。

二氧化碳排放总量由以上能源排放的二氧化碳进行加总，如式（4 - 1）。其中 E 为能源消耗量，A 为排放因子或者排放系数。

$$C = \sum_{i=1}^{5} E_i A_i \qquad (4-1)$$

（二）工业能源终端消费的碳排放排名及原因分析

经济增长和快速工业化引发的能源消费导致河北省二氧化碳排放量在全国的排名较高。按照式 4-1 进行计算，2005~2009 年全国各省份工业碳排放量总量如表 4-4 所示。

表 4-4 2005~2009 年全国工业碳排放量变化情况

单位：万吨

省份＼年份	2005	2006	2007	2008	2009
北 京	5484.4	5867.2	5884.3	5432.1	5342.4
天 津	6426.2	6994.9	7825.8	8181.7	8537.2
河 北	33361.5	36908.7	41824.9	43163.7	45767.0
山 西	19304.7	21726.8	26503.3	26001.7	24654.7
内蒙古	15474.2	17431.4	19975.9	22375.5	24498.5
辽 宁	18271.7	20169.2	23378.1	23250.4	25133.0
吉 林	8646.0	10708.7	11651.8	11946.1	12572.8
黑龙江	9976.6	11159.0	12418.1	12843.6	12947.1
上 海	9820.0	10821.5	11244.7	11393.8	11336.1
江 苏	30161.8	33625.7	38424.7	40610.0	41931.4
浙 江	21356.3	23465.8	25748.0	26332.4	26635.6
安 徽	13564.2	15092.4	16576.1	17711.2	19150.9
福 建	10831.2	12181.0	13423.5	15043.0	16119.5
江 西	5750.4	6550.3	7290.2	8170.6	8324.9
山 东	44979.9	50198.1	54134.8	59536.3	59689.7
河 南	25823.5	30177.6	33388.0	34393.5	37124.0
湖 北	16100.8	17455.6	19568.8	20243.8	22065.6
湖 南	16012.3	17164.7	18672.8	19619.6	20219.9
广 东	30330.8	34523.1	38897.0	41636.5	42967.0
广 西	8981.5	10403.7	12004.9	12728.3	14126.5
海 南	889.1	856.4	1087.1	1218.2	1292.8
重 庆	5948.7	6361.2	6405.9	9831.7	10856.3
四 川	12458.1	14041.0	16006.3	20280.2	23042.5
贵 州	11642.7	13096.8	13119.6	11186.7	12527.1
云 南	10402.8	11354.6	12106.9	13289.8	14793.0
陕 西	8991.1	8801.5	9884.2	10857.6	11236.4
甘 肃	6666.0	7147.3	7726.4	8532.5	8486.4
青 海	2521.6	3233.0	3664.8	4036.0	4230.5
宁 夏	5280.1	5774.8	6253.4	6542.5	6817.2
新 疆	5582.0	7054.3	7711.7	8511.7	9948.9

资料来源：《中国能源统计年鉴》（2006~2010）。

2005 年，河北省工业能源终端消费的碳排放量居全国第 2 位（不计入西藏以及港澳台地区，下同），仅次于经济发展大省山东省，高于广东省、江苏省、河南省和浙江省，也高于邻省山西，见表 4 – 5。同时，河北省单位工业总产值碳排放量为 3.2725 吨/万元，居全国第 11 位，排在前 10 位的均为西部或中部省份。从终端能源消费碳排放结构来看，河北省煤炭、焦炭、电力消费造成的碳排放量居于全国前列（见附录二中附表 2 – 1～附表 2 – 5）。

按照相同的计算方法进行计算的结果，2005～2009 年，河北省工业能源终端消费碳排放量"稳居"全国第 2 位，单位工业总产值碳排放量位于全国 8～11 位。河北省工业能源终端消费碳排放量具体排名情况见表 4 – 5（具体数据请见附录二中附表 2 – 1～附表 2 – 5）。

表 4 – 5 河北省工业能源终端消费碳排放排名（2005～2009 年）

年份	煤合计	焦炭	油品合计	天然气	电力	工业碳排放总量	单位工业总产值碳排放量
2005	2	1	10	14	4	2	11
2006	3	1	10	25	4	2	10
2007	3	1	11	17	4	2	8
2008	2	1	12	14	4	2	10
2009	3	1	13	12	4	2	10

资料来源：《中国能源统计年鉴》（2006～2010）。

2006 年河北省工业能源终端消费的碳排放量居全国第 2 位，这个位次仅次于经济发展大省山东省，高于广东省、江苏省、河南省和浙江省。同时，河北省单位工业总产值碳排放量为 2.736 吨/万元，居全国第 10 位，排在前 9 位的均为西部或中部省份。

2007 年，河北省工业能源终端消费的碳排放量比 2006 年上升了 13.3%，仍居全国第 2 位，仅次于山东省，高于广东省、江苏省、河南省和山西省。同时，河北省单位工业总产值碳排放量为 2.4524 吨/万元，居全国第 8 位，排在前 7 位的均为西部省份。赵荣钦等学者通过构建能源消费的碳排放模型进行计算，河北省 2007 年产业活动碳排放量亦为全国最高，与能源消费碳排放量基本一致。① 所以，表 4－5 的结论具有一定的参考价值。

2008 年，河北省工业能源终端消费的碳排放量居全国第 2 位，且排放量比 2007 年上升了 3.2%，仅次于经济发展大省山东省，高于广东省、江苏省、河南省和浙江省。同时，河北省单位工业总产值碳排放量为 1.8742 吨/万元，居全国第 10 位，排在前 9 位的均为西部省份。

2009 年，河北省工业能源终端消费的碳排放量居全国第 2 位，且排放量比 2007 年上升了 6%，仅次于经济发展大省山东省，高于广东省、江苏省、河南省和浙江省。同时，河北省单位工业总产值碳排放量为 1.902 吨/万元，居全国第 10 位，排在前 9 位的均为西部省份。

河北省工业能源终端消费碳排放量和单位工业总产值碳排放量在全国排名靠前的原因如下：

（1）经济总量与工业总量较高，高污染行业产品产量居全国前列。以 2009 年为例，河北省地区生产总值为 17026.6 亿元，同比增长了 10%，居全国第 6 位；工业总产值为 24062.76 亿元，居全国第 8 位。在经济增长和工业增长的过程中，必然带来资源、能源消耗和环境污染问题。另外，河北省相当一部分高污染、高排放行业的产品产量均居全国前列。以钢铁工业为例，由于黑色金属冶炼加工耗能占比很高，产品产量以及出口增加导致省内 GDP 总量增加的同时，大量的碳排放被计算在河北省内。2009 年，作为国内第一钢铁大省，河北省生铁、粗钢和钢材产量分别占全国总产量的 24.10%、23.66% 和 21.84%，三种产品产量均居全国第 1 位，是位于第 2 位的省份产量的 2.5、2.4 和 1.9 倍，如此骄人的产量"业绩"导致相当份额的碳排放量产生。由于未来一段时期河北省的经济发展还需依靠钢铁等工业产品支撑，因此河北省碳排放量短期内不会有较大改观。此外，2009 年，河北省原盐、布、纯碱、水泥、平板玻璃产量占全国产量的比重超过了 5%，其中平板玻璃产量比重达到了 18.72%，产量居全国第 1 位。这些产品集中在化工、建材等高污染、高排

---

① 赵荣钦、黄贤金、钟太洋：《中国不同产业空间的碳排放强度与碳足迹分析》，《地理学报》2010 年第 9 期。

放行业，导致河北省碳排放量较大。

（2）能源消费过分依赖煤炭。河北省能源生产和消费过分依赖煤炭，造成工业污染严重、能源利用效率低等问题。根据武红等学者（2011）的研究，长期以来，河北省能源消费结构以煤炭为主，1980～2009年一直在90%左右徘徊，消费结构单一，其他类型能源占比偏低，碳排放主要来自煤炭消费。与同处京津冀地区的北京、天津两大直辖市相比，河北省的碳排放量一直较高且增速明显，未来碳减排情况不容乐观。[①]从附录二中的附表1～附表5可以看出，河北省煤炭与焦炭产生的碳排放量"稳居"全国第2位，为工业碳排放总量"做出了巨大贡献"。

（3）产业结构偏重，生产技术水平落后。河北省产业结构调整与产业结构优化方向相悖，"二三一"特征逐渐强化，再加上河北省是工业大省、全国第一钢铁大省，同时承接京津第二产业尤其是第二产业中的重型工业转移，工业生产技术水平相对落后、工业劳动相对生产率低，所以与同期典型地区和全国的三次产业能耗占能源消费总量的比重相比，河北省第二产业能源消耗占比明显偏高，碳排放总量加速上升，碳排放强度难以下降，"高排放、低效率"的矛盾致使河北省碳排放压力巨大。根据《中国能源统计年鉴》数据以及国家发展和改革委员会颁布的化石燃料燃烧过程二氧化碳排放因子计算的结果，河北省2005～2009年能源终端消费碳排放总量"稳居"全国第3位，工业能源终端消费碳排放量占本省能源终端消费碳排放总量的比重分别为74.94%、76.89%、78.51%、76.69%和76.70%，2005～2006年其比重居全国第10位，2007～2009年则分别上升到第8位、第7位、第6位，浙江省、广西壮族自治区、山西省、山东省的名次则在下降，所以河北省工业碳排放压力仍在增大。河北省历年焦炭使用量居全国第1位，远高于其他省份，这也是造成河北省工业能源终端消费碳排放量居全国第2位的主要原因。另外，虽然河北省单位工业总产值碳排放量在2005～2009年逐年下降，但在全国的排名比较靠前，仅低于一些西部或中部省份，这说明河北省亟待提高工业生产技术和能源利用技术。根据岳瑞峰、朱永杰（2010）的研究，河北省、山西省、辽宁省同属传统的

---

① 武红等：《河北省能源消费、碳排放与经济增长的关系》，《资源科学》2011年第10期。

重工业基地，能源的碳排放份额均分别居于全国的前列，其排放份额均值分别为7.9%、7.6%和6.0%。相对而言，工业发展水平较为落后的省域，如桂、宁、青、琼等能源碳排放则一直较低。[①]

（三）二氧化碳排放强度分析

二氧化碳排放强度本义是指一国或地区在一定时期内单位 GDP 的二氧化碳排放量，主要用来衡量经济增长同碳排放量之间的关系，如果在经济增长的同时每单位 GDP 所带来的二氧化碳排放量在下降，那么说明该国（地区）实现了低碳发展模式。工业二氧化碳排放强度则指工业二氧化碳排放量占工业总产值的比重，可在一定程度上衡量某区域工业发展是否表现为低碳模式。

由表4-6可见，2005年及"十一五"期间，河北省工业二氧化碳排放强度逐年下降，工业发展正在向低碳模式迈进。2005~2009年，河北省工业总产值年均增长率为22.12%，二氧化碳排放强度年均下降率为10.55%，二氧化碳排放强度年均下降率低于工业总产值年均增长率。所以，"十二五"期间河北省实现低碳工业发展模式、应对气候变化任重道远。

表4-6 河北省工业二氧化碳排放强度（2005~2009年）

年份	碳排放总量(万吨)	工业总产值(亿元)	二氧化碳排放强度(吨/万元)
2005	33361.45	11008	3.0307
2006	36908.69	13490	2.7360
2007	41824.91	17055	2.4524
2008	43163.72	23031	1.8742
2009	45766.95	24063	1.9020

资料来源：《中国能源统计年鉴》（2006~2010）；《河北经济年鉴》（2006~2010）。

（四）碳排放的行业与区域差异分析

1. 碳排放行业差异分析

综合能源碳排放量的计算依据为：

---

① 岳瑞峰、朱永杰：《1990~2007年中国能源碳排放的省域聚类分析》，《技术经济》2010年第3期。

单位综合排放系数 = （2.64x + 2.08y + 1.63z）／（x + y + z）

其中，2.64、2.08、1.63 分别为国家发展和改革委员会颁布的煤炭、石油、天然气燃烧过程二氧化碳排放因子；x、y、z 分别为 2005～2010 年河北省煤炭、石油、天然气占一次能源消费总量比重的平均值，$x = 91.84$，$y = 7.04$，$z = 0.93$。经过计算，能源单位综合碳排放系数为 2.59。

根据所掌握的数据资料，以 2009 年和 2011 年河北省规模以上工业各行业万元增加值综合能源消耗量乘以能源单位综合碳排放系数 2.59，可以测算河北省主要耗能工业企业单位产品碳排放量，结果如表 4-7 所示。

表 4-7　河北省规模以上工业企业分行业单位产品碳排放量

单位：吨/万元

年　份	2009	2011
煤炭开采和洗选业	5.64	5.23
石油加工、炼焦及核燃料加工业	4.99	3.64
化学原料及化学制品制造业	11.18	5.81
非金属矿物制品业	9.66	7.17
黑色金属冶炼及压延加工业	12.74	10.50
电力、热力的生产和供应业	23.80	19.58
石油和天然气开采业	1.34	0.66
食品制造业	1.96	1.17
饮料制造业	1.98	1.35
烟草制造业	0.14	0.08
纺织业	1.97	1.05
纺织、服装、鞋帽制造业	0.71	0.44
造纸及纸制品业	4.87	2.67
医药制造业	2.19	2.01
金属制品业	1.08	0.63
通用设备制造业	2.66	1.25
电器机械及器材制造业	0.52	0.47
通信设备、计算机及其他电子设备制造业	0.75	0.60

资料来源：《河北经济年鉴》（2006～2012）。

表 4-7 表明，2009 年和 2011 年，河北省规模以上工业企业分行业单位产品碳排放量的行业差异较大，2009 年排在前六位的依次为电力、热力的生

产和供应业，黑色金属冶炼及压延加工业，化学原料及化学制品制造业，非金属矿物制品业，煤炭开采和洗选业以及石油加工、炼焦及核燃料加工业，排在后六位的依次为石油和天然气开采业，金属制品业，通信设备、计算机及其他电子设备制造业，纺织、服装、鞋帽制造业，电器机械及器材制造业和烟草制造业，每万元电力、热力的生产和供应增加值产生的二氧化碳量为万元烟草制造业增加值产生的二氧化碳量的170倍。2011年规模以上工业企业分行业万元增加值碳排放量排在前六位的依次为电力、热力的生产和供应业，黑色金属冶炼及压延加工业，非金属矿物制品业，化学原料及化学制品制造业，煤炭开采和洗选业以及石油加工、炼焦及核燃料加工业，排在后六位的依次为石油和天然气开采业，金属制品业，通信设备、计算机及其他电子设备制造业，电器机械及器材制造业，纺织、服装、鞋帽制造业和烟草制造业，每万元电力、热力的生产和供应增加值产生的二氧化碳量为万元烟草制造业增加值产生的二氧化碳量的244.7倍。在应对气候变化的过程中，应针对不同行业制定不同的减排政策和措施，针对直接排放量较大的行业从改善能源结构、提高能源效率、降低碳排放强度三个方面来实施减排，而化工业作为河北省的重点产业，应尽量减少煤炭使用量，改善能源结构，提高自身的能源利用效率，同时，要引进高新技术，提高原材料利用率，从而在源头上降低碳排放量。

2. 碳排放区域差异分析

由于经济发展程度、产业结构、能源强度、能源结构、资源禀赋等因素影响，河北省11个市的碳排放呈现出一定差异。将各市规模以上工业企业能源消耗（万吨标准煤）乘以能源单位综合碳排放系数2.59，得到各市2005~2011年碳排放数据（见表4-8）。

表4-8　河北省各市规模以上工业企业碳排放状况

单位：万吨

地区　　年份	2005	2006	2007	2008	2009	2010	2011
石家庄	5843.43	6799.59	7275.25	7002.51	6877.56	7197.35	7467.16
承德	1253.30	1503.26	1758.89	1732.85	1858.81	1899.21	2075.19
张家口	2316.59	2496.02	2749.25	2542.19	2337.70	2466.92	2773.06

续表

地区＼年份	2005	2006	2007	2008	2009	2010	2011
秦皇岛	1346.60	1534.66	1671.96	1671.12	1628.70	1746.64	1831.77
唐 山	12102.68	13697.67	14451.62	14582.98	15565.33	16266.81	18584.50
廊 坊	724.58	889.74	1114.57	1222.22	1283.83	1446.38	1535.92
保 定	1529.03	1574.67	1568.50	1550.39	1592.82	1865.08	1985.25
沧 州	1229.97	1435.35	1563.33	1549.36	1920.91	1978.10	2626.43
衡水市	793.48	811.38	786.80	761.82	691.74	704.46	800.45
邢 台	2442.35	2879.53	3126.23	2974.69	2869.65	3052.38	3356.56
邯 郸	6616.60	7454.19	7941.17	7620.99	7816.39	8301.95	8754.21
全 省	36198.59	41076.06	44007.57	43211.11	44443.44	46925.29	51790.50

注：规模以上工业企业能源消耗数据来自于《河北经济年鉴2011》和《河北统计提要2011》。

表4－8表明，2005～2011年，唐山、邯郸、石家庄、邢台、张家口五市碳排放量稳居全省第1～5位，廊坊市和衡水市则稳居全省第10位和第11位（沧州市、承德市名次有所上升）。考虑到河北省各市在能源结构上均以煤为主，所以碳排放呈现差异的原因集中在经济发展程度、产业结构、能源强度和资源禀赋四个因素上。"十一五"期间的有关数据表明，河北省各市碳排放确实与经济发展程度、产业结构、能源强度密切相关。例如，能源强度位于全省前五位的区域分别为唐山、邯郸、张家口、邢台、石家庄，其排序与碳排放排序基本一致。因此，河北省在制定工业碳减排、应对气候变化政策的过程中，必须充分考虑到二氧化碳排放的区域差异及影响因素。

表4－9表明，2005～2011年，唐山、邯郸、张家口、邢台、承德五市碳排放强度基本上居于全省第1～5位（2008年除外，石家庄市碳排放强度居于全省第5位，超过承德市），沧州、廊坊、保定、衡水四市碳排放强度则稳居全省后4位。将各市工业碳排放总量和排放强度的名次进行对比，发现唐山、邯郸、邢台、张家口四市无论碳排放总量还是排放强度名次都比较靠前，碳排放问题比较严重，需引起各级政府的重视，企业也需采取各种措施进行减排。

表4-9 河北省各市规模以上工业企业碳排放强度

单位：吨/万元

地区 年份	2005	2006	2007	2008	2009	2010	2011
石家庄	3.27	3.36	3.08	2.47	2.29	2.12	1.83
承 德	3.46	3.51	3.18	2.42	2.45	2.14	1.88
张家口	5.44	5.16	4.85	3.53	2.92	2.55	2.48
秦皇岛	2.75	2.78	2.45	2.07	2.02	1.88	1.71
唐 山	5.87	5.80	5.20	4.09	4.08	3.64	3.41
廊 坊	1.14	1.22	1.26	1.16	1.12	1.07	0.95
保 定	1.40	1.31	1.14	0.98	0.92	0.91	0.81
沧 州	1.11	1.12	1.07	0.90	1.07	0.90	1.02
衡 水	1.56	1.48	1.41	1.20	1.06	0.90	0.86
邢 台	3.49	3.64	3.51	3.01	2.72	2.52	2.35
邯 郸	5.59	5.48	4.94	3.83	3.88	3.52	3.14
全 省	3.60	3.57	3.22	2.69	2.57	2.29	2.11

注：规模以上工业企业能源消耗数据来自于《河北经济年鉴2011》和《河北统计提要2011》。

第二节 河北省工业应对气候变化效果分析及面临挑战

一 河北省工业应对气候变化成效分析

2000年以来，河北省在转变工业发展方式、调整工业结构和能源结构、适应气候变化、加强能力建设等方面取得了一定成效。

（一）调整工业结构，转变工业发展方式

"十一五"期间，河北省委、省政府出台《关于加快构建现代产业体系的指导意见》，把发展高新技术产业、装备制造业和现代服务业等低耗能、低排放行业作为重点发展方向，筛选出51个投资超10亿元、销售收入超50亿元的产业支撑项目，加大支持力度，促其加快发展。2012年又出台了《关于加快发展节能环保产业的实施意见》，把节能环保产业作为河北省产业转型升级的突破口。"十一五"以来，钢铁、装备制造、石化三大支柱产业发展迅速，钢铁行业结构调整步伐加快，开始跨入全国乃至世界先进行列；食品、纺织、建材、医药四个传统优势产业加快了改造升级步伐；战略性新兴产业不断壮大成长，基本形成环京津"四基地、八园区"的发展格局，保定"中国电谷"、石家庄"中国药谷"、秦皇岛"中国数谷"等特色产业日益形成，逐渐成为河北省实现新型工业化的新亮点。

在调整工业结构的同时，河北省围绕重点行业、重点企业和重点领域转变工业发展方式，大力实施"双三十"示范工程，加快推进十大节能工程建设，严格控制高耗能、高污染项目，淘汰落后产能，积极推进节能减排。2009年，全省共淘汰落后炼铁产能900万吨、炼钢产能400万吨、焦化产能272万吨、水泥产能1950万吨、平板玻璃产能710万重箱，关停小火电机组100万千瓦。到2009年底，全省累计淘汰落后炼铁产能2316万吨、炼钢产能1443万吨、焦化产能671万吨、水泥产能4627万吨、平板玻璃产能2366万重量箱，关停小火电机组394万千瓦。淘汰落后产能形成节能量2712万吨标准煤，提前完成了电力、焦炭、水泥等行业"十一五"淘汰目标任务。2009年，全省重点实施694项节能技改项目和1217项减排项目，年节能能力590万吨标准煤，减排化学需氧量11.33万吨、二氧化硫39.75万吨。2009年，"双三十"单位共完成节能项目398项，年节约292.7万吨标准煤；完成减排项目1462项，削减化学需氧量、二氧化硫、烟（粉）尘分别为2.65万吨、7.66万吨和8.88万吨，其中化学需氧量和二氧化硫排放量比上年分别下降19.6%和15.7%。2009年，全省单位GDP能耗由2005年的1.96吨标准煤下降到1.64吨标准煤，累计节能率达到17.2%，化学需氧量、二氧化硫分别减少14%、15.08%，有效减少了二氧化碳排放。

（二）积极实施工业清洁发展机制（CDM）项目

清洁发展机制（CDM）是《京都议定书》框架下的机制之一，发达国家向发展中国家提供资金和技术，通过项目实现"经核证的减排量"，用于发达国家缔约方完成在议定书第三条下关于减少本国温室气体排放的承诺。"十一五"期间，河北省组织企业积极开展清洁发展机制项目开发，推进项目国际合作。截止到2007年12月17日，河北省通过国家发改委审批的CDM项目已有28个，占全国总项目数的3%。其中在联合国注册成功的CDM项目为9个，占全国总项目数的6.77%。2008年，河北省水泥行业第一个CDM项目河北曲寨水泥有限公司与瑞典碳资产管理有限公司合作的"9000kW余热回收发电项目"在联合国CDM项目执行理事会注册成功，同年正式进入实施阶段，使企业减少了温室气体排放量。河北省电力公司于2009年初主动开展SF_6气体减排工作的研究与开发工作。截至2010年底，全省已有130个CDM项目通过国家项目审核理事会审查，36个项目在联合国CDM项目执行理事会成功注册。

（三）制定和颁布地方应对气候变化方案

针对越来越严峻的气候变化形势，河北省成立了应对气候变化工作领导小组，突出应对气候变化在调整产业结构、转变发展方式中的重要作用，从两个方面推进应对气候变化工作：一方面在工业领域落实节能减排目标责任制，提高能源资源利用效率，另一方面加强了农业、水资源、海洋、卫生健康、气象等领域的基础设施建设，完善极端气候事件监测预报预警体系，以提高气候变化适应能力。2008年，河北省制定了《河北省应对气候变化实施方案》，在总结气候变化现状和应对气候变化取得成效的基础上，分析了气候变化对河北省的影响与挑战，制定了河北省应对气候变化的指导思想、原则与目标，明确了应对气候变化的重点领域，并确定了应对气候变化的相关政策和保障措施。2010年5月，河北省颁布了《河北省〈应对气候变化领域对外合作管理暂行办法〉实施细则》，规范了应对气候变化领域对外交流与合作，以维护国家及省内经济安全和利益。2012年，受河北省发展和改革委员会委托，河北省气象局完成了《河北省"十二五"控制温室气体排放实施方案》初稿编制工作，为进一步增强河北省应对气候变化的能力提供了政策依据。

此外，在工业节能方面，河北省相继印发了《河北省节约能源条例》《河北省节能减排综合性工作方案》《河北省固定资产投资项目节能评估和审查管理暂行办法》《河北省节能技术改造财政奖励资金管理暂行办法》及单位GDP能耗统计、监测、考核体系实施方案等政策文件，为进一步增强工业应对气候变化的能力提供了政策和法律保障。

（四）发展低碳能源和可再生能源，改善工业能源结构

"十一五"以来，河北省通过发展水电、天然气和煤的净化燃烧技术，努力改变常规工业能源的供给与消费结构。利用风能、生物质能、太阳能、水能以及地热能资源较为丰富的优势，发展太阳能、水能、风能、地热和生物能源

等低碳能源和可再生能源，逐步替代常规工业能源。2010 年，无论是新增风电装机容量（2133.4 兆瓦）还是累计装机容量（4921.5 兆瓦），河北省均居全国第 3 位，仅次于内蒙古自治区和甘肃省。生物质能利用方面，河北省逐步投产运行秸秆直燃发电厂、垃圾发电厂、大中型沼气工程。全省扩大了太阳能热水器集热面积，光伏发电开始起步，2009 年底，太阳能热水器集热面积达到 450 万平方米；光伏发电装机容量 810 千瓦；水电装机容量达到 179 万千瓦；地热能开发利用向梯级模式发展，累计开发地热能井点 139 处；风电装机已达 2780MW、生物质发电装机 160MW；新能源和可再生能源装机占比达到 7%，比 2005 年提高 6.2 个百分点；户用沼气达 274 万户，比 2005 年增加 120 万户；加快了以风能、光伏发电设备为主的新能源装备生产，2009 年全省新能源装备产值达 400 多亿元。

（五）重视应对气候变化研究和能力建设

河北省目前正处于资本密集型工业化和城市化加速阶段，大规模的工业 CO_2 排放对应对气候变化造成了巨大压力，这对现有工业发展模式提出了严峻挑战。所以必须开展转变工业发展方式、发展低碳工业方面的研究。为不断提高应对气候变化相关科研支撑能力，河北省先后开展了"近 50 年河北省气候变化及其影响研究""近 50 年河北省气候变化对水资源影响综合情势分析"和"河北省气候变化对水资源和荒漠化的影响及对策研究"等 20 多项省级科研课题的研究，并且涌现出大量关于河北省低碳经济问题的研究成果。在如何发展低碳工业方面，学者们分析了河北省重点产业布局与二氧化碳排放强度，在此基础上结合现状提出了低碳产业的发展路径。

在工业应对气候变化能力建设方面，河北省通过淘汰落后产能、实施节能减排工程、应用节能减排技术，大力落实控制温室气体排放的措施，发挥科技进步和创新在节能减排中的作用，逐步建立健全了应对气候变化的体制机制。

（六）开展、参加针对气候变化的专业培训

"十一五"期间，河北省对中小学教师进行培训，结合教学内容向学生展示全球气候变化对人类活动的影响，扩大气候变化教育和宣传范围，不断提高全民可持续发展意识。

2008 年 11 月，衡水市气象局和市科协联合举办了"应对气候变化，加强

防灾减灾，促进地方经济发展"研讨会。2009年2月，河北省发改委参加"中日合作CDM管理能力建设项目第四次地区研讨会"。2009年6月，河北省部分领导和专家出席由北京气象学会和北京区域气候中心共同主办的"气候变化及应对措施"研讨会。2009年10月，河北省与南荷兰省联合召开第2届水利环保研讨会，内容涉及气候变化与水务管理等议题。2009年11月，河北省CDM项目办公室工作人员参加"节能减排与应对全球气候变化高层论坛"。2010年7月，由河北师范大学资源与环境科学学院、河北省环境演变与生态建设实验室等单位承办，河北省地理学会协办的"自然地理学与环境变化学术研讨会"在河北师范大学召开。以各种形式的研讨会为契机，河北省深入探索应对气候变化的有效机制，加强区域内的合作与交流，为进一步开展工业节能减排与应对气候变化工作提供了理论和技术指导，使研讨会的科技成果成为政府决策的有力依据。

此外，为提高项目管理人员专业素质和管理水平，河北省开展了多种形式的有关节能减排和气候变化的知识讲座和报告会，参加节能减排和气候变化培训班。2010年8月，河北省发改委、科技厅有关领导参加由国家发改委应对气候变化司和联合国环境规划署驻华代表处联合主办的"适应气候变化能力建设培训研讨班"，就河北省有关减缓温室气体排放和适应气候变化的工作与兄弟省份进行交流，寻求在重点领域加强适应气候变化能力建设方面与相关部门合作。2011年12月，河北省在唐山市举行应对气候变化战略规划报告会，积极与国外专家、学者进行交流，展示了河北省应对气候变化取得的成就。河北省发改委对各市发展改革部门管理人员开展应对气候变化专业培训，学习《联合国气候变化框架公约》和《京都议定书》有关内容及国内外相关政策，介绍清洁发展机制相关规定和程序，提高管理人员业务能力和管理水平，并利用广播电视、互联网、出版物等多种手段开展宣传教育，增进社会各界对气候变化的了解和认识。

二 存在问题

（一）以煤为主的能源消费结构使节能减排工作面临更大压力

在各种能源中，煤炭类能源的碳排放量最大，根据国家发展和改革委员会颁布的化石燃料燃烧过程二氧化碳排放因子，煤炭的碳排放系数比石油高出27%，比天然气要高出62%。2005年，河北省一次能源生产量为0.7亿吨标准煤，其中原煤所占的比重高达87%；一次能源消费总量为1.41亿吨标准煤，其中煤炭所占的比重为89.9%，比国外平均水平（27.8%）高62.1个百分点，比全国高21个百分点。石油、天然气、水电、风能、太阳能等所占比重仅为10.1%。

图4-9显示了工业发展对煤炭的年均终端消费量排名前五位的省份的状况。由图可见，2005～2009年，河北省工业发展对煤炭的年均终端消费量为6862.34万吨，居全国第3位，仅次于山东省和河南省；煤炭终端消费量逐年增长，2005～2009年依次为6114.81、6190.92、7223.91、7302.26和7479.79万吨，年均增长率为5.36%，其中2007年比2006年增长了16.69%。

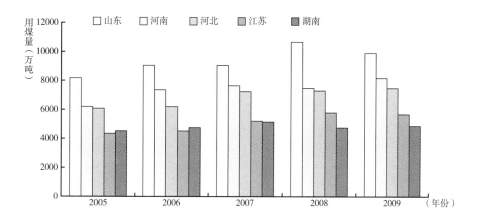

图4-9 河北省工业发展对煤炭的年均终端消费量横向与纵向对比图

注：各省份"工业发展对煤炭的终端消费量"数据来自于《中国能源统计年鉴》（2006～2010）中的"地区能源平衡表"。

以煤为主的能源结构导致大气污染物排放总量居高不下，且以煤为主的能源消费结构在未来相当长的一段时间将不会发生根本性改变，使河北省在减少碳排放、应对气候变化方面面临巨大压力，在降低单位能源二氧化碳排放强度方面比其他省份面临更大的困难。

（二）重化工业和新型工业化加速发展的挑战

河北省正处于重化工业加速发展阶段，第二产业较为发达，其中煤炭开采和洗选业、石油加工炼焦及核燃料加工业、化学原料及化学制品制造业、非金属矿物制品业、黑色金属冶炼及压延加工业、电力热力的生产和供应业均是河北省的主要产业部门和能耗大户。2005 年，河北省第二产业比重为 51.8%，高于全国 4.3 个百分点；第三产业比重为 33.29%，低于全国 6.56 个百分点。从入统工业来看，电力、钢铁、石化、建材、煤炭、化工等行业能耗比重大，这些行业的能源消费量占入统工业能源消费量的 89.7%，而完成增加值仅占入统工业的 53.6%；万元增加值能耗为 7.2 吨标准煤，比入统工业高 71.8%。河北省确定的"十二五"节能减排目标是：到 2015 年，全省万元 GDP 能耗比 2010 年下降 18%（比 2005 年下降 34.49%），单位 GDP 二氧化碳排放量比 2010 年下降 19%，实现节能 6620 万吨，减排二氧化碳 1.65 亿吨，能耗总量得到有效控制。为了解决重化工业占据主导地位与节能减排目标之间的矛盾，河北省迫切需要改变现有的工业发展模式，走新型工业化道路，加快产业结构调整，采用、推广控制温室气体排放和减缓气候变化的技术。

（三）资金、技术、人力资源储备不足

资金投入方面，2008～2011 年，河北省工业污染（源）治理投资分别为 20.57、13.23、10.86 和 25.37 亿元，占全部环境污染治理投资总额的 5.38%、3.35%、2.1% 和 9.08%，无论是绝对数额还是所占比重，2009 年和 2010 年工业污染（源）治理投资均连续下降，这在一定程度上反映了"十一五"期间河北省工业应对气候变化的资金投入不足，未形成稳定增长的资金投入机制，需积极拓宽融资渠道，创新金融制度和金融工具，加大对工业应对气候变化领域的投资力度。

技术方面，河北省低碳产业才刚刚起步，缺乏核心技术的前期积累和研发基础，缺乏新能源开发、清洁生产等低碳技术储备，已有的研发多集中在基础研究层面，技术成果的转化能力较差。低碳技术的研发与引进绝大多数属外围技术和非核心技术，目前主要通过清洁发展机制项目引进国外低碳技术，但发达国家与发展中国家更多的是单纯的二氧化碳排放权的买卖，技术的输出转让较少，因此未掌握核心技术。同时，省内企业引进、吸收先进技术意识不强，自主创新能力不足。"十一五"期间，河北省重点耗能行业落后生产能力仍占一定比重，如建材行业中新型干法水泥生产能力仅占 30%，质量不稳定、浪费能源、污染环境的立窑水泥约占 70%；通用耗能设备效率较低，燃煤工业锅炉平均运行效率低于国际平均水平 17~22 个百分点，风机、水泵平均运行效率低于国际平均水平 20 个百分点。能源利用效率低、污染排放高的问题对河北省减少温室气体排放造成了很大压力。

在人才储备方面，无论是人才规模还是人才结构，河北省低碳技术和工业应对气候变化方面的支撑人才、专门人才严重匮乏，更未形成专门队伍，节能减排技术中心和重点实验室基地建设不足。由于低碳人才的教育起步较晚，低碳人才供给不足与市场需求较大之间的矛盾难以解决，尤其是复合型、创新型人才短缺现象严重。

（四）资源与原材料供给质量保障问题

河北省在工业资源、原材料供给方面与节能减排、应对气候变化的要求不相符，从煤炭、石油等化石能源到黑色、有色金属、非金属矿物原料，品质不理想。例如，河北省工业能源消费以高排放的煤炭和焦炭为主，铁矿石产量排名全国第一，但品位低，多为 30% 左右，低于全国铁矿石平均品位 32.67% 的水平，低于世界平均水平 11 个百分点，属于需选的贫铁矿，必须经过选矿富集以后才能用于炼铁生产。富铁资源量很少，仅占总量的 0.3%，保有铁矿石资源几乎都是贫矿。资源与原材料品质存在的问题制约了工业节能减排成效，降低了工业应对气候变化的能力。

（五）法规实施与机构健全问题

河北省尽管在农业、林业、气象和能源等领域均制定了针对应对气候变化的相关法律，但随着应对气候变化工作的逐步深入，现行法律制度滞后于应对气候变化体制机制建设的矛盾日益突出，作为一个工业大省，亟待出台综合性的应对气候变化法律以及工业应对气候变化的相关法律。

目前，河北省发展改革委员会资源节约与环境保护处加挂应对气候变化处，负责全省应对气候变化日常工作，组织拟订全省应对气候变化战略、规划和相关政策，承担省应对气候变化和节能减排工作领导小组办公室日常工作。各设区市发展和改革委员会也安排了专职人员负责工业应对气候变化工作，但与其他省市相比，机构设置人员配备相对较弱。

三　面临挑战

在工业应对气候变化方面，河北省面临着一系列挑战。

（一）结构调整难度大

作为典型的资源依赖型省份，河北省经济发展惯性大，结构刚性强。2000～2011 年，河北省国民经济中服务业比重仅提高了 2.37 个百分点，工业对经济增长的贡献率平均高达 53.3%，一直是经济发展的支撑力量。2011 年，规模以上工业中，重工业产值所占比重为 80.2%，10 年间提高了近 15 个百分点；重工业中原材料工业比重高达 64%，重加工业比重只有 26%，比 2000 年降低了 7.5 个百分点。未来 10 年，河北省仍将处于重化工业主导的工业化加速发展阶段，能源消费和二氧化碳排放总量将持续增长，减缓温室气体排放、应对气候变化将面临着严峻挑战。

（二）经济发展任务重

河北省属于沿海欠发达省份，经济总量虽然排在全国第 6 位，但人均 GDP 低于全国平均水平，在全国排第 12 位，处于中等发展水平；城镇居民家庭人均可支配收入是全国平均水平的 85.1%，在全国排第 14 位；农民人均纯收入与全国基本持平，在全国排第 12 位；人均一般预算财政收入为 1851 元，只有全国平均水平的 61%；城镇化率只有 45.4%，比全国平均水平低 4 个百分点。因此，未来 10 年，河北省仍然面临着赶超进位、加速推进城镇化、提高人民生活水平的巨大发展压力，必然面临着加快工业发展与节能减碳的矛盾挑战。

（三）工业自主创新能力弱

河北省经济发展长期以来靠传统产业主导，工业规模扩张依靠成熟技术的复制和扩散，发展层次整体上偏低，产业技术及产品创新的动力和压力不足，创新条件落后，政策环境不完善，再加上北京的"虹吸效应"，导致大量创新资源的流失。2011 年，河北省规模以上工业企业中，有 R&D 活动的企业所占比重仅为 5.67%（全国的这一比重为 11.5%），R&D 经费内部支出与主营业务收入之比仅为 0.39%（全国的这一比重为 0.71%），规模以上工业企业的科技活动情况低于全国平均水平；R&D 人员全时当量在全国排第 11 位（不包括港澳台地区，下同），R&D 经费投入在全国排名第 14 位，R&D 项目数在全国排名第 15 位，均位于中游水平；新产品项目数、开发新产品经费在全国的排名分别为第 15 位、第 14 位，处于中游水平；新产品产值、新产品销售收入在全国的排名均为第 17 位，处于中等偏下水平；专利申请数、发明专利、有效发明专利数在全国的排名分别为第 16 位、第 16 位和第 15 位，处于中游水平。科技情况排名与河北省工业大省、工业碳排放量排名极其不相称，应对气候变化面临着来自于科技创新方面的巨大压力。

（四）区域条件差异大

河北省各市资源禀赋、交通设施、发展基础等区域差异很大，西部太行山和北部燕山地区矿产资源相对富集但生态脆弱、环境敏感，发展诉求与生态环境保护的矛盾十分突出。中南部黑龙港流域平原地区区位条件、资源条件较差，农村人口密集，土地承载力有限，城镇化和工业化亟待发展。山前京广、京沈交通干道沿线城镇化、工业化发展相对较快地区，经济密度大，环境容量小，面临着资源型经济改造升级和重化工产业战略转移的压力。秦唐沧沿海地区资源组合条件好、发展潜力大，正处于大开发阶段，是经济发展最活跃的地区，发展需求大与环境基数小的矛盾十分突出。所以，为了适应资源供求格局变化和生态环境约束，河北省面临艰巨的生产力布局战略性调整任务，随着沿海地区发展上升为国家战略，"环首都经济圈""举全省之力打造曹妃甸新区和渤海新区两大增长极"区域发展战略的确立，面对不同地区的不同条件和不同发展诉求，工业应对气候变化工作的难度必然增加。

第三节　河北省工业应对气候变化的潜力测算

一　河北省工业排放温室气体变化趋势

（一）2015 年和 2020 年工业温室气体排放情景预测

工业温室气体排放情景分析是研究在一定假设条件下，工业温室气体排放未来可能出现的情况，有助于了解工业温室气体排放在各种明确的假设条件下的未来情况，有助于预测未来工业发展的各种可能性，及早确定应对各种可能情景的应对策略。

在参考国际温室气体排放情景分析方法的基础上，本书从河北省工业经济发展目标、工业能效目标和环境目标三个角度对河北省 2015 年和 2020 年工业碳排放情景进行分析，三种目标情景分别称为 E_1（Economic）情景、E_2

（Efficient）情景和 E_3（Environmental）情景，统称 3E 情景。另外，以情景分析方法解析"斯特恩报告"，通过情景比较分析确定河北省应对气候变化的潜力。

1. 基于河北省工业经济发展目标的 E_1 情景

《河北省工业和信息化发展"十二五"规划纲要》中提出的工业发展目标是到 2015 年末规模以上工业增加值达到 15000 亿元以上，年均增长率为 13%。2011 年，河北省规模以上工业增加值为 10509.4 亿元，这意味着河北省 2012～2015 年规模以上工业增加值必须至少保持 10.68% 的年均增长率。根据河北省过去 10 年的经济发展成效以及当前和未来国际、国内政治经济环境的预测，到 2020 年，河北省主要经济指标比 2015 年再翻一番，规模以上工业增加值达到 30000 亿元以上，2011～2020 年规模以上工业增加值必须至少保持 9.76% 的年均增长率。本书基于这一平均经济发展速度，将规模以上工业增加值年均增长率设为 13%，分析在不考虑技术革新、经济结构调整、能源结构调整的情况下，河北省 2015 年和 2020 年的工业碳排放情景。

在不考虑技术革新、经济结构和能源结构调整的 E_1 情景下，假设河北省单位规模以上工业增加值能耗保持不变（按照 2011 年规模以上工业综合能源消费量为 19996.3 万吨标准煤、单位能耗为 1.9 吨标准煤/万元人民币计算），碳排放量将保持 13% 的年均增长率。2011 年，河北省规模以上工业的碳排放总量为 51790.4 万吨，万元工业增加值碳排放量为 4.93 吨二氧化碳，以此为基准进行 2015 年和 2020 年 E_1 情景下河北省碳排放量测算，见式 4-2。

$$E_{2015} = E_{2011} \times (1 + 0.13)^{2015-2011}$$
$$E_{2020} = E_{2011} \times (1 + 0.13)^{2020-2011} \qquad (4-2)$$

根据式 4-2 可以通过计算得到 E_1 情景下河北省 2015 年和 2020 年工业碳排放量分别为 84442.9 万吨和 155580.6 万吨，届时河北省的规模以上工业碳排放量将分别是 2011 年的 1.63 倍和 3 倍。另外，根据式 4-2，E_1 情景下 2015 年和 2020 年万元工业增加值碳排放量分别为 5.63 吨和 5.19 吨，分别是 2011 年的 1.14 倍和 1.05 倍。

E_1 情景是基于工业经济发展目标对河北省进行工业碳排放情景分析，是一种按照目前工业趋势继续发展的情景（即常规商业情景或零方案情景），没有考虑能效提高、产业提升等诸多外部环境的变化，事实上，提高能效、调整产业结构和能源结构将对降低工业碳排放量具有重要贡献。按照《河北省工业节能"十二五"规划》中确定的目标，到 2015 年，全省规模以上工业万元增加值能耗比"十一五"末下降 22% 以上，钢铁、石化、建材等行业主要耗能产品能耗大幅下降；按照《河北省工业和信息化发展"十二五"规划纲要》，到"十二五"末期，河北省单位工业增加值能耗比"十一五"末降低 20%，工业二氧化碳排放强度降低 20% 以上，工业固体废弃物综合利用率达到 70% 以上。据此，由于不考虑技术革新、能源结构等诸多对工业碳排放有重要影响的因素，基于简单工业经济发展目标的 E_1 排放情景估值会高于未来的实际情况。因此，E_1 情景是最高排放情景。

2. 基于河北省节能目标的 E_2 情景

在目前替代能源比例变化较小的情形下，E_2 情景假设所有节能降耗均来自于化石燃料使用强度，则温室气体排放强度降低水平与节能降耗目标一致。根据《河北省工业和信息化发展"十二五"规划纲要》，采取多种节能降耗措施后，2015 年河北省单位工业增加值能耗比"十一五"末降低 20%，年均降低 4%；工业二氧化碳排放强度降低 20% 以上，年均降低 4% 以上。所以，单位规模以上工业增加值能耗要从 2010 年的 2.21 吨标准煤/万元，降低到 2015 年的 1.77 吨标准煤/万元，从而规模以上工业碳排放量从 2010 年的 5.72 吨二氧化碳/万元，至少要降低到 2015 年的 4.58 吨二氧化碳/万元。2010 年，河北省规模以上工业碳排放总量为 46925.4 万吨，以此为基准进行 2015 年和 2020 年河北省 E_2 情景下碳排放量测算，见式 4 – 3。

$$E_{2015} = E_{2010} \times (1 + 0.13 - 0.04)^{2015-2010}$$
$$E_{2020} = E_{2010} \times (1 + 0.13 - 0.04)^{2020-2010} \qquad (4-3)$$

根据式 4 – 3 可以通过计算得到 E_2 情景下河北省 2015 年和 2020 年工业碳排放量分别为 72200.5 万吨和 111089.4 万吨，分别低于 E_1 情景下的 84442.9 万吨和 155580.6 万吨；万元工业增加值碳排放量分别为 4.81 吨和 3.7 吨，分别是 2010 年的 84% 和 65%。

基于能效目标的 E_2 情景具有比较可行的现实基础。一方面，在未来十年河北省工业保持持续快速增长的经济形势下，对能源的需求将持续增强，而国际能源供应压力不断增大，能源成本不断上升，企业发展因受到能源紧缺的制约而采取积极的节能减排措施；另一方面，由于存在来自国际社会的减缓气候变化的压力，作为发展中排放大国的中国及重工业大省河北省在未来必将以被动、主动形式采取工业温室气体减排措施。E_2 情景充分考虑了政府和企业对能源供应和温室气体排放成本不断上升可能做出的反应。

在 E_2 情景下，河北省在"以高耗能行业为重点，加快钢铁、石化、建材等七大行业节能降耗技术推广应用，推进工业企业科学用能、系统节能，降低单位工业产品能耗，提高能源利用效率"[①] 方面皆有卓有成效的举措，宏观调控和推动节能减排的政策效果十分显著，同时加强工业节能管理、加大政策扶持力度、强化目标责任和能效对标、加强企业用能管理、加快技术研发体系建设和加强工作组织协调等保障措施和外部环境方面也比较理想。综合河北省工业发展现状、已采取的节能降耗措施和未来预测等多方因素，可以认为 E_2 情景是基于应对气候变化目标的、具有较高的可实现性的未来情景。

3. 基于河北省节能与环境目标的 E_3 情景

E_3 情景综合考虑河北省工业节能和环境保护目标。根据《河北省节能减排"十二五"规划》，到 2015 年，全省规模以上工业企业万元增加值能耗力争比 2010 年下降 22%以上，二氧化硫和氮氧化物排放量则分别削减 25%和 30%以上。考虑到工业增长、应对气候变化的需要，本书以 2010 年为基数，取 25%与 30%的算术平均值 27.5%作为 2015 年河北省温室气体排放量需要降低的百分比，并设定 2020 年温室气体排放量需要降低的百分比仍为 27.5%，年均降低 5.5%。2011 年，河北省规模以上工业的碳排放总量为 51790.4 万吨，以此为基准，根据式 4 - 4 可测算 E_3 情景下规模以上工业碳排放量。

$$E_{2015} = E_{2011} \times (1 + 0.13 - 0.04 - 0.055)^{2015-2011}$$
$$E_{2020} = E_{2011} \times (1 + 0.13 - 0.04 - 0.055)^{2020-2011} \qquad (4-4)$$

---

① 河北省工业与信息化厅：《河北省工业节能"十二五"规划》，2011。

根据式 4 - 4，E_3 情景下，2015 年和 2020 年河北省规模以上工业的碳排放总量分别为 59430.7 万吨和 70585 万吨，万元工业增加值碳排放量分别为 3.47 吨和 2.24 吨，分别是 2011 年的 84% 和 45%。E_3 情景下的碳排放总量低于 E_1 情景下的 84442.9 万吨和 155580.6 万吨，亦低于 E_2 情景下的 72200.5 万吨和 111089.4 万吨。上述计算只计入了《河北省节能减排"十二五"规划》中涉及的二氧化硫和氮氧化物两种大气污染物的降低幅度，若计入更多的大气污染物种类，E_3 情景值将会发生变动，但总是低于 E_1 和 E_2 情景值。

4. 基于"斯特恩报告"的综合情景

根据由世界银行前首席经济师尼古拉斯·斯特恩领导的小组完成的《从经济学角度看气候变化》的报告（又称"斯特恩报告"），要使全球温室气体浓度小于或者稳定在 550ppm（濒临危险的水平），需全球温室气体排放在未来（2005 年的基础上）10~20 年达到最高峰，并且在此之后应以每年 1%~3% 的速率下降，到 2050 年，全球温室气体排放量控制在当前水平（2005 年水平）的 75% 以下。根据前文计算，河北省 2005 年工业碳排放总量为 33361.5 万吨，2006 年为 36908.7 万吨，碳排放增长率为 10.63%，在此基础上，碳排放增长率以固定降幅降低，至 2020 年增长率降为 0，排放量达到最大。设定 2020 年前碳排放增长率的递减率为 x，则：

$$0.1063 \times (1 - x)^{15} \to 0 \tag{4 - 5}$$

如果取 $0.1063 \times (1 - x)^{15} \to 1 \times 10^{-4}$，则式 4 - 5 变为

$$0.1063 \times (1 - x)^{15} = 0.0001$$

可得 2020 年前碳排放增长率的递减率为 $x = 37.16\%$，以此改写式 4 - 4，得：

$$E_{2015} = E_{2011} \times (1 + 0.13 - 0.3716)^{2015 - 2011}$$
$$E_{2020} = E_{2011} \times (1 + 0.13 - 0.3716)^{2020 - 2011} \tag{4 - 6}$$

根据式 4 - 6，综合情景下，2015 年和 2020 年河北省规模以上工业的碳排放总量分别为 17133.4 万吨和 4298.7 万吨，万元工业增加值碳排放量分别为 1.14 吨和 0.14 吨，分别是 2011 年的 23% 和 3%。这是一种极端的低排放

情景。

5. 情景比较分析

河北省规模以上工业温室气体排放情景预测结果见表 4 - 10。

表 4 - 10　河北省规模以上工业温室气体排放情景预测结果

情景	2015 年		2020 年	
	排放总量 （万吨）	单位排放量 （吨/万元）	排放总量 （万吨）	单位排放量 （吨/万元）
E_1 情景 （基础量：E_{2011}）	84442.9	5.63	155580.6	5.19
E_2 情景 （基础量：E_{2010}）	72200.5	4.81	111089.4	3.7
河北省节能减排规划 框架下的 E_3 情景 （基础量：E_{2011}）	59430.7	3.47	70585	2.24
斯特恩标准下的综合 情景（基础量：E_{2011}）	17133.4	1.14	4298.7	0.14

基于河北省工业发展和节能、生态环境保护目标的 E_1、E_2 和 E_3 情景以及基于"斯特恩报告"的综合情景可以分别看作河北省工业未来高排放、中等排放和低排放等情景。基于工业经济发展目标的 E_1 排放情景主要以保持工业经济持续快速增长为目标，基本不考虑未来能源供应不足、能源效率具有提高的潜力、能源结构和产业结构均可以调整、固碳技术日益得到应用、政策不断变化等因素，是一种在经济上激进、环境上保守的温室气体排放情景，若工业增长呈现出 E_1 情景，河北省将面临巨大的生态、环境、资源和政治风险。

基于提高能效、保护大气环境目标的 E_2、E_3 排放情景的核心是要实现河北省规模以上工业单位增加值的温室气体排放强度的持续降低，其实质是河北省持续推行节能减排政策，把控制温室气体排放、能源消耗与提高工业发展水平相结合，在保持工业增长的前提下降低排放强度，实施相对减排。对河北省而言，在重工业化阶段实施高能效、低能耗、低排放的发展模式是一种既有利于工业持续快速增长、又有利于环境保护、提高公众福利的可持续发展情景。E_2 情景需要考虑河北省人均工业产值在全国的排名、能源结构和产业结构不合理等现实情况，在实现 E$_2$ 情景所拟定的碳排放目标时，需注重政策、资金、技术、人力资源培育等激励因素。

基于"斯特恩报告"的综合情景是从"斯特恩报告"中所选择的温室气体减排方案，假设河北省在工业发展过程中需要对国际温室气体减排做出同样额度的贡献，选取的目标是在 2050 年将大气二氧化碳浓度控制在 550ppm 以下，排放量要在 2005 年的排放水平上降低 25%，在 2020 年之前逐步降低温室气体排放增长率，排放量在 2020 年达到峰值，之后开始绝对减排。对于处在发展中国家的工业大省河北省来说，这一目标体现了环境激进思想，若实现这一目标，河北省需要在提高工业能效水平、技术能力、发展模式、制度安排等诸多方面实现大刀阔斧式的根本性变革，必要时需牺牲工业发展速度。

综合以上分析，可以判断河北省工业未来的温室气体排放量将处于环境保守的 E$_1$ 情景和环境激进的综合情景之间，并与以提高能效、调整结构、保护大气环境为主的 E$_3$ 情景相接近，即 2015 年和 2020 年规模以上工业碳排放量分别保持在 59430.7 吨和 70585 万吨左右的水平，万元工业增加值碳排放量分别保持在 3.47 吨和 2.24 吨。

二　高耗能产业节能减排潜力分析

河北省六大高耗能行业为煤炭开采和洗选业，石油加工、炼焦及核燃料加工业，化学原料及化学制品制造业同，非金属矿物制品业，黑色金属冶炼及压延加工业，电力、热力生产与供应业，根据表 4 - 3 的计算结果，这些行业能源消费量占规模以上工业综合能源消费量的比重高达 89% 以上，2011 年则达到 90.48%，是工业碳排放和影响气候变化的主要来源。所以，本文以高耗能产业为研究对象，计算 2015 年和 2020 年河北省工业节能减排潜力。

（一）高耗能行业 2005～2011 年碳排放现状

2005～2011 年，河北省六大高耗能行业中，黑色金属冶炼及压延加工业的碳排放量持续增长，且每年位于六大行业之首，远高于其他行业。位于第二位的为电力、热力的生产和供应业，变动幅度较小，在稳定中有所增长。其他四大行业碳排放量比较稳定，所占比重较小；石油加工、炼焦及核燃料加工业所占比重最小，具体见表 4 - 11 和图 4 - 10。

表 4-11 河北省六大高耗能行业碳排放变化情况

单位：万吨

年　份	2005	2006	2007	2008	2009	2010	2011
规模以上工业综合能源消费量	36198.6	41076.1	44007.6	43211.1	44443.4	46925.3	51790.4
六大高耗能行业能耗	32487.4	36618.1	39254.6	38638.9	39813.7	42193.7	46860.1
煤炭开采和洗选业	2174.7	2055.6	1876.3	2084.3	2054.8	2250.3	2430.6
石油加工、炼焦及核燃料加工业	1891.9	1849.0	1858.4	1523.5	1534.5	1620.5	2019.9
化学原料及化学制品制造业	2698.1	2930.8	3305.6	3086.8	2616.3	2555.2	2806.0
非金属矿物制品业	2312.0	2932.0	3146.9	2870.7	2832.3	2888.9	3381.9
黑色金属冶炼及压延加工业	15187.5	18072.2	20034.0	20248.0	21927.1	22824.5	25669.4
电力、热力的生产和供应业	8223.2	8778.5	9033.4	8825.5	8848.6	10054.3	10552.2

注：根据六大高耗能行业能源消费数据测算。

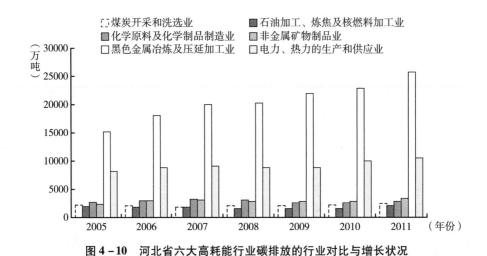

图 4-10 河北省六大高耗能行业碳排放的行业对比与增长状况

　　根据表 4-11 数据可以计算 2005~2011 年河北省六大高耗能行业的碳排放强度，结果见表 4-12。

　　由表 4-12 可知，"十一五"期间，六大高耗能行业的能源碳排放强度基本上呈现下降状态，从 2005~2011 年的平均值来看，碳排放强度从低到高的行业依次为煤炭开采和洗选业，石油加工、炼焦及核燃料加工业，非金属矿物制品业，化学原料及化学制品制造业，黑色金属冶炼及压延加工业，电力、热力的生产和供应业。黑色金属冶炼及压延加工业，电力、热力的生产和供应业能耗高、碳排放量大。所以从产业结构调整与减少碳排放的角度分析，河北省

表4-12　河北省六大高耗能行业的碳排放强度变化情况

单位：吨/万元

年　份	2005	2006	2007	2008	2009	2010	2011
煤炭开采和洗选业	18.14	11.75	10.36	11.12	5.64	5.24	5.23
石油加工、炼焦及核燃料加工业	15.68	19.21	13.45	7.68	4.99	3.29	3.64
化学原料及化学制品制造业	18.65	15.78	13.27	9.24	11.18	6.30	5.81
非金属矿物制品业	15.72	16.68	13.43	9.18	9.66	7.44	7.17
黑色金属冶炼及压延加工业	17.08	17.31	15.91	13.33	12.74	10.25	10.50
电力、热力的生产和供应业	23.20	25.83	23.55	20.39	23.80	20.78	19.58

应大力发展先进制造业，积极开发高新技术、信息产业，稳步发展非金属矿物制品业、化学原料及化学制品制造业，并通过提高能源使用效率、改变能源使用结构等方式，在实现全省工业增加值稳步增长的同时降低能源使用量，减少碳排放。

（二）高耗能行业碳排放潜力分析

中国科学院《我国低碳经济发展框架与科学基础》研究组的研究成果（2010）表明，我国工业尚有较大的节能减排潜力，各主要工业部门的单位综合能耗水平比发达国家先进水平高20%～35%，如果综合使用技术节能和结构节能手段，2015年和2020年存在一定的节能减排空间。

根据《河北省工业和信息化发展"十二五"规划纲要》，采取多种节能降耗措施后，2015年河北省单位工业增加值能耗比"十一五"末降低20%，年均降低4%；工业二氧化碳排放强度降低20%以上，年均降低4%以上。若六大高耗能行业的工业增加值的年均增长率也为13%，2015年和2020年的单位工业增加值能耗与二氧化碳排放强度也按照年均4%的百分比降低，以2010年的数据为基准，以式4-7为计算依据，则2015年和2020年河北省高耗能工业部门的节能减排潜力（为2015年和2020年所达到的数量），见表4-13，二氧化碳排放强度见表4-14。

$$
\begin{aligned}
E_{2015} &= E_{2010} \times (1 + 0.13 - 0.04)^{2015-2010} \\
C_{2015} &= C_{2010} \times (1 + 0.13 - 0.04)^{2015-2010} \\
E_{2020} &= E_{2010} \times (1 + 0.13 - 0.04)^{2020-2010} \\
C_{2020} &= C_{2010} \times (1 + 0.13 - 0.04)^{2020-2010}
\end{aligned}
\qquad (4-7)
$$

表4-13 河北省高耗能工业部门节能减排预测结果

项目	2015年		2020年	
	节能（万吨标准煤）	减排 CO_2（万吨）	节能（万吨标准煤）	减排 CO_2（万吨）
煤炭开采与洗选业	1338	3465	2059	5333
石油、天然气行业	964	2496	1483	3841
石化、化工行业	1519	3935	2338	6056
非金属矿物制品业	1718	4449	2644	6847
钢铁工业	13571	35150	20886	54094
电力、供热行业	5978	15484	9200	23829

表4-14 河北省高耗能工业部门二氧化碳排放强度预测结果

单位：吨/万元

项目	2015年	2020年	项目	2015年	2020年
煤炭开采与洗选业	4.38	3.66	非金属矿物制品业	6.22	5.20
石油、天然气行业	2.75	2.30	钢铁工业	8.57	7.16
石化、化工行业	5.27	4.40	电力、供热行业	17.37	14.51

三 2015年与2020年工业碳排放变化趋势

从世界经济发展规律看，在工业化阶段，能源消费与二氧化碳排放量随着工业化的推进将不断提高，尤其是在工业化加速推进的中期阶段，即人均GDP达到1万～1.5万美元以前，重化工业快速发展，二氧化碳排放量增长较快，其后增长趋缓。根据河北省工业化和城镇化现状，到2020年以前，河北省经济仍将保持较快增长水平，平均保持在8%～9%，河北省能源消费与二氧化碳排放量还将合理增长。

（一）产业结构演变与调整趋势

从产业结构看，截止到2011年，河北省国民经济中服务业比重只有34%，远低于全国平均水平，工业比重较高，其中重化工业比重超过80%。根据《河北省工业和信息化发展"十二五"规划纲要》，在工业产业结构调整方面，2015年，"传统产业普遍得到改造升级，战略性新兴产业规模不断壮大。生产规模前10位的钢铁企业产能占全省钢铁产能的75%以上。装备制造业、石化工业增加值占全省规模以上工业增加值比重分别达到 25% 和 15%"。根据《河北省国民经济和社会发展第十二个五年规划纲要》，2015 年"服务业增加值占生产总值比重达到 38% 左右"。所以在未来一定时期，一方面，根据产业结构的演变趋势，河北省服务业比重将不断提高，重化工业比重将有所下降，另一方面，根据河北省的经济发展现状，随着工业化和城镇化的不断推进，工业主导特别是重化工业主导经济发展的局面不会根本转变，工业用能和碳排放总量仍将保持一定增长。

（二）高耗能行业减碳空间

根据表 4-13、表 4-14 预测结果，可以确定 2015 年和 2020 年河北省高耗能行业节能空间、减排空间、碳排放强度降低空间，分别见表 4-15、表4-16 和表 4-17。

表 4-15　河北省高耗能行业节能空间

单位：万吨标准煤

行　业	现状	河北省控制目标	
	2010 年	2015 年	2020 年
煤炭开采和洗选业	869	1338	2059
石油加工、炼焦及核燃料加工业	626	964	1483
化学原料及化学制品制造业	987	1519	2338
非金属矿物制品业	1115	1718	2644
黑色金属冶炼及压延加工业	8813	13571	20886
电力、热力的生产和供应业	3882	5978	9200

表 4-16　河北省高耗能行业减排空间

单位：万吨

行业	现状	河北省控制目标	
	2010 年	2015 年	2020 年
煤炭开采和洗选业	2250	3465	5333
石油加工、炼焦及核燃料加工业	1620	2496	3841
化学原料及化学制品制造业	2555	3935	6056
非金属矿物制品业	2889	4449	6847
黑色金属冶炼及压延加工业	22825	35150	54094
电力、热力的生产和供应业	10054	15484	23829

表4-17 河北省高耗能行业碳排放强度降低空间

单位：万吨

行业	现状	河北省控制目标	
	2010 年	2015 年	2020 年
煤炭开采和洗选业	5.24	4.38	3.66
石油加工、炼焦及核燃料加工业	3.29	2.75	2.30
化学原料及化学制品制造业	6.30	5.27	4.40
非金属矿物制品业	7.44	6.22	5.20
黑色金属冶炼及压延加工业	10.25	8.57	7.16
电力、热力的生产和供应业	20.78	17.37	14.51

1. 煤炭开采和洗选业

煤炭开采和洗选业技术节能减排措施主要包括提高生产区煤炭资源回收率技术、矿区锅炉改造和水煤浆技术、"三下"压煤的无煤柱开采技术、生产区供配电技术改造、煤层气综合回收利用技术等，有关部门按照国家设计的节能规范和用能标准制定相应的技术节能减排实施方案。若不断推行技术节能减排措施，根据河北省相关规划中制定的目标进行测算的结果，2015 年和 2020 年煤炭开采洗选业的二氧化碳排放量分别为 3465 万吨和 5333 万吨。由于 2011 年的碳排放量已达 2430.6 万吨，比 2010 年增长 10%，所以 2012～2015 年的碳减排空间为 1035 万吨，在保持工业增长的基础上，碳排放平均每年可增长 258.8 万吨。2012～2020 年的碳减排空间为 2903 万吨，平均每年可增长 322.6 万吨。若碳排放强度从 2010 年的 5.24 吨下降到 2015 年的 4.38 吨和 2020 年的 3.66 吨，则在 2011 年碳排放强度为 5.23 吨的基础上，2012～2015 年平均每年需下降 0.21 吨，2012～2020 年平均每年需下降 0.17 吨。实际上，2011 年煤炭开采和洗选业碳排放量比 2010 年增长 180.3 万吨，但碳排放强度仅下降了 0.01 吨。所以通过技术手段和结构调整，2015 年和 2020 年河北省能够将煤炭开采和洗选业碳排放总量控制在既定目标之内，但是在降低碳排放强度方面面临着巨大压力。

2. 石油加工、炼焦及核燃料加工业

受油气来源、品种和品质的制约，再加上国内资源的劣质化趋势，河北省炼油工业难以在整体上达到国际先进水平，在综合能耗上也与国际先进水平存在较大差距。2005 年，我国炼油综合能耗为 104 千克标准煤/吨，而国际先进水平只有 73 千克标准煤/吨，所以从总体来看，河北省炼油工业在技术节能减排方面存在较大压力，即使通过更新改造设备、改进工艺、提高工业集中度等手段，仍将在总体上与国际先进水平存在一定差距。根据河北省相关规划中制定的目标进行测算的结果，2015 年和 2020 年石油加工、炼焦及核燃料加工业的二氧化碳排放量分别为 2496 万吨和 3841 万吨。由于 2011 年的碳排放量已达 2019.9 万吨，比 2010 年增长 24.6%，所以 2012～2015 年的碳减排空间仅为 476 万吨，在保持工业增长的基础上，碳排放平均每年可增长 119 万吨。2012～2020 年的碳减排空间为 1821 万吨，平均每年可增长 202.3 万吨。若碳排放强度从 2010 年的 3.29 吨下降到 2015 年的 2.75 吨和 2020 年的 2.3 吨，则在 2011 年碳排放强度为 3.64 吨（与 2010 年相比不降反升）的基础上，2012～2015 年平均每年需下降 0.22 吨，2012～2020 年平均每年需下降 0.15 吨。实际上，2011 年石油加工、炼焦及核燃料加工业碳排放量比 2010 年增长 399.4 万吨，而且碳排放强度也上升了 0.35 吨。所以通过技术减排和结构减排，2015 年和 2020 年河北省将石油加工、炼焦及核燃料加工业碳排放总量控制在既定目标之内有相当大的难度，在降低碳排放强度方面也面临着巨大压力。

3. 化学原料及化学制品制造业

2005 年，我国乙烯、大型合成氨、烧碱（隔膜法）的综合能耗分别为 986 千克标准煤/吨、1314 千克标准煤/吨、1503 千克标准煤/吨，高于国际先进水平 629 千克标准煤/吨、1100 千克标准煤/吨、1283 千克标准煤/吨，存在一定的差距，需通过装置大型化与集成化、淘汰落后产能、提高原料和余热回收率、技术替代等手段缩小与国际先进水平的差距。根据河北省相关规划中制定的目标进行测算的结果，2015 年和 2020 年化学原料及化学制品制造业的二氧化碳排放量分别为 3935 万吨和 6056 万吨。由于 2011 年的碳排放量已达 2806 万吨，比 2010 年增长 9.8%，所以 2012～2015 年的碳减排空间为 1129 万吨，在保持工业增长的基础上，碳排放平均每年可增长 282 万吨；2012～2020 年的碳减排空间为 3259 万吨，平均每年可增长 362 万吨。若碳排放强度从 2010 年的 6.3 吨下降到 2015 年的 5.27 吨和 2020 年的 4.4 吨，则在 2011 年碳排放强度为5.81吨的基础上，2012～2015年平均每年需下降0.14吨，2012～2020年平均每年需下降0.16吨。实际上，2011年化学原料及化学制品制造业碳排放量比2010年增长251万吨，同时碳排放强度下降0.49吨。所以通过技术减排和结构减排，2015年和2020年河北省完全可以将化学原料及化学制品制造业碳排放总量控制在既定目标之内，也完全可以将碳排放强度降低至既定目标。

4. **非金属矿物制品业**

非金属矿物制品业的主体是建材工业，属于河北省的传统产业，其中又以水泥、平板玻璃、玻璃纤维、建筑与卫生陶瓷、玻璃钢复合材料以及新型墙体材料等为主。据统计，水泥工业能源消费占建材工业能源消费的70%以上，是非金属矿物制品业节能减排工作的重中之重。一方面，基于河北省基础设施建设、住房建设的需要，2020年之前对建材产品的市场需求难以全面下降。另一方面，以2005年为基准，我国建材工业能源综合能耗比国外先进水平高20%～50%，水泥综合能耗节能潜力在30%左右，河北省建材行业中新型干法水泥生产能力仅占30%，而质量不稳定、浪费能源、污染环境的立窑水泥约占70%，所以需格外重视建材工业的节能降耗和产业结构调整工作。根据河北省相关规划中制定的目标进行测算的结果，2015年和2020年非金属矿物制品业的二氧化碳排放量分别为4449万吨和6847万吨。由于2011年的碳排放量已达3382万吨，比2010年增长了17.06%，所以2012～2015年的碳减排空间为1067万吨，在保持工业增长的基础上，碳排放平均每年可增长267万吨。2012～2020年的碳减排空间为3465万吨，平均每年可增长385万吨。若碳排放强度从2010年的7.44吨下降到2015年的6.22吨和2020年的5.2吨，则在2011年碳排放强度为7.17吨的基础上，2012～2015年平均每年需下降0.24吨，2012～2020年平均每年需下降0.22吨。实际上，2011年非金属矿物制品业碳排放量比2010年增长493万吨，同时碳排放强度下降0.27吨。所以通过技术减排和结构减排，2015年和2020年河北省完全可以将非金属矿物制品业碳排放总量控制在既定目标之内，也完全可以将碳排放强度降低至既定目标。

5. **黑色金属冶炼及压延加工业**

钢铁工业是我国第二大能源消费产业，河北省又是我国第一钢铁大省，所以，控制钢铁工业增长规模、调整企业结构、加强技术更新改造是河北省钢铁工业实现节能减排的当务之急。目前，我国钢铁工业总体上处于多层次、多技术装备结构、先进与落后技术共同发展的阶段，河北省应根据实际情况控制钢铁工业产能继续扩张的态势，鼓励兼并重组，淘汰落后产能，提高产业集中度，创新生产工艺，在规模和结构上实现钢铁工业节能减排。根据河北省相关规划中制定的目标进行测算的结果，2015 年和 2020 年黑色金属冶炼及压延加工业的二氧化碳排放量分别为 35150 万吨和 54094 万吨。由于 2011 年的碳排放量已达 25669 万吨，比 2010 年增长 12.5%，所以 2012~2015 年的碳减排空间为 9481 万吨，在保持工业增长的基础上，碳排放平均每年可增长 2370 万吨。2012~2020 年的碳减排空间为 28425 万吨，平均每年可增长 3158 万吨。若碳排放强度从 2010 年的 10.25 吨下降到 2015 年的 8.57 吨和 2020 年的 7.16 吨，则在 2011 年碳排放强度为 10.5 吨（2011 年黑色金属冶炼及压延加工业碳排放强度不降反升）的基础上，2012~2015 年平均每年需下降 0.48 吨，2012~2020 年平均每年需下降 0.37 吨。实际上，2011 年黑色金属冶炼及压延加工业碳排放量比 2010 年增长 2844.9 万吨，同时碳排放强度上升 0.25 吨。所以在河北省以钢铁工业作为支柱产业的背景下，通过技术减排和结构减排，2015 年和 2020 年将黑色金属冶炼及压延加工业碳排放总量控制在既定目标有一定难度，将碳排放强度降至既定目标面临较大压力。

6. 电力、热力的生产和供应业

煤电在我国电力工业中所占比重比较高，所以在发展过程中应积极发展核电和风电，稳步增加水电与光伏发电，逐步增加气电与天然气供热的比重，从而降低煤电的比重。通过关停小火电机组，全面推广和应用先进发电技术，强化发电、输电与电力企业用电设备的更新改造，加大以输电替代输煤的力度，积极推进洁净煤技术的运用和热电联产，有助于电力、热力生产和供应业的直接节能减排。根据河北省相关规划中制定的目标进行测算的结果，2015 年和 2020 年电力、热力的生产和供应业的二氧化碳排放量分别为 15484 万吨和 23829 万吨。由于 2011 年的碳排放量已达 10552 万吨，比 2010 年增长 4.95%，所以 2012~2015 年的碳减排空间为 4932 万吨，在保持工业增长的基础上，碳排放平均每年可增长 1233 万吨。2012~2020 年的碳减排空间为

13277 万吨，平均每年可增长 1475 万吨。若碳排放强度从 2010 年的 20.78 吨下降到 2015 年的 17.37 吨和 2020 年的 14.51 吨，则在 2011 年碳排放强度为 19.58 吨的基础上，2012～2015 年平均每年需下降 0.55 吨，2012～2020 年平均每年需下降 0.56 吨。实际上，2011 年电力、热力的生产和供应业碳排放量比 2010 年增长 497.9 万吨，同时碳排放强度下降 1.2 吨。所以通过技术减排和结构减排，2015 年和 2020 年河北省完全可以将电力、热力的生产和供应业碳排放总量控制在既定目标之内，也较易把碳排放强度降低至既定目标。

第四节　河北省工业应对气候变化对策建议

一　总体思路与主要目标

（一）指导思想

以科学发展为主题，以加快转变工业发展方式为主线，以绿色、低碳发展理念为引领，以《中国应对气候变化国家方案》《河北省应对气候变化实施方案》为指导，以控制温室气体排放、增强工业可持续发展能力为目标，以降低单位工业增加值二氧化碳排放为核心，以构建低碳型工业为基础，把工业积极应对气候变化作为经济社会发展的重大战略，合理控制工业能源消费总量，大力优化能源消费结构，显著提高能源利用效率，努力构建政府推动、市场驱动、企业参与的控制温室气体排放工作格局，确保实现"十二五""十三五"应对气候变化工作目标。

（二）基本原则

1. 建设经济强省与应对气候变化相互促进原则。气候变化既是生态环境变化的表现，也是经济发展的结果，只有通过经济发展才能应对气候变化带来的一系列挑战，所以应对气候变化问题归根到底是经济发展问题。河北省要从建设经济强省的需要出发，以工业发展主导全省经济发展，以工业结构调整促进整体产业结构调整，积极应对全球气候变化，在应对气候变化中推动新能源、节能环保等战略性新兴产业发展，以工业结构调整促进经济发展速度和质量的提高，在提高经济发展速度和质量的过程中增强工业应对气候变化的能力和实力，实现应对气候变化与河北省建设经济强省、实现跨越式发展相互促进。

2. 减缓与适应气候变化同步推进原则。减缓和适应气候变化是应对气候变化挑战的两个有机组成部分。要坚持两方面推进：一方面通过优化工业能源结构、调整工业结构减缓温室气体排放，努力控制排放增量；另一方面通过实施工业节能重点工程、加快高耗能行业节能降耗技术推广应用、加强工业节能管理、实施多种污染物综合控制，增强适应气候变化能力，将已经引起的气候变化的负面影响控制在最小范围内，为河北省建设经济强省提供良好的自然生态环境。

3. 制度创新和技术创新并举并重原则。要加快制度创新步伐，在实践中探索建立适应低碳工业发展的新体制机制，健全工业节能减排激励和约束机制，建立完善工业温室气体排放和节能减排统计监测制度，强化低碳技术应用和推广机制，以市场引导和法律规制"双管齐下"促进工业企业的节能减碳行为。以制度创新、机制创新支持科技创新，提高工业应对气候变化的能力，充分发挥河北省环京津的区域科技优势，在重点工业领域不断研发和推广应用节能减碳关键技术，以提高能源利用效率和劳动生产效率，减少碳排放强度，增强工业适应气候变化的能力。要加快自主创新，推进集成创新，提高引进消化吸收再创新能力，努力突破低碳发展的技术瓶颈，掌握新能源、可再生能源、节能领域的核心技术，为工业应对气候变化提供科技支撑。

4. 政府主导和社会参与紧密结合原则。明确各级政府和有关部门的职责，发挥政府在应对气候变化中的主导作用，通过制定规划、完善政策、实施重大节能减排工程，不断增强工业应对气候变化的能力。同时，广泛开展宣传教育活动，形成有效的激励约束机制和良好的社会舆论氛围，增强公众应对气候变化意识和企业的社会责任，引导、鼓励公众和企业主动参与应对气候变化，努力形成健康、文明、低碳的生产方式和消费模式，建立全社会应对气候变化的长效机制。

5. 因地制宜和因势利导协同实施原则。针对河北省不同区域发展条件、发展阶段和发展水平的差异，按照发展权公平原则分解工业节能减碳目标，通过区别化要求、差别化政策、针对性措施，引导不同地区的工业企业开展温室气体排放控制工作和应对气候变化能力建设。

（三）主要目标

与国民经济和社会发展"十二五"规划目标和全面建设小康社会、和谐河北奋斗目标紧密衔接，综合考虑河北省经济社会发展特征、工业化所处阶段、发展趋势及应对气候变化的形势，可确定2015年和2020年工业应对气候变化的主要目标。

1. 工业温室气体排放得到有效控制

根据《河北省工业节能"十二五"规划》以及"十一五"节能指标完成情况，到2015年，全省规模以上工业万元增加值能耗比"十一五"末下降22%以上，单位工业增加值碳排放降低率为18%左右。力争到"十二五"末，全省GDP中第三产业增加值比重提高4个百分点，第二产业比重下降1个百分点。2020年的有关指标以此类推。具体指标见表4-18。

表4-18 河北省工业应对气候变化主要指标表

指 标	单位	2010年	2015年	2020年
单位工业增加值二氧化碳排放量	吨	7.07	5.8	4.75
规模以上单位工业增加值能耗	万吨标准煤	2.21	1.72	1.34
服务业比重	%	34.9	38.9	42.9
第二产业比重	%	52.5	51.5	50.5

资料来源：2010年的数据根据《河北经济年鉴》中的资料进行测算得出，2015年、2020年的数据根据《河北省工业节能"十二五"规划》、《河北省节能减排"十二五"规划》等文件提出的目标进行测算。

具体目标值设定如下：

（1）实施工业节能和提高能效。通过推进工业内部结构调整，加快转变工业发展方式，强化能源节约和高效利用，加快节能技术开发、示范和推广，加大依法实施节能管理力度，努力减缓温室气体排放。到2015年，实现规模以上工业万元工业增加值能耗由2010年的2.21万吨标准煤下降到1.72万吨标准煤，相应减缓二氧化碳排放1.27亿吨。

（2）开发新能源和可再生能源。通过大力发展新能源和可再生能源，加快风能、太阳能、生物质能和核能开发和建设，加强余热余压利用、煤层气开发等，优化能源消费结构。到2015年，新能源（不含水电）在一次能源消费中的比重达到5%，比2010年提高2.6个百分点，年节约标准煤1200万吨以上、减少二氧化碳排放 3000 万吨以上。新能源发电装机占全部发电装机容量的比重达到 15%，比 2010 年提高 7.5 个百分点。其中，风电、太阳能发电和生物质能发电装机分别达到 900 万千瓦、30 万千瓦和 70 万千瓦。能源先进技术广泛应用，到 2015 年，大型煤矿回采工作面机械化采掘程度达到 100%，高效安全煤矿产量所占比重达到 60% 以上；发电煤耗降低 4% 以上，高效清洁火力发电技术全面推广；风力发电 5 兆瓦大容量机组投入运行，并网技术实现突破；光伏电池转换效率提高 3~4 个百分点，光伏发电实现规模化。

（3）降低高耗能产业能耗。通过强化冶金、建材、化工等产业政策，发展循环经济，提高资源利用效率。加强氧化亚氮排放治理等措施，控制工业生产过程的温室气体排放。到 2015 年，全省规模以上工业万元增加值能耗比"十一五"末下降 22% 以上，钢铁、石化、建材等行业主要耗能产品能耗大幅下降，其中，吨钢、水泥、平板玻璃、大型合成氨、烧碱综合能耗（离子膜法 30% 碱）等主要耗能产品的能耗指标分别降至 575 千克标准煤/吨、92 千克标准煤/吨、14 千克标准煤/重量箱、1280 千克标准煤/吨和 315 千克标准煤/吨。具体指标详见表 4–19。

表 4–19　河北省高耗能行业主要能耗指标

指　标		单　位	2010 年	2015 年	2020 年	变化幅度
火电供电煤耗		克标准煤/千瓦时	335	325	315	−10
吨钢综合能耗		千克标准煤/吨	585	575	565	−10
焦炭综合能耗		千克标准煤/吨	138	111	84	−27
水泥综合能耗		千克标准煤/吨	99	92	85	−7
平板玻璃综合能耗		千克标准煤/重量箱	16.5	14	11.5	−2.5
原油加工综合能耗		千克标准煤/吨	100	90	80	−10
合成氨综合能耗		千克标准煤/吨	1360	1280	1200	−80
烧碱综合能耗	30%（离子膜）	千克标准煤/吨	322	315	308	−7
	45%（离子膜）	千克标准煤/吨	420	415	410	−5
原煤开采综合能耗		千克标准煤/吨	9	8.5	8.0	−0.5

资料来源：《河北省节能减排"十二五"规划》。

2. 工业低碳发展格局基本形成

实施绿色工业发展战略，以提高碳生产率为目标，调整优化产业结构和用能结构，推广先进节能技术和产品，实施节能减排重点工程，强化从生产源头、生产过程到产品的碳排放管理，加快钢铁、水泥、化工等重点领域节能减排，主要高耗能行业二氧化硫和氮氧化物排放量呈现较大幅度下降，加快形成以低碳技术为支撑，以低碳能源为基础的低碳发展新格局，形成低能耗、低污染、低排放的工业体系。具体指标详见表 4 - 20、表 4 - 21。

表 4 - 20　河北省高耗能行业主要减排指标

指　标	单位	2010 年	2015 年	2020 年	变化率（%）
二氧化硫排放量削减率	%	19.09	17.03	15.19	- 10.8
氮氧化物排放量削减率	%	115.33	96.8	81.22	- 16.1
火电行业二氧化硫排放量	万吨	36.47	32.82	29.54	- 10
火电行业氮氧化物排放量	万吨	60.96	42.67	29.87	- 30
火电行业二氧化硫排放绩效	克/千瓦时	18.25	16.43	14.79	- 10
火电行业氮氧化物排放绩效	克/千瓦时	30.51	15.25	7.63	- 50
钢铁行业二氧化硫排放量	万吨	52.17	36.52	25.56	- 30
钢铁行业氮氧化物排放量	万吨	24.91	21.17	17.99	- 15
水泥行业氮氧化物排放量	万吨	16.34	13.07	10.46	- 20

资料来源：《河北省节能减排"十二五"规划》。

表 4 - 21　河北省工业节能减碳目标的地区分解 *

区　域	碳排放总量（万吨）			下降率（%）
	2010 年	2015 年	2020 年	
石家庄	7197.35	5613.94	4378.87	22
承德市	1899.21	1595.34	1340.08	16
张家口	2466.92	2072.22	1740.66	16
秦皇岛	1746.64	1467.18	1232.43	16
唐　山	16266.81	12688.11	9896.73	22
廊　坊	1446.38	1186.03	972.55	18
保　定	1865.08	1529.37	1254.08	18
沧　州	1978.10	1622.04	1330.07	18
衡　水	704.46	591.74	497.06	16
邢　台	3052.38	2564.00	2153.76	16
邯　郸	8301.95	6807.60	5582.23	18

　*根据牛建高、李国柱（2012）的研究，河北省 11 个设区市的工业节能目标可以分为三类，第一类为石家庄和唐山，应承诺较高的节能目标；第二类为保定、沧州、邯郸、廊坊，应承诺与全省节能目标近似的目标；第三类为承德、张家口、秦皇岛、衡水、邢台，可承诺略低于全省的工业节能目标。减排目标的设定亦可按照此分类标准进行。

3. 工业应对气候变化的基础能力显著提升

"十二五"期间建立并完善省、市、县三级节能监察管理信息平台，将年耗能 5000 吨标准煤以上的重点耗能企业全部纳入信息化管理系统。积极拓展应对气候变化国际、国内合作渠道，建立资金、技术转让和人才引进机制，重点推广焦化煤调湿等 70 项节能技术，好氧生物流化床污水处理等 55 项减排技术，采用新工艺、新材料、新技术改进落后工艺、技术和装备，力争用 3～5 年时间使大中型企业工艺技术装备基本达到国内同行业先进水平，5 年全省实施节能技改项目 2500 项以上，实现节能 2100 万吨标准煤。构建工业应对气候变化国际合作平台 1 个，有效消化、吸收国外先进的低碳技术，增强控制温室气体排放和适应气候变化的能力。通过结构调整和产业升级促进工业节能减排，"十二五"期间通过结构调整实现节能 3150 万吨标准煤，结构节能所占比重达到 47.6%，比"十一五"提高 39.2 个百分点；实施大气污染物结构减排项目 640 个，形成削减二氧化硫 4.31 万吨、氮氧化物 2.76 万吨能力。在化工、水泥、钢铁等高耗能行业中实施碳捕集、利用与封存一体化示范工程，加快推进拥有自主知识产权的碳捕集与封存技术的示范应用，研发二氧化碳资源化利用的技术和方法，探索适合河北省情的碳捕集、利用与封存技术路线图，不断加强工业碳捕集、利用与封存能力建设。积极开展工业领域应对气候变化专题培训，加强人才培养，增强企业低碳发展意识和能力。

4. 工业应对气候变化的体制机制基本完善

（1）健全财政扶持机制。建立节能减排专项资金与财政收入增长联动、节能减排成效与地方财政投入挂钩机制，加大财政投入力度，确保及时足额到位。落实国家支持节能减排的税收优惠政策，深化"以奖代补""以奖促治"支持办法，完善落后产能退出机制和节能产品政府强制性采购制度。

（2）强化价格调节机制。完善差别电价、惩罚性电价措施，探索对违规建设"两高"项目征收差别电价；制定鼓励余热余压发电、煤层气和沼气发电上网价格。严格电力行业烟气脱硫电价管理，根据脱硫设施运行情况，拨付脱硫电价补贴。全面推行供热计量收费制度。

（3）完善金融支持机制。健全绿色信贷机制，将企业节能减排成效与企业信用筹级评定、贷款获得、利率高低相挂钩，重点扶持"双三十"单位、

"双千"企业、重点节能减排改造工程、循环经济和清洁生产项目等。探索建立绿色银行评级制度，推行重点区域涉重金属企业环境污染责任保险。

（4）创新市场驱动机制。稳步推进排污权有偿使用和温室气体排放权交易，以电力行业为试点行业，重点开展二氧化硫和氮氧化物排放权有偿使用和交易，以秦皇岛、唐山、沧州为试点区域，重点开展二氧化硫排污权有偿使用和交易，并在全省逐步推广。在部分高耗能行业探索开展温室气体排放权交易。推行合同能源管理和治污设施特许经营，健全污染者付费制度和生态补偿机制。

河北省工业应对气候变化的体制机制创新体系如图4-11。

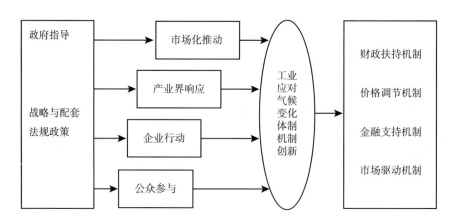

图4-11 河北省工业应对气候变化的体制机制创新体系

二 河北省工业应对气候变化路径

河北省工业应对气候变化需贯彻"调整产业结构与淘汰落后产能齐抓、管理节能减排与技术节能减排同步"的思路，遵循"制度建设与能力建设→节能减排管理基础工作→适应气候变化措施：节能减排工程+企业技术节能减排与结构节能减排过程→节能减排事后评估与激励"路径，通过完善工业应对气候变化的市场机制，发挥碳价格的市场信号和激励作用，形成"以政府为主导，以企业为主体，全社会共同参与"的格局。河北省工业应对气候变化演进路径见图4-12。

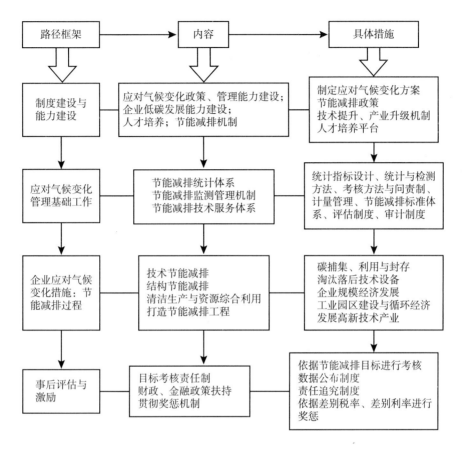

图4-12　河北省工业应对气候变化演进路径

（一）应对气候变化制度建设与能力建设

制度建设和能力建设是工业低碳发展的关键保障因素，制定和落实控制工业温室气体排放目标机制、完善政策体系、健全激励和约束机制，提高应对气候变化的能力是工业应对气候变化的前提。河北省工业应对气候变化制度建设与能力建设包括应对气候变化政策的制定、管理能力建设、企业低碳发展能力建设、工业低碳专业人才培养以及节能减排机制的建立。具体措施包括：政府层面制定应对气候变化方案、节能减排政策，协调应对气候变化工作与工业节能减排、资源综合利用、清洁生产等工作之间的关系；企业层面形成技术提升、产业升级机制；社会层面打造人才培养平台，形成全社会参与工业节能降耗的氛围。

（二）应对气候变化管理基础工作

工业应对气候变化基础工作包括打造节能减排统计体系、建立工业温室气体排放监测管理机制、形成节能减排技术服务体系，具体措施包括：完善现有工业企业能源统计报表制度，设计工业温室气体排放统计指标，探索统计与检测方法；打造重点用能企业温室气体排放定期报告制度，建立省级工业温室气体排放监测体系，制定工业节能减排考核方法，形成问责制度；研究建立符合河北省工业发展水平的碳排放测算体系，构建工业产品碳排放评价数据库，形成工业节能减排计量管理体系和标准体系，建立评估制度和审计制度。

（三）企业应对气候变化的措施

企业应对气候变化的措施包括技术节能减排、结构节能减排、清洁生产与资源综合利用和打造节能减排工程，具体措施包括：围绕生产源头、生产过程和产品三个环节，淘汰落后技术设备，推广应用重点节能减排技术、设备和产品，推广应用先进适用的低碳新技术、新工艺、新设备和新材料，通过原料替代、改善生产工艺、改进设备使用等措施减少工业过程温室气体排放；调整优化产品结构、工艺结构和用能结构，强化从生产源头、生产过程到产品的碳排放管理，推进工业清洁生产，实现企业规模经济发展，形成低能耗、低污染、低排放的循环型工业体系；针对行业特征和产品特征实施重大低碳技术工程、温室气体排放控制工程、高排放工业产品替代工程、碳捕集利用与封存工程、低碳化改造工程，以提高工业单位碳排放生产效率，提升碳管理水平。

（四）事后评估与激励

工业应对气候变化的事后评估与激励有利于促进企业在下一步生产过程中继续贯彻节能减排理念，其措施包括建立目标考核责任制对企业的节能减排业绩进行考核，并按照财政、金融政策予以奖惩，形成有效的奖惩机制。具体措施包括：对高耗能行业制定强制性能耗、碳排放限额标准，依据节能减排目标对企业进行考核，将节能减排数据进行公布，纳入经济社会发展综合评价体系。对节能减排业绩突出的企业予以专项资金支持，依据差别税率、差别利率、差别电价政策进行奖励，对未完成目标的企业进行责任追究。

三 河北省工业应对气候变化的主要对策

（一）调整产业结构，实施结构节能减排

1. 改造升级传统制造业

在重点行业、高耗能行业研发及推广关键技术。"十二五"期间，河北省要在钢铁行业重点推广焦化煤调湿、干熄焦余热发电、烧结余热回收、高炉鼓风除湿节能、低热值高炉煤气燃气——蒸汽联合循环发电、转炉煤气干法除尘、转炉煤气余热回收、电炉烟气余热回收利用系统、轧钢加热炉蓄热式燃烧等重点节能环保技术；电力行业重点推广燃煤锅炉气化微油或等离子煤粉点火、电站锅炉空气预热器柔性接触式密封、电站锅炉用邻机蒸汽加热启动、汽轮机组运行优化、汽轮机通流部分现代化改造、纯凝汽轮机组改造实现热电联产、凝汽器真空保持节能系统、汽轮机汽封改造、凝汽器螺旋纽带除垢装置、锅炉低氮燃烧、电除尘器节能提效控制、布袋除尘器及风机运行优化等重点节能减排技术；建材行业重点推广利用水泥窑协同处置城市垃圾和污泥、高效节能粉磨和收尘、四通道喷煤燃烧、稳流行进式水泥熟料冷却、水泥窑纯低温余热发电、玻璃全氧或富氧燃烧、玻璃熔窑余热发电、LOW－E 节能玻璃、预混式二次燃烧节能和直燃式快速烘房等重点节能减排技术；石化行业重点推广不加热集油、采出水余热回收利用、油田伴生气回收、大型高参数板壳式换热、塔顶循环回流换热、超声波在线防垢等重点节能减排技术和高效换热设备、流程，新建、改扩建现有石化行业催化裂化装置，要配套建设再生烟气脱硫设施；化工行业重点推广先进煤气化节能、节能高效脱硫脱碳、合成氨低位能余热吸收制冷、氨合成回路分子筛、水溶液全循环尿素节能生产、新型高效节能零极距离子膜电解、纯碱蒸汽多级利用、新型变换气制碱、新型盐析结晶器、氯化氢合成余热利用、炭黑生产过程余热利用和尾气发电等重点节能减排技术；煤炭行业推广煤炭清洁利用，发展煤炭地下气化、脱硫、水煤浆、型煤等洁净煤技术，加强煤矸石综合利用，重点推广低浓度瓦斯发电、矿井乏风和排水热能综合利用、低真空供热、新型高效煤粉锅炉系统技术、选煤厂高效低能耗脱水设备等重点节能减排技术。[①]

---

① 河北省人民政府：《河北省节能减排"十二五"规划》，2012。

打造生态工业聚集区及产业集群，推进生态产业聚集发展。"十一五"期间，河北省各地建设的生态工业园区包括曹妃甸生态工业园区、河北省磁县林坦生态工业园区、唐山北湖生态工业园区、邯郸马头生态工业园区等。但从总体上看，河北省生态工业园区建设仍处于较低层次，还未出现国家生态工业示范园区，缺乏发展生态工业园区的有效平台，尚未出台建设生态工业园区的系统性政策文件以及详细建设规划。"十二五"期间，河北省要遵循"回收—再利用—设计—生产"的循环经济模式，按照工业生态链的内在要求，打造曹妃甸生态工业园，建成石家庄循环经济化工示范基地、武安新峰循环经济示范园区等主营业务收入超百亿元的基地、园区，生态工业园区实现彼此关联的生态工业的优化组合，基本实现园区内和企业间资源循环利用，有效控制和削减污染物排放量，大幅度提高资源利用效率，初步建立资源回收利用体系和机制，使生态工业园区成为基础设施完善、产业集聚发展、竞争优势突出、生态环境良好的产业聚集区。为此，需要加强资源整合与集群规划，完善产业政策推动体系，加大关键技术研究推广力度，建立多渠道融资发展模式，构筑发展生态工业的有效平台，加强环保监督体系建设，完善园区管理制度，使生态工业园区成为强化城市功能、充分体现人与自然和谐发展的新型工业区、环境保护示范区。

针对传统制造业的品种质量、节能降耗、安全生产、"两化"融合等领域，创新研发设计，改造工艺流程，改善产品检验检测手段，开发新产品，提高产品质量，提高传统产业先进产能比重。至2015年，生产规模前10位的钢铁企业产能占全省钢铁产能的75%以上，装备制造业、石化工业增加值占全省规模以上工业增加值比重分别达到25%和15%。组织开展工业企业能效对标达标活动和企业能效"领跑者"行动，加强钢铁、有色、石化、建材等重点用能行业节能改造，推进能源管理体系建设，实施百项重点节能技术、节能产品（设备）推广应用工程，吨钢能耗、吨铝综合交流电耗、吨乙烯平均能耗、吨水泥综合能耗分别由2010年的615千克标准煤、14250千瓦时、910千克标准煤、100千瓦时下降到2015年的590千克标准煤、13800千瓦时、880千克标准煤、92千瓦时。

2. 培育发展战略性新兴产业

发展战略性新兴产业是实现河北省产业结构根本改变的重要举措。"十二五"期间,河北省要优先发展新一代信息产业、生物医药、新能源装备等三大优势产业,将其打造成为后续支柱产业;积极发展高端装备制造、新材料、节能环保、新能源汽车和海洋产业,在部分领域取得重要突破,形成一批特色优势产业集群。打造唐山(丰润)中国动车城、保定国家新能源产业基地、邢台电子信息(太阳能光伏)国家新型工业化产业示范基地、石家庄国家生物产业基地、廊坊信息产业基地(含燕郊)、廊坊物联网服务产业基地、石家庄装备制造基地、石家庄信息产业基地、邯郸新材料产业基地、张家口信息产业园、安国中药产业园和秦皇岛信息产业基地共 12 个战略性新兴产业重点基地、园区。

围绕"加快建设一批新兴产业示范区和高技术产业基地"的目标和"十二五"规划提出的产业聚集化发展任务,河北省可推进实施"15930"行动计划,重点推进建设 1 个环首都新兴产业带、5 个国家高技术产业基地、9 个省级特色新兴产业基地和 30 个新兴产业集聚区,积极推动战略性新兴产业聚集发展。其中,环首都新兴产业带以紧邻首都北京的涿州、安次区、涞水、涿鹿、怀来、赤城、丰宁、滦平、兴隆、三河、大厂、香河、广阳区、固安等 14 个县(市、区)为重点,发挥区位和产业基础优势,吸引和承接首都科技资源外溢和产业转移,打造首都新兴产业培育发展区、科技成果孵化转化区和低碳经济示范区;5 个国家级高技术产业基地包括已具相当规模的石家庄国家生物产业基地、保定国家新能源高技术产业基地、廊坊国家电子信息产业化基地,以及石家庄、廊坊 2 个国家高技术服务业基地;9 个省级特色新兴产业基地包括已有一定基础的邢台光伏产业、邯郸新材料、石家庄半导体照明、安国现代中药、唐山高端装备制造、承德仪器仪表、秦皇岛数据产业、承德钒钛新材料、张家口张北新能源特色产业基地;30 个新兴产业集聚区是指在邯郸、邢台、石家庄、保定、衡水、沧州和秦皇岛等设区市按照建设工业集聚区的要求,各谋划建设 2 个以上新兴产业集聚区。

3. 控制优化重化工业,淘汰落后产能

"十二五"期间,河北省要通过调整布局,推动钢铁、石化、建材和重型装备等重化工业向沿海转移聚集，实现重化工业优化升级；淘汰电力、钢铁、建材、造纸、印染、氮肥、制革等行业落后产能，在钢铁、水泥行业实施产能总量控制。根据中共河北省委、河北省人民政府 2013 年 9 月发布的《河北省大气污染防治行动计划实施方案》，到 2014 年，淘汰水泥落后产能 6100 万吨以上，淘汰平板玻璃产能 3600 万重量箱，提前一年完成国家下达的"十二五"落后产能淘汰任务。到 2017 年，全省钢铁产能削减 6000 万吨，全部淘汰 10 万千瓦以下常规燃煤机组。2016 年、2017 年，制定范围更宽、标准更高的落后产能淘汰政策，重点行业排污强度下降 30% 以上。

通过着力发展曹妃甸新区和渤海新区两个增长极，在曹妃甸新区加快培育精品钢铁、装备制造、石油化工、新型建材和高新技术产业，建成我国重要的大型钢铁基地、化工基地、临港装备制造基地和高新技术产业基地。渤海新区高起点高标准发展石油化工、装备制造和特种钢铁产业，着力培育煤化、石化、盐化、精细化工、化工新材料"五位一体"的化工产业集群，逐步建成我国北方最大的化工产业基地和特种钢生产基地。①

主要行业淘汰落后产能的重点包括：钢铁行业重点淘汰 90 平方米以下烧结机，8 平方米以下球团竖炉，400 立方米及以下高炉，30 吨及以下电炉、转炉；焦化行业重点淘汰炭化室 4.3 米（捣固焦炉 3.8 米）以下常规机焦炉，未达到焦化行业准入条件要求的热回收焦炉等产能；铁合金重点淘汰 6300KVA 及以下普通铁合金矿热炉等产能；有色金属中，铜冶炼重点淘汰密闭鼓风炉、电炉、反射炉等落后产能，电解铝重点淘汰 100 千安及以下小预焙槽等产能，铅冶炼重点淘汰采用烧结机、烧结锅、烧结盘、简易高炉等工艺设备，淘汰落后的再生铜、再生铝、再生铅生产工艺及设备，重点淘汰开放式电石炉，单台炉变压器容量小于 12500 千伏安的电石炉等落后设备，逐步淘汰高汞触媒电石法聚氯乙烯生产工艺；建材行业中，水泥行业重点淘汰 3.0 米以下水泥机械化立窑，小型水泥回转窑，水泥粉磨站直径 3.0 米以下的球磨机等产能，淘汰落后生产能力 2.5 亿吨，平板玻璃行业全部淘汰平拉（含格法）普通玻璃生产线；造纸行业重点淘汰单条年生产能力 3.4 万吨以下的非木浆生产

---

① 河北省工业与信息化厅：《河北省工业和信息化发展"十二五"规划纲要》，2011。

线，年生产能力 5.1 万吨以下的化学木浆生产线，年生产能力 1 万吨以下的废纸制浆生产线等产能；制革行业重点淘汰年加工生皮能力 5 万标张牛皮以下的生产线，年加工蓝湿皮能力 3 万标张牛皮以下的生产线等产能；印染行业重点淘汰 74 型染整设备，浴比大于 1：10 的棉及化纤间歇式染色设备等落后产能；化纤行业重点淘汰湿法氨纶生产工艺，硝酸法腈纶常规纤维生产工艺，年产 2 万吨以下常规粘胶短纤维生产线等产能。

4. 发展现代服务业

为了调整产业结构、应对气候变化，"十二五"期间，河北省要优先发展生产性服务业、加快发展生活性服务业、大力发展高端服务业，全省服务业增加值年均增长 10% 以上，到 2015 年突破 10000 亿元大关，力争服务业增加值比重达到全国平均水平，服务业从业人员比重达 30% 以上。重点服务业行业中，物流业增加值年均增长 20% 左右，文化产业和金融业增加值占生产总值的比重分别达到 4% 左右，旅游收入突破 2000 亿元，石家庄、秦皇岛等市形成以服务经济为主的产业结构，环首都和沿海两大服务业增长带得到进一步提升。①

在发展现代服务业的同时，河北省要推进商业、旅游、餐饮等行业节能减排，在宾馆、饭店、商场、超市和机场、车站积极采用节能、节水、节材型产品和技术，减少使用一次性用品。创建国家绿色饭店。严格执行公共建筑空调温度控制标准。鼓励消费者购买节能环保型汽车和节能型住宅，推广高效节能家用电器和高效照明产品。通过上述努力，2015 年，全省商贸流通业单位营业收入能耗比 2010 年下降 15%。②

（二）优化能源结构

鉴于以"一煤独大"为特征的能源结构不合理状况，"十二五"期间，河北省要形成以煤炭为主体、电力为中心，油气、新能源全面发展的一次能源结构，优化二次能源结构，特别是提高煤炭利用效率和清洁性。采取建设大型风

---

① 河北省人民政府：《河北省现代服务业"十二五"发展规划实施意见》（冀政函〔2011〕88号），2011。
② 河北省人民政府办公厅：《河北省节能减排"十二五"规划》（冀政办函〔2012〕27号），2012。

电基地、推进太阳能开发利用、扩大生物质能利用、积极开发地热等措施，加快发展风能、太阳能、生物质能等绿色能源，增加工业生产中可再生能源的利用，改善工业用能结构，实施煤炭资源清洁综合利用工程，加大天然气、煤层气等清洁能源利用力度，进一步优化能源结构，提高低排放、低污染、高热值清洁绿色能源比重，着力推进社会用能方式变革。

根据《河北省能源"十二五"发展规划》，2015年全省一次能源消费中，煤炭所占比重要从2010年的90.45%降到85%以内，降低6.41%个百分点；核能、风能、太阳能、水能、生物质能、地热能、海洋能等非化石能源所占比重达到6%，比2010年提高4个百分点。在能源加工领域，新能源发电装机占全部发电装机容量的比重达到15%，比2010年提高6个百分点。"十二五"期间，继续淘汰落后煤炭产能1340万吨，关停低效小火电机组200万千瓦，通过淘汰落后、技术改造、设备升级、大力发展新能源和可再生能源等结构调整手段，在能源消费领域实现节约原煤8485万吨、减少二氧化碳排放量16893万吨、减少二氧化硫排放量112万吨、减少氮氧化物排放量132万吨的温室气体减排目标。

（三）提高能源利用效率

鉴于河北省重工业所占比重高、能耗高的特征，在工业应对气候变化过程中，河北省要以高耗能行业为重点，加强钢铁、石化、建材等重点行业节能减排工作，推进工业企业科学用能、系统节能，降低单位工业产品能耗，提高能源利用效率。具体措施包括：

1. 推进煤炭集约开发利用。通过加快现有矿井开采技术升级改造、提高煤炭产业集中度、促进煤炭资源安全开发、实现煤炭清洁转化利用、淘汰关停落后生产能力推进煤炭集约开发利用。

2. 降低油气开发综合能耗。通过采用先进抽采技术、加快油品质量升级和扩能改造、扩大天然气利用规模等措施加强油气资源开发利用。推广使用先进工艺技术，稳定提高油田的油气开采率，以降低油气开发综合能耗。在新建和改扩建炼油项目中采用先进技术装置和工艺路线，提高石油资源的利用效率。通过开发推广"分布式能源的热电冷三联供"天然气利用技术、发展和普及能源服务公司等手段提高天然气使用效率。

3. 提高工业企业能源利用效率。在工业企业中组织实施工业锅炉窑炉节能改造、内燃机系统节能、电机系统节能改造、余热余压回收利用、热电联产、工业副产煤气回收利用、企业能源管控中心建设、两化融合促进节能减排、节能产业培育等重点节能工程，提高企业能源利用效率。

4. 促进用能方式转变。通过加强能源需求侧管理，逐步降低煤炭消费比重、改善用煤结构，优先安排可再生能源、清洁能源和高效率电源上网，推进重点领域进行节能技术改造等措施，从改进工业能源使用方式的角度促进能源使用效率的提高。

（四）在高碳行业推广碳减排技术，在传统行业中实施技术改造

要在钢铁、有色金属、化工、水泥等高碳行业开发和推广应用工业低碳技术，例如钢铁工业的煤粉催化强化燃烧、余热、余能等二次能源回收利用等减排关键技术，有色金属工业的高效节能采选设备、冶炼过程中节能降耗的控制与优化技术，石油与化工工业中的二氧化碳回收与利用技术、新型化工过程强化技术、工业排放气高效利用技术，建材工业中的碳排放减缓技术和装备、低碳排放的凝胶材料，以带动重点行业碳排放强度大幅度下降。

加快传统生产设备的大型化、数字化、智能化、网络化改造，推进以低碳技术为核心的企业技术改造。"十二五"期间，滚动实施 100 个节能减排增效技术改造示范项目，推进 500 家重点用能企业实施节能技术改造工程，加快企业节能降耗技术改造，加强共性关键技术研发、示范和推广应用，推广能源梯级利用和清洁生产技术，重点企业节能技术改造实现节能量 1000 万吨标准煤以上。

推进高耗能行业"碳捕捉"减排工程，发展碳捕获和封存技术。碳捕获和封存（Carbon Capture and Storage，简称 CCS）是将化石能源燃烧后产生的二氧化碳从工业源以及与能源相关的源头中分离并收集起来，输送到封存地并与大气长期隔离的过程，可稳定大气温室气体浓度、减少整体减缓成本、增加实现温室气体减排灵活性。火电和钢铁行业二氧化碳排放量最大、排放相对集中，二氧化碳容易捕捉，有关研究表明，火电厂产生的 90% 以上的二氧化碳都可以利用 CCS 技术捕捉起来，所以，最适合在钢铁、火电行业应用 CCS 技术。作为钢铁大省，"十二五"期间乃至 2020 年，河北省要加大投入，逐步

开发应用 CCS 工程技术，争取到 2020 年可实现的碳减排量中有 5% ~ 15% 来自于 CCS。

（五）实施管理节能减排

1. 从宏观与微观两个层面建立健全节能减排管理机构

政府工业节能减排管理部门对河北省重点企业的节能减排情况实行分类监督管理，把节能减排纳入企业负责人经营业绩考核体系，在淘汰落后产能、减少碳排放的同时，要建立严格的行业准入标准，推动实施低碳产品标准、标识和认证制度，促进企业开发低碳产品。在终端消费环节采取综合性调控措施，抑制高消耗、高排放产品市场需求、刺激低碳产品需求，提高低碳产品社会认知度，倡导低碳消费，在中间产品环节鼓励企业采购绿色低碳产品。各企业成立节能减排办公室，由主要领导负责、各级职能部门人员组成节能减排领导小组，形成相对稳定的节能减排管理领导机构，将节能减排纳入企业的日常管理工作，对节能减排工程以及企业能源进行合理使用监督和管理，通过对企业能源生产、输配和消耗实施动态监控和管理，改进和优化能源平衡，从而实现系统性节能降耗。

2. 建立企业能源管理制度

各企业要针对各类产品的能耗水平制定能耗定额，全面建立并完善科学决策制度、运行管理、绩效监督和问责奖惩制度，完善绿色制造的技术标准与管理规范，重点耗能排污企业全部建立能源管理体系和完备有效的节能减排管理制度。

3. 合理组织生产

实施节能减排工程后，企业要根据原料、能源、生产任务的实际，确保设备的合理负荷率；合理利用各种不同品位、质量的能源，根据生产工艺对能源的要求分配使用能源；协调企业各工序之间的生产能力及供能和用能环节。高耗能、高排放工业企业要绘制节能减排路线图，明确目前的能源消费结构和单位产出碳排放量，针对各种能源供应结构减排贡献度情景和单位产出碳排放下降情景，测算企业的能源消耗总量、煤油气比重、能源供应结构系数以及单位产出能耗、单位能耗的碳耗、单位产出碳排放量，具体框架见图 4 – 13。

4. 加强企业的能源计量管理、成本管理、质量管理和设备管理

建立并完善省、市、县三级节能监察管理信息平台，年耗能 5000 吨标准煤以上的重点耗能企业全部纳入信息化管理系统。"千家"环保重点监控企业

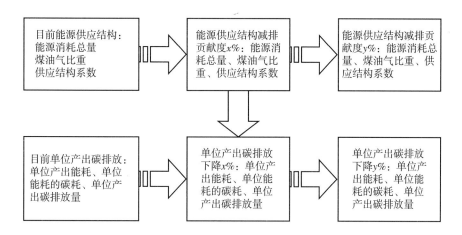

图 4 - 13 企业节能减排路线图

全部建立环境监测和污染监控信息系统，实现数字化、视频化，并与省监控中心联网，实行全程监管，企业自控设施在线率由 2010 年的 70% 上升到 2015 年的 85%。

四 河北省工业应对气候变化的保障措施

（一）加强法律及制度保障

1. 逐步建立起工业应对气候变化的法律法规体系，形成低碳经济发展的长效机制

河北省应进一步建立完善工业领域应对气候变化、发展低碳经济的政策和法律保障体系，支持形成多元化的社会投资机制和运行机制。具体包括：出台鼓励支持低碳产业发展的财政、金融优惠政策，从减免税收、财政补贴、政府采购、绿色信贷等方面助推低碳经济发展，对研发与使用低碳技术的工业企业给予政策支持；利用市场手段探索碳定价制度改革，建立生产和消费低碳工业产品的激励机制，促进与温室气体排放有关的成本内部化，利用经济手段降低碳排放总量，有效推动低碳技术的研发和应用；改革考核制度，淡化 GDP 考核指标，把控制工业温室气体排放、促进工业低碳发展、绿色 GDP 增长和人民幸福指数提高作为考核领导干部政绩的主要标准。

2. 制订并实行区域差别化应对气候变化政策

测算并确定温室气体排放总量控制目标，研究制定区域性温室气体排放指标分配方案，将工业节能减排目标在河北省 11 个市进行分解，制定并实行区域差别化应对气候变化政策，对不同类别地区设定不同的节能减排目标范围，实行各有侧重的节能减排绩效考核评价办法。例如，唐山市和石家庄市具有较高的工业应对气候变化能力和责任，其节能减排潜力也相对较大，应该设立较高的温室气体排放总量控制目标；张家口、承德和衡水、邢台属于河北省经济比较落后地区，可以考虑适当降低温室气体排放控制目标。

3. 完善工业应对气候变化的市场机制

以政府为主导、以企业为主体，发挥碳价格的市场信号和激励作用，建立完善碳排放权市场交易机制。制定《河北省温室气体排放权交易管理暂行办法》，建立碳排放权交易监管体系和登记注册系统，培育和建设交易平台，做好碳排放权交易试点支撑体系建设。通过温室气体排放权交易，一方面在高耗能行业率先开展温室气体排放权交易试点，通过增加高耗能产业项目投资成本，从源头上遏制盲目新上高耗能项目，通过出售温室气体排放权指标促进传统产业升级改造；另一方面鼓励工业企业参与自愿减排交易，支持钢铁、水泥、石化、化工等行业重点企业开展碳排放交易试点。

（二）加强工业应对气候变化科技及人才支撑

1. 建立工业节能减排技术创新体系，加大节能减排技术创新力度

要充分发挥政府科技资金的引导作用，形成政府引导、多元投入、广泛参与的工业节能减排技术创新体系。各类科技计划优先支持工业节能减排技术创新项目，集中科技资金组织实施新能源、建材、冶金、化工等重点领域和行业节能减排重大技术创新项目。把节能减排新技术自主研发引进与技术消化吸收再创新、可再生和新能源开发利用作为政府科技支持的重点，加快解决节能减排核心技术、关键设备、最优流程等重大问题。加快企业以节能降耗、减少温室气体排放为主攻方向的技术创新体系建设和人才培训，积极引进国际先进节能减排技术和管理经验，提升企业节能减排技术创新水平。

2. 加强工业应对气候变化科技创新资金投入

要建立财政科技投入稳定增长机制，在预算编制和执行中体现工业节能减排科技投入法定增长，确保财政科技投入总量不断增加。工业节能减排科技投入要突出重点，及时将资金投入高耗能工业以及新能源（新材料）、精细化工、节能环保等领域，重点扶持自主创新能力强、行业前景明朗、成长性好、具有行业领头羊作用的企业。要制定工业节能减排科技专项资金管理办法，建立事前审核、事中检查、事后评价的全过程监督控制体系，确保财政自主创新资金切实发挥效益。

3. 致力构建工业节能减排科技创新支撑体系

建立以企业为主体、产学研相结合的工业节能减排技术创新体系，企业与重点科研机构和大专院校合作，成立工业节能减排省级重点实验室和工程技术研究中心，形成产学研低碳技术联盟，联合开展节能减排技术、新能源和可再生能源技术攻关。在高等院校成立"应对气候变化研究及人才培养基地"，加强低碳技术研发及人才培养，增强河北省工业应对气候变化的基础研究能力、实践创新能力和人才培养能力，为工业应对气候变化提供人才支撑和资源储备。

（三）加强工业应对气候变化国际交流与合作

河北省要积极拓展应对气候变化国际合作渠道，加强与发达国家的务实合作，建立资金、技术转让和人才引进等机制，构建国际合作平台，有效消化、吸收国外先进的工业低碳技术，增强工业应对气候变化能力。鼓励和引导企业在工业重点领域开展清洁发展机制（CDM）项目建设，引进先进的环保技术，改善生产工艺，促进企业参与温室气体减排的积极性，推动企业技术进步和节能减排。加快推进生态工业园区建设，在发展低耗能、低排放工业方面开展国际交流。在应对气候变化研究和技术转移等方面与国际组织、国外研究机构加强项目合作（例如碳捕集与封存能力建设、技术需求评估项目、编制工业温室气体清单能力建设及相关政策、技术路线研究），签署合作研究协议，实施工业应对气候变化项目研究，打造国际低碳经济与技术交流合作平台，推进低碳技术、低碳产品、低碳能源发展。

（四）加强工业应对气候变化方面的宣传引导

利用各种调查手段了解公众对气候变化的敏感度、关注度、原因认知以及影响认知，询问公众对政府颁布的应对气候变化政策的信任度，从公众需求的角度加强宣传引导。建立健全气候变化信息发布制度，充分发挥新闻舆论监督和导向作用，提高应对气候变化工作的透明度和公众参与度。充分利用世界环境日、世界气象日、世界地球日、世界海洋日、世界无车日、全国防灾减灾日、全国科普日等主题日，编写气候变化与气象灾害防御科普宣传画册，并利用电视、网络等形式进行应对气候变化科学知识普及和宣传，倡导低碳生产方式和消费模式。

（五）加强工业应对气候变化组织实施

应对气候变化涉及经济社会各个领域，应加强组织领导，明确任务分工并加强监督考核。省政府成立应对气候变化领导小组，加强组织领导，研究解决全省应对气候变化的重大问题，制定相关政策措施。省发展和改革委员会组织实施减缓气候变化和适应气候变化的各项工作，通过进一步完善多部门参与的决策协调机制，建立政府推动、企业和公众广泛参与应对气候变化的行动机制，形成与未来应对气候变化工作相适应的、高效的组织机构和管理体系。各有关部门要认真履行职责，加强应对气候变化工作与工业节能、资源综合利用、清洁生产等工作的协调配合，发挥协同效应，形成应对气候变化的合力。要充分发挥气候变化监测评估中心的作用，开展气候变化监测及影响研究，为应对气候变化工作提供技术支撑；充分发挥清洁发展机制技术服务中心的作用，利用碳市场引进国外资金和技术。

地方各级政府应加强组织领导，认真贯彻实施应对气候变化方案。各级工业和信息化主管部门应加强应对气候变化的组织领导，制定工业应对气候变化工作方案，建立有效的工作管理机制，把应对气候变化、推动工业低碳发展作为编制工业行业发展规划、专项规划、区域规划的重要内容，将碳排放下降指标纳入各类规划计划中。①

---

① 工业和信息化部：《工业领域应对气候变化行动方案（2012～2020年）》，2013。

第五章
河北省农业应对气候变化的
潜力与对策研究

近几十年来，随着工业化进程的加快和温室气体排放的增多，河北气候发生了显著变化，气温明显升高，降水持续减少，极端天气的频率和强度增加，且有进一步加剧的趋势，并对农业生产产生重大影响。河北省是农业大省，农业在国民经济中占据十分重要的地位。面对气候变化，必须加强应对气候变化研究，既要充分利用气候变暖带来的机遇，更要积极应对气候变化带来的严峻挑战。本章拟简要概述河北省气候变化的特点及其对农业生产的影响，全面总结河北省农业（土地利用）排放温室气体的现状及变化趋势，深入分析河北省农业应对气候变化的现状及潜力，并在此基础上探讨河北省农业应对气候变化的总体思路与主要目标，提出应对气候变化的对策和保障措施。

第一节　河北省气候变化特点及其对农业生产的影响

农业是对气候变化反应最敏感的领域，气候变化对农业表现为正面和负面双重影响，其中负面影响表现得更为突出，造成粮食生产的波动，从而影响粮食安全。因此，河北省农业要正确应对气候变化，就必须首先把握气候变化的特点及其对农业生产的影响。

一　河北气候状况及其变化特点

（一）河北气候状况

河北省位于华北平原，地跨北纬 36°03′~42°40′，东经 113°27′~119°50′，属于温带湿润半干旱大陆性季风气候，主要受纬度、海拔高度、地形和大气环流等因素影响。四季分明、寒暑悬殊、雨量集中、干湿期明显。具有春季冷暖多变，干旱多风；夏季炎热潮湿，雨量集中；秋季风和日丽，凉爽少雨；冬季寒冷干旱，雨雪稀少的特点。

光照充足，全省范围均属日照条件较好的地区，年均日照时数在 2400~3077 小时。冀北山区及北部山区和渤海沿岸，是稳定的多日照区，年日照时数为 2800~3070 小时；燕山南麓和太行山中北部地区次之，年日照时数为 2700~2900 小时；山麓平原、低平原及太行山南部最少，为 2400~2700 小时。日照时数季节分配为春季最多，冬季最少，夏季略多于秋季，这对作物生长十分有利。

全省年平均气温为 -0.3~13℃，无霜期为 120~204 天，南北年平均气温相差甚为悬殊，由北向南逐渐升高。冀北高原为热量最低地区，年平均气温为 -0.3~4℃，≥0℃积温为 2100~2800℃，无霜冻期为 80~110 天；长城以北的山地和盆地年平均气温为 4~10℃，≥0℃积温为 2800~4200℃，无霜冻期为 110~170 天；长城以南至滹沱河以北地区，年平均气温为 10~12℃，≥0℃积温为 4200~4800℃，无霜冻期为 170~190 天；滹沱河以南及太行山南部低山丘陵地区，为河北省热量条件最好地区，年平均气温在 12℃以上，≥0℃积温为 4800~5200℃，无霜冻期为 190~205 天。河北省热量按地带划分，大致是冀北高原为一年一熟低温作物区，冀北高原以南至长城以北，为一年一熟中温作物区，长城以南至滹沱河以北为二年三熟作物区，南部为一年二熟作物区。

全省年平均降水量为 350~815 毫米，降水量时空分布极不均匀，总的趋势是东南部多于西北部，夏季降水多，占全年降水量的 65%~80%。全省有两个少雨区：一为冀北高原，是河北省最干旱地区，年降水量不足 400 毫米；二为新乐、藁城、宁晋一带，年降水量不足 500 毫米。全省的两个多雨中心：一为燕山南麓，年降水量达 700~770 毫米；二为紫荆关、涞水一带，年降水量在 600 毫米以上。全省年内降水时段分配也极不均匀，降水变率大，强度也大，以夏季降水量最多，占全省年降水总量的 65%~75%，一些地区夏季降水往往集中于几次暴雨；冬季降水量最少，仅占全年的 2% 左右；秋季稍多于春季，分别占 15% 和 10% 左右。河北省是全国降水变率最大的地区之一，多雨年和少雨年降水量有时相差 15 ~ 20 倍之多，一般也有 4 ~ 5 倍，致使境内经常出现旱涝灾害。

河北省自古以来气象灾害频繁，主要有旱、涝、大风、冰雹、暴雨、连阴雨、高温、干热风、霜冻、低温冻害及沿海地区的风暴潮，以上气象灾害每年均在不同范围、不同程度出现，其中以旱涝为甚。旱灾以春旱最多，有"十年九旱"之说，且范围广、影响大、灾情重，局地旱情严重时人畜饮水亦困难。涝灾多发生在某一区域，但大范围水涝亦不乏其例，如 1963 年的洪涝，使河北平原一片汪洋。其他如冰雹、大风等气象灾害，史料及近代亦多有记载。气象灾害每年给河北省带来巨大经济损失，20 世纪 90 年代后平均每年达上百亿元，且呈逐年增加趋势，1996 年的洪涝灾害更使全省损失惨重，直接经济损失达 456.3 亿元。

（二）气候变化的特点

在全球变暖的大背景下，河北省近 50 年来气候也发生了明显变化，并体现出以下特点：

一是温度升高。近 50 年来河北省平均气温升高近 1.4℃（全球近 100 年来升高 0.74℃），平均每 10 年升高 0.28℃。从地区分布看，冀东平原区增温幅度最大，燕山丘陵区最小，平均每 10 年分别升高 0.38℃ 和 0.19℃；从季节分布看，冬季增温幅度最大，秋季最小。河北省出现暖冬的年份主要集中在近 20 年，且最暖的 4 个冬季出现在近 10 年。

二是降水持续减少。近 50 年来河北省降雨量减少约 120 毫米，平均每 10 年减少 24 毫米，降水最少的 10 个年份中有 5 个出现在近 10 年。从地区分布看，冀东平原和南部地区降水减少最多，平均每 10 年减少 30 ~ 60 毫米，承德大部和张家口北部降水略有增加，平均每 10 年增加不足 20 毫米；从季节分布看，春季降水增加，夏、秋季降水减少，冬季降水变化不大。

三是极端天气与气候事件发生频率和强度出现明显变化。近 50 年来，河北省干旱面积呈扩大趋势，速度为每 10 年增加 1.4%。其中春、秋季干旱面积呈减小趋势，夏旱呈扩大趋势；高温和大雾日数总体呈增加趋势，洪涝发生呈波动减小的趋势，沙尘天气日数减少。

河北省未来的气候变暖趋势将进一步加剧。预测结果表明：到 2030 年，河北省年平均气温将升高 1℃ 以上。其中北部和东部地区将升高 1.3～1.4℃，中部地区将升高 1.2～1.3℃，南部地区将升高 1.1～1.2℃；年降水量将普遍增加，其中北部地区年降水量将增加 3%～5%，东部沿海和中南部地区年降水量将增加 9%～13%，其他地区将增加 5%～9%。到 2050 年，河北省的年平均气温将升高 2.0℃。北部和东部地区将升高 2.0～2.2℃，中南部地区将升高 1.7～1.8℃，其他地区将升高 1.8～2.0℃；年降水量仍将偏多，其中北部地区将增加 3%～7%，东部沿海和南部的大部分地区将增加 11%～15%，其他地区将增加 3%～11%。

从上述预测趋势看，河北省未来 30～50 年降水虽有增加的趋势，但既存在区域分布的不均衡性，又存在时间上和强度上的不确定性。再加上工业、生活和农业灌溉用水需求的增加，河北省未来水资源短缺形势依然严峻。干旱区范围可能扩大，荒漠化可能性加大；沿海海平面将继续上升，沿海地区遭受洪涝、风暴潮以及其他自然灾害的频率可能加大。

二　气候变化对河北省农业生产的影响

（一）河北省农业生产现状

河北省是全国粮油集中产区之一，可耕地面积达 600 多万公顷，居全国第四位。由于地区条件的气候差异，农作物种类较多。河北省的农作物中，粮食主要有小麦、玉米、谷子、水稻、高粱、豆类等。河北省是全国三大小麦集中产区之一，大部分地区适宜小麦生长。高产稳产集中产区在太行山东麓平原。全省常年种小麦三四千万亩，总产量一般占到全省粮食产量的 1/3 以上。经济作物主要有棉花、花生、糖用甜菜和麻类等。河北省早就是全国主要产棉区之一，曾被誉为"中国产棉第一省份"，最大种植面积曾达 1720 多万亩。在全省 11 个省辖市中，有 7 个市大面积种植棉花，以石家庄市南部最为集中，该地素有冀南棉海之称。

河北省的果树资源品种很多，且分布广、产量大，栽培和野生果树共有 100 多种。河北省有许多著名果品，如昌黎县苹果，宣化牛奶葡萄，涿鹿龙眼葡萄，深州蜜桃，赵县雪花梨，京东迁西一带的板栗（又称天津甘栗），产于泊头、肃宁、辛集、晋州等地的鸭梨（在国际市场上称"天津鸭梨"），承德大杏扁，满城磨盘柿和草莓，兴隆的红果和猕猴桃，巨鹿串枝红杏，涉县的核桃，沧州金丝小枣和阜平、赞皇大枣等。

河北省有许多远近闻名的农副产品，如涉县的花椒、鸡泽辣椒干、永年大蒜、隆尧鸡腿大葱、望都的香米和"羊角辣"、安国药材、崇礼蚕豆、张家口口蘑、河北红小豆、河北血杞、小站米等。

"十一五"以来，河北省认真贯彻落实中央一系列强农惠农政策，切实加强"三农"工作，着力提高农业综合生产能力和产业化经营水平，加快现代农业建设，农业生产水平稳步提高，粮食生产连续7年增产，2010年总产量达到2975.9万吨，比2005年增加377.3万吨。农业生产结构不断优化，畜牧、蔬菜、果品三大优势产业进一步壮大，占全省农业总产值比重达68.1%，比2005年提高1.9个百分点，优势农产品区域布局初步形成。科技支撑作用进一步增强，农业科技贡献率达到56%。农业产业化经营水平明显提升，产业化经营率达到58.6%，比2005年提高9.2个百分点。

（二）气候变化对农业生产的影响

气候作为人类赖以生存的自然环境的一个重要组成部分，它的任何变化都会对自然生态系统以及社会经济系统产生影响。河北省是一个农业大省，气候变化对农业的影响，既包括正面影响，同时也包括负面效应。气候变化对农业生产的影响原理如图5－1所示，其具体影响表现在以下几个方面。

一是温度升高，热量资源增加。全省平均无霜期比20世纪50年代延长近10天，大于10°C的有效积温增加130°C，冀东平原地区增加最大，为190°C，冬小麦安全种植北界向北推移了30~50公里。

二是冬春季节气温变暖，冻害发生率降低。河北省冬麦区在20世纪的五六十年代和70年代初，几乎每年都会发生程度不同的低温冻害。20世纪80年代以来，由于气候变暖，冬季温度升高明显，冻害的次数和强度减少减轻，从20世纪80年代中期至今，当地还未发生过大面积的冻害。气温变暖还有利于河北省设施农业的生产和发展。

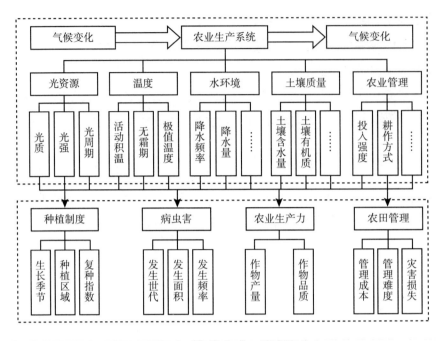

图5-1 气候变化对农业生产影响原理示意图

三是降水减少，水库蓄水不足，河流断流，地下水位持续下降，导致河北省干旱逐年加重，干旱使作物正常生长发育受阻。而且农业用水增加，水资源严重短缺，农业用水供需矛盾日益突出，这是河北省农业生产发展的重大障碍。

四是气候变化会改变草地植物的物候期，对畜牧业生产造成不利影响。气候变暖会降低草地的生物多样性，减少草地的生物量，降低覆盖度，导致草地生态系统的退化，还会加快草地的沙化趋势。由于草地的生长量减少，会降低其载畜量，因此还会间接降低牧民的人均收入。此外，气候变化还会诱发动物疫病，夏季高温会影响奶牛的产奶量、家禽的产蛋量。

五是气候变化对河北省的森林和其他生态系统产生一定的影响。河流断流，湖泊萎缩，湿地面积急剧减少，湿地功能下降，最大冻土深度减少，平均每10年减少1.1厘米。未来气候变化将使森林生产力和产量受到不同程度的影响，而森林火灾及病虫害发生的频率和强度可能增大和提高，森林、半荒漠地区和草原鼠害、兔害有可能进一步加剧，内陆湖泊和湿地进一步萎缩，冻土面积进一步减少，物种多样性将受到威胁。

六是未来气候变化会增加农业生产的不稳定性，如不采取适应性措施，将造成小麦、玉米等作物减产，品质下降；农业生产布局和结构将出现变动，作物品种将发生改变；农业生产条件将发生变化，带来生产成本和投资需求大幅度增加。

第二节　河北省农业温室气体排放现状及变化趋势

农业是重要的温室气体排放源，主要包括农药化肥生产中使用的煤炭等化石燃料产生的二氧化碳（CO_2）排放、稻田甲烷（CH_4）排放、农田氧化亚氮（N_2O）排放、动物消化道 CH_4 排放、动物粪便 CH_4 和 N_2O 排放等。为此，本节将根据《省级温室气体清单编制指南》，全面测算河北省农业温室气体排放量，并据此对河北省农业温室气体排放变化趋势及成因进行分析，从而为农业应对气候变化提供科学依据。

一　河北省农业排放温室气体的现状

根据政府间气候变化专业委员会（IPCC）第 4 次评估报告，全球范围内农业 CH_4 排放量占人类活动 CH_4 排放总量的 50%，N_2O 排放量占 60%，CO_2 排放量占 21% ~ 25%。在《2006 年 IPCC 国家温室气体清单指南》第四卷《农业、林业及其他土地利用》中，农业温室气体主要涉及农田、牲畜和粪便管理，土壤管理中的 N_2O 排放和石灰与尿素使用过程中的 CO_2 排放 3 类，林地、草地、湿地等土地利用及变化归入土地利用、土地利用变化与林业类（LULUCF）。其中农田排放主要包括农田、转化为农田的土地排放，以及水稻种植中的 CH_4 排放；牲畜和粪便管理主要包括肠道发酵引起的 CH_4 排放，粪便管理系统中的 CH_4 和 N_2O 排放。

（一）河北省农业排放温室气体总量及构成

2010 年，河北省农业总计排放温室气体 9412.66 万吨 CO_2 当量。其中，CH_4 排放量为 57.41 万吨，相当于 1205.21 万吨 CO_2，占总排放的 12.80%；N_2O 排放量为 5.34 万吨，相当于 1591.96 万吨 CO_2，占总排放的 16.91%；农

业能源使用 CO_2 排放量为 6554.06 万吨，占总排放的 69.63%；农膜使用 CO_2 排放量为 61.4348 万吨，占总排放的 0.65%。

在 2010 年排放的 CH_4 中，水稻生产排放占 3.25%，畜牧生产排放占 96.75%；在排放的 N_2O 中，畜牧生产排放占 25.02%，土壤管理排放占 74.98%。

（二）河北省农业温室气体排放来源

按来源分析，在 2010 年排放的温室气体中，水稻种植排放量为 39.16458 万吨，占 0.42%；畜牧生产排放量为 1564.3868 万吨，占 16.62%；土壤排放量为 1193.621716 万吨，占 12.68%；化肥、能源、农药、农膜等投入排放量为 6615.491 万吨，占 70.28%。

二 河北省农业温室气体排放变化的成因分析

（一）河北省农业温室气体排放的变化趋势

1. 河北省农业温室气体排放总量及构成变化趋势

2010 年，河北农业总计排放温室气体比 2005 年增长 18.09%，年均增长了 3.62%。其中，CH_4 排放量下降了 34%，N_2O 排放量下降了 14.76%，农业能源使用 CO_2 排放量上升了 46.07%。

2. 温室气体排放源变化趋势

按来源分析，与 2005 年相比，2010 年水稻种植排放 CO_2 当量下降了 3.93 万吨，所占比重下降了 0.42 个百分点；畜牧生产排放 CO_2 当量下降了 515.017 万吨，所占比重下降了 9.47 个百分点；土壤管理排放 CO_2 当量减少了 125.92 万吨，所占比重下降了 3.87 个百分点；能源、农膜等投入排放 CO_2 当量增加了 2086.47 万吨，所占比重上升了 13.88 个百分点。

3. 温室气体排放效率变化趋势

2010 年河北省农业 GDP 排放的温室气体（CO_2 当量）为 0.26kg/元，仅相当于 2005 年 0.34kg/元的 76.47%。稻谷排放的温室气体为 0.72kg/kg，较 2005 年的 0.84 下降了 14.29%。肉类中牛肉排放温室气体最高，2010 年达 15.24kg/kg；羊肉次之，为 9.75kg/kg；猪肉为 1.16kg/kg；禽肉最低，为

1.08kg/kg；禽蛋类下降不明显。由表 5－1 可知，与 2005 年相比，到 2010 年单位肉类的温室气体都有较大幅度降低。

表 5－1　牲畜出栏数、肉蛋产量及单位 CO_2 当量表

单位：万头，万只，万吨，千克/只，千克/千克

年份	指标	牛	猪	羊	家禽	禽蛋
2005	出栏数	360.4	3145.0	1695.5	48690.1	
	单位产量	149.3	75.7	13.2	1.38	
	肉产量	53.81	238.08	22.38	67.18	385.18
	CO_2 当量	23.82	1.28	15.27	1.40	0.2248
2010	出栏数	361.2	3222.9	2143.5	47980.7	
	单位产量	160.9	76.1	13.7	1.46	
	肉产量	58.12	245.26	29.37	70.05	339.08
	CO_2 当量	15.24	1.16	9.75	1.08	0.2241

资料来源：根据有关资料计算得出，具体计算依据和过程详见附录三。

（二）河北省农业温室气体排放变化原因分析

导致河北省农业温室气体排放发生变化的原因主要有以下几个方面。

1. 水稻排放的温室气体下降源于稻田种植面积缩减

2010 年，水稻种植面积为 79.7 千公顷，较 2005 年的 87.7 千公顷减少了 9.12%。水稻种植属劳动密集型产业，随着工业化和城市化进程的加快，更多的农村劳动力在农业部门外就业，种植水稻的劳动成本上升，水稻种植面积减少，部分低产水田则完全退出耕种，出现李嘉图效应。

2. 畜牧业排放的温室气体其变化则比较复杂

2010 年，牛、马、驴、骡等大牲畜所占比重均比 2005 年有所下降，尤其是牛排放比重下降较大，下降了 5.03%，马、驴、骡分别下降 0.19%、0.37% 和 0.13%。生猪、羊、家禽所占比重均比 2005 年有所上升，其中生猪增长最快，增长了 3.53%，其次是羊，增长了 1.86%，家禽增长了 0.32%。究其原因，猪、羊、家禽主要提供肉、奶、蛋等动物蛋白，居民消费水平提高后其需求必然上升，而牛、马、驴、骡属于役畜，在农业机械化过程中逐渐被机器代替。由畜牧业发展带来的温室气体的变化情况，详见表 5－2。

表 5 – 2　动物排放 CO_2 当量比重计算表

单位：万吨，%

动物种类	2005 年		2010 年	
	合计 CO_2 当量	比重	合计 CO_2 当量	比重
牛	1281.66	61.64	885.66	56.61
马	16.53	0.79	9.40	0.60
驴	29.02	1.408	16.10	1.03
骡	11.28	0.54	6.42	0.41
猪	304.87	14.66	284.58	18.19
山羊	139.93	6.73	95.35	6.09
绵羊	201.83	9.71	190.85	12.20
家禽	94.30	4.53	76.00	4.86
总计	2079.40	100	1564.3868	100

资料来源：根据有关资料计算得出，具体计算依据和过程详见附录三。

3. 土壤管理温室气体的排放变化体现在直接和间接两个方面

由表 5 – 3 可知，从土壤管理温室气体的排放总量来看，2010 年比 2005 年总体减少 125.92 万吨 CO_2 当量。其中，N_2O 直接排放增加了 0.02 万吨，N_2O 间接排放减少了 0.42 万吨。由表 5 – 4 可知，N_2O 直接排放增加主要是由化肥施用量增加和秸秆还田增加所引起的。化肥施用量 2010 年比 2005 年增加 19.47 万吨，增加 N_2O 排放量 0.11 万吨，地上秸秆还田氮量和地下根氮量增加 13.05 万吨。由表 5 – 5 可知，N_2O 间接排放减少主要是由大气氮沉降引起的，其使 N_2O 排放减少了 0.44 万吨，淋溶径流引起的 N_2O 间接排放没有明显变化。

表 5 – 3　农用地氧化亚氮排放计算表

单位：万吨

年份	N_2O 直接	N_2O 间接	合计	CO_2 当量
2005	1.58	2.85	4.43	1319.54
2010	1.60	2.41	4.01	1193.62

资料来源：根据有关资料计算得出，具体计算依据和过程详见附录三。

表5－4　农用地氧化亚氮直接排放计算表

单位：万吨

类别	2005 年	2010 年		2005 年	2010 年
$N_{化肥}$	180.29	184.95	合　计	277.08	280.41
$N_{粪肥}$	86.71	72.33	$N_2O_{直接}$	1.58	1.60
$N_{秸秆}$	10.08	23.13			

资料来源：根据有关资料计算得出，具体计算依据和过程详见附录三。

表5－5　农用地氧化亚氮间接排放计算表

单位：万吨

类别	$N_2O_{沉降}$	$N_2O_{leaching}$	$N_2O_{间接}$	类别	$N_2O_{沉降}$	$N_2O_{leaching}$	$N_2O_{间接}$
2005 年	2.43	0.42	2.85	2010 年	1.99	0.42	2.41

资料来源：根据有关资料计算得出，具体计算依据和过程详见附录三。

4. 农业投入产生的温室气体，其变化主要受到农业用电的影响

如表5－6所示，2010 年，由农村用电、柴油、化肥、农膜等投入产生的温室气体中，用电占92.03%，构成主要排放源；其次是化肥，占4.53%；柴油、农膜分别占2.55%和0.89%。2005～2010 年，农村用电排放增加了5.18个百分点，年均增长1.04个百分点；柴油排放降低了3.07个百分点，年均降低0.61个百分点，说明农业生产中使用柴油数量明显减少，生产活动基本依靠电力进行。化肥、农膜施用引起的排放自2005 年以来趋于平稳，河北省农业基本上已最大限度地利用了化肥和农膜的生产潜力。

表5－6　农业投入物使用 CO_2 排放量计算表

单位：万吨，%

指　标	2005 年		2009 年		2010 年	
	CO_2 排放量	比重	CO_2 排放量	比重	CO_2 排放量	比重
农村用电	4199.64	86.85	6056.18	91.66	6377.15	92.03
柴　　油	271.52	5.62	178.92	2.71	176.90	2.55
农　　膜	57.86	1.20	61.59	0.93	61.43	0.89
化　　肥	306.24	6.33	310.57	4.70	314.16	4.53
合　　计	4835.26	100	6607.26	100	6929.64	100

资料来源：根据有关资料计算得出，具体计算依据和过程详见附录三。

如果按照 IPCC 确定的范围，只计算农业生产活动排放的温室气体，2010年农业排放为 9412.66 万吨，比 2005 年增加了 15.32%。活动排放占农业实际排放的比重从 2005 年的 39.38%降至 2010 年的 28.76%，而农业投入物使用排放的比重在此期间从 60.62%上升至 71.24%，再次说明投入物已成为农业温室气体排放的重要来源。

第三节　河北省农业应对气候变化的现状及潜力分析

本节将客观分析河北省农业应对气候变化的现状及面临的挑战，合理预测河北省未来时期农业应对气候变化的潜力，进而为明确河北省农业应对气候变化的方向和重点提供依据。

一　河北省农业应对气候变化的现状

（一）河北省农业（土地利用）应对气候变化的成效

河北省坚持以科学发展观为指导，积极落实节约资源和保护环境的基本国策，把节能减排作为加强宏观调控的重点，作为调整经济结构、转变发展方式的重要抓手和突破口，综合运用经济、法律和必要的行政手段，采取了一系列相关政策措施，大力推进减缓气候变化的相关工作，取得了显著的成效。

1. 产业结构调整成效显著

农业结构调整取得重要进展，重点发展源头农业、鲜活农业、海洋农业和渔业、农产品加工业、高新技术农业和休闲观光农业等优势农业，特别是近年来设施农业有了较大发展。畜牧、蔬菜、果品三大产业产值占农林牧渔业总产值的比重不断上升，2010 年达到 68.56%，优势农产品区域布局初步形成。"十一五"期间，河北省农业发展及农业产业结构调整情况详见表 5－7、表 5－8、表 5－9。

2. 农业低碳发展加快

河北省大力兴建农业低碳灌溉工程，农业低碳发展已走在前列。《河北省农业灌溉适应气候变化行动计划建议报告》已获国家发改委批复。按照规划，河北省将在大中型水利工程难以覆盖的地方，引导农民因地制宜地兴建一批水

表 5 – 7　河北省 2006～2010 年农业产值数据表

单位：亿元

指　　标	2006 年	2007 年	2008 年	2009 年	2010 年
种植业	1380.45	1639.07	1760.75	1927.78	2470.11
1. 谷物及其他作物	595.15	705.04	762.96	740.82	932.98
2. 蔬菜、食用菌及花卉盆景园艺	587.91	694.04	713.86	865.17	1095.52
3. 水果、坚果和香料	183.46	221.15	263.36	298.72	415.27
4. 中草药材	13.93	18.84	20.57	23.07	26.35
林业	45.85	52.37	55.89	70.68	51.26
畜牧业	832.32	1146.99	1410.82	1350.10	1443.75
渔业	72.75	85.14	102.77	108.38	142.47
农林牧渔服务业	135	152.20	175.00	183.99	201.83
合　　计	2466.37	3075.77	3505.23	3640.93	4309.42

资料来源：《河北农村统计年鉴》（2007～2011）。

表 5 – 8　河北省 2006～2010 年农业产值构成表

单位：%

指　　标	2006 年	2007 年	2008 年	2009 年	2010 年
种植业	55.97	53.29	50.23	52.95	57.32
1. 谷物及其他作物	24.13	22.92	21.77	20.35	21.65
2. 蔬菜、食用菌及花卉盆景园艺	23.84	22.56	20.37	23.76	25.42
3. 水果、坚果和香料	7.44	7.19	7.51	8.21	9.64
4. 中草药材	0.56	0.61	0.59	0.63	0.61
林业	1.86	1.70	1.59	1.94	1.19
畜牧业	33.75	37.29	40.25	37.08	33.50
渔业	2.95	2.77	2.93	2.98	3.31
农林牧渔服务业	5.47	4.85	4.99	5.05	4.68
合　　计	100	100	100	100	100

资料来源：《河北农村统计年鉴》（2007～2011）。

表 5 – 9　河北省 2006～2010 年畜牧、蔬菜、果品占农业总产值比重表

单位：%

指　　标	2006 年	2007 年	2008 年	2009 年	2010 年
蔬菜、食用菌及花卉盆景园艺	23.84	22.56	20.37	23.76	25.42
水果、坚果和香料	7.44	7.19	7.51	8.21	9.64
畜牧业	33.75	37.29	40.25	37.08	33.50
合　　计	65.03	67.04	68.13	69.05	68.56

资料来源：根据表 5 – 8 数据计算得出。

窖、集雨池等积水灌溉工程；在山区每 3～5 亩旱作农田建一座简易水池、水囤、水窖或其他储水设施。预计到 2015 年，全省计划投资 17.5 亿元，新增旱作集雨补溉工程蓄水 1000 万立方米。此外，河北省还将实施"土壤水库"建设、极端天气气候应急体系等工程。

3. 植树造林规模扩大

河北省先后出台了《河北省义务植树条例》《河北省林木采伐管理办法》《关于大力发展林下产业的指导意见》和《河北省造林绿化工程以奖代补、先造后补、多造多补资金管理办法（试行）》等文件，将植树造林与促进林下产业发展相结合，着力扩大植树造林规模。一是实施植树造林重点工程。推进京津风沙源治理、退耕还林、三北防护林、太行山绿化、沿海防护林、平原绿化以及速生丰产林等重点生态造林工程，推动全省生态文明和现代林业建设进程。二是完善林业政策。深化林业分类经营改革，探索实施分类补助制度。建立完善林业产权交易制度，加速森林、林木、林地使用权的流转，提高资源配置效率。三是增加资金投入。积极争取国家造林绿化项目资金，开展林业招商引资，加大各级政府对造林绿化、林业基础设施建设财政支持，完善林业信贷担保制度和林业贷款财政贴息政策，带动和促进全省造林绿化的快速健康发展。"十一五"期间，全省完成造林绿化 2279.3 万亩，到 2010 年底，全省林业用地面积为 12872 万亩，占全省总土地面积的 45.7%，全省林地面积达到 7112 万亩，其中新增林地面积 888 万亩，森林覆盖率达到 26%，比 2005 年增加了 2.75 个百分点。同时积极实施天然林保护、退耕还林还草、草原建设和管理、自然保护区建设、城市绿化等生态建设与保护政策，进一步增强了林业作为温室气体吸收汇的能力。全省沙化土地面积减少 417.3 万亩，荒漠化土地减少 270.3 万亩，分别排在全国第一位和第二位[①]。

4. 适应能力不断增强

出台了《河北省人民政府关于进一步加快气象事业发展的实施意见》和《河北省农业综合开发资金支出管理办法（试行）》等文件，明确增强农业应对气候变化适应能力的主要措施。一是加强气象基础保障能力建设。加快综合

---

① 河北省林业局：《河北省林业发展"十二五"规划》，2011。

气象观测、气象信息共享平台、预报预测系统和气象灾害预警应急体系建设，建立气象灾害应急响应机制，提高灾害性天气的监测预警预报能力。二是加大对农业基础设施资金投入。重点扶持小型水库、塘坝及拦河坝的改建、扩建、加固、新建，机电排灌站的改造以及农田防护林建设等农业综合开发项目建设，不断提高农业抗灾能力。三是提高农产品防病虫害能力。依据气候变化趋势，调整种植制度，实施"种子工程"，培育产量高且抗旱、抗涝、抗病虫害等抗逆品种。截至 2009 年底，全省建成 106 个国家级自动气象站、1650 个区域气象观测站和 53 个自动土壤水分观测站。人工影响天气工作成效显著，"十一五"前四年，累计增雨约 110 亿立方米。农业生产形势稳定，2010 年粮食总产量为 605.1 亿斤，连续 7 年获得丰收。

5. 能源结构得到改善

"十一五"以来，按照党中央、国务院决策部署，河北省紧紧围绕建设"经济强省、和谐河北"奋斗目标，以保障能源供应为核心，以重点项目建设为抓手，通过国家政策引导和资金投入，发展低碳能源和可再生能源，支持在农村边远地区和条件适宜地区开发利用生物质能、地热等新型可再生能源，使优质清洁能源比重有所提高。"十一五"期间，河北省秸秆能源化利用成效显著，全省累计发展 6 处，供气 3186 户，秸秆压块累计推广 31700 户，建成秸秆炭化厂 3 个[1]。目前，全省累计建成沼气池 274 万户，普及率达 18%。建设大中沼气工程 1453 处，年产气量 1743 万立方米[2]；风电总装机容量 710 万千瓦，居内蒙古、甘肃、新疆之后，排在全国第四位；水电总装机容量 180 万千瓦；生物质发电装机容量 42.2 万千瓦，其中农林生物质直燃发电 29 万千瓦时、垃圾发电 13.2 万千瓦时；太阳能光伏装机容量 7 万千瓦[3]。地热能开发利用向梯级模式发展，累计开发利用地热能井点 139 处，种植、养殖利用面积分别为 156 公顷和 60 公顷[4]。河北省张北、围场、承德、平山、藁城 5 县（市）被国家授予绿色能源示范县称号。

---

① 河北省统计局：《河北农村统计年鉴（2011）》，2011。
② 河北省人民政府：《河北省新能源产业"十二五"发展规划（2011~2015 年）》，2010。
③ 河北省能源局：《可再生能源产业发展情况及重点项目实施情况》，2010。
④ 河北省人民政府：《河北省新能源产业"十二五"发展规划（2011~2015 年）》，2010。

（二）存在问题

尽管河北省应对气候变化工作取得一定成绩，但仍存在一些不容忽视的问题。

1. 相关立法进程滞后

尽管在农业、林业、气象和能源等领域均制定了针对应对气候变化的相关法律，但随着应对气候变化工作的逐步深入，现行法律制度滞后于应对气候变化体制机制建设的矛盾日益突出，亟待出台综合性的应对气候变化法律。

2. 机构建设尚待加强

目前，省发展和改革委员会资源节约与环境保护处加挂应对气候变化处，负责全省应对气候变化日常工作，各设区市发改委也安排专职人员负责相关工作，与其他省市相比，机构设置人员配备相对较弱。

3. 技术瓶颈约束仍然存在

河北省低碳农业才刚刚起步，缺乏核心技术的前期积累和研发基础。目前主要通过清洁发展机制项目引进国外低碳技术，但发达国家与发展中国家更多的是单纯的二氧化碳排放权的买卖，技术的输出转让较少。同时，省内企业引进、吸收先进技术意识不强，自主创新能力不足。

4. 教育和宣传力度较弱

由于我国是一个农业大国，农村地域广阔，有着几千年的农业精耕细作的传统，现代农业发展较慢，而且农业生产与工业生产相比环境污染相对较小，因此，农业温室气体排放没有引起人们广泛的重视，有关部门教育宣传力度也较弱。

二 面临的挑战

河北省不仅是农业气象灾害多发地区，各类自然灾害连年不断，农业生产始终处于不稳定状态，而且也是一个人均耕地资源占有少、农业经济不发达、适应能力非常有限的省份。如何在气候变化的情况下，合理调整农业生产布局和结构，改善农业生产条件，有效减少病虫害的流行和杂草蔓延，降低生产成本，防止潜在荒漠化增加趋势，确保农业生产持续稳定发展，对农业领域提高气候变化适应能力和抵御气候灾害能力提出了长期的挑战。

1. 气候引发的自然灾害频度增大

河北省是全国农业自然灾害频发地区之一，主要有旱灾、水灾、风雹灾、霜灾、病虫害等，新中国成立以来，平均每年受灾面积为285.064万 hm^2，成灾面积为193.62万 hm^2，分别占播种面积的32.2%和21.9%[①]。随着经济的发展，人口增长和生态恶化，农业自然灾害的发生频率、影响范围与危害程度均在增大，且人为因素加重自然灾害风险的现象也时有发生，已成为制约河北省经济发展的重要因素之一。全省广大农村，尤其是张家口、承德和保定、石家庄、邢台、邯郸等市的山区，农村居民主要依靠农业及其他自然资源为生，受自然灾害影响较大，不少农村人口可能因灾致贫或因灾返贫。

2. 水资源供需矛盾日益严峻

河北省多年平均水资源总量为204.69亿 m^3，仅占全国的0.9%，人均水资源量为307m^3，单位面积土地水资源量为10.9万 m^3/km^2，均为全国的1/8，是我国淡水奇缺省份之一。据测算，河北省全年农业用水量大约为220.00亿 m^3，而全年最大供水能力只有203.00亿 m^3，水资源严重短缺。[②] 目前，河北省大部分河槽断流，水库蓄水量很少，其中黑龙港地区最为严重。灌溉用水日益减少，时至今日仍有1600多万亩耕地不具备灌溉条件。水资源短缺严重制约着小麦、玉米等优质高产粮食作物播种面积的增加，同时又使得土地的潜在优势得不到发挥，直接影响了粮食单产的提高。如何在气候变化的情况下，加强水资源管理，优化水资源配置，加强水利基础设施建设，全面推进节水农业建设，发挥好河流功能，保护好河流生态系统，对水资源开发与保护领域和提高气候变化适应能力提出了严峻挑战。

3. 化肥、农药用量不断增加

河北省粮食产量的提高和病虫害减少，除品种更新外，主要是过度依赖化肥、农药用的不断增加，而不是采用科学合理的施肥和管理技术来提高产量和防治病虫害。河北省是农药、化肥消费大省，近年来，全省平均每年农用化肥施

---

① 王桂荣等：《河北省农业自然灾害发生的特点、成因及对策研究》，《河北林果研究》2007年第3期。

② 李滢等：《河北省农业结构调整的水资源分析》，《安徽农业科学》2011年1期。

用量在307.47万吨左右，每亩耕地平均施肥折纯为33.32千克，是发达国家每亩施肥15千克的2.22倍。河北省化肥利用率仅为35%，农药利用率不足30%，远远低于发达国家农药、化肥利用率60%以上的水平。[①] 未利用的化肥增加了土壤中硝酸盐的含量，改变了土壤结构，造成土壤酸化、板结，有机质减少和地力下降，影响农产品质量。过量的农药使用，不但使害虫的抗药性不断增强，杀虫效果下降，也是造成河北省农业土壤生态环境不佳的重要因素之一。

4. 畜禽废弃物环境污染严重

畜牧业是农民增收的重要渠道，近年来养殖业发展很快。2010年，全省畜牧业产值达1443.8亿元，占农林牧渔业总产值的33.5%。农民现金收入中有14%来自畜牧业。肉、蛋、奶产量分别达到417万吨、339万吨和449万吨，居全国第六、第三和第三位。畜禽粪便产量也相应快速增长，畜禽废弃物的年产出量约1.7亿吨，主要牲畜粪便是大牲畜（主要是牛粪）和猪粪便。河北省畜禽业小规模传统散养占较大比重，全省62%的生猪由出栏500头以下的农户提供，54%的肉牛、47%的肉羊分别由年出栏10头和30只以下的农户喂养。[②] 河北省畜禽废弃物以堆沤还田、转化商品有机肥为主，用作沼气或新型饲料为辅，但目前无害化利用率不足总量的30%。大部分农民不知道粪便处理不当会带来污染，更不知道应当如何科学处理。自然晾晒或人工烘干异味冲天，粉尘四散，会带来空气污染；粪便直接入土作农家肥，其含有的不良微生物和细菌可能在几年内就侵染土壤，会造成烧苗、滋生病虫、降低农作物产量等影响，畜禽粪便污染正成为环保新难点。

5. 森林资源保护和发展难度加大

气候变暖虽然能在一定程度上促进植物生长，扩大森林分布区，但是气温升高会加大林火、森林病虫害发生频率和强度，增加外来有害生物入侵风险。同时，会导致极端天气增多，水资源时空分布急剧变化，引发滑坡、泥石流等次生灾害，加剧干旱和半干旱区水资源短缺，破坏森林和湿地生态系统平衡，给荒漠生态系统植被保护和恢复带来更大难度。气候变暖还会加快敏感性强的

---

① 周迎久等：《河北为生病土壤刮骨疗伤》，《中国环境报》2013年8月13日，第五版。
② 《河北农村统计年鉴》，2012。

野生动植物灭绝速度，加大生物多样性保护难度。河北省应对气候变化，需要强化对现有森林和湿地保护，加强植树造林、退耕还林和湿地恢复工作，以提高森林适应气候变化、碳吸收汇的能力。由于森林资源总量不足，湿地退化严重，植树造林、增加林产、保护林地湿地的任务加重，压力加大。而现有可供植树造林的土地多集中在荒漠化以及自然条件较差的地区，给植树造林和生态恢复带来巨大挑战。

6. 应对极端气候事件的能力不强

河北省经常发生极端气候现象，有春季倒春寒、晚霜、干旱，夏季的大风、暴雨和冰雹。春季低温和晚霜对果树影响较大，对农作物（主要是小麦）影响较小。目前对苹果预防冻害的技术和灾后恢复技术有待研究。夏季防洪压力较大，可能会造成水灾。冰雹会对局部形成灾害，对它的预报、预防技术较为成熟，但各地防雹力量较弱，资金缺乏，在需要进行防雹行动时无法满足需要。河北季节性干旱时有发生，农业生产中多以调整作物布局来应对，但应对长期干旱则受水资源和基础设施的影响。

三　河北省农业应对气候变化的潜力分析

（一）从农业温室气体排放效率方面分析

2010 年，河北省农业 GDP 排放的温室气体（CO_2 当量）为 0.26kg/元，仅相当于全国平均水平 2.98kg/元的 8.72%。稻谷排放的温室气体为 0.72kg/kg，为全国平均水平 1.67kg/kg 的 43.11%。肉类中牛肉排放温室气体最高，2010 年达 15.24kg/kg，为全国平均水平 28.54kg/kg 的 53.40%；羊肉为 9.75kg/kg，为全国平均水平 15.5kg/kg 的 62.9%；猪肉为 1.16kg/kg，为全国平均水平 1.49kg/kg 的 77.85%；禽肉为 1.08kg/kg，为全国平均水平 0.54kg/kg 的 200%。禽蛋为 0.22kg/kg，为全国平均水平 0.83kg/kg 的 26.51%。可见，河北省粮食、肉类和禽蛋等必需品的温室气体除禽肉外，均低于全国平均水平，因此河北省畜禽应对气候变化的潜力不大。[1]

---

[1] 本对比资料采用谭秋成《中国农业温室气体排放：现状及挑战》一文研究成果中我国农业 2009 年温室气体排放数据。

（二）从温室气体排放源方面分析

1. N_2O 的减排潜力

2010 年，河北省全年氮肥施用量为 153.07 万吨，单位面积施用量为 175.57kg/（hm^2·年）。根据 Veldkamp 和 Keller 估计，大约施氮肥的 0.5% 以 N_2O 的形式损失，因此，河北省大约每年因施用氮肥向大气中排放 7653.5 吨 N_2O。全年化肥施用量为 322.86 万吨，单位面积施用量为 370.32kg/（hm^2·年），和发达国家为防止化肥对水体污染而设置的 $225kg/hm^2$ 安全上限相比，河北省的化肥用量超标严重，如果能采取相应的对策措施，将化肥施用量降至 225kg/（hm^2·年），则每年将减少温室气体排放约 40%。

2. CH_4 的减排潜力

农业 CH_4 排放主要来自稻田和畜禽粪便。2010 年，河北省水稻种植面积有 7.97 万 hm^2，约产生 CH_4 1.86498 万吨。有研究表明，通过将冬季淹水休闲稻田改为冬季排水种植旱作物，可以每年减少水稻 CH_4 排放总量的 47.2% ~ 67.8%，采用烤田和间歇灌溉可降低 CH_4 排放量的 30% ~72%。

2010 年，河北省农村累计建成沼气池 274 万户，普及率达 18%，建设大中沼气工程 1453 处，年产气量为 1743 万立方米。根据《河北省新能源产业"十二五"发展规划》，到 2015 年，河北农村沼气利用达到 350 万户，建成大中型沼气工程 2500 处、沼气发电站 10 座，推广秸秆压块炊事采暖炉具 30 万户，CH_4 排放则将大大减少。

3. CO_2 的减排潜力

河北省是农业大省，各种农作物干秸秆年产量为 3600 多万吨，除去薪柴、还田、养殖、造纸等已利用秸秆外，剩余废弃秸秆量超过 1200 万吨，约占生产总量的 1/3。而美国秸秆还田率近 90%，如果河北省地面秸秆还田比率能够达到 90%，则其温室气体（CO_2）排放量将下降为当前的 2/3。

（三）从林业碳汇作用方面分析

1. 植树造林，扩大森林面积，增加碳汇

"十一五"末，尚有适宜造林绿化的荒山荒地和需要改造的低质林地 5700 多万亩，沙化土地 3187.9 万亩，潜在沙化土地 338 万亩，亟待治理水土流失

面积 9137 万亩，25 度以上的陡坡耕地 90.15 万亩[①]，以及部分未利用地，也可用于植树造林。同时，通过提高现有林地使用率，发展农田林网等途径，扩大河北省森林面积尚有较大空间。根据《河北省林业发展"十二五"规划》目标，"十二五"期间，河北省将新增林地 1300 万亩，全省林地面积达到 8700 万亩，完成造林绿化 2100 万亩，届时，森林碳储量将会得到较大提高。

2. 通过提高现有森林质量增加碳汇

专家研究结果表明，河北省 2005 年森林和其他木质生物质总碳储量为 6111.96 万吨，折合固定 CO_2 的量为 22410.52 万吨。由于河北省现有森林的龄级结构不尽合理，幼龄林分别占人工林和天然林面积的 40.2% 和 84.5%，两类林相应的碳密度仅为 5.75 吨/hm^2、9.51 吨/hm^2，森林植被资源的碳储量较低。因此，通过合理调整林分结构，强化森林经营管理，能够大大增加现有森林植被的碳汇能力。

3. 通过加强森林保护，减少森林碳排放

通过严格控制乱征乱占林地等毁林活动，减少源自森林的碳排放。通过强化对森林中可燃物的有效管理，建立森林火灾、病虫害预警系统，有效控制森林火灾和病虫害发生频率和影响范围，减少森林碳排放。

4. 通过保护湿地和控制林地水土流失，减少温室气体排放

加大湿地保护力度，可以减少因湿地破坏而导致的温室气体排放。河北省湿地资源丰富，类型众多，既有浅海、滩涂，又有陆地、河流、水库、湖泊及洼地。20 世纪 50 年代，河北省面积 6.67 平方公里以上的洼淀共 1.108 万平方公里，占全省土地总面积的 5.9%。由于气候逐步变暖，降水量减少，加之社会迅速发展，人们生产生活用水量远远超过水资源的负担能力，致使全省 400 多条河流绝大部分干涸，继而造成湿地逐渐萎缩，到"十五"末期仅有 600 平方公里。"十一五"期间，河北省争取湿地保护与恢复项目资金 8716 万元，重要的自然湿地资源得到了有效保护，湿地类型自然保护区达 1850 万公顷。[②] 到 2015 年，河北省将在京津周围新建 19 个湿地自然保护区，总保护面积近

---

① 《河北省耕地面积减少趋势仍未得到控制》，http://www.hebei.gov.cn/article/20060606/187146.htm。

② 徐俊华、周迎久：《留住湿地之美　呵护生物乐园》，《中国环境报》2012 年 2 月 15 日。

60 万公顷。届时，加上已有的衡水湖、白洋淀等自然保护区，全省环京津周围的湿地保护区将达到 23 个。[①]

5. 通过扩大木材使用范围，延长木材使用寿命，增加木质林产品碳储量

河北省林地面积为 7100 多万亩，其中有 2100 万亩可作为能源林资源，林木枝条年可利用量为 200 万吨左右。用木材部分替代能源密集型材料，不但可以增加碳贮存，还可以减少使用化石能源生产原材料所产生的碳排放。研究表明：木材在生产和加工过程中所耗能源，大大低于制造铁、铝等材料造成的温室气体排放。用 1 立方米木材替代等量水泥、砖等材料，约可减排 0.8 吨二氧化碳当量，既节约了能源，又减少了污染。木制品只要不腐烂、不燃烧，都是重要碳库。

第四节 河北省农业应对气候变化的对策建议

基于前述研究成果，本节将明确河北省农业应对气候变化的总体思路与主要目标，研究制定农业应对气候变化的主要应对策略及保障措施。

一 总体思路与主要目标

（一）指导思想

全面贯彻落实科学发展观，坚持节约资源和保护环境的基本国策，以《中国应对气候变化国家方案》为指导，以保障农业发展为核心，以控制温室气体排放、减缓和适应气候变化、增强可持续发展能力为目标，以资源利用集约化、生产过程清洁化、废物利用资源化和产品供给无害化为主线，以科技创新、机制创新和制度创新为动力，依托区域优势特色产业，集成、推广、应用适应和减缓气候变化的综合技术，着力改善广大农民不良的生产方式，努力构建资源节约、环境友好、生态高效的现代农业生产经营体系，大力发展低碳农业，不断提高农业应对气候变化的能力，促进农民增收和农业农村经济持续稳定发展。

---

① 朱艳冰：《河北湿地消失九成多 多方面原因造成湿地衰减》，《河北日报》2008 年 4 月 15 日。

（二）基本原则

1. 坚持粮食生产持续稳定发展

粮食安全是生态安全、环境友好的基础。河北省是一个农业大省，又是一个人口大省，保证粮食生产的持续稳定发展，对维护区域粮食供求平衡、促进经济社会和谐发展具有重要意义。要遵循可持续发展的战略，执行严格的耕地保护政策，确保基本农田不减少，确保粮食总产和单产有增长，保障城乡居民食物供给安全。

2. 坚持减缓与适应并重

减缓和适应气候变化是应对气候变化挑战的两个有机组成部分，既是一项长期、艰巨的挑战，又是一项现实、紧迫的任务。一方面要通过政策引导，新技术开发与应用来减缓气候变化产生的不利因素，降低气候变化对农业生产的不利影响；另一方面要积极利用气候变化所带来的有利影响，发展适应气候变化的生态农业，切实提高农业适应气候变化的能力。

3. 坚持依靠科技进步和创新

科技进步和创新在减缓和适应气候变化中具有先导性和基础性作用，是减缓温室气体排放、提高气候变化适应能力的有效途径。要大力发展新能源、可再生能源和节能技术，大力发展土壤固碳、节水灌溉、配方施肥等各种适应性技术，引进和利用碳吸收技术，积极推进清洁发展机制、技术转让等方面的国际合作，为应对气候变化，增强可持续发展能力提供强有力的技术支撑。

4. 坚持统筹兼顾、协调推进

应对气候变化是一项涉及多学科、多领域的复杂的系统工程，制订河北省农业应对气候变化政策，不仅要与国家的各项政策相结合，而且要与其他方面的控制温室气体排放的政策相结合，还要与社会发展的各项政策相结合，将其纳入国民经济和社会发展规划，统筹考虑、统一部署、协同推进，才能使这些政策措施有机结合起来，取得更好的效果。

5. 坚持积极参与、广泛合作

农业应对气候变化不仅需要从事农业管理、农业科研、农业推广、农业生产的多方面共同协作，也需要各级政策、不同行业的不同利益群体积极参与广泛合作。要加强政策引导和宣传教育，大力开展技术创新和示范推广工作，增强公民环境保护和应对气候变化的参与意识。

（三）主要目标

河北省农业应对气候变化的总体目标是：进一步加强气候变化领域的机构和体制建设，调整农业种植结构，加强农业基础设施建设，转变高投入生产方式，降低农业生产过程中的能源消耗，减少温室气体排放，控制农业面源污染，维持农业生态平衡，保证粮食增产，相关技术研发和推广应用有新的进展，适应气候变化的能力不断增强，农民的气候变化意识得到较大提高。

根据以上总体目标，提出以下具体任务：

1. 加强农田水利基础设施建设

"十二五"期间，治理水土流失面积 10000 平方公里，力争建成南水北调配套、引黄入冀、雨水集蓄利用、再生水回用等重要水源工程，新增供水能力42.8 亿立方米，单位工业增加值用水量降低 27%。农业有效灌溉面积新增1200 万亩，达到 8022 万亩，灌溉水利用系数提高到 0.67 以上。到 2020 年，农业有效灌溉面积达到 8500 万亩，灌溉水利用系数提高到 0.70 以上。

2. 加强生态农业建设

继续实施"沃土工程"，采取平整土地、深耕深松、增施有机肥、保护性耕作、秸秆还田等土壤改良措施，提升土壤有机碳储量，增加农业土壤碳汇，到2015 年，土壤有机质含量提高 0.4 个百分点。加强面源污染防治，减少化肥和农药使用量，推广化肥、农药合理使用技术，到 2015 年，农业万元增加值能耗比 2010年下降 12%，农户沼气普及率达到 23.4%，农作物秸秆综合利用率达到 85%。

3. 积极选育抗逆优良品种

加大农业科技研发和推广应用力度，优选并全面推广抗旱、抗涝、抗高温、抗病虫等抗逆新品种，提高农作物适应气候变化能力。适时调整种植结构和布局，提升病虫害防治技术水平。根据不同区域气候条件和气候变化趋势，调整作物品种布局和种植制度，适度提高复种指数，不断提高单产水平。到2015 年，农业科技进步贡献率达到 56%。[1]

4. 大力实施植树造林，积极推进退耕还林，增强森林碳汇能力

"十二五"期间，新增森林面积 1356 万亩，森林覆盖率提高到 31%，森

---

[1] 河北省人民政府办公厅：《河北省现代农业发展规划（2012～2015 年）》，2012。

林蓄积量增加 0.29 亿立方米，达到 1.6 亿立方米。到 2020 年，森林面积和蓄积量比 2010 年分别增加 2537 万亩、0.39 亿立方米，森林覆盖率提高到 35%，森林蓄积量达到 1.7 亿立方米以上。

5. 扩大经营组织规模

发展多种形式的适度规模经营，大力培育和发展种养大户、家庭农（牧）场。"十二五"期间，农业产业化组织带动农户数量达到 950 万户，奶牛规模化养殖（年存栏 100 头以上）达到比重 100%，生猪规模化养殖（年出栏 500 头以上）比重达到 80% 以上。

6. 提高公众意识与管理水平

加强农业气候变化方面的宣传、教育和培训，鼓励公众积极参与。力争到 2015 年，公众气候变化意识得到进一步提高，全省适应气候变化能力增强。

二　主要对策建议

（一）减缓温室气体排放的重点领域及其政策措施

1. 加强法律法规的制定和实施

逐步建立健全以《中华人民共和国农业法》《中华人民共和国林业法》《中华人民共和国畜牧法》《中华人民共和国草原法》《中华人民共和国土地管理法》等若干法律为基础的、各种行政法规相配合的、能够改善农业生产力和增加农业生态系统碳储量的法律法规体系，加快制定农田、林地、草原保护建设规划，严格控制在生态环境脆弱的地区开垦土地，不允许以任何借口毁坏草地、林地和浪费土地。制定天然林保护条例、林木和林地使用权流转条例等专项法规，加大执法力度，完善执法体制，加强执法检查，扩大社会监督，建立执法动态监督机制。

2. 加强农村污染防控，从源头削减农业污染

以生活垃圾污染、养殖业污染、种植业污染为重点，全面开展综合治理，创建长效管理机制，切实改善农村人居环境、促进环境友好型生态农业发展。按照"户集、村收、镇处理"的模式，建立农村生产垃圾集中收运体系，杜绝乱扔、乱放、乱堆现象。制定优惠政策鼓励回收、加工、利用废旧地膜的企业发展，并按照国家有关治理"三废"的政策，给予税收减免，使农田地膜

污染早日纳入法制管理轨道，减少白色污染。

3. 大力推广节能型农业机械

淘汰落后农业机械；采用先进柴油机节油技术，降低柴油机燃油消耗；推广少耕免耕法、联合作业等先进的机械化农艺技术；在固定作业场地更多地使用电动机；开发水能、风能、太阳能等可再生能源在农业机械上的应用。通过淘汰落后渔船，提高利用效率，降低渔业油耗。

4. 大力发展高效生态农业

改革传统耕作方式，推行农业标准化，发展以节地、节种、节肥、节药等为重点的节约型农业；科学使用化肥、农药和农膜，推广测土配方施肥、平衡施肥、缓释氮肥、生物防治病虫害等适用技术，引导增施有机肥，控制土壤中的氧化亚氮排放；大力推广农村沼气，开展以农作物秸秆和畜禽粪便为重点的农业废弃物资源化利用，推动农业农村节能减排。

5. 进一步加大技术开发和推广利用力度

选育低排放的高产水稻品种，推广水稻半旱式栽培技术，采用科学灌溉技术，研究和发展微生物技术，有效降低稻田甲烷排放强度；研究土地利用方式改变减少温室气体排放技术；研究开发优良反刍动物品种技术，规模化饲养管理技术，降低畜产品的甲烷排放强度；研究畜禽温室气体减排技术，开展饲料配方优化研究及饲料添加剂对减少畜禽肠道发酵甲烷气体产生机制及效果评价；研究畜禽粪便循环利用技术。进一步推广秸秆处理技术，促进户用沼气技术的发展；开发并推广环保型肥料关键技术，减少农田氧化亚氮排放；大力推广秸秆还田和少（免）耕技术，增加农田土壤碳贮存。

6. 抓好林业重点生态建设工程

继续推进天然林资源保护、退耕还林还草、京津风沙源治理、防护林体系、野生动植物保护及自然保护区建设等林业重点生态建设工程，抓好生物质能源林基地建设，通过有效实施上述重点工程，进一步保护现有森林碳贮存，增加陆地碳贮存和吸收汇。

7. 改革和完善现有产业政策

继续完善各级政府造林绿化目标管理责任制和部门绿化责任制，进一步探索市场经济条件下全民义务植树的多种形式，制定相关政策推动义务植树和部门绿化工作的深入发展。通过相关产业政策的调整，推动植树造林工作的进一步发展，增加森林资源和林业碳汇。

（二）适应气候变化的重点领域及其政策措施

1. 种植业

（1）提升农业综合生产能力。实行最严格的耕地保护制度，严格执行占用基本农田审批制度和占补平衡制度；继续抓好以小麦、玉米为主的商品粮基地建设；以改造中低产田和改善生态环境相结合为主，把耕地保护和适应气候变化相结合；增加丘陵山区项目，探索丘陵山区旱地农业综合开发的新道路。

（2）推进农业结构和种植制度调整。优化农业区域布局，促进优势农产品向优势产区集中，形成优势农产品产业带，提高农业生产能力。扩大经济作物和饲料作物的种植，促进种植业结构向粮食作物、饲料作物和经济作物三元结构的转变。调整种植制度，发展多熟制，提高复种指数。

（3）加强农业基础设施建设。发展节水农业，把大中型灌区节水改造作为节水灌溉工程的重点，把改变传统灌溉方式作为主攻方向，采用先进设施和新的灌溉方法，大幅提高水资源的利用率，努力扩大有效灌溉面积；全面推广建设完善防渗渠道、发展管灌和滴灌等农田节水灌溉设施。加强农村小型水利及小型水库工程建设，保障河北省粮食安全和增加粮食生产能力的重要措施，平原地区以更新改造机井、小型自流灌区和小型机点灌站为主；丘陵山区，坚持蓄引提并举，狠抓小泉、小水和雨水集蓄利用等小型水利工程，减少外流水量，夺取蒸发雨量，增加抗旱水源。结合海洋能利用、防灾减灾体系建设，加快标准渔港建设。在水土流失严重的山丘区，重点建设淤地坝和小型蓄水保水工程，减少水土流失。对现有荒山、荒坡、三化草地及宜草地带，开展人工种草、改良草地工作，恢复草地资源，减少荒漠化。

（4）提高水资源利用效率。加强节水技术的研发与推广力度，挖掘节水潜力。加快发展海水利用产业，积极构建海水利用的技术支撑体系，实施一批产学研示范工程，建设省海水利用工程综合示范区和国家级海水利用产业化基地；继续建设一批节水增效示范园区，实施土壤水库建设、集雨补灌、农田节水和生物节水四大工程，改善旱作节水农业区生产条件，到2015年，基本建成节水型灌溉农业体系和节水型旱作农业体系，农业灌溉水利用系数达到

0.6。

（5）加强新技术的研究和开发。发展包括生物技术在内的新技术，力争在光合作用、生物固氮、生物技术、病虫害防治、抗御逆境、设施农业和精准农业等方面取得重大进展。继续实施"种子工程"，搞好大宗农作物良种繁育基地建设和扩繁推广。培育产量潜力高、品质优良、综合抗性突出和适应性广的优良动植物新品种。改进作物和品种布局，有计划地培育和选用抗旱、抗涝、抗高温、抗病虫害等抗逆品种。加强农业技术推广，提高农业应用新技术的能力。

2. 畜牧业

为应对气候变化对畜牧业产生的影响，应积极探索发展高效生态畜牧业之路，主要从以下几方面着手：推动畜牧业生产方式由传统、分散、粗放型向精细、集中、规模化转变，是减少异常气候变化对畜牧业不利影响的根本途径；以设施技术为基础，良种技术为核心，饲草料技术为支撑，大力推进实用技术的组装配套和应用推广；继续加大对河北省畜牧生产中粪污处理的治理和改造工作，推广畜牧业循环经济生态养殖模式，加强粪污治理力度，结合沼气工程开展畜禽粪便的无害化处理及能源利用，以提高畜禽粪便利用率。继续实施"畜禽水产良种工程"，搞好大宗畜禽良种繁育基地建设和扩繁推广。

3. 林业及草原

（1）巩固推进林业重点工程。一是加快造林步伐，努力增加森林总量。通过恢复和扩大森林植被，建设多树种、多功能、多效益的防护林，着力推广重点防护林建设工程；继续实施新的退耕还林政策，大力推进坡耕地还林；深入开展全民义务植树活动，大力推进"身边增绿"行动。二是全面展开森林经营工作，实施森林抚育、更新改造，提高森林蓄积量，增强森林生态功能。采取封山育林、封山管护、人工造林等生物措施，尽快恢复受破坏的地表植被，营造以治理水土流失为主的生态防护林体系。在冀北地区巩固现有林草植被，通过飞播造林、人工造林和封山育林等多种方式大面积植树种草，营造防风固沙林带和农田林网，遏制沙化扩展，同时配合当地生态畜牧经济发展，因地制宜营造大面积灌木饲料林，在土石山区营造水源涵养林和干鲜果品基地，在平原地区营造以保护农田、改善城乡环境为主的景观防护林和商品林体系。三是加强森林资源保护管理和合理利用，巩固森林资源发展成果。坚决保护好现有的林地资源，科学合理地开发利用森林资源，加强森林防火和林业有害生物防控工作，推广营造林实用技术。四是推进林业改革，切实增强林业发展的活力。

（2）大力推进林业科技进步。研究与开发森林病虫害防治和森林防火技术，研究选育耐寒、耐旱、抗病虫害能力强的树种，提高森林植物在气候适应和迁移过程中的竞争和适应能力。开发和利用生物多样性保护和恢复技术，降低气候变化对生物多样性的影响。加强森林资源和森林生态系统定位观测与生态环境监测技术，包括森林环境、荒漠化、野生动植物、湿地、林火和森林病虫害等监测技术，完善生态环境监测网络和体系，提高预警和应急能力。

（3）遏制草地荒漠化加重趋势。以改善生态环境、实现生态、社会、经济的协调和可持续发展为目标，充分利用国家实施退耕还草、退牧还草工程的机遇，集中力量完成一批草原重大建设项目，初步改善草原应对气候变化的基础设施；通过严格执行基本草原保护制度，实施禁牧休牧制度并推行划区轮牧制度，实现严重退化草原植被和生态逐渐修复的目标；稳定和扩大以紫花苜蓿为主的人工草地建设，突出发展特色优势草产业；全面落实草地使用权，实施轮牧、限牧、休牧、禁牧及其他建设保护措施，基本遏制草原继续加剧退化的局面。健全草原防火体系，抓好草地治虫灭鼠工作，全力开展草地保护工作。加快种植业结构调整，搞好农作物秸秆饲料的科学加工利用，扩大饲料饲草的种植面积；对现有荒山、荒坡、三化草地及宜草地带，全面开展人工种草、飞播种草、改良草地工作，恢复原有草地资源。加强优良牧草的选育和推广，加快人工种草和天然草地改良步伐。

（4）实施湿地生态保护工程。以湿地保护与恢复工程建设为重点，维护湿地的生态功能，扭转自然湿地面积减少和功能下降的局面，对湿地实施有效的保护，有效减少人为干扰和破坏，遏制湿地面积下滑趋势，增强湿地的碳汇能力。

4. 气象预报预警

加强气象灾害监测预警能力建设，提高气象灾害应急处置综合能力建设。以"公共气象、安全气象和资源气象"的新理念为指导，加快建设新一代气象防灾减灾服务体系与应急系统，积极扩展开发利用空中水资源；大力实施气象资源开发利用工程，切实提高天气气候预报预测，尤其是重大突发性、转折性、灾害性天气的预报准确率，提高人工增雨防雹的科学性和效益。气候是人类宝贵的生态资源，按照人与自然和谐共处的原则，提高气候资源开发利用水平，全面提升气象服务的能力和水平。加强省市农业资源环境监测预警体系建设，形成监测网络，提高监测预警和应急反应能力。

三 农业应对气候变化保障措施

1. 加强组织领导

各级各有关部门应加强对农业应对气候变化工作的领导，落实农业应对气候变化的各项任务和要求。各级节能减排（应对气候变化）工作领导小组办公室要加强农业应对气候变化工作情况的检查督促。建立农业温室气体排放和节能减排统计监测制度，完善多部门参与的决策协调机制，将农业应对气候变化的政策和措施纳入相关规划和计划中，加快低碳农业技术研发和应用，发挥科技进步的先导性和基础性作用。建立专家技术指导组，开展技术方案论证、技术指导、评价、咨询和培训等工作，强化方案实施的技术保障，研究减缓和应对气候变化的低碳农业科技措施。

2. 健全应急体系

各级各有关部门要根据应对气候变化的需要，结合部门实际，不断完善各级应急预案。农业部门要充分评估气候变化不确定的影响，建立安全的发展模式，减轻气候变化对农业增产、农民增收、农村稳定的不利影响。电力部门要有针对降水异常少（多）、异常高（低）温等年景的应对措施，保障供电稳定。交通部门要健全针对大风、暴雨洪涝、道路结冰、大雾等异常天气气候影响的应对措施，保障民众出行安全。卫生防疫部门要有应对异常的气温波动、异常高温、异常内涝、异常洪涝灾害引起的流行性疾病传染的措施，控制流行性疾病的传播。经贸部门要在进一步健全灾害性气候条件下，确保经济应对机制正常运行，增强各项物资供应的保障能力。卫生、环保部门要加强对集中式生活饮用水源地水质监测，及时了解水质变化情况。气象部门要加强气候变化监测，建立异常气候发布制度。

3. 推动科技创新

发挥重点实验室、工程（技术）研究中心、农业园区基地等相关创新载体功能，为开展农业应对气候变化研究提供应用研究、集成示范、成果转化、信息咨询和专业培训等全方位、一体化的服务支撑。统筹开展可再生能源、清洁能源、节能新技术、温室气体减排技术，促进碳吸收技术以及农林水等领域的适应性技术研究；建设温室气体监测站，为农业应对气候变化提供有效、准确的监测数据，为有效应对气候变化提供有力的科技支撑。加强高校、科研院所、政府部门的协作和联动，积极利用各类农业园区开展应对气候变化的技术攻关集成和示范。示范推广农业应对气候变化的新技术，探索试点示范的运行机制，发挥试点示范作用，辐射带动农业积极应对气候变化。

4. 加强人才建设

培养农业应对气候变化的创新人才，建设优秀创新团队，壮大优秀带头人队伍，促进人才的开放交流。加强气候变化研究领域人才培养和引进，造就一支具有国内较高水平的创新团队。完善人才培养引进的优惠政策，建立和完善评价体系和激励机制，稳定人才队伍。加大对大专院校和中等职业学校农林类专业学生的助学力度，有条件的地方可减免种、养殖专业学生学费，鼓励青年人学农务农，不断强化现代农业的科技和人才支撑。

5. 开展广泛合作

农业应对气候变化不仅需要从事农业管理、农业科研、农业生产等方面的共同协作，也需要各级政府、不同行业的不同利益群体积极参与广泛合作。要充分利用国际国内人才技术优势和相关科技资源，引进先进技术与管理模式，提高农业应对气候变化的科技支撑能力和水平。积极推进京、津、冀一体化发展进程，深化区域合作研究，实现资源共享、优势互补。

6. 健全体制机制

完善产业政策、财税政策、信贷政策和投资政策，充分发挥价格杠杆的作用，形成有利于减缓温室气体排放的体制机制，并根据工作需要，适当增加应对气候变化工作的财政投入。加快农村金融组织、产品和服务创新，推动发展村镇银行等农村中小金融机构，扶持农业信贷担保组织发展，加快发展农业保险，完善农业保险保费补贴政策。完善有利于减缓和适应气候变化的相关法规，依法推进应对气候变化工作。

7. 做好宣传引导

要结合世界环境日、气象日、水日、地球日等相关节日，利用专题讲座、科普栏（廊）、公益广告等形式，面向公众积极宣传气候变化及其影响，增强民众的环保意识和社会责任感。鼓励和引导公众和消费者使用节能型产品，积极倡导民众在节约用水、用电、用车等消费模式中形成有助于保护环境、减少温室气体排放、减缓气候变化的良好社会风气。要强化人们应对气候变化的忧患意识、环保意识和责任意识，使应对气候变化成为全社会的共同行为，为建设资源节约型、环境友好型社会创造良好的舆论氛围。

第六章
河北省应对气候变化产业结构
调整对策研究

以技术进步为特征的产业结构优化是区域经济发展的根本标志之一。发达国家的产业结构演进实践表明，三次产业的发展均会引起温室气体排放的增加，但是由于三次产业的能源消耗强度有着明显差别，因而它们对温室气体排放的影响程度也各有不同。

尽管以高碳为特征的工业化进程是温室气体加剧累积的始作俑者，但随着产业结构的演进，第二产业所占比重持续降低，第三产业所占比重不断上升，第二产业内部亦经历着资源密集型—资本密集型—技术密集型—知识密集型的演进历程，对资源尤其是可耗竭资源的依赖程度不断降低，二氧化碳排放强度呈明显的下降趋势。更为重要的是，不同的产业结构会通过直接推动能源消费结构的变化来影响一个国家或地区的碳排放总量及其低碳经济的发展状况。因此，对于二氧化碳排放强度远高于全国平均水平、能源消耗总量高居全国第二的河北省来说，推进产业结构正态演进是达成节能减排目标、应对气候变化、加快低碳经济发展进程的有效途径。

本章将首先深入分析河北省产业结构演进特征，总结产业结构演进存在问题，剖析产业结构正态演进的制约因素。在此基础上，通过运用因素分解模型和灰色预测模型，定量刻画产业结构演进对二氧化碳排放的影响，估量产业结构优化特别是交通运输行业的节能减排潜力，以探讨制订实现区域产业结构优化的对策，最终形成河北省优化产业结构和应对气候变化的研究成果。

第一节　河北省产业结构演变及其特征分析

产业结构演进是一个动态的过程，同时也是经济发展、产业结构调整的结果。从 1978 年至今，河北省的经济取得了长足的发展，产业结构也得到了不断调整和优化。本章将主要从以下四个方面，对河北省产业结构的演进进行全面分析。

一 三次产业增加值比重的变动趋势

由图 6－1 可以看出，1980 年以来，河北省的产业结构发生了显著的变化，第一产业增加值占地区生产总值的比重从 1980 年的 31.06% 下降到 2012 年的 12%，下降了将近 20 个百分点；第二产业增加值比重则呈现波动中缓慢爬升态势，从 1980 年的 48.29% 增长到 2012 年的 52.70%，在考察的时序区间内，1980～1985 年、1988～1990 年、1997～2002 年、2008～2009 年这四个时期曾呈现过比重微降的趋势；第三产业产值增加值比重则明显上升，从 1980 年的 20.65% 增长到 2012 年的 35.30%，增长了近 15 个百分点，这基本符合产业结构演进的一般规律。

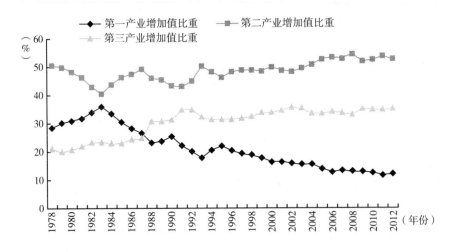

图 6－1 1978～2012 年河北省三次产业产值比重动态趋势

资料来源：《河北经济年鉴 2013》。

然而，与全国的产业结构的演进相比（对照图 6－1 和图 6－2），河北省第一产业增加值占地区生产总值的比重在 1978～1995 年虽经历三次缓慢回升，但总体上呈快速下降态势，1995～2006 年步入缓慢下降阶段，2006～2012 年所占比重相对稳定，但高于全国第一产业增加值所占比重；第二产业增加值比重波动较全国剧烈，且呈弱上升趋势，大多数年份比重高于全国；第三产业增加值比重上升相对缓慢，且明显低于全国平均水平。显然，从三次产业构成的角度来看，河北省的产业结构不协调的矛盾仍相当突出。

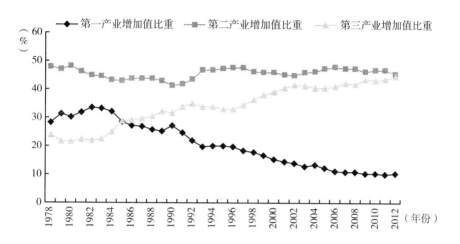

图 6 - 2 1978 ~ 2012 年中国三次产业增加值比重动态趋势

资料来源：《中国统计年鉴 2013》。

另外，通过比较河北省、全国、美国、日本等国家或地区的 GDP 产业构成（见表 6 - 1）可知，与美、日、英、德、意等发达国家相比，我国第一产业增加值比重虽自改革开放以来逐年下降但仍较高，第三产业增加值在小幅度波动中呈明显上涨趋势但仍较低，第二产业增加值比重围绕 48.53% 上下微幅波动；河北省三次产业增加值比重的波动与全国协同，但波幅相对较大，三次产业构成存在的问题更为凸显。

表 6 - 1 2010 年河北省、我国和其他代表性国家国内生产总值的产业构成

单位：%

项目	河北省	中国	美国	日本	英国	德国	意大利	俄罗斯	印度	巴西
第一产业	12.57	10.1	1.2	1.2	0.7	0.9	1.9	4	17.7	5.3
第二产业	52.5	46.7	20	27.4	21.7	28.2	25.2	36.7	27.1	28.1
第三产业	34.93	43.2	78.8	71.5	77.6	71	72.9	59.3	55.1	66.6

资料来源：表中数据来源于《河北经济年鉴 2012》和《中国第三产业统计年鉴 2012》。

二　三次产业固定资产投资结构变动趋势

产业结构的形成很大程度上取决于投资结构的变化。就河北省而言，由表
6-2 可知，进入 20 世纪 90 年代后，全社会固定资产投资呈现突飞猛进的态势。
从投资总量来看，全社会固定资产投资从 1990 年的 177.21 亿元增长到 2012 年
的 19661.30 亿元，以 1990 年的不变价格计算，全社会固定资产投资仍增长了
40.43 倍，其中第一产业全社会固定资产投资增长了 15.16 倍，第二产业全社会
固定资产投资增长了 36.33 倍，第三产业全社会固定资产投资增长了 49.04 倍。
可见，长期以来河北省固定资产投资主要投向了第二、第三产业。从三次产业全
社会固定资产投资所占的比重来看，第一产业全社会固定资产投资的比重明显下
降；第二产业全社会固定资产投资的比重略有起伏，2001 年以来则重拾升势；
第三产业全社会固定资产投资的比重在经历了 1990～2001 年的快速上升后，
2002 年开始直至 2008 年呈逐年下降趋势，2009～2011 年得以重新回升，但 2012
年又明显下滑。上述分析充分表明，尽管三次产业全社会固定资产投资绝对量连
年快速攀升，但是就三次产业全社会固定资产投资的增速和构成来观察，长期以
来河北省的投资重点主要在第二产业，致使河北省经济增长高度依赖第二产业的
局面一直未被打破，从而河北省的产业结构仍然表现为"二三一"的特征。

表6-2　河北省三次产业全社会固定资产投资结构

单位：亿元，%

年份	全社会固定资产投资	第一产业		第二产业		第三产业	
		投资规模	比重	投资规模	比重	投资规模	三产比重
1990	177.21	15.67	8.84	94.16	53.13	67.38	38.03
1995	939.32	55.43	5.90	470.13	50.05	413.77	44.05
2000	1847.23	88.96	4.82	784.34	42.46	973.93	52.72
2001	1941.90	104.21	5.37	684.53	35.25	1153.16	59.38
2002	2046.69	142.43	6.96	768.66	37.56	1135.60	55.48
2003	2515.86	164.05	6.52	1046.55	41.60	1305.26	51.88
2004	3251.65	192.67	5.93	1431.44	44.02	1627.54	50.05
2005	4210.25	224.31	5.33	1971.88	46.84	2014.11	47.83
2006	5501.00	239.19	4.35	2791.10	50.74	2470.71	44.91
2007	6884.68	261.24	3.79	3596.37	52.24	3027.07	43.97

续表

年份	全社会固定资产投资	第一产业		第二产业		第三产业	
		投资规模	比重	投资规模	比重	投资规模	三产比重
2008	8866.56	386.73	4.36	4735.25	53.41	3744.57	42.23
2009	12311.85	514.36	4.18	5929.83	48.16	5867.65	47.66
2010	15083.35	559.63	3.71	6630.57	43.96	7893.16	52.33
2011	16389.33	590.36	3.60	7462.52	45.53	8336.44	50.87
2012	19661.30	651.70	3.31	9386.60	47.74	9066.30	46.11

资料来源：2012 年以前的数据来源于《河北经济年鉴 2012》，2012 年数据来源于《河北省 2012 年国民经济与社会发展统计公报》。

　　我国全社会固定资产投资由 1990 年的 4517 亿元升至 2012 年的 374675.7 亿元，剔除价格因素的影响后仍增长了 30.23 倍。2012 年我国三次产业的全社会固定资产投资构成具体见图 6 - 3，图中所示数据表明，全国的固定资产投资结构较为合理，顺应了我国产业结构调整的方向，符合产业结构优化的要求。相比之下，凸显了河北省固定资产投资结构的不合理性，以及产业结构的不协调性。之所以出现这种结果，与河北省目前所处经济发展阶段、工业大省的历史现状以及京津工业向河北省的战略转移等原因直接相关。

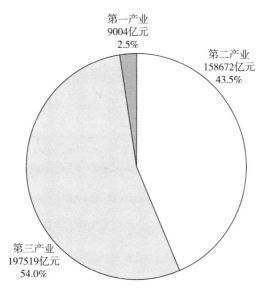

第一产业
9004亿元
2.5%

第二产业
158672亿元
43.5%

第三产业
197519亿元
54.0%

图 6 - 3　2012 年中国三次产业固定资产投资所占比重

资料来源：《中国统计年鉴 2013》。

三 三次产业相对劳动生产率比较

相对劳动生产率等于相应产业的产值比重与该产业从业人数比重之比，反映该产业就业人数增加1%时所创造的收入比重。二元生产率对比系数，简称二元对比系数，等于第一产业相对劳动生产率与第二、第三产业比较劳动生产率的比值，其最大值为1，经济结构的二元性强度与二元对比系数反向变化，即三次产业的相对劳动生产率越接近、二元对比系数越大，则表明产业结构越协调，产业效益越高。世界各国经济的发展历程表明，产业间相对劳动生产率差距会逐渐缩小、二元对比系数会逐渐提升（如表6-3中的美国、德国等），这是各个国家和地区产业结构演进、经济持续发展的必然趋势。

表6-3 2010年河北省、我国和其他代表性国家三次产业相对劳动生产率

		河北省	中国	美国	日本	英国	德国	意大利
相对劳动生产率（%）	第一产业	0.332	0.275	0.750	0.324	0.438	0.563	0.500
	第二产业	1.622	1.627	1.198	1.083	0.764	0.993	0.875
	第三产业	1.174	1.249	0.970	1.026	1.109	1.014	1.080
二元对比系数		0.24	0.19	0.74	0.31	0.43	0.56	0.49

资料来源：根据《河北经济年鉴2012》《中国第三产业统计年鉴2012》中的相关数据整理而成。

河北省三次产业相对劳动生产率的变动情况如图6-4所示。1985~2012年，河北省三次产业相对劳动生产率之间的差距尽管有起伏，但差距总体上呈缩小趋势。1980年相对劳动生产率最高的第二产业是最低的第一产业相对劳动生产率的8倍，是第三产业的1.6倍，第三产业是第一产业的4.9倍；而到了2011年，第二产业的相对劳动生产率是第一产业的4.93倍，是第三产业的1.41倍，第三产业是第一产业的3.5倍。产业间相对劳动生产率差距的缩小，充分说明了改革开放30多年来，河北省产业结构调整取得了长足进步，产业结构协调度有明显提升，产业效益逐步提高。

不过，值得注意的是，尽管第二、第三产业的相对劳动生产率均有所下降，可降幅较小，且第二、第三产业与第一产业的劳动生产率仍然存在较大的差距。第一产业劳动生产率不断下降的数据表明，河北省的农村劳动力仍存在

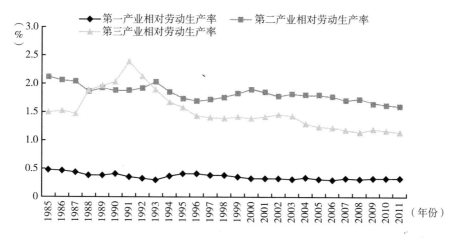

图 6 - 4　1985 ~ 2011 年河北省三次产业相对劳动生产率的变动

资料来源：根据《河北经济年鉴 2013》中相关数据计算而得。

过剩的状况，这也说明了农村劳动力转移的必要性，否则，必将影响整个经济劳动生产力的提高，拖累河北省经济的发展。

四　出口贸易的产品结构

剔除宏观经济政策调整和国际经济较大波动的冲击，河北省出口贸易总额基本呈持续上涨的趋势。与全国相比（见表 6 - 4），1978 ~ 2010 年，河北省出口贸易的增长速度低于全国平均水平；1991 ~ 2010 年，河北省出口贸易增长速度与全国平均水平进一步拉开距离，这说明 1991 ~ 2000 年河北省对外贸易条件恶化；2001 ~ 2010 年，河北省的出口贸易加速增长，增长率高于全国平均水平 2.36 个百分点，这表明进入 21 世纪以来，河北省对外贸易条件改善，出口贸易取得快速发展。另外，我们也观察到：在金融危机的冲击之下，河北省 2009 年的出口额降幅达 34.6%，高于全国 15.7% 的降幅；金融危机阴霾逐渐消散后，2010 年河北省出口贸易同比增加 43.9%，远高于全国 31.3% 的增幅；在欧债危机等因素的共同作用下，2012 年我国对外贸易增速回落，河北省出口贸易更是加速下滑，这些事实均在一定程度上表明河北省对外贸易发展抵御外来经济冲击的能力较差。

表 6 - 4　河北省、全国对外贸易各阶段的平均增长速度

单位：%

项目	年份	1979~2010	1991~2010	2001~2010	2009	2010	2011	2012
河北省	对外贸易总额增速	16.71	15.71	26.19	-22.9	41.5	27.4	-5.7
	出口总额增速	14.75	13.17	22.66	-34.6	43.9	26.7	3.6
	进口总额增速	23.57	21.93	32.27	-3.4	38.9	28.3	-16.3
全国	对外贸易总额增速	16.80	17.64	20.15	-13.9	34.7	22.5	6.2
	出口总额增速	17.64	17.56	20.27	-15.7	31.3	20.3	7.9
	进口总额增速	16.38	17.73	20.02	-11.2	38.7	24.9	7.7

资料来源：《河北省经济年鉴 2012》《新河北 60 年》《中国统计摘要 2013》以及《河北省 2012 年国民经济与社会发展公报》，各阶段年均增速采用几何平均法计算而得，增速计算过程中未扣除价格因素的影响。

从贸易方式来看，延续了一般贸易主导型出口模式，且一般贸易出口占比有上升的趋势。1990~2000 年，一般贸易出口占全省出口的比重波动在 80% 左右；2001~2012 年，一般贸易出口占全省的比重波动在 83.54% 左右，远高于同期全国一般贸易出口的比重（43.83%）；2001~2012 年，加工贸易出口占全省出口的比重波动在 14.97% 左右，远低于同期全国加工贸易出口的比重（49.77%）；另外，河北省加工贸易出口占全省出口总额的比重波动幅度较大，2004~2009 年由 12.06% 升至 18.18% 后又开始逐年下降，2012 年这一比重降至 13.99%。

机电产品、高新技术产品出口占出口总额的比重呈快速提升态势，与全国的平均水平的差距缩小，除 2009 年和 2011 年外，河北省机电产品、高新技术产品出口同比增速远高于全国的平均水平，增长呈加速上升态势（见表 6 - 5）。

表 6 - 5　2001~2011 年河北省与全国出口贸易的产品结构

单位：%

项目	年份	2001	2002	2003	2004	2005	2006	2007	2008	2009	2010	2011
河北	机电产品出口占比	15.4	17.2	16.6	16.8	20.29	26.19	30.02	31.88	36.9	37.0	34.9
	出口同比增速	8.1	28.6	24.86	59.1	41.3	51.5	51.2	50.1	-24.4	44.2	19.7

续表

项　　　目	年份	2001	2002	2003	2004	2005	2006	2007	2008	2009	2010	2011
河北	高科技产品出口占比	1.26	1.53	1.35	1.43	2.08	3.71	5.88	8.91	13.00	15.8	13.3
	出口同比增速	—	39.9	14.23	66.7	70.1	110	110	98	−3.2	74.5	6.9
全国	机电产品出口占比	44.63	48.25	51.89	54.50	55.99	56.69	57.57	57.72	59.34	58.42	57.18
	出口同比增速	12.8	32.25	44.8	42.3	32.0	28.8	27.6	17.3	−13.34	30.9	16.3
	高科技产品出口占比	17.47	20.83	25.16	27.89	28.64	29.05	28.65	29.15	31.36	31.21	28.91
	出口同比增速	25.4	45.88	62.6	50.2	31.85	29.0	23.6	13.1	−9.3	30.7	11.5

资料来源：数据分别来源于历年的《河北省国民经济与社会发展统计公报》和《中华人民共和国国民经济与社会发展统计公报》。

另外，根据历年的《河北省国民经济与社会发展统计公报》显示，2001～2011 年工业制成品出口所占比重持续提升，由 2001 年的 67.7%升至 2011 年的 94.76%，初级产品出口所占比重则由 2001 年的 32.3%降至 2011 年的 5.24%。在出口产品结构不断优化的同时，河北省的经济增长对第二产业的依赖程度也逐渐提高。

五　河北省产业结构演进中存在的问题

综上分析可知，河北省产业结构演进过程中主要存在以下五个方面的问题：

（一）第一产业发展落后，固定资产投入相对不足

河北省第一产业发展相对滞后。主要表现为政府对第一产业的投资不足和第一产业的从业人数过多，这直接导致了第一产业相对劳动生产率的低下。从表 6 - 2 可以看出，1990～2012 年，第一产业全社会固定资产投资由 15.67 亿元上升至 651.7 亿元，但河北省第一产业的投资比重呈逐年下降的趋势，由 8.84%下降至 3.31%，而同期河北省第一产业增加值占地区生产总值的比重

都在 12% 以上，1990 年甚至超过 30%。这些数据充分说明，河北省对包括农业在内的第一产业的投入不足，且这种投入不足有加剧恶化的趋势。据河北省统计局统计，从 2000 年到 2011 年，河北省粮食产量从 2551 万吨增长到 3246.6 万吨，增长了 27.27%，全国粮食产量从 46217.5 万吨增长到 58958 万吨，增长了 27.57%。相比之下，作为农业大省的河北省，11 年来粮食产量增幅不大，且略低于全国平均水平，这在一定程度上佐证了全社会固定资产投资不足导致的农民种粮、从事第一产业积极性不高的态势。

（二）第二产业比重偏大，且产业内部向重工业倾斜，资源依赖度高

河北省是传统的工业大省，且重工业化特征突出，第二产业在全省经济中地位举足轻重。结合图 6-1 和表 6-2 中的数据可知，1990~2012 年，第二产业增加值占地区生产总值的比重为 49.63%，吸收了 47.02% 的全社会固定资产投资，吸纳了 30% 左右的从业人数，其在河北省国民经济中的地位可见一斑。而第二产业中又以重化工工业所占的比重最大，且发展的粗放度较高。这些传统的行业仍然是河北省经济发展的支柱行业，而满足人们最终需求的轻工业以及重加工业比重较低，且多为资源依赖度较高的产业。河北省资源型的传统产品占产品总数的一半以上，而全国仅为三分之一左右，发达地区甚至更低，这充分说明了河北省经济发展对自然禀赋的依赖度偏高。

据《河北经济年鉴 2012》数据显示，2011 年河北省重工业产值占工业总产值的比重为 81.09%，显著高于全国重工业产值占工业总产值的比重（71.8%[①]）；又据《河北经济年鉴 2008》数据显示，2007 年河北省重工业中资金密集型产业的比重较高，其中排在前三位的是化学工业、钢铁工业和非金属矿物制造业，其总产值分别占到重工业总产值的 22.33%、20.50%、17.18%，中间投入比重分别是 23.54%、20.49% 和 17.09%，增加值比重分别为 19.24%、20.52%、17.40%。而知识技术密集型产业的比重偏低，技术含量和附加值较高的通信设备制造业、仪器仪表及文化办公用机械制造业则排在倒数第一、第二位，其总产值比重只有 1.65% 和 0.55%，中间投入比重分别为 1.44% 和 0.65%，增加值比重分别是 2.20% 和 0.30%。上述数据进一步

---

① 此数据来源于《2012 中国工业经济统计年鉴》。

表明，河北省重工业尤其是重化工业在全省经济中的比重过高。

（三）第三产业发展缓慢，比重偏低

第三产业内涵宽泛，是发展潜力大、吸纳劳动力能力强、需求收入弹性较高、且单位产值能源消耗较少的产业，是最有利于带动区域经济全面发展、减少二氧化碳排放的产业。但河北省第三产业发展缓慢，且第三产业增加值占地区生产总值的比重与全国平均水平相比有一定差距，特别是进入 21 世纪以来，与全国平均水平的差距明显拉大（见图 6 – 5）。

图 6 – 5　1978 ~ 2012 年河北省与全国第三产业增加值比重变动趋势对照

资料来源：《河北经济年鉴 2013》《中国统计年鉴 2013》。

与东部发达省份相比，河北省第三产业发展更为滞后。以 2012 年为例，河北省第三产业增加值在地区生产总值中的比重为 35.30%，该比重全国排名位列第 24，而同期的北京为 76.1%、上海为 58.0%、天津为 46.2%、广东为 45.3%、浙江为 43.9%、江苏为 42.4%、山东为 38.3%。从第三产业从业人数占总从业人数的比重看，2011 年河北省第三产业从业人数为 1202.96 万，占从业总人数的 30.36%，而同期全国第三产业从业人员数为 27282 万，占就业人员比重为 35.7%。综合上述资料以及表 6 – 6 中的相关数据充分表明，河北省第三产业的发展与全国平均水平及东部发达省份之间有着明显的差距，且第三产业内部结构亟待优化。

表6-6　2011年河北省与我国典型省市第三产业发展比较

单位：%

项　目	交通运输、仓储和邮政业		批发和零售业		住宿和餐饮业		金融业		房地产业	
	比重	排名	比重	排名	比重	排名	比重	排名	比重	排名
河　北	24.12	1	20.99	19	4.00	26	8.79	27	10.820	10
辽　宁	14.01	9	24.03	7	5.34	17	9.26	23	10.740	11
山　东	13.4	10	31.09	1	5.08	19	9.44	21	10.580	12
浙　江	8.51	27	23.19	12	4.37	23	19.25	3	11.800	7
江　苏	10.21	24	25.63	4	4.41	22	12.48	10	13.180	4
广　东	8.68	26	23.58	9	4.95	20	12.1	13	13.780	2
北　京	6.54	30	17.31	26	2.82	30	17.92	4	8.700	20
天　津	12.11	16	28.05	2	3.73	27	14.5	6	7.880	21
上　海	7.79	28	27.29	3	2.51	31	20.44	1	9.150	16

资料来源：根据《2012中国第三产业统计年鉴》中的相关数据整理而得。

（四）三次产业相对劳动生产率差距大，产业结构失调

河北省三次产业相对劳动生产率差距总体上呈逐渐缩小趋势，产业结构调整成效显著，但是三次产业间相对劳动生产率的差距依然较大，产业结构失调问题仍较为严重。随着工业化进程的推进和第一产业产值比重的逐渐下降，劳动力持续向第二产业和第三产业转移，但是河北省第一产业的相对劳动生产率一直维持在低位，且总体呈弱下降趋势，可见，农村剩余劳动力转移的压力不容忽视。而随着第三产业就业人员比重的持续提高，第三产业的相对劳动生产率呈下降趋势，这在一定程度上反映出第三产业正面临着提高劳动生产率的瓶颈。第二产业的相对劳动生产率总体波动较小，即随着第二产业就业人员比重的上升，产值比重以相近幅度上升。

另外，与全国相比（如图6-4和图6-6所示），河北省三次产业相对劳动生产率波动较大，第二产业、第三产业的相对劳动生产率均低于全国平均水平。在产业结构演进过程中，第二、第三产业相对劳动生产率不高也是农村剩余劳动力转移诱力不足的原因之一。

（五）出口产品中，工业制成品所占比重高，高科技产品所占比重低

河北省出口产品的结构不断优化，但出口产品中工业制成品所占比重高，工业制成品中大多是高能耗、高排放、投入产出比低的产品，而高新技术产品

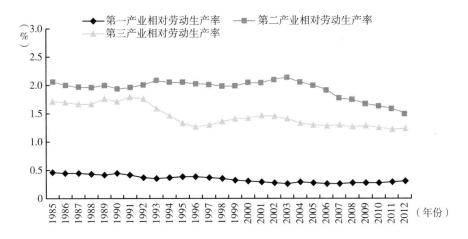

图 6 - 6　1985~2012 年全国三次产业相对劳动生产率的变动

资料来源：根据《中国统计年鉴 2013》中相关数据计算而得。

属于低投入、低排放、高产出、高附加值的产品，其出口份额低于全国的平均水平，竞争力相对较弱。

第二节　河北省产业结构演进与温室气体排放关系分析

一　河北省二氧化碳排放的影响因素分解

（一）研究思路与模型设定

本节重点考察产业结构演进对二氧化碳排放的影响，并定量分析二氧化碳排放变化过程中各种影响因素的相对重要性。根据因素分解模型的研究思路[1]，结合本节研究重点，设立相应模型如下：

$$CO_2 = CO_{2L} + \sum_{n=1}^{3} CO_{2n} = CO_{2L} + \sum_{n=1}^{3} \frac{CO_{2n}}{Q_n} \times \frac{Q_n}{Q} \times Q$$

$$= (CO_{2iL} + \sum_{n=1}^{3} \frac{CO_{2n}}{Q_n} \times \frac{Q_n}{Q}) \times Q \tag{6 - 1}$$

---

[1]　齐绍洲：《中国经济增长与能源消费强度差异的收敛性及机理分析》，《经济研究》2009 年第 4 期。

式 6-1 中：CO_2 为研究区域能源消费二氧化碳排放总量；CO_{2n} 为研究区域的 n 类产业的二氧化碳排放量，$n = 1,2,3$；Qn 为研究区域 n 类产业的增加值；CO_{2L} 为研究区域的生活耗能二氧化碳排放总量，CO_{2iL} 为研究区域的单位 GDP 生活耗能二氧化碳排放总量；Q 为研究区域的实际地区生产总值。上式经变换可得：

$$CI - CO_{2iL} = \sum_{n=1}^{3} \frac{CO_{2n}}{Q_n} \times \frac{Q_n}{Q} = \sum_{n=1}^{3} F \times \frac{E_n}{Q_n} \times \frac{Q_n}{Q} \qquad (6-2)$$

进一步简化，可得：

$$CI - CO_{2iL} = \sum_{n=1}^{3} F \times EI_n \times S_n \qquad (6-3)$$

其中：$CI = \dfrac{CO_2}{Q}$；$EI_n = \dfrac{E_n}{Q_n}$；$S_n = \dfrac{Q_n}{Q}$

上式中，CI 为单位产出的二氧化碳排放量，即二氧化碳排放强度；CO_{2iL} 用以表征生活能耗二氧化碳排放强度变化；F 为历年的二氧化排放综合系数，其变化可在一定程度上表征能源消费结构的变化；EI_n 为 n 类产业单位产出的能源消耗量，即三次产业的能源消耗强度，用以表征三次产业的生产技术水平；S_n 为 n 类产业增加值在地区生产总值中所占比重，表征产业结构因素。

简言之，可以将二氧化碳排放强度的变化看作产业结构（三次产业分别占 GDP 的比例）、能源消费结构、技术进步和生活耗能变化这四个因素共同作用的结果，即碳排放变化分解为四种不同的变化效应：产业结构效应、能源消费结构效应、技术进步效应和单位 GDP 生活耗能效应。若因素变化引起的碳排放效应为正值，则因素的变化对二氧化碳排放的冲击为正，其变化值为碳排放量变化的增量效应，反之为减量效应。

（二）数据来源与处理

数据资料来源于《新中国六十年统计资料汇编》《河北经济年鉴 2012》《中国能源统计年鉴 2011》《新河北 60 年》以及《中国第三产业统计年鉴》等。

数据处理过程及结果见表 6-7、表 6-8。

表6-7 河北省主要年份能源消费总量及各产业部门能源消费量

单位：万吨标准煤

年份	能源消费总量 TE	第一产业能耗 E_1	第二产业能耗 E_2	第三产业能耗 E_3	生活能耗 E_L
2000	11195.71	173.14	7920.93	543.01	1463.84
2005	19835.99	532.00	14757.00	1379.00	1869.00
2006	21794.09	565.63	16507.53	1414.17	1784.44
2007	23585.13	582.51	17802.95	1663.17	1993.04
2008	24321.87	612.35	18433.74	1751.43	2072.82
2009	25418.79	644.81	19089.09	1836.24	2166.14
2010	27531.11	686.82	20350.17	2041.81	2302.56
2011	29498.29	703.93	23659.99	2225.57	2499.49

资料来源：据《中国能源统计年鉴2001~2002》《中国能源统计年鉴2006》以及《河北经济年鉴2012》中的能源平衡表整理而得。

表6-8 主要年份河北省各产业增加值及比重

单位：亿元，%

年份	地区生产总值 Q	第一产业		第二产业		第三产业	
		增加值 Q_1	比重	增加值 Q_2	比重	增加值 Q_3	比重
2000	5881.86	1048.87	17.83	2906.57	49.86	2742.72	33.79
2001	6393.58	1104.46	17.27	3147.82	49.68	3044.42	34.51
2002	7007.36	1164.08	16.61	3480.69	50.12	3356.29	34.71
2003	7820.21	1235.36	15.80	3978.84	51.34	3692.48	34.22
2004	8829.02	1318.13	14.93	4567.71	52.20	4157.43	34.12
2005	10012.11	1400.00	13.98	5271.57	53.13	4704.28	34.05
2006	11353.73	1470.00	12.95	6067.58	53.92	5376.99	34.32
2007	12807.01	1528.80	11.94	6923.11	54.54	6135.15	34.72
2008	14100.52	1603.71	11.37	7650.03	54.74	6816.15	35.03
2009	15510.57	1656.63	10.68	8453.30	54.99	7593.19	35.48
2010	17403.14	1714.53	9.85	9586.13	55.58	8587.92	35.76
2011	19369.36	1786.63	9.22	10870.48	56.63	9489.58	35.50

资料来源：《河北经济年鉴2012》，均以2005年不变价计算。

依据表6-7和6-8中的数据，可计算得到相应年份的河北省能源消耗强度，具体如表6-9所示。

表 6 - 9　河北省主要年份能源消耗强度

单位：吨标准煤/万元

年份	二氧化碳排放综合系数 F	能源消耗强度 EI	第一产业	第二产业	第三产业	单位 GDP 生活耗能
2000	2.5844	1.704	0.165	2.725	0.198	0.249
2005	2.5890	1.827	0.380	2.799	0.293	0.187
2006	2.5878	1.764	0.385	2.721	0.263	0.157
2007	2.5923	1.698	0.381	2.572	0.271	0.156
2008	2.5910	1.600	0.382	2.410	0.257	0.147
2009	2.5912	1.509	0.389	2.258	0.242	0.140
2010	2.5646	1.437	0.401	2.123	0.238	0.132
2011	2.5522	1.481	0.394	2.177	0.235	0.129

资料来源：根据能源消耗强度和二氧化碳排放综合系数的计算公式，结合表 6 - 7 和表 6 - 8 中的数据计算而得。

（三）二氧化碳排放强度变动驱动因素分解及评析

综合以上数据处理结果，运用因素分解模型对河北省二氧化碳排放变化的驱动因素进行分解，分别得到产业结构变动效应、能源消费结构变动效应、技术进步效应、生活耗能变动效应以及相应的贡献率，具体结果见表 6 - 10 和表 6 - 11。

表 6 - 10　河北省二氧化碳排放变化中影响因素的效应分解

单位：吨二氧化碳/万元

年份	二氧化碳排放强度变化	产业结构变动效应	能源消费结构变动效应	技术进步效应	生活耗能变动效应
2000 ~ 2005	0.3256	0.2007	0.0082	0.2777	- 0.1610
2006	- 0.1639	0.0476	- 0.0020	- 0.1331	- 0.0763
2007	- 0.1643	0.0342	0.0076	- 0.2021	- 0.0040
2008	- 0.2569	0.0089	- 0.0021	- 0.2414	- 0.0223
2009	- 0.2348	0.0104	0.0002	- 0.2264	- 0.0190
2010	- 0.2250	0.0252	- 0.0381	- 0.1933	- 0.0188
2006 ~ 2010	- 0.3901	0.0396	- 0.0284	- 0.2618	- 0.1394
2011	0.0445	0.0197	- 0.0184	0.0515	- 0.0083

资料来源：根据因素分解模型设计思路，综合运用表 6 - 7、表 6 - 8 和表 6 - 9 中的数据计算而得。

表 6－11　河北省二氧化碳排放变化中各影响因素的贡献率

单位：吨二氧化碳/万元，%

年份	二氧化碳排放强度变化	产业结构变动因素贡献率	能源消费结构变动因素贡献率	技术因素贡献率	生活耗能因素贡献率
2000～2005	0.3256	61.648	2.529	85.280	－49.457
2006	－0.1639	－29.036	1.229	81.226	46.581
2007	－0.1643	－20.827	－4.623	123.010	2.440
2008	－0.2569	－3.462	0.800	93.970	8.692
2009	－0.2348	－4.415	－0.100	96.406	8.109
2010	－0.2250	－11.208	16.922	85.911	8.375
2006～2010	－0.3901	－10.147	7.290	67.119	35.738
2011	0.0445	44.371	－41.288	115.632	－18.715

资料来源：根据因素分解模型设计思路，综合运用表 6－7、表 6－8、表 6－9 以及表 6－10 中的数据计算而得。

河北省二氧化碳排放强度的因素分解结果表明，河北省二氧化碳排放强度经历"十五"期间的上升阶段后，在"十一五"期间逐年快速下降，步入 2011 年又出现了弱势回升的势头。从产业结构、能源消费结构、技术进步和生活耗能四大效应来看，河北省二氧化碳排放强度变动的最主要驱动因素为技术进步，其次是产业结构变动因素和生活耗能变动因素，能源消费结构变动驱动效应相对较小。

"十一五"期间，河北省二氧化碳排放强度的上升，一是由技术水平的落后造成的，由于"十五"期末技术水平低于初期导致二氧化碳排放强度增加了 0.277 吨 CO_2/万元，技术因素的贡献率达 85.28%。二是由于产业结构调整趋于重工业化、产业结构负向演进，导致二氧化碳排放量增加了 0.2007 吨 CO_2/万元，产业结构变动因素的贡献率为 61.648%。三是由于能源消费构成中煤炭占比提升、结构优质化程度降低，导致二氧化碳排放强度微增了 0.0082 吨 CO_2/万元，能源结构变动因素的贡献率为 2.529%，而单位 GDP 生活能耗的降低使二氧化碳排放强度下降了 0.1610 吨 CO_2/万元，贡献率达 －49.457%。

"十一五"期间，河北省二氧化碳排放强度的下降，一是由技术水平提高决定的，技术进步使得二氧化碳排放强度下降 0.2618 吨 CO_2/万元，技术进步的减量效应贡献率为 67.119%。二是单位 GDP 生活能耗降低使二氧化碳排放强度下降了 0.1394 吨 CO_2/万元，贡献率为 35.738%。三是与 2005 年相比，2010 年的能源消费构成中煤炭消费占比下降、石油和天然气消费占比上升，能源消费结构正态演进使得二氧化碳排放强度下降了 0.0284 吨 CO_2/万元，贡献率为 7.29%，而此阶段河北省第二产业增加值比重持续加大，产业结构负向演进，导致区域二氧化碳排放强度上升了 0.0396 吨 CO_2/万元，贡献率为 -10.147%。

通过对河北省三次产业能源消耗强度的计算和比较，结合二氧化碳排放强度变化驱动因素的分解和评析，可以得出以下几点结论：技术变动因素是二氧化碳排放强度或能源消耗强度的决定性因素；降低生活能耗的节能效应有助于降低能源消耗强度，进而降低二氧化碳排放强度；第二产业能源消耗强度、二氧化碳排放强度最高，产业结构的正态演进会降低能源消耗强度和二氧化碳排放强度，同时产业结构的升级决定了能源消费结构的优化，有助于进一步实现节能、降耗、减排的目标；另外，产业结构优质化程度越低，也意味着结构性节能减排潜力越大。

二 河北省二氧化碳排放与产业结构变动的关系

结合河北省产业结构的长期变动趋势，以及 2001 年以来产业结构调整向第二产业倾斜的现实，依据本节数据处理的结果，具体来看，河北省产业结构变动与二氧化碳排放的关系主要体现为以下三个方面。

（一）第一产业增加值比重不断减小，二氧化碳排放强度持续降低

河北省第一产业增加值比重不断减小，其能源消费比重、能源消耗强度、二氧化碳排放强度均呈下降趋势，因此，第一产业二氧化碳排放总量所占比重也逐步降低。

首先，考察时序期内，作为北方农业大省的河北，按 2005 年不变价格计算，第一产业所占比重持续下降，由 2000 年的 17.83% 下降到 2011 年的9.22%，即使按当年价格计算，第一产业的比值也由 2000 年的 16.35% 下降到 2011 年的 11.9%。但河北省第一产业增加值比重仍然高于全国平均水平，更是远远高于北京、天津、上海、广东等发达地区（见表 6-12），仍有较大的调整空间。

表 6 - 12　2011 年我国及典型省市生产总值的构成（按三次产业划分）

单位：%

项目	河北	北京	天津	上海	黑龙江	山东	广东	青海	全国
第一产业	11.9	0.8	1.4	0.7	13.5	8.8	5.0	9.3	10.0
第二产业	53.5	23.1	52.4	41.3	50.3	52.9	49.7	58.4	46.6
第三产业	34.6	76.1	46.2	58.0	36.2	38.3	45.3	32.3	43.4

资料来源：《中国统计年鉴 2012》，按当年价计算。

其次，河北省第一产业的能源消费比重整体上呈持续下降趋势，但仍高于全国平均水平，更显著高于北京、天津、上海、广东等发达地区（见表 6 - 13）；同时，河北省第一产业的能源消耗强度虽持续下降，但仍显著高于全国平均水平（见表 6 - 14）。通过两个指标的比较，在一定程度上反映出河北省第一产业能源利用效率不高。

表 6 - 13　2011 年我国及典型省市三大产业的能源消耗比重

单位：%

项目	河北	北京	天津	上海	黑龙江	山东	广东	青海	全国
第一产业	2.39	1.43	1.32	0.58	3.47	1.11	1.57	0.58	1.94
第二产业	80.21	31.70	70.64	55.20	63.87	80.02	64.10	78.61	72.50
第三产业	7.54	43.56	14.77	31.89	16.08	12.99	18.94	9.34	14.80
生活耗能	8.47	18.67	9.95	9.43	16.59	5.88	12.94	6.32	10.75

资料来源：根据《河北经济年鉴 2012》《北京统计年鉴 2012》《天津统计年鉴 2012》《黑龙江统计年鉴 2012》《山东统计年鉴 2012》《广东统计年鉴 2012》《青海统计年鉴 2012》《中国统计年鉴 2012》中相关数据计算而得。

表 6 - 14　2011 年我国及典型省市的能源消耗强度

单位：吨标准煤/万元

项目	河北	北京	天津	上海	黑龙江	山东	广东	青海	全国
单位 GDP 能耗	1.203	0.430	0.672	0.587	0.963	0.793	0.535	1.909	0.767
第一产业	0.242	0.736	0.627	0.521	0.247	0.100	0.167	0.119	0.142
第二产业	1.802	0.591	0.905	0.785	1.222	1.198	0.690	2.571	1.145
第三产业	0.262	0.246	0.215	0.323	0.428	0.269	0.224	0.552	0.251

资料来源：同表 6 - 12，此表中单位 GDP 能耗强度按现价 GDP 折算。

伴随第一产业的演进，第一产业增加值比重将继续下降，该产业的能源消耗强度和二氧化碳排放强度都将进一步降低，会释放出一定的节能减排空间，有助于缓解温室气体积聚带来的环境压力。

（二）第二产业比重大且呈上升趋势，与二氧化碳排放总量扩张趋势协同

由图6-7可知，河北省能源消费、二氧化碳排放总量的变动与第二产业增加值比重变动趋势相近，尤其是进入2001年后，三者均呈加速上扬趋势。图6-1中三次产业增加值比重的变动趋势表明，河北省产业结构的调整过程基本同产业结构优化的方向相悖，"二三一"特征逐渐强化，并且生产技术水平相对落后，导致二氧化碳排放总量出现加速上升、二氧化碳排放强度难以快速下降。高排放—低效率的矛盾，致使河北省二氧化碳排放压力巨大。

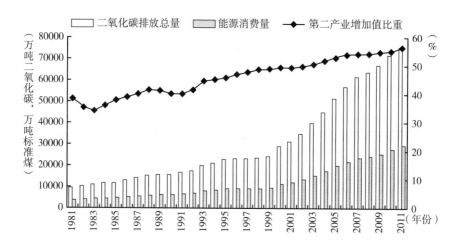

图6-7　1981～2011年河北省二氧化碳排放、能源消费以及第二产业比重

资料来源：河北省能源消费二氧化碳排放量来源于第三章的核算结果；其他数据来源于《河北经济年鉴2013》。

一般而言，能源消费二氧化碳排放总量同经济结构以及工业总量有明显的关联关系。河北、山西、辽宁同属传统的重工业基地，能源的二氧化碳排放份额均居于全国的前列，其排放份额均值分别为7.9%、7.6%和6.0%。相对而言，工业发展水平较为落后的省域，如广西、宁夏、青海、海南等省份的能源二氧化碳排放份额则一直较低。[1]

2011年，与北京、天津、黑龙江等地区以及全国的三次产业能耗占能源

---

① 岳瑞峰：《1990～2007年中国能源碳排放的省域聚类分析》，《技术经济》2010年第3期。

消费总量的比重相比（见表 6 - 13），河北省第二产业能源消耗占比明显偏高，这主要是由河北省作为重工业大省、同时承接京津第二产业尤其是第二产业中的重型工业转移的战略安排决定的，而河北省工业生产技术水平相对落后、工业劳动相对生产率低也是其中的重要原因。

（三）第三产业比重低、内部结构不合理，能耗比重小但高碳特征突出

河北省第三产业增加值比重低且发展缓慢，与之相应，河北省第三产业能耗比重和二氧化碳排放所占比重低。1978 ~ 1996 年以前，河北省第三产业增加值比重与全国相比处于胶着状态，但是 1996 年以后河北省第三产业比重在波动中微增，发展相对滞后，逐渐拉开了与全国平均水平的差距。2011 年河北省地区生产总值构成中，第三产业增加值所占比重为 34.6%，在三十一个省市自治区中排名第 24 位。

河北省第三产业的发展过程中，不但增加值所占比重偏低、发展速度滞后于全国平均水平，且内部结构有待优化。就第三产业内部构成而言，如表 6 - 15 所示，河北省交通运输、仓储和邮政业增加值所占比重为 24.12%，位列全国第 1，房地产业增加值比重为 10.82%，排名第 7，其他产业门类的增加值比重排名都相对较低，尤其是金融业，其增加值比重为 8.79%，位列第 27。众所周知，第三产业的各产业门类中，交通运输、仓储和邮政业的能耗高，二氧化碳排放强度大，其规模的扩张会增加能源消费需求和温室气体排放。2011 年河北省该产业能源消耗量为 1071.15 万吨标准煤，占第三产业能源消耗总量的 48.3%，能源消耗强度为 0.525 吨标准煤/万元，是第三产业总体能源消耗强度的两倍。

表 6 - 15　2011 年我国典型省市第三产业分行业增加值构成及排名

单位：%

项　目	交通运输、仓储和邮政业		住宿和餐饮业		批发和零售业		金融业		房地产业		其　他	
	比重	排名	比重	排名	比重	排名	比重	排名	比重	排名	比重	排名
河　北	24.12	1	4.00	26	20.99	19	8.79	27	10.82	10	31.28	29
辽　宁	14.01	9	5.34	17	24.03	7	9.26	23	10.74	11	36.62	18
北　京	6.54	30	2.82	30	17.31	26	17.92	4	8.70	20	46.72	6

续表

项 目	交通运输、仓储和邮政业		住宿和餐饮业		批发和零售业		金融业		房地产业		其 他	
	比重	排名	比重	排名	比重	排名	比重	排名	比重	排名	比重	排名
天 津	12.11	16	3.73	27	28.05	2	14.5	6	7.88	21	33.74	24
上 海	7.79	28	2.51	31	27.29	3	20.44	1	9.150	16	32.82	26
山 东	13.4	10	5.08	19	31.09	1	9.44	21	10.58	12	30.41	31
浙 江	8.51	27	4.37	23	23.19	12	19.25	3	11.80	7	32.84	25
江 苏	10.21	24	4.41	22	25.63	4	12.48	10	13.18	4	34.09	22
广 东	8.675	26	4.95	20	23.58	9	12.1	13	13.78	2	36.92	17

资料来源：根据《中国第三产业统计年鉴2012》中的数据整理而得。

从目前来看，河北省以第二产业为主的产业结构将在较长时期内继续保持下去。但是，随着信息化、知识化时代的到来，区域经济增长应更多地依靠人才和科技创新以及制度的改进，不断促进产业结构的优化升级，以提高资源配置效益和产出效益。通过对表6－12、6－13、6－14中数据的观察可知，加快以服务业为主的第三产业的发展，优化第三产业内部结构，有助于降低第三产业能源消耗强度，并逐步改善人们的消费需求偏好，降低单位产值的二氧化碳排放量，进而保证能源安全和保护环境。因此，尽管河北省第三产业的发展基础相对薄弱，但提升空间较大，第三产业的提升和拓展将带来更大的节能减排空间，是应对气候变化、实现节能减排目标的重要途径之一。

第三节　河北省交通运输业应对气候变化的潜力测算与应对策略

交通运输业是国民经济运行过程中物质流动的载体，属于基础性、先导性产业。伴随全球经济的快速发展，交通运输业规模不断扩张，已经成为能源消耗、温室气体排放增速最快的重要领域。因此，本节重点对河北省交通运输行业应对气候变化问题进行研究。

一　河北省交通运输业能源消耗与温室气体排放现状

（一）交通运输业发展概况

河北省位于华北、华东、东北和西北四大经济区的交汇处，一方面承载着京津冀环渤海经济圈内繁重的物流，另一方面在四大经济区间发挥着物流的主干通道作用，其独特的区位优势为交通运输业的发展提供了广阔的空间。

第一，从基础建设投资规模来看，河北省交通运输业扩张速度持续加快。如表6-16所示，河北省交通运输业的基础建设投资从"一五"时期的1.38亿元增至"十五"时期的873.40亿元。近几年来，交通运输业固定资产投资更是从2006年的351.88亿元上升至2012年的1522.67亿元。

表6-16　河北省交通运输、仓储和邮政业投资状况

单位：亿元

时期	交通运输业基建投资	年份	交通运输业固定资产投资
"一五"时期	1.38	2006	351.88
"二五"时期	1.97	2007	485.87
"三五"时期	1.31	2008	543.44
"四五"时期	7.24	2009	936.48
"五五"时期	10.84	2010	1388.10
"六五"时期	14.02	2011	1399.11
"七五"时期	27.04	2012	1522.67
"八五"时期	96.11		
"九五"时期	619.25		
"十五"时期	873.40		

资料来源：《河北经济年鉴2005》《河北经济年鉴2007》《河北经济年鉴2009》《河北经济年鉴2011》《河北经济年鉴2013》。由于经济体制的改革和统计口径的变动，2006～2012年的交通运输、仓储和邮政业的投资状况用行业的固定资产投资额来表征。

第二，从全社会客货周转总量的变动来看，河北省交通运输业发展成果卓著。首先，伴随着河北省经济活动规模的扩大和人均收入水平的提高，全社会旅客周转总量从1978年的127.14亿人公里上升至2012年的1369.20亿人公

里；全社会货物周转总量从 1978 年的 620.43 亿吨公里扩张至 2012 年的
10844.8 亿吨公里（详见图 6 - 8）。其次，全社会旅客周转总量和全社会货物
周转总量指标的变动趋势都呈现出明显的阶段性，尤其是后者阶段性更为明
显，经过 1978 ~ 1999 年的缓慢发展期，步入了 21 世纪的快速发展期，在世界
金融危机影响下 2008 年的全社会货物周转量有所下滑，但很快摆脱了危机的
阴霾，呈现出加速发展的强劲势头。

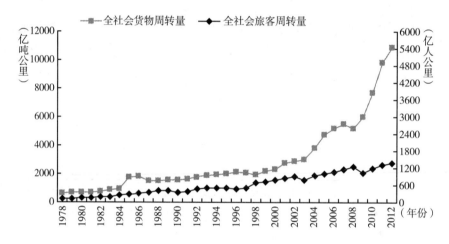

图 6 - 8   1978 ~ 2012 年河北省全社会旅客周转量和货物周转量变动趋势

资料来源：《新河北 60 年》《河北经济年鉴 2013》。

第三，从交通运输结构来看，河北省交通运输业的发展以公路、铁路
运输为主导，水运、民航、管道运输发展相对滞缓。观察表 6 - 17 中的数
据可知，河北省铁路货运周转量和公路货运周转量大，占全国的比重高，
发展水平较为稳定，这在一定程度上表明河北省交通运输业的发展具有良
好的需求基础。相对而言，河北省水运货物周转量水平非常落后，自 2009
年水运货物周转量锐减后，步入缓慢恢复期，尚未发挥出沿海省份的水运
优势。进入 21 世纪以来，在全国管道运输快速发展的背景下，河北省管道
货物周转量自 2003 年创下 32.28 亿吨公里的历史高位后，在缓幅波动中呈
现下降趋势，所占全国管道货物运输总量的比重由 4.37% 下降至 2012 年
的 0.66%。

表6－17　1990～2012年河北省全社会货物周转量分担构成

单位：亿吨公里，%

年份	铁路			公路			水运		
	河北	全国	比重	河北	全国	比重	河北	全国	比重
1990	1256.80	10622.4	11.83	215.42	48.53	6.41	48.53	11591.9	0.42
1991	1291.43	10972.0	11.77	248.71	52.61	7.26	52.61	12955.4	0.40
1992	1375.26	11575.6	11.88	333.94	51.4	8.89	51.4	13256.2	0.39
1993	1428.66	11968.9	11.94	346.08	52.8	8.50	52.8	13860.8	0.38
1994	1478.67	12471.4	11.86	372.56	65.86	8.30	65.86	15686.6	0.42
1995	1534.74	13049.5	11.76	397.63	4694.9	8.47	67.88	17552.2	0.39
1996	1514.31	13106.2	11.55	473.62	5011.2	9.45	78.97	17862.5	0.44
1997	1504.09	13269.9	11.33	455.01	5271.5	8.63	70.82	19235.0	0.37
1998	1345.11	12560.1	10.71	501.78	5483.4	9.15	80.74	19405.8	0.42
1999	1371.23	12910.3	10.62	537.52	5724.3	9.39	180.78	21263.0	0.85
2000	1474.77	13770.5	10.71	555.42	6129.4	9.06	267.97	23734.2	1.13
2001	1613.04	14694.1	10.98	608.01	6330.4	9.32	512.70	25988.9	1.97
2002	1658.24	15658.4	10.59	632.40	6782.5	9.32	543.34	27510.6	1.98
2003	1787.73	17246.7	10.37	591.60	7099.5	8.33	612.19	28715.8	2.13
2004	1955.54	19288.8	10.14	658.59	7840.9	8.40	1150.00	41428.7	2.78
2005	2120.98	20726.0	10.23	691.45	8693.2	7.95	1908.07	49672.3	3.84
2006	2331.11	21954.4	10.62	748.86	9754.2	7.95	2051.41	55485.7	3.70
2007	2581.86	23797.0	10.85	843.23	11354.7	7.43	2057.28	64284.8	3.20
2008	2738.05	25106.3	10.90	890.96	32868.2	2.71	1554.62	50262.7	3.09
2009	2743.10	25239.2	10.87	2998.49	37188.8	8.06	216.82	57556.7	0.38
2010	3208.70	27644.1	11.61	4011.23	43389.7	9.24	432.11	68427.5	0.63
2011	4104.69	29465.8	13.93	5219.28	51374.7	10.16	495.04	75423.8	0.66
2012	4180.88	29187.1	14.32	6133.47	59534.9	10.30	509.60	81707.6	0.62

资料来源：《中国统计年鉴2013》《河北经济年鉴2013》。

第四，从交通运输活动的载体来看，总体发展水平不断提高。河北省铁路、公路基础设施供给稳步增加，民用汽车拥有量快速提升，挂车拥有量自2007年以来快速增长，摩托车拥有量自2008年以来呈现总体下降趋势；沿海港口吞吐能力大幅提升。

河北省铁路与公路基础设施供给情况如表6－18所示，数据反映出河北省铁路和公路营业里程都较稳定地发展且发展水平较高，占全国铁路公路营业里程的比重没有大的波动，但由于营业里程所占比重远低于货物周转量所占比重，河北省铁路和公路干线的运输负担比均大于1，且进入"十二五"以来，交通运输负担比明显加大。这一方面说明河北省经济快速增长背景下，经济活动规模扩张快；另一方面也意味着河北省交通运输基础设施的供给相对于货物周转量的需求严重不足。

表6-18　1990～2012年河北省交通基础设施情况表

年份	铁路营运状况				公路营运状况			
	河北(万公里)	全国(万公里)	比重(%)	运输负担比	河北(万公里)	全国(万公里)	比重(%)	运输负担比
1990	0.35	5.79	6.06	1.95	4.36	102.83	4.24	1.51
1991	0.36	5.78	6.23	1.89	4.75	104.11	4.56	1.59
1992	0.36	5.81	6.21	1.91	4.83	105.67	4.57	1.95
1993	0.38	5.86	6.50	1.84	4.92	108.35	4.54	1.87
1994	0.38	5.90	6.52	1.82	5.05	111.78	4.52	1.84
1995	0.38	6.24	6.16	1.91	5.16	115.70	4.46	1.90
1996	0.41	6.49	6.34	1.82	5.41	118.58	4.57	2.07
1997	0.41	6.60	6.26	1.81	5.60	122.64	4.57	1.89
1998	0.41	6.64	6.18	1.73	5.73	127.85	4.48	2.04
1999	0.41	6.74	6.01	1.77	5.82	135.17	4.30	2.18
2000	0.40	6.87	5.86	1.83	5.92	167.98	3.52	2.57
2001	0.41	7.01	5.83	1.88	6.26	169.80	3.69	2.60
2002	0.45	7.19	6.28	1.69	6.31	176.52	3.57	2.61
2003	0.47	7.30	6.45	1.61	6.54	180.98	3.61	2.31
2004	0.47	7.44	6.37	1.59	7.02	187.07	3.75	2.24
2005	0.49	7.54	6.48	1.58	7.59	334.52	2.27	3.50
2006	0.51	7.71	6.59	1.61	14.38	345.70	4.16	1.91
2007	0.52	7.80	6.66	1.63	14.73	358.37	4.11	1.81
2008	0.53	7.97	6.62	1.65	14.95	373.02	4.01	0.68
2009	0.58	8.55	6.81	1.60	15.21	386.08	3.94	2.05
2010	0.58	9.12	6.39	1.82	15.43	400.82	3.85	2.40
2011	0.59	9.32	6.31	2.21	15.70	410.64	3.82	2.66
2012	0.59	9.76	6.03	2.37	16.30	423.75	3.85	2.68

资料来源：根据《新河北60年》《河北经济年鉴2013》《中国统计年鉴2013》整理。

　　一般情况下，运输工具的发展水平与交通运输业的规模正相关。截至2012年年底，河北省民用汽车拥有量为694.35万辆，是2005年末的3.49倍；公路营运汽车保有量为103.22万辆，其中，载货汽车拥有量为99.99万辆，载重924.18万吨，分别是2005年的2.65倍和3.88倍，增速快于全国平均水平，分别占全国相应指标的7.98%和11.46%。河北省民用运输机动船保有量为142艘，载重361.24万吨，分别占全国相应指标的0.09%和1.65%。总体来看，尽管河北省船舶保有量和载重量均不占优势，但汽车运输工具发展水平较高。

　　第五，从交通运输业活动的成果来看，河北省交通运输业增加值不断提高。截至2012年年底，河北省交通运输、仓储和邮政业增加值为2241.1亿元，约为2005年该类产业增加值的2.84倍。交通运输业的发展对于区域经济的贡献主要体现在三个方面：一是作为地区生产总值的构成部分之一，直接拉动地区经济增长；二是作为物质流动的载体，为生产要素、最终产品和劳务的流动提供周转网络体系和运输服务；三是交通运输业的发展推升了全社会固定资产存量，为区域经济的长期发展奠定了坚实基础。

（二）交通运输业能源消耗与温室气体排放现状

　　在经济快速发展的工业化中期阶段，"高能耗、高排放"的交通运输业作为先导产业会步入加速扩张期，与此相应，交通运输领域的能源消耗与温室气体排放需求不断积聚。当前，交通运输业已经成为我国能源消耗量、二氧化碳排放量最大的领域之一。中国交通运输业的石油消费量约占全社会石油消费总量的34%，仅次于制造业这一最大石油消费行业，交通工具的二氧化碳排放量占排放总量的22%左右。

　　从河北省交通运输业的发展状况可知，总体规模的持续扩大、高运输负担比、巨大的供求缺口，再加上交通运输业较低的能源利用效率，使得河北省交通运输业发展的"高碳"特征异常突出。

　　首先，河北省交通运输业的能源消费量已经由2005年的709万吨上升至2012年的1118.65万吨，能源消耗占第三产业能源消耗总量的46.91%，具体数据如表6-19所示。

表6-19　河北省交通运输、仓储和邮政业的能耗和二氧化碳排放情况

项目　　年份	2005	2006	2007	2008	2009	2010	2011	2012
增加值(亿元,现价总量)	790.19	938.52	1155.62	1337.54	1491.92	1745.91	2046.22	2241.1
增加值(亿元,按2005年价格)	790.19	903.19	1030.54	1144.93	1275.45	1442.54	1593.99	1731.07
能源消耗总量(万吨标煤)	709.00	775.83	808.79	827.11	831.68	973.97	1075.15	1118.65
占第三产业增加值的比重(%)	23.65	24.09	25.12	25.35	24.59	24.51	24.12	23.87
占地区GDP的比重(%)	7.89	8.18	8.49	8.35	8.66	8.56	8.35	8.43
能耗占第三产业能耗的比重(%)	51.41	54.86	48.63	47.22	45.29	47.70	48.31	46.91
能耗占全省能耗总量的比重(%)	3.57	3.57	3.43	3.40	3.27	3.54	3.64	3.57
二氧化碳排放量(万吨)	2041.92	2234.39	2329.32	2382.08	2395.24	2805.03	3096.43	3221.71
二氧化碳排放量所占比重(%)	3.98	3.94	3.79	3.75	3.58	3.92	4.11	4.20
交通领域二氧化碳排放强度(吨二氧化碳/万元)	2.584	2.474	2.260	2.081	1.878	1.945	1.943	1.861
交通领域能源消耗强度(吨标煤/万元)	0.897	0.859	0.785	0.722	0.652	0.675	0.675	0.646
第三产业能源消耗强度(吨标煤/万元)	0.413	0.377	0.405	0.388	0.354	0.347	0.337	0.329

资料来源:《河北经济年鉴2013》《中国统计年鉴2013》。

其次,采用《综合能耗计算通则》(GB/T2589-2008)中所列折合标准煤系数,选取《省级温室气体清单编制指南》(发改办气候[2011]1041号)中所列二氧化碳排放因子,根据河北省交通运输领域能源消费量、能源消费构成,估算全省交通领域二氧化碳排放综合系数为2.88吨二氧化碳/吨标准煤,全国交通运输领域碳排放系数约为2.92吨二氧化碳/吨标准煤,由此测算河北省及全国交通领域2005~2012年的二氧化碳排放状况,具体如表6-19和表6-20所示。河北省交通运输业的能源消费量已经由2005年的709万吨上升至2012年的1118.65万吨,能源消耗占第三产业能源消耗总量的46.91%;河北交通运输领域的二氧化碳排放量由2005年的2041.92万吨上升至2012年的

3221.71 万吨，在能源消耗二氧化碳排放总量中的占比则由 3.98% 上升至了 4.20%。同时期内，全国交通运输业的能源消费量由 2005 年的 18391.01 万吨标准煤上升至 2011 年的 28536 万吨，能源消耗占第三产业能源消耗总量的 55.39%，在能源消耗二氧化碳排放总量中的占比则由 10.85% 上升至了 11.34%。

表6-20 全国交通运输、仓储和邮政业的能耗和二氧化碳排放情况

项目 ＼ 年份	2005	2006	2007	2008	2009	2010	2011	2012
增加值（亿元，现价总量）	10666.2	12183	14601	16362.5	16727.1	19132.2	22432.8	24959.8
增加值（亿元，2005 年=100）	10666.2	12173.98	14120	15588.49	17079.33	18745.61	20510.1	22177.73
占第三产业增加值的比重（%）	14.24	13.76	13.11	12.46	11.30	11.02	10.93	10.78
占 GDP 的比重（%）	5.77	5.63	5.49	5.21	4.91	4.77	4.74	4.81
能源消耗总量（万吨标煤）	18391.01	20284.23	21959.18	22917.25	23691.84	26068.47	28536	—
能耗占第三产业能耗比重（%）	57.27	57.40	58.30	56.69	55.36	55.97	55.39	—
能耗占能耗总量的比重（%）	3.57	3.58	3.43	3.40	3.27	3.54	3.64	—
二氧化碳排放量（万吨）	53701.75	59229.95	64120.81	66918.37	69180.17	76119.93	83325.12	—
二氧化碳排放量所占比重（%）	10.85	10.80	10.66	10.27	10.33	10.82	11.34	—
交通领域能源消耗强度（吨标煤/万元）	1.72	1.67	1.56	1.47	1.39	1.39	1.39	—

资料来源：《河北经济年鉴 2013》《中国统计年鉴 2013》。

二 河北省交通运输业节能潜力预测

河北省交通运输业总体规模大，在第三产业中所占比重居于全国首位，是

区域能源消耗和二氧化碳排放的第二大产业。在经济增速高于全国平均水平的背景下，河北省交通运输业正处于急剧扩张阶段，未来的能源需求和二氧化碳排放规模都将持续上升。在全国交通运输网络和京津冀环渤海经济圈中，河北省的独特区位进一步决定了作为经济发展先导产业的交通运输业仍需加快发展，以满足区域之间物流规模不断扩大的需要。然而，高碳特征突出的河北省，交通运输业也是近年来能源消耗和二氧化碳排放增速最快的产业，是重点实施节能减排的关键领域。

课题组将采用灰色预测 GM（1，1）模型，借助 Matlab 软件对河北省交通运输业的增长和能源消耗系统进行预测，以期观察其增长态势，并估测可能的节能减排空间，进而找到挖掘节能减排潜力的突破口。

（一）灰色预测 GM（1，1）模型的基本思路

邓聚龙教授于 20 世纪 80 年代创立了灰色系统论，作为一种数学方法，用以解决信息不完备系统的复杂问题，首先在岩土工程中得到了广泛的运用，后经诸多学者的研究与探讨，其运用领域已经深化至信息不完备的经济系统中。

GM（1，1）模型是灰色系统理论的重要组成部分，作为灰色模型中最常用的一个，该模型在社会经济预测领域的运用受到较大关注。该模型通过构建一阶线性微分方程来动态逼近以揭示原始时间序列变动规律，进而对复杂系统进行预测。建模的思路为对原始数据进行累加或累减处理，使得生成的新序列呈现一定变化规律，进而建立一阶微分动态方程，用以拟合系统变动。具体步骤如下：

第一步，确立原始序列：

$$x^{(0)} = \{x^{(0)}(1), x^{(0)}(2), x^{(0)}(3), \cdots x^{(0)}(n)\} \qquad (6-4)$$

第二步，为弱化原始序列的随机性和波动性，1 - AGO 生成序列：

$$x^{(1)} = \{x^{(1)}(1), x^{(1)}(2), x^{(1)}(3), \cdots x^{(1)}(n)\} \qquad (6-5)$$

式 6-5 中，$x^{(1)}(k) = \sum_{i=1}^{k} x^{(0)}(i), k = 1, 2, 3, \cdots, n$。

第三步，紧邻均值生成序列：

$$z^{(1)} = \{z^{(1)}(1), z^{(1)}(2), z^{(1)}(3), \cdots z^{(1)}(n)\} \qquad (6-6)$$

式 6 - 6 中, $z^{(1)}(k) = 0.5(x^{(1)}(k-1) + x^{(1)}(k))$, $k = 2, 3, \cdots\cdots, n$。

第四步, 拟合灰色微分方程:

$$x^{(0)}(k) + az^{(1)}(k) = u \qquad (6-7)$$

式 6 - 7 中, a 和 u 为待求参数, 记为 $\hat{a} = \begin{pmatrix} a \\ u \end{pmatrix} = (B^T B)^{-1} B^T yn$, 其中,

$$B = \begin{bmatrix} -z^{(1)}(2) & 1 \\ -z^{(1)}(3) & 1 \\ \vdots & \vdots \\ -z^{(1)}(n) & 1 \end{bmatrix}, yn = (x^{(0)}(2), x^{(0)}(3), \cdots, x^{(0)}(n))^T$$

第五步, 求解相应的白化方程:

$$\frac{dx^{(1)}}{dt} + ax^{(1)} = u \qquad (6-8)$$

第六步, 预测值的离散化形式:

$$\hat{x}^{(0)}(k+1) = \left(x^{(0)}(1) - \frac{u}{a} \right) e^{-ak} + \frac{u}{a}, k = 1, 2, \cdots n \qquad (6-9)$$

第七步, 做 IAGO 还原预测结果:

$$\hat{x}^{(0)}(k+1) = \hat{x}^{(1)}(k+1) - \hat{x}^{(1)}(k) \qquad (6-10)$$

第八步, 检验和判断 GM (1, 1) 模型的精度。在实际运用中, 为确保模型对系统的动态逼近精度, 可采用残差检验、后验差检验以及关联度检验等方法来进行判断, 残差、方差越小, 关联度越大, 模型精度越高。

表 6 - 21 GM (1, 1) 模型精度判断标准

精度等级	相对误差 e	后验差比值 C	小误差概率 P	关联度 r
一级	0.01	0.35	0.95	0.90
二级	0.05	0.50	0.80	0.80
三级	0.10	0.65	0.70	0.70
四级	0.20	0.80	0.60	0.60

（二）基于 GM（1，1）模型的交通运输业增加值预测

根据 2005~2012 年河北省交通运输业增加值，建立 GM（1，1）模型，进行模型精度检验，并对 2013~2020 年的交通运输业增加值进行预测。将 2005~2012 年河北省交通运输业增加值的观测值设定为原始序列，预测长度为 2005~2020 年，借助 Matlab 软件对 2013~2020 年的交通运输业增加值进行预测。

Matlab 运行的具体输出结果为：$\hat{x}^{(0)} = [790.2，923.1，1027.4，1143.5，1272.7，1416.6，1576.7，1754.8，1953.2，2173.9，2419.5，2693.0，2997.3，3336.0，3713.0，4132.6]$；$e(0) = [0.0000，-19.9067，3.1255，1.4090，2.7014，25.9601，17.3245，-23.7720]$；平均误差 averq = 0.0089，后验差比值 C = 0.0571，小误差概率 p = 1，即相对误差检验、后验差检验模型精度均为一级。河北省交通运输业增加值观测值与预测值的比较以及预测效果图见图 6 - 9。

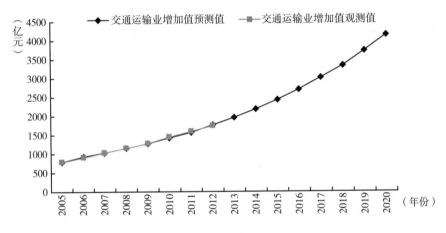

图 6 - 9　河北省交通运输业增加值的观测值与预测值比较及预测效果

（三）基于 GM（1，1）模型的交通运输业能源消耗量预测

根据 2005~2012 年河北省交通运输业的能源消耗量，建立 GM（1，1）模型，进行模型精度检验，并对 2013~2020 年的交通运输业能源消耗量进行预测。将 2005~2012 年河北省交通运输业能源消耗量的真实值设定为原始序列，预测长度为 2005~2020 年，借助 Matlab 软件对 2013~2020 年的交通运输业的能源消耗量进行预测。

Matlab 运行的具体输出结果为：$\hat{x}^{(0)}$ = ［709.2，738.5，790.7，846.6，906.5，970.6，1039.2，1112.6，1191.3，1275.5，1365.6，1462.2，1565.5，1676.2，1794.7，1921.5］；$e(0)$ = ［0.0000，37.2914，18.0461，-19.5295，-74.8061，3.4068，35.9803，6.0241］；平均误差 averq = 0.0283，后验差比值 C = 0.2773，小误差概率 p = 1，关联度 r = 0.6944，即相对误差检验为二级、后验差检验模型精度为一级、关联度检验为四级。河北省交通运输业能源消耗量真实值与预测值的比较以及预测效果图见图 6-10。

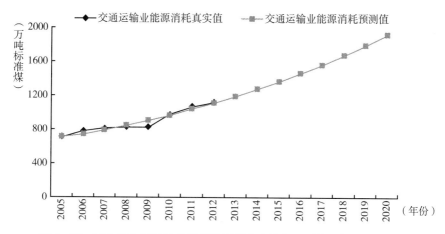

图 6-10 河北省交通运输业能源消耗量真实值与预测值比较及预测效果

（四）不同情景下交通运输业节能潜力预测

经济活动规模的扩大和交通运输业的增长，是交通运输业能源消耗、二氧化碳排放的关键驱动性因素；能源消耗强度（单位增加值能耗）的下降则是能源需求的关键抑制性因素。因此，不同的经济增长情景和不同的节能减排目标的设置将引致交通运输业不同规模的能源消费需求。

河北省交通运输业扩张情景设定的依据有：第一，根据 2005～2020 年的交通运输业增加值预测结果设定经济系统自运行轨迹；第二，根据河北省"十二五"发展规划纲要，对 2011～2015 年经济增长设定的目标为地区生产总值年均增长 8.5%，考虑交通运输业的先导性质，可将 2013～2015 年该产业增加值年均增长率设定为 9.5%。假定 2016～2020 年河北省地区生产总值增速与全国保持一致，年均增长率为 7%，可将交通运输产业增加值年均增长率设定为 8% 。

河北省交通运输业节能减排目标情景设定的依据有：节能减排目标的总体安排是，与 2010 年相比，"十二五"期间河北省单位生产总值能耗下降 17% ，二氧化碳排放强度下降 18% ；到 2020 年，河北省的碳减排目标是达到国家要求，即二氧化碳排放强度比 2005 年下降 40% ~ 45% 。鉴于交通运输业是节能减排的重点领域，将担负更多的节能减排任务，课题组根据河北省交通运输业增加值、能源消耗量预测结果，首先设定交通运输业能源消耗强度的自主变动轨迹，然后设定基准情形、低碳情形和强低碳情形，共四种情景设定方案，具体见表 6 - 22 。

表 6 - 22　河北省交通运输业增加值、能源消耗预测以及节能减排情景设定

年份	增加值	能源消耗量	节能减排（能源消耗强度）情景设定			
			基准情形	能源消耗强度自变动轨迹	低碳情形	强低碳情形
2005	790. 2	709. 19	0. 8973	0. 8975	0. 8975	0. 8975
2006	923. 1	738. 5	0. 8973	0. 8000	0. 8000	0. 8000
2007	1027. 4	790. 7	0. 8973	0. 7696	0. 7696	0. 7696
2008	1143. 5	846. 6	0. 8973	0. 7404	0. 7404	0. 7404
2009	1272. 7	906. 5	0. 8973	0. 7123	0. 7123	0. 7123
2010	1416. 6	970. 6	0. 8973	0. 6852	0. 6852	0. 6852
2011	1576. 7	1039. 2	0. 8973	0. 6591	0. 6591	0. 6591
2012	1754. 8	1112. 6	0. 8973	0. 6340	0. 6340	0. 6340
2013	1953. 2	1191. 3	0. 8973	0. 6099	0. 6115	0. 6040
2014	2173. 9	1275. 5	0. 8973	0. 5867	0. 5897	0. 5754
2015	2419. 5	1365. 6	0. 8973	0. 5644	0. 5687	0. 5481
2016	2693	1462. 2	0. 8973	0. 5430	0. 5528	0. 5266
2017	2997. 3	1565. 5	0. 8973	0. 5223	0. 5374	0. 5060
2018	3336	1676. 2	0. 8973	0. 5025	0. 5224	0. 4861
2019	3713	1794. 7	0. 8973	0. 4834	0. 5078	0. 4671
2020	4132. 6	1921. 5	0. 8973	0. 4650	0. 4936	0. 4487

注：2005 ~ 2012 年河北省交通运输业增加值、能源消耗量均为实际观测值，2013 ~ 2020 年的数据为预测值；基准情形的能源消耗强度维持 2005 年水平不变；低碳情形按河北省"十二五"发展规划中的节能减排目标，依据能源消耗强度年均变动率外推设定；强低碳情形考虑交通运输业的特殊地位，设定 2015 年比 2010 年降低 20% 、2020 年比 2005 年下降 50% ，然后依据能源消耗强度年均变动率外推得到。

以 2005 年的能源消耗强度为基准，各种低碳情景设定下河北省交通运输业节能减排的潜力估测具体如表 6 - 23 所示。由于"十一五"期间河北省着力推进关键领域的节能减排，超预期实现了节能减排的阶段性目标，因此，能源消耗强度将沿着持续下降的轨迹自主变动。在能源消耗强度沿轨迹自变动的情景下，"十二五"期间河北省交通运输业的节能总量将达到 2879.42 万吨标准煤，减排二氧化碳 8292.73 万吨；"十三五"期间交通运输业的节能总量将达到 6719.06 万吨标准煤，减排二氧化碳 19350.88 万吨。低碳情形下，"十二五"期间河北省交通运输业的节能总量将达到 2859.57 万吨标准煤，减排二氧化碳 8235.57 万吨；"十三五"期间交通运输业的节能总量将达到 6371.68 万吨标准煤，减排二氧化碳 18350.43 万吨。强低碳情形下，"十二五"期间河北省交通运输业的节能总量将达到 2955.15 万吨标准煤，减排二氧化碳 8510.83 万吨；"十三五"期间交通运输业的节能总量将达到 6994.12 万吨标准煤，减排二氧化碳 20143.06 万吨。

表 6 - 23 各情景设定下河北省交通运输业节能减排的潜力估测

单位：万吨标准煤，万吨

| 年份 | 节能减排情景设定 | | | | | | | |
| | 基准情形 | | 能源消耗强度自变动轨迹 | | 低碳情形 | | 强低碳情形 | |
	能源消耗量	二氧化碳排放量	能源节约量	二氧化碳减排量	能源节约量	二氧化碳减排量	能源节约量	二氧化碳减排量
2005	709.05	2042.05	0.00	0.00	0.00	0.00	0.00	0.00
2006	828.30	2385.50	89.80	258.62	89.82	258.67	89.82	258.67
2007	921.89	2655.03	131.19	377.82	131.20	377.85	131.20	377.85
2008	1026.06	2955.06	179.46	516.85	179.42	516.72	179.42	516.72
2009	1141.99	3288.94	235.49	678.24	235.45	678.09	235.45	678.09
2010	1271.12	3660.81	300.52	865.48	300.46	865.33	300.46	865.33
2011	1414.77	4074.55	375.57	1081.65	375.57	1081.64	375.57	1081.64
2012	1574.58	4534.80	461.98	1330.51	462.04	1330.67	462.04	1330.67
2013	1752.61	5047.51	561.31	1616.56	558.22	1607.69	572.87	1649.88
2014	1950.64	5617.84	675.14	1944.40	668.69	1925.83	699.78	2015.36
2015	2171.02	6252.53	805.42	2319.60	795.05	2289.74	844.89	2433.28
2016	2416.43	6959.32	954.23	2748.18	927.74	2671.89	998.30	2875.09

续表

| 年份 | 节能减排情景设定 | | | | | | | |
| | 基准情形 | | 能源消耗强度自变动轨迹 | | 低碳情形 | | 强低碳情形 | |
	能源消耗量	二氧化碳排放量	能源节约量	二氧化碳减排量	能源节约量	二氧化碳减排量	能源节约量	二氧化碳减排量
2017	2689.48	7745.69	1123.98	3237.05	1078.73	3106.74	1172.84	3377.79
2018	2993.39	8620.97	1317.19	3793.52	1250.67	3601.92	1371.76	3950.68
2019	3331.67	9595.22	1536.97	4426.49	1446.21	4165.09	1597.33	4600.32
2020	3708.18	10679.56	1786.68	5145.64	1668.33	4804.79	1853.88	5339.19

注：结合表 6－21 中相关数据计算而得。

　　总体来看，与基准情形相比，无论是延续"十一五"期间交通运输业能源消耗强度变动的规律，还是按照低碳、强低碳的情景设定，预测结果均表明：河北省交通运输业蕴涵着较大的节能减排潜力。结合河北省经济发展实践和节能减排阶段性目标具体来看，按照现阶段交通运输业能源消耗强度的下行规律和速度，即在能源消耗强度自变动轨迹情景下，交通运输领域的能源消耗强度"十二五"期末和"十三五"期末的预测值分别为 0.5644 吨标准煤/万元和 0.4650 吨标准煤/万元，将会超预期实现河北省能源消耗强度"十二五"期末比 2010 年下降 17% 和"十三五"期末比 2005 年下降 45% 的目标；与此同时，"十二五"和"十三五"期间交通运输业实现的二氧化碳减排量分别占同期二氧化碳减排总量的 17.93% 和 22.24%。相比较而言，按照能源消耗强度自变动轨迹情景估测的节能减排潜力略高于低碳情形，但显著低于强低碳情形。在交通运输业能源消耗结构、能源利用技术短期内没有发生质变的前提下，鉴于河北省交通运输业正处于加速发展期且交通运输负担重的现实，短期内很难实现强低碳情形下的能源消耗强度或二氧化碳排放强度目标。客观来看，在交通运输业这一重点节能减排领域，能源消耗强度自变动轨迹的情景设定更为合理，既能保障河北省节能减排目标在这一领域的实现，又能避免过度限制河北省经济发展过程中对客货周转的需求。

　　技术进步是降低能源消耗强度、提高能源利用效率和减少二氧化碳排放的关键。然而，2005 年以来我国能源消耗强度持续下降，更多的是得益于各地区节能减排措施的落实，河北省的交通运输业也不例外。这种节能减排模式短期内可以取得显著效果，但长此以往势必难以为继。可以预见的是，交通运输业单位增加值能耗（能源消耗强度）要想延续"十一五"期间的下降趋势，离不开节能减排措施的保驾护航，但更重要的是应该建立起可持续的低碳交通发展模式，以适应低碳经济社会发展的需求。

三　河北省交通运输业应对气候变化的策略选择

城市化、工业化、现代化步伐的高速推进以及经济运行和人民生活的节奏加快，推动了河北省交通运输业的飞速发展，其能耗与温室气体排放的规模更是逐年上升，增速高于能源消耗总量与二氧化碳排放总量的增长速度，已经成为河北省用能增长和二氧化碳排放增长最快的行业之一，给河北省节能减排目标的实现和低碳经济的发展带来了巨大压力。因此，在交通运输领域推行低碳发展模式，既是推进交通运输业转型的内在要求，也是实现河北省节能减排目标、推进全社会低碳经济发展的重要途径。

在交通运输领域推行低碳发展模式，必须结合河北省省情，适应区域经济发展阶段，以科学发展观为指导，以提高人民的生活质量和改善人民的生活环境为最终目标，改善交通运输业的产业结构、优化能耗结构进而提高能源利用效率，建立完备、高效、畅达、低碳的立体交通体系以提供优质的交通服务，完善与低碳交通相关的法律法规体系以约束行为主体的经济行为，倡导绿色生活、绿色交通理念以引导经济主体的行为选择方向，最终变被动为主动，建立起可持续的低碳交通发展模式，并嵌入低碳经济发展的全过程。

具体来看，在交通运输领域推行低碳发展模式，应该从以下六个主要方面入手。

第一，优化交通运输业的产业结构。整体来看，改革开放以来，河北省交通运输产业发展失衡，高排放的公路运输超前发展，低排放的铁路运输发展相对滞后，致使该行业能耗、碳排放高速增长。因此，首先应大力发展铁路运输，尽管近几年来轨道交通发展取得一定成效，但是远不能满足公众的需求，仍有很大的发展空间。同时，因地制宜，着力发展水路运输，与铁路运输相比，虽然水运发展约束条件较多，但同样具有运量大、占地面积小、运输成本低、碳排放较低等优势。另外，对于公路和航空运输则应根据经济发展规划，以实现交通运输的低碳发展模式为目标，在完善和改造现有交通设施的基础上适度发展。

第二，鼓励清洁车辆的研发、推广，转变交通运输业能耗结构。河北省交通运输业消耗了大量的柴油、汽油等石油产品。以电作为动力的交通运输工具又会间接消耗大量的煤炭，而石油、煤炭等化石能源的燃烧是 CO_2 等温室气体排放的三大碳源之一。因此，发展低碳交通的关键是优化交通运输业的能耗结构，这一方面依赖于交通运输业产业结构的转变，另一方面依赖于交通运输工具驱动力的多元化、清洁化，例如，机动车辆"气代油"工程的普及，以及"电代油"的逐步推广都能有效降低能源消耗、降低运输成本、减少温室气体和其他污染物的排放。

第三，打造低碳交通路网体系，提高交通服务供给效率。优先建设发展公共交通路网，实现公共交通网络的无缝链接；大力推进轨道交通路网建设，超前规划并与公交路网有效衔接，建立多元畅达、便捷高效的大公交路网；稳步建设发展河北省的空运、水运、海运航道，与陆运路网有效融合，建立多层次、立体化、互补畅达、节能高效的低碳交通网络体系。

第四，为低碳出行提供高效服务，引导需求。提供完备易得的公共交通信息，使消费者能准确获知行程路线、所需时间、成本，以便消费者做出选择；改善公共交通路网的辅助服务设施，尤其是为零碳出行（步行、自行车出行）提供优良的出行环境（行道绿化、休闲设施、停等的凉棚等），以吸引公众选择低碳出行方式。

第五，法律法规的约束。建立健全交通管理和交通节能法律法规，以规范交通出行，引导和调节公用、个人机动车的交通需求。在原有立法的基础上建立地方法规，尤其是关于机动车排气污染防治管理方面的法规，以提高交通管理的效率、降低交通能耗。同时，各地方可积极探索交通节能的科学、有效措施，并形成地方法规，进而约束、激励行为主体的行为选择。

第六，倡导绿色生活模式，改变出行理念。意识决定行为，因此，在大力推进低碳经济发展的过程中，以政府和相关机构为主导的低碳生活理念、绿色生活模式的宣导将是一项长期的、不可间断的工作。政府和相关机构应该把低碳经济、低碳生活等相关内容的宣导列入日常工作，积极利用教育机构、媒体、居委会以及社会其他组织，通过各种渠道逐步加强人们对资源、环境、气候问题的认识，逐步深化人们对低碳经济、绿色生活模式的理解，进而将低碳生活理念植入人们的价值观，避免低效、不合理的交通需求，促进车辆的高效使用，为低碳交通、低碳经济的发展提供良好的内动力。

第四节　河北省产业结构调整的路径及对策

综合本章的前述研究结果表明：第二产业能源消耗强度、二氧化碳排放强度最高，产业结构的正态演进会降低能源消耗强度和二氧化碳排放强度，同时产业结构的升级决定了能源消费结构的优化，有助于进一步实现节能、降耗、减排的目标；另外，产业结构优质化程度越低，也意味着结构性节能减排潜力越大。因此，对于产业结构优质化程度低的区域，加快推进产业结构的优化升级，是提高能源利用效率、降低二氧化碳排放强度以应对气候变化的有效手段。

一　河北省产业结构调整路径选择

结合第三章的图 3 – 18 中刻画的区域节能减排的基本途径，可知区域节能减排需要依靠结构性减排、技术性减排、贸易性减排和制度性减排四轮驱动。就结构性减排这一途径而言，包含对能源和产业结构减排潜力的挖掘。一定程度上经济发展阶段、地区资源禀赋条件、生产技术条件、各产业产品需求的收入弹性差异等因素决定了区域固定资产投资结构，进而决定了区域产业结构和产品（包含能源产品）结构，而产业结构和产品结构进一步决定了能源消耗结构，并反作用于投资结构。鉴于经济发展阶段的不可逾越性和地区资源禀赋条件的相对固化，因此，结构性节能减排的实现将取决于产业结构的优质化水平和正态演进速度。

河北省产业结构整体上呈优化趋势，但是演进缓慢，区域产业结构优质化程度低，呈现出以下特征。首先，高耗能、高污染的第二产业仍然占据主导地位，其产值比重维持在 50% 左右，且 2004 年以来第二产业产值比重上升趋势明显。工业内部，化学工业、钢铁工业和非金属矿物制造业占到重工业总产值的 60% 左右，且投入产出系数低。而知识技术密集型产业的比重偏低，技术含量和附加值较高的通信设备制造业、仪器仪表及文化办公用机械制造业则排在倒数第一、第二名。其次，与人民生活密切相关的轻工业和第三产业所占比重偏低且发展缓慢；第三产业发展高度依赖交通运输等传统服务业，能耗强度相对较高，内部结构有待优化。再次，第一产业发展基础薄弱，且固定资产投入不足，能源利用效率相对较低。最后，与产业结构相应，出口的产品结构相对落后，资源密集型产品所占比重有待进一步降低。因此，河北省当前的产业结构状况加大了节能减排目标实现的难度，延缓了低碳经济发展进程，着力推进产业结构正态演进已经成为应对气候变化、建设美丽河北的重要突破口。

推进河北省产业结构演进的关键路径有以下两条：

1. 借助市场的力量，将产业结构的优化嵌入地区经济发展转型的全过程

产业结构的演进受制于经济发展阶段、产业历史构成、资源禀赋、生产技术水平、能源供应等多方面因素。同时产业结构的演进又能引起全社会固定资产投资结构、产品结构、技术结构、能源供应结构、能源消费结构的变迁。在复杂的经济系统中，产业结构优化是一项长期、复杂、艰巨而又曲折的过程，因此，须借助市场力量，并将产业结构演进嵌入地区经济发展转型全程，以有效避免盲目的短期行为，提升结构演进的有效性。

2. 构建产业共生网络，增强产业发展柔性，激活产业结构演进的生命张力

网络组织是基于现代信息技术手段而建立的一种新型的组织管理方式，以专业化联合的资产、共享的过程控制和共同的集体目标为基本特征。网络组织不同于"层级组织"，网络组织中的个体地位平等，均为网络中独立的节点，节点间的联系纵横交错，呈开放性成长状态，有较强的抗风险能力。

产业共生网络包括产业间联结、产业与相关支撑辅助机构间的联结等，在产业结构升级过程中，有一些网络节点会产生突变（突变的原因大致有三种，一是需求驱动，二是供给推进，三是全球经济网络演进中的价值链变动），若产业、机构为单线或环状联结，容易造成集群链断裂、主导产业更迭无法有效衔接，致使关联企业、辅助机构以及原有的信息流、物质流无法迅速调试，严重阻滞产业结构的升级与发展。

人类产业活动的存在与发展依托于自然资源与生态空间，因此，人类产业活动只不过是生态循环网络中的一个节点。构建区域产业共生网络，即产业发展嵌入本地网络的过程，同时又是产业活动融入承载空间内的资源、生态、文化、制度环境的过程。如图 6-11 所示，这种融入体现为：资源—生态—经济的协调发展；企业与政府、科研院所、行业协会、中介机构等支撑辅助部门形成稳固的联系；产业内部治理结构科学合理，可在不同动因之下纵横捭阖，凝聚产业升级的内生力量，竞争优势集群化以带动产业间的升级互动，赋予整个产业有机体以顽强的生命力。

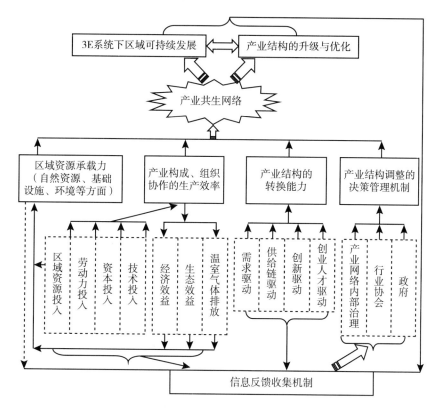

图 6-11　区域产业共生网络与运行机理

二　河北省产业结构调整的对策探讨

（一）在尊重市场规律的前提下，充分发挥政府的规制、服务和引导作用

政府应尊重市场的力量，要有所为有所不为，在产业结构演进中应减少不必要的干预，根据反馈系统的信息做出科学决策，充分发挥政府的宏观掌控能力，在为产业的发展和产业结构优化提供导向和政策支持的同时，让市场机制

的运作更为有序、有效。针对前述分析的河北省产业结构调整过程中存在的具体问题，为了摆脱产业结构调整的路径依赖，政府发挥"有形的手"的推动作用时，应抓好以下几个方面的工作。

第一，政府应摆正在产业结构升级中自身的角色，明确权责，依法执政。

政府充当的是有形的推手，是最具权威力量的产业结构治理主体，是产业结构治理公共政策的制定者，是产业活动过程中的支撑机构。相关部门权责确定的宗旨是为产业结构升级和区域协调发展提供导向、服务和支持，其主要职能的界定是基于弥补市场的缺陷，在权属确定的过程中要遵循有限政府、无限市场的原则，同时明确政策规制与实施管理的目的是解决产业结构治理问题，而非直接介入产业活动。政府产业结构治理行为的有限性取决于权责的明确，更重要的是依托于政府执政部门的自我规范，政府具有理性经济人的特点，短期利益的偏好是必然的，短期行为、寻租行为的出现是常态，所以，政府发挥其职能的前提只有建立在行为规范，有法可依的前提下，才能有效弥补市场机制的不足，进而发挥政府的宏观导向和支撑作用。

第二，科学的宏观战略掌控，引导产业结构的升级与发展。

鉴于产业活动本身的逐利性，涉及产业结构的整体优化以及产业生态网络的培育，自然需要政府的规划和引导。作为必须尊重市场运行的规律，需要强调的是，政府应做出推进产业结构演进的长远规划，当好产业活动主体竞争、合作、发展的指明灯，而非产业结构升级与发展的总导演或演员。

在推动区域产业结构升级的过程中，政府的主要职能是宏观上的战略掌控和中观上的产业发展规划。政府必须经过充分调研与科学论证，在尊重区域空间特征和产业发展的市场规律的基础上，制定科学而明确的产业发展战略，发挥政府的引导和服务功能。

第三，完善产业政策体系，为产业结构升级提供优良的制度环境。

完善的产业政策体系应该是合宜的、整体性的、动态可调的，能够与产业结构内部治理、行业协会治理发挥协同效应的有机体系。政府产业政策的制订应遵循自下而上、动态可调、整体性原则，即立足于河北省产业发展和产业构成现状，在与产业活动主体、行业协会不断博弈的基础上，制订出能够代表主要企业、行业协会、专家、政府共同声音的自下而上的整体性的政策安排。其中政府履行的是公共服务职能，以区域产业结构治理者的角色与产业活动主体、行业协会协同解决产业、产业结构升级与发展过程中的公共问题，通过一系列的产业政策安排为产业发展和产业结构演进提供良好的制度环境。

具体来看，产业政策体系应包括在财政投入、金融支持、税收优惠、价格补贴、环境税与补贴、产业信息咨询、技术创新、人才激励、基础设施建设等方面的整体规划与具体政策安排，为产业的空间布局、组织协作、动态调整升级提供优质的承载环境。

（二）协同搭建产业共生网络，促进要素高效流动

区域产业活动与资源、生态、文化、制度环境的融合是一个极其复杂的过程，尤其是生态环境和自然资源的公共资源属性会导致资源配置的低效和生态环境的恶化以及生态环境修复迟缓。因此，仅靠市场的力量和产业活动主体的自觉自发难以实现产业活动与资源、生态环境的耦合，需要产业共生网络中政府、企业、行业协会以及中介机构等活动主体协同共建。

政府层面上，重在加强规制与引导，规范产业活动。一是政府应在尊重市场规律、责权明确的前提下，基于国家产业政策框架，结合河北省实际情况，制订落实区域产业政策，充分发挥宏观上的引导作用。二是科学制订中观上的产业发展规划，并切实推进规划的实施。三是着手各类排放标准、资源密集型产品能耗标准、技术使用标准以及高能耗行业准入制度的建立，并完善地方相关法规。国家和地方政府的努力一方面会形成产业活动的行为规范，另一方面会为产业生态化发展、产业结构优化提供良好的软环境。

中观层面上，各类主体应统一目标、各司其职，共同搭建信息平台，以促进要素的高效流动。中观层面活动主体主要包括行业协会、信息中介机构、地方政府相关职能部门、金融机构等。其中，行业协会和地方政府的相关职能部门应真正起到承上启下的作用，中介机构和金融保险等服务机构应保证信息渠道和融资渠道的通畅，为产业共生网络搭建信息平台并提供金融支持。中观层面的努力会为产业共生网络提供管道和润滑剂，提高各节点、各层面、各系统间的耦合效率，促进要素高效流动，强化产业共生网络发展的柔性和生命张力，并通过联动效应推动整个社会、经济、生态系统的可持续发展。

微观层面上，外部成本的内部化将会驱使企业调整生产方式，进一步优化

资源配置，追求经济效益、生态效益的最大化。产业共生网络中，将资源投入和污染性产出纳入企业生产成本，将企业生产过程中产生的生态外部性纳入企业收益。作为产业共生网络中的终端节点的各类企业，在利润最大化目标的驱动下，会积极研发或采用低碳技术，并主动将节能减排行动贯彻到生产经营活动的每一环节。只要越界的边际成本足够大，企业就会自动遵守国家和地方政府框定的产业活动边界，自主调整企业投资的规模、构成和流向，促成产业活动与资源、生态环境的融合，并形成产业结构升级的内生动力。

在协同共建产业共生网络方面，美国、日本、德国、意大利的做法值得我们借鉴。首先，依靠良好的外部环境（健全的法制、制度化的政策、优良的工作环境）促进了企业自身的成长和企业间的密切合作，营造浓厚的竞争、合作与创新氛围。其次，以企业为先行者、科研院所为依托、政府为后盾，以风险投资和创业精神为支撑，凝聚起产业集群式发展的内生动力；以区域环境容量（自然资源要素、基础设施、环境要素、管理要素等的综合承载能力）为约束，以强化产业集群竞争优势为准绳，嵌入全球产品价值链的高端，随时可根据环境与经济发展的内在要求完成新陈代谢，保持良好的产业生命机能。例如，随着发达国家自然资源问题的凸显和内部环境标准的提高，纷纷将高能耗、高污染类型的产业迅速剥离，除保留相关核心研发产业外，大部分能源污染密集型产业被转移到了自然资源丰富、劳动力成本低、环境管制标准低的国家或地区。一些学者统计研究表明，20 世纪 60 年代以来，日本 60% 以上、美国 39% 以上的能源污染密集型产业已经转移到了其他国家和地区，而其国内的产业集群则攀升到了全球价值链的更高端，在固化被转移国家原有产业模式、攫取被转移国家的优势资源的同时，进一步提升了转移国在全球产业结构和技术结构中的梯度，提升了转移国产业共生网络的生命张力。虽然这种做法不值得效仿，但他们这种协同共建产业共生网络的思路可以借鉴。

（三）完善产学研一体化机制，优化创新环境，为产业结构转换注入永动力

当前，制约河北省产业结构正态演进的瓶颈是技术水平和技术结构，这一瓶颈形成的根源是创新、创业人才匮乏，即缺乏创新的造血"干细胞"。解决的主要途径是以政府为主导、以产业活动内部需求为基础、以行业协会的引导为补充，优化创新环境，建立、完善创新、创业人才留用机制，给人才以弹性的成长空间、丰厚的物质回报、适宜的精神鼓励，吸引得来、留得住人才方能为区域资源高效利用、产业升级发展和产业结构优化注入源源不断的新鲜血液，推动主导产业第次更迭（见图6－12），主导区域经济的持续发展。

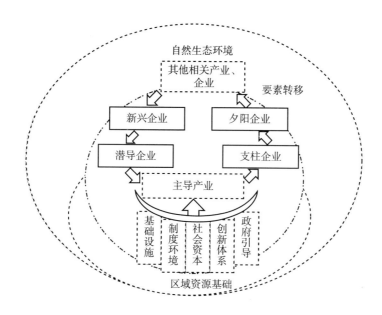

图6－12　区域主导产业的形成和更迭

（四）节能减排关键领域重点突破，促进产业结构低碳化转型

考虑区域经济的可持续发展，结合河北省产业结构现状、重工业化特征突出这一症结以及节能减排的长远目标，须确立节能减排的关键领域，在产业结构优化升级过程中，利用低碳技术重点突破，逐步建立符合现代产业体系要求的低能耗、低物耗、低碳排放的发展模式，从产业结构上实现经济的低碳、高效发展。具体应从以下几个方面入手：

第一，发展提升传统优势产业。调优钢铁产业布局结构，调高钢铁产品档次，调大钢铁企业规模，调强钢铁工业综合竞争力，推动产品向高端、精品、专业化、深加工方向发展，促进全省钢铁产业结构的优化升级；重点围绕能源装备、工程装备、交通运输装备、船舶及海洋工程装备、专用装备、基础配套产品六大领域，实现装备制造业的智能化、精密化和集成化；按照调强存量、做大增量、节能减排、循环发展的原则，依托大型企业和产业基地，按照一体化、基地（园区）化、集约化的石化产业发展模式，优化产业布局，促进产业集聚，推进石化产业升级，实现发展方式转变。

第二，突破技术创新瓶颈，培育发展战略性新兴产业。在培育电子信息产业方面，到 2015 年，形成光伏产业、通信设备制造业、新型元器件产业、卫星导航产业、信息服务业等优势产业，重点推进通信网络设备、物联网、平板显示、半导体照明、软件与信息服务等优势产业，建设廊坊、保定、石家庄、秦皇岛四大产业基地和一批特色园区，建成中国北方电子信息产业基地。强化河北省生物医药产业的优势地位，以体制创新和技术创新为动力，以市场化、产业化、集群化、国际化发展为方向，以提高产业技术水平和产品竞争力为核心，做强做大生物医药产业。以石家庄国家生物产业基地为龙头，坚持生产制造、研发和服务外包并举，重点发展生物医药，围绕生物制药产业化、化学制药规模化、中药制药现代化，打造一批具有自主知识产权的知名品牌，力争把河北省建设成为国家生物技术及新医药产业基地。加快新能源开发利用产业化进程，增强能源科技自主创新能力，推进能源发展和用能方式转变，优化能源结构，继续保持新能源装备制造在国内领先地位，显著提高新能源产业在能源产业中的比重。

第三，以技术改造为突破口，提升传统产业竞争力。重点围绕纺织、印染、服装、产业用纺织品等优势产业，加快淘汰高耗能、高污染的落后生产工艺和设备，发展循环经济、低碳经济，打造绿色纺织产业。加快正定纺织服装、高阳纺织、清河羊绒、辛集皮革服装、宁晋织染服装、肃宁裘皮服装等产业基地园区建设，着力培育龙头企业，发展产业集群，提高产业核心竞争力。发展环保节能、高附加值的新型建材，加快水泥、平板玻璃改造升级，通过推动清洁生产，重点建设冀东水泥生产基地、唐山优质陶瓷生产基地、京南塑料型材生产基地、廊坊保温隔热防腐材料基地、京西南装饰石材产业基地，培育壮大产业集群。推进邢台玻璃企业兼并重组，提升产业基地发展水平。依托冀东水泥集团等大企业，以收购、兼并等形式，推进水泥产能向大企业集中。按照"上大压小、扶优汰劣"原则，尽快以先进产能替代"立窑"水泥、"格法"玻璃等落后产能，打造可持续发展的"绿色建材工业"，实现建材工业的环保型、规模型、集约型发展。以科技创新、技术改造为支撑，以发展绿色、低碳、循环经济为重点，提升传统轻工行业，拓展完善产业链和新的发展模式，构建现代轻工产业体系。规范发展轻工产业集群，发展壮大龙头企业。淘汰落后产能，推进资源综合利用，发展循环经济。

第四，大力推进高新技术产业的发展。以高新技术为核心、高端产品为标志、产业组织体系的高端化为特征，打造现代产业体系。发展环京津高新技术产业带建设，利用京津高新技术资源，以高新技术产业链条、产业集群、产业园区、产业基地为载体，使之成为高新技术成果转化基地、高新技术招商合作平台、中小企业孵化摇篮、高新技术人才创业园区及发展高新技术产业的重要载体，为构建符合河北省实际的现代产业体系提供有力支撑。同时，集中力量发展石家庄国家生物产业基地、保定新能源产业基地、廊坊信息产业基地3个具有较强优势的高技术产业基地，积极培育石家庄信息产业基地、秦皇岛信息产业基地、邯郸新材料产业基地、邢台光伏产业基地4个有较大发展潜力的高技术产业基地。

第五，拓展提升现代服务业的发展。加快优质服务资源向省会、沿海和环京津地区集聚，构筑"一极突破""两带提升""多点支撑"的现代服务业空间发展格局。充分发挥石家庄市位于京津冀都市圈第三极和省会政治、经济、文化中心的优势，以"大西柏坡"建设为龙头，大力发展商贸流通、金融保险、文化旅游、医疗康复等服务业，培育中山路中心商务区、正定行政会展区、西部创意休闲区、正定旅游商贸区、高新区生产力促进服务区五个市级服务业发展聚集区，建设一批县（市）级服务业聚集区，加强与周边地区特色服务功能区的联合协作，构筑大省会服务业密集区。充分发挥环京津、环渤海区位优势，围绕推进制造业结构优化升级和京津冀一体化发展，打造环京津（廊坊、保定）和沿海（秦皇岛、唐山、沧州）两大现代服务业增长带。同时，依托城市、交通枢纽、产业集群、重点开发区和商品集散地，培育一批能够充分发挥比较优势、与生产生活配套的服务业聚集区和大型服务业项目，发展各具特色的现代服务业。

第七章
河北省低碳经济发展
与应对气候变化

低碳经济发展模式就是在实践中运用低碳经济理论组织经济活动，将传统经济发展模式改造成低碳型的新经济模式。具体来说，是以低能耗、低污染、低排放和高效能、高效率、高效益（三低三高）为基础，以低碳经济为发展方向，以节能减排为发展方式，以碳中和技术为发展方法的绿色经济发展模式。与具体发展方法不同，低碳经济发展模式是实现低碳经济发展目标的基本操作手段以及行为、态度和认知取向，是区域发展低碳经济过程中所采取的具有共同特征的手段。

进入 21 世纪以来，气候变化成为全球最重大的环境与发展问题。为了应对气候变化，一方面要减少温室气体排放，另一方面也要适应全球变暖的趋势。发展低碳经济既是统筹经济发展与应对气候变化的根本途径和战略选择，也是应对气候变暖、确保能源安全、保护资源环境的必然选择。对于河北省而言，由于地理位置、产业结构、技术水平等因素的影响，发展低碳经济是转变经济发展方式、优化产业结构、改变"高耗能、高排放、低效益"的社会经济发展模式的必然选择，有助于从根本上减少温室气体排放，缓解经济增长与资源短缺、环境污染之间的矛盾。为此，本章将在总结国内外低碳经济发展模式的基础上，结合河北省各地发展低碳经济的做法，从宏观（低碳经济发展方向）、中观（低碳经济发展方式）、微观（低碳经济发展方法）三个层面研究河北省低碳经济发展模式和相应发展策略，从发展低碳经济的角度为河北省应对气候变化提供建议。

第一节　国内外低碳经济发展与应对气候变化经验借鉴

一　国外的实践及其经验借鉴

（一）发达国家的模式与实践

1. 丹麦模式——打造低碳社区

丹麦低碳社区的典型特征是以低碳化节能示范性项目为先导进行社区节能实践。低碳社区遵守以下原则：零碳、零废弃物、可持续性交通、可持续性当地材料、本地食品、水低耗、动物和植物保护、文化遗产保护、公平贸易以及快乐健康的生活方式。

以丹麦贝泽的太阳风社区为例，作为由居民自发组织起来建设的公共住宅社区，为了节约空间、能源、资源，该社区建设了共用的健身房、办公区、车间、洗衣房和咖啡厅，称为公共住宅。公共住宅采用主动式太阳能体系，尽量使用可再生能源和新能源，降低能耗和节约能源。其中太阳能可满足社区能量需求的30%，风能占该社区能量总消耗的10%左右。低碳社区模式强调节能降耗，最大限度减少温室气体的排放和保持社区的优美环境。

2. 英国模式——应对气候变化的城市行动

2001年，英国政府设立了碳信托基金会，与能源节约基金会联合推动英国低碳城市项目，在建筑和交通领域推广可再生能源应用，提高能效和控制能源需求，以碳排放减少量为标准制定、实施各种措施，以降低城市碳排放量，同时强调技术、政策和公共治理手段相结合。

英国的"城市行动"模式可概括为：以市场为基础，以政府为主导，以全体企业、公共部门和居民为主体的互动体系，从低碳技术研发推广、政策发挥建设到国民认知等多方面为建设低碳城市服务。

为了降低新建筑物的能耗，2007年4月，英国政府颁布了"可持续住宅标准"，对住宅建设和设计提出了可持续的节能环保新规范，宣布对所有房屋节能程度进行"绿色评级分"，设A级至G级7个级别，A级为最优，G级为最差，并颁发相应的节能等级证书。若居民购买了F级或G级住房，可由政府设立的"绿色住家服务中心"帮助采取提高能源效率的措施，此类服务免费（或优惠）。

以伦敦市为例，其低碳城市建设的政策包括：①推行"绿色家居计划"，向伦敦市民提供家庭节能咨询服务，要求新发展计划优先采用可再生能源，以改善现有和新建建筑的能源效率。②在能源供应方面，发展热电冷联供系统以及小型可再生能源装置（风能和太阳能）等，代替部分由国家电网供应的电力，从而减少因长距离输电导致的能源损耗。③引进碳价格制度，根据二氧化碳排放水平向进入市中心的车辆征收费用，以减少交通运输方面的碳排放。④市政府严格执行绿色政府采购政策，采用低碳技术和服务，改善市政府建筑物的能源效率，鼓励公务员养成节能习惯。

在英国，无论是政府、社会团体还是社区居民都密切关注节能减碳状况。每年政府都通过各种渠道向公众免费发布节能减碳状况的信息，使全民参与低碳生活，形成节能"减碳"的主流生活价值。

3. 瑞典模式——零化石燃料计划与生态预算模式

2004 年，瑞典政府制定了本国可持续发展规划，其战略目标为：建设可持续发展社区、促进全民健康、应对人口挑战、推动经济可持续增长。

以瑞典小城维克舒尔为例，作为欧洲人均排碳量最低的城市，其气候政策框架主要包括 3 个领域的内容：日常生活、自然环境、"维克舒尔零化石燃料计划"。其中，"维克舒尔零化石燃料计划"规定在供热、能源、交通商业和家庭中停止使用化石燃料，降低碳排放，以消除能源消费对气候变化的不良影响。政府为执行"维克舒尔零化石燃料计划"采取的行动包括：①培养公众的低碳意识；②改变能源消费结构；③鼓励采用环保型交通工具。

为促进环境政策的顺利实施、实现能源目标，维克舒尔政府设计出一套城市环境管理的生态预算模式。该模式遵循"计划行动—评估—政策"的循环，包括建立环境预算、实施计划方案和年度环境核算三个阶段。为了完成环境政策中的各项计划指标，政府每年制定生态预算，并且每隔半年对预算及环境政策的实施效果进行评估与考核。考核指标分为预算指标、环境资产指标和能效指标三类。

4. 日本模式——低碳社会行动计划

2007 年 6 月，日本东京政府发布了《东京气候变化战略——低碳东京十年计划的基本政策》，内容包括：①低碳企业方面，协助私人企业采取措施减少二氧化碳排放量，推行限额贸易系统，资助中小企业采用节能技术；②低碳家庭方面，减少照明及燃料开支；③低碳城市方面，新建政府设施须符合节能规定，新建建筑物须高于目前的法定节能标准；④低碳交通方面，制定有利于推广使用省油汽车的规则。

日本政府公布的建设低碳社会的计划提出了三个基本理念：①充分利用节能、低碳能源，推进循环经济，提高资源利用效率，实现最低限度的碳排放；②鼓励人们选择、追求简朴的生活方式，实现低碳型富裕社会；③保护森林、海洋等自然资源，推行"自然调和型技术"，促进人与自然的和谐发展。

5. 美国模式——低碳城市行动计划

美国西雅图市通过低碳行动，成为全美低碳城市的典范。其具体模式是：大企业带头，以西雅图气候合作项目为平台，城市中各个部门共同参与。西雅图低碳城市行动计划主要包括公众参与、家庭能源审计、中心城市建设、改善电力供应结构等内容并由第三方评估减排结果，并且集中在两个重点领域：改善建筑物的能源效率和改善公交系统的效率。

由此可见，国外低碳经济发展模式的共同特征是：政府推动，公众参与，在生产、消费、交通等各方面制定严格的低碳标准，并采取相应的措施执行标准。

（二）发展中国家的实践

1. 巴西的实践

巴西作为"金砖四国"之一，在低碳经济建设方面主要采取了如下措施：①加大宣传，提高公众的环保意识。公众改变了出行方式和消费习惯，主动减少自驾车出行，改为搭乘公交车，自觉抵制乱砍滥伐行为。②发展生物燃料技术，大力推广乙醇燃料，加大生物采油技术的研发力度和推广力度。为了推广低碳技术，巴西采取了补贴、设置配额以及行政干预等辅助措施，例如，为了满足生物柴油的原料需求，大力鼓励小农庄种植甘蔗、大豆、向日葵、油棕榈等。③进行一系列的金融政策变革，通过调整金融政策支持低碳经济发展。例如，为支持生物能源发展，巴西制定了信贷优惠政策为生物柴油企业融资。

2. 印度的实践

作为一个典型的发展中国家，印度十分关注低碳经济发展，为提高能源利用效率、减少温室气体的相对排放量而采取了一系列可行措施。技术方面，印度不断研发新型生物能源技术，在开发太阳能、风能、核能和生物能等新能源方面投入大量资金，建立了太阳能发电站，进行太阳能储存。为了改变水资源严重浪费现象、提高水资源利用效率，减少水资源浪费，印度采取了种种措施公平分配水资源和保护水资源。另外，印度还不断加强废弃物管理，提高能源效率，鼓励人们平时尽量不驾车出行，多坐公交车，以减少废气排放。印度推出了喜马拉雅山生态计划，通过与中国合作积极推行生态建设，开展植树造林活动，以提高森林覆盖率，建设"绿色印度"。在推进农业可持续发展方面，印度采用了生物技术、信息技术，不断改革传统的农作物播种方式，开发新的农产品。在应对气候变化方面，印度提出应对气候变化战略，加强气候变化的研究，并成立了由政府提供资助的专业研究机构，从事气候变化的专题研究。

（三）国外低碳发展模式对河北省应对气候变化的借鉴作用

1. 国外发展低碳经济的共同点

（1）在意识形态方面，能够认识到发展低碳经济的重要性，把发展低碳经济作为本国的战略性计划。在制定战略的基础上，加快立法进程，用法律手段强制进行节能减排和发展低碳经济，并且同时采取相关税制和二氧化碳排放量交易等经济手段，以确保实现减排目标。

（2）在能源方面，政府高度支持新能源研发和低碳技术创新，制订鼓励新能源研发的政策，并投入相当数量的资金，不断探索新能源。

（3）成本因素和垄断因素导致低碳相关产业市场化程度不足，成为制约低碳经济发展的瓶颈。

2. 不同国家在发展低碳经济方面的差异

（1）在意识形态方面，欧洲和日本政府对低碳经济的认识更具前瞻性，率先促进低碳技术产业化。例如，欧洲拥有全球领先的风电设备制造商 LM 和 Vestas，日本拥有全球领先的混合动力汽车厂商丰田和本田。相反，美国对低碳经济的认识显得滞后，对"绿色就是竞争力"缺乏认识，以汽车行业为例，在环保型汽车成为全球研发趋势时，仍然一味追求美国式的大排量、高油耗车型，从而使美国三大汽车厂商一度面临破产和重组。

（2）日本以更加理性、具有逻辑性的方式发展低碳经济，发布了《京都议定书》，并制定了"福田蓝图"防止全球变暖。相比之下，美国发展低碳经济时不能正确处理各方的利益关系，在政策上存在回避妥协之处，例如退出《京都议定书》，碳排放交易法案分配体系对石油行业不公正。

（3）作为发展中国家，相对欧、美、日而言，印度发展低碳经济主要依靠太阳能技术和大规模植树造林，在低碳技术方面的创新能力较为落后，资金投入力度不足。虽然印度承诺人均 GDP 排放量不会超过发达国家的平均水平，但由于其经济发展相对滞后，工业化和城市化尚未完成，所以发展经济的需要意味着其碳排放量在一个时期内仍将处于上升趋势。

3. 国外低碳发展模式对河北省应对气候变化的借鉴

通过对英国、日本等发达国家和印度等发展中国家的低碳经济实践情况进行简要分析，可以看出其经验与做法为河北省提供了很多值得借鉴之处，具体表现在以下几个方面：

一是制定明确的环保目标和完善的管理制度。例如，英国明确提出其环保目标是 2020 年二氧化碳排放量比 1990 年减少 20%，2050 年减少 60%，为了实现上述目标，英国制定了比较完善的管理制度，以保障目标的实现。

二是政府采取了灵活多样的引导方式。例如，日本政府通过法律和政策对社会经济进行宏观管理，引导企业注重环保。英国外交与联邦事务部气候变化特命大使艾士诚认为：向低碳生活方式前进既是应对气候变化的方法，也是经济繁荣的机会。为了促进低碳经济发展，英国政府积极开发各种政策工具并落实各项措施。2005 年，英国率先建立了 3500 万英镑小型示范基金，制定了《减碳技术战略》，在 2007 年预算中宣布将支持建立第一个碳捕捉与封存技术的大规模示范项目。2007 年 3 月，通过《气候变化法案》（草案），在住宅建设领域，政府提出到 2016 年所有新建住宅全面实现零碳排放。

三是积极开放，注重合作，加强与国际间的交流与学习。再以欧盟为例，欧盟利用双边和多边国际场合，在节能减排方面对发展中国家提供资金和技术援助，帮助它们应对气候变化。同时，欧盟不断向美国等态度消极的发达国家施加压力，促使它们进入国际合作轨道。

四是加大对环保技术的投资力度。为促进低碳经济的发展，韩国、加拿大等国家加大了对环保技术的投资力度，鼓励在环保方面的开发，为科研人员积极创造科技环境。韩国是全球环保科技投入力度比较大的国家，每年用于环保科技的资金占 GDP 的 3% 以上，95% 的经济刺激计划为环保科技项目。2009年，韩国公布了一个环保科技建设计划，计划未来 5 年内投资 600 亿美元用于支持环保科技建设。2006 年，加拿大联邦政府专门成立了一个总额为 15 亿加元的信托基金项目，重点用于清洁空气和应对气候变化等。2007 年加拿大安大略省预算草案中，计划把 1.25 亿加元的财政投资用于支持节约能源、环境保护、绿色社区建设和保护自然资源。

五是提高公众环保意识，鼓励社会各界参与环保活动。瑞典存在相当数量的以环境保护为核心的民间组织，例如瑞典自然保护协会在推进公民重视环保方面起了相当大的作用，市民自觉将垃圾分类后再投放到住宅区附近的垃圾处理点。瑞典政府则注重从学校入手，从小培养学生爱护环境、保护动物的意识。2007 年瑞典电视四台发起的一项调查显示，在接受调查的人群中，89%的人认为个人应该主动承担起改善环境的责任，72% 的人表示在日常生活中能够自觉做到对垃圾进行分类。德国的环境教育已经在德国深入人心，德国公民自少年开始就懂得环保节能的重要性，有良好的环保意识。

六是使环保产业成为推动低碳经济的有力手段。法国有 200 多万家企业从事垃圾回收循环，环保事业成为企业发展的新市场，也成为国家的新经济增长点。瑞典环保产业发展迅速，主要环保技术包括污水处理、废气排放控制、固体垃圾回收与处理等。据瑞典统计局统计，瑞典环保产业年产值已达 2400 亿瑞典克朗，其中垃圾处理和再生循环产值占环保产业总产值的 41%。瑞典拥有大批具备专有技术的环保企业，企业数量超过 4000 家，能够容纳 9 万人就业。瑞典环保产业出口势头强劲，出口产值约占环保产业总产值的 38%，并以年均 8% 的速度递增。[①]

另外，国内外低碳城市发展过程中也面临着各种挑战。对于国外城市而

---

① 《瑞典环保产业发展的奥秘》，《中国环境报》2009 年 9 月 15 日。

言，存在"锁定效应"，即发达国家的部分核心城市基础设施比较完善，且投入了大量的资金与技术，改造为低碳运行模式会受到相当程度的限制。所以，在发展低碳经济、应对气候变化的过程中，河北省也要充分吸取其他国家的教训。

二　国内发达地区的实践与探索

（一）上海低碳经济建设模式与应对气候变化经验

"十一五"以来，上海开始对城市转型进行探索。2008年，上海市被确定为低碳经济试点城市。在打造低碳产业方面，上海把大量产能落后的企业、产业向外转移，同时，积极对接全球产业发展前沿，发展新能源汽车、创意产业等新型产业和服务业，推动产业升级和城市转型。在建设低碳社区方面，上海在崇明生态岛进行了低碳实践，建成国内首个并网发电进入商业运营的兆瓦级太阳能发电站，开发风能作为新能源，建成了崇明风力发电场，并对农业生产所产生的大量秸秆进行了有机循环。积极利用自然采光、自然通风、建筑遮阳、智能控制、蓄能空调和热电联动技术控制建筑能耗，从建筑的墙体材料、维护结构、太阳能利用、余热回收、浅层低热利用等方面大力推广实用和适用节能技术。此外，上海还推动环境能源金融的发展，建立"碳基金"，积极探索"碳金融"。2010年，上海市发展改革委员会组织启动低碳发展实践区申报和评选工作，初步选择虹桥商务区、崇明岛、长宁区虹桥地区、临港地区等若干区域作为第一批试点单位。上海市社会科学院积极推动低碳研究，宣扬低碳经济理念，为政府决策和打造低碳城市提供咨询、决策服务，在推进低碳经济建设进程中充分发挥了其智库作用。

在应对气候变化方面，上海市发布了《节能和应对气候变化"十二五"规划》。为了加强适应气候变化的能力，上海市建立了"政府主导、部门联动、社会参与"气象灾害防御体系，初步形成城市多灾种（气象及次生灾害）早期预警体系，使上海城市灾害预警能力接近世界先进水平。市气象局组织开展了"上海城市化导致的气候变化及其与能源消费的相互影响"和"华东区域气候变化评估报告"等一批适应气候变化的研究项目。2013年，华东区域气象中心组建城市应对气候变化科技创新团队，以城市应对气候变化重大问题为核心，重点开展华东城市气候变化基础数据的收集、整合和分析，研究城市人类活动对气候和环境的影响以及城市化对局地气候变化的作用。

（二）苏州发展低碳经济、应对气候变化的经验

1. 制订了一系列工业领域节能环保政策

为了指导低碳经济发展，苏州市制订了一系列工业领域节能环保政策，包括《苏州市十二五节能规划》《苏州市"十二五"循环经济发展规划》《苏州市节能服务机构备案管理办法（试行）》《苏州市固定资产投资项目节能评估和审查管理暂行办法》《苏州工业园区生态优化规划》《苏州工业园区生态文明规划》《关于推进苏州工业园区生态优化行动计划的实施意见》《苏州工业园区固定资产投资项目节能评估和审查暂行管理办法》《关于进一步推进苏州市重点耗能企业能源审计工作的通知》等，力求形成最佳节能减排政策组合。

2. 围绕低碳产业发展推动科技项目立项工作

低碳产业、低碳技术和低碳消费是建设"低碳城市"的三大支撑力量，所以低碳技术是发展低碳经济的重要支撑之一。2007年以来，苏州围绕低碳产业发展的科技项目（狭义低碳产业）的立项呈现出三个特点：①支持低碳产业研究的项目资金数量逐年增加。2007年以来，苏州市科技项目对低碳产业的支撑逐年增加，科技项目总数和项目拨款数目的增速均超过了三年来地方财政科技拨款的增速，凸显出科技创新对低碳经济发展的支撑力度。②重点支持领域各有侧重。2007年以来，苏州市科技项目采取了"总量提升、各有侧重、分步推进"的支持方式，对低碳经济涉及的三个产业领域给予扶持，例如2007年和2008年重点支持环保产业和节能减排产业，2009年则重点支持环保产业和清洁能源产业，从而有利于集聚有限的科技资金对某个低碳产业领域打牢基础、重点突破，有利于低碳产业的长远发展。③重视宣传推广民生和低碳理念。苏州市科技项目除了重点扶持技术创新以外，也注重支撑经济社会的全面发展。2007～2009年，苏州市共支持20个科技示范项目和工程，通过示范项目加强低碳理念的宣传推广，不断强化和提升公民的低碳发展意识。

3. 发展低碳建筑

苏州市结合国家低碳城市试点申报、省级温室气体排放清单编制、苏州市应对气候变化规划编制等工作，将发展低碳建筑列入相关规划，以规划引领低碳建筑的发展。2012 年，苏州新建民用建筑已达到 100% 执行节能设计标准，施工阶段执行建筑节能标准率也达到了 90% 以上。

（三）杭州市低碳城市建设措施与应对气候变化策略

杭州市在低碳城市建设方面采取了如下措施：城市发展格局和产业结构向"节能、高效"方向进行调整，主城区加快实施"退二进三"政策，萧山、余杭区和 5 县（市）推进"优二兴三"政策，以提高第三产业的贡献率。在空间布局上，杭州市提出计划将中心城区与六大组团分别建设成为相对独立、功能齐全、职住平衡、设施完善的紧凑布局，从而有助于减少居民的远距离出行，促进公共交通工具的使用和步行。在公共交通设施建设方面，杭州计划打造低碳化的城市交通系统，实现地铁、公交车、出租车、水上巴士、公共自行车 5 种公交方式"零换乘"的公共交通模式，同时，加大对新能源汽车的推广力度。在加强对公众的引导方面，杭州市以生态、节能、减碳为主题，通过适宜的方式让公众以更生动直接的方式了解和践行低碳生活方式，通过对公众和企业的引导，使低碳理念和生活模式被越来越多的人接纳。

在应对气候变化方面，杭州市各部门合作完成了 2005～2010 年各个年度的温室气体排放清单编制工作。2011 年，制订了三年淘汰落后产能的任务和推进工作方案，加快关停淘汰能耗高、污染严重的印染、纺织、冶炼、化工、建材、造纸等行业中的落后产能，截至 2012 年年底，已完成淘汰落后产能 604 项。以清洁能源和可再生能源为突破口，优化能源消费结构，加大天然气气源供应，不断提高天然气在能源消费中的比重。依托杭州江、河、湖、海、溪（湿地）的自然禀赋，不断加强对水资源的保护，增强湿地的固碳能力。[①]

（四）北京市低碳城市发展措施、模式与应对气候变化经验

2009 年，北京市以发展低碳经济为契机，通过加快调整产业结构、发展第三产业、落实节能减排工作、构建公共交通网络等一系列措施，保持了城市发展的可持续性。利用太阳能、风能和生物质能，降低化石能源在总能源中的消耗比重。在加快调整产业结构方面，北京市有序淘汰"三高"企业，加快

---

① 杭州市建设低碳城市工作领导小组办公室：《着力打造"六位一体"低碳城市》，http：//www.zjeco.com.cn/zjzz/san...asp？id＝005624，2013－09－09。

推进科技创新，通过整合创新资源，为生物医药、新能源企业搭建创新平台。在发展第三产业方面，认真落实重大产业项目建设，资助、奖励影视动画和网络游戏产业发展。在实施节能减排方面，北京市强化机动车污染控制，推进节能改造工作，2009 年完成城镇建筑节能改造 392 万平方米，开展 20 蒸吨以上燃煤锅炉清洁能源改造试点，完成 179 个老旧小区供热管网改造，在公共服务领域推广高效照明产品。作为全球重要的碳资产交易中心，成立于 2008 年的北京环境交易所是国内首家专业服务于环境权益交易的市场平台，联合开发了中国第一个自愿碳减排标准"熊猫标准"。在构建公共交通网络方面，北京市完善公共交通设施，优化公交线网，改善换乘环境，采用新能源环保汽车，鼓励居民选用公共交通出行方式。

通过采取以上措施，北京市形成了以下低碳经济发展模式：以低碳标准和法律规范指导低碳经济的健康发展；打造多元化的能源结构，从技术手段上保障低碳经济的顺利实施；在建筑业、交通、居民生活方面试点并推广低碳经济模式，丰富低碳经济的内容；通过发展碳资产交易，从市场机制上为低碳经济的发展提供保障。

在应对气候变化方面，北京市各行业制定了应对气候变化行动计划，例如 2011 年制定的《北京市园林绿化应对气候变化行动计划（2011~2015 年)》，2012 年制定的《北京市应对气候变化领域对外合作管理实施细则》。2012 年 3 月，北京市建立"北京应对气候变化研究和人才培养基地"打造应对气候变化智库、信息服务中心、战略研究与技术交流平台、专业人才培养与人力资源储备中心，为本市应对气候变化提供战略、政策、管理、技术和人才支撑。北京市园林绿化局实施了"密云水库流域林业社区应对气候变化综合能力提升项目"，对有效提升社会公众的应对气候变化意识、提高北京市林业碳汇经营管理水平、促进森林生态效益的市场化发展具有积极推动作用。

（五）国内低碳城市建设模式与应对气候变化经验

国内低碳城市实践基本上还处于尝试性阶段，主要集中于低碳园区示范、低碳产业选择和新能源开发利用等方式的探索。综合以上发展实践，可将目前国内城市低碳发展方式归纳为以下四种模式：①所追求的目标模式——综合型"低碳社会"，关注城市经济发展各个方面，包括从能源供给到能源消费的各个领域，例如新能源开发利用、绿色建筑、环保交通、低碳消费模式等各个层面。②过渡模式，即选择一个切入点或一个领域优先发展低碳经济，包括低碳产业（知识密集型或技术密集型产业）拉动模式，城市发展以某种或某类低碳产业发展为核心，逐步弱化其他行业的发展，最终形成产业结构相对较单一的低碳发展模式；③示范型"以点带面"发展模式，先建设示范区，探索先进的发展理念和转型经验，进而以点带面带动整个城市的低碳发展；④"低碳支撑产业"发展模式，即发展为低碳产业提供支撑的行业，包括风机制造、多晶硅制造、光伏设备制造等，是低碳经济发展中必要且重要的环节。

国内城市产业结构中，高耗能、高排放的第二产业依然占据主导地位，如何将产业重心由第二产业转移到第三产业，同时将第二产业结构向轻型、高效和节能方面转型，也面临诸多挑战。因此，寻求因地制宜的本土化低碳发展途径和模式是河北省面临的巨大挑战。

第二节　河北省低碳经济发展现状分析

"十一五"以来，河北低碳经济发展不断取得新突破。通过大力推进"双三十"工程等措施，"十一五"节能减排目标如期实现，单位生产总值能耗比2005年下降20%，化学需氧量、二氧化硫排放量比2005年削减15%以上。各地在发展低碳经济的过程中形成了自己的特色，也积累了一些经验。

一　各地发展低碳经济、应对气候变化的做法

（一）保定市致力于发展新能源产业与建设低碳城市

2006年以来，按照保定市委、市政府打造"中国电谷"的战略决策，保定高新区明确提出把光伏发电、风力发电、输变电以及节电、储电与电力自动化装备制造等作为产业发展重点，通过组建新能源产业集群，形成了太阳能光伏产品研发、制造、应用的完整产业链，并在光热发电、太阳能电站、太阳能建筑一体化技术领域取得突破，构成了完整的多晶硅、单晶硅、薄膜电池光伏生产体系，拥有多晶硅提纯、薄膜电池等产业链核心项目。其中，风电产业聚集了70余家风电企业，涵盖风电整机、叶片、变流器、控制系统等产业链关

键环节，建成了中国最大的风电叶片制造基地，风电研发、检测等公共服务平台体系完备，形成了集成创新高地。在输变电、新型储电和节电、配电领域，拥有天威、风帆为代表的多个行业领军企业和重大自主创新项目，全面彰显了产业品牌辐射优势。

在新能源产业集群发展的基础上，保定高新区将土地、资金、政策、人才等生产要素向重点企业倾斜，力促优质企业做大做强，培育了光伏产业龙头企业英利集团，以中航惠腾、国电联合动力、天威风电、惠德风电为代表的风电产业集群获得长足发展。

在产业发展的科技环境方面，保定高新区通过投入大量研发经费，支持企业科技创新资金，打造国家级实验室和省级以上研发中心，积极营造有利于新能源产业发展的环境，形成了动力强劲的自主创新体系。

在新能源产业发展的人才环境方面，为了提升新能源产业的核心竞争力，针对国内可再生能源专业技术人才相对匮乏的现状，保定高新区先后出台了《高级人才优惠政策》《引进博士后研究人员优惠政策》，建立了专业人才对口培养基地，吸引了大批可再生能源产业专业技术人才。

2009年，保定市率先在全国成立了首个低碳城市研究会，旨在深入宣传低碳理念，提高全社会的低碳意识，协助企业正确实施低碳战略，努力形成节约资源和保护生态环境的产业结构、增长方式和消费模式，积极应对气候变化。保定市从"中国电谷"建设、"太阳能之城"建设、生态环境建设（包括"蓝天行动"、"碧水计划"、"绿荫行动"）、办公大楼低碳化运行示范、低碳化社区示范、低碳化城市交通体系整合六个方面促进低碳城市建设，并且取得了阶段性成果。

总之，保定市强调以低碳理念为引领，以特色产业为支撑，以产业集群为平台，以科技创新为驱动，以人才引进和培育为保障，力争建成具有国际影响力的新能源装备与技术中心、国家智能电网产业先导区和创新中心、保定市核心增长极和科技新城区。

（二）石家庄市低碳经济发展模式

作为省会城市，在经济转型过程中，石家庄市将发展低碳经济作为城市发展的核心动力。2003年，石家庄市开始推广使用优质低硫煤，以减少二氧化碳的排放量。2007年以来，大力淘汰电力、建材、焦化、造纸等高能耗、高污染行业中的落后产能，广泛采用脱硫、除尘、尾气回收利用、余热发电、清洁生产、废物利用等节能减排措施。石家庄市严格对新上项目进行节能评估审查和环境影响评价，实施结构减排、工程减排、管理减排、生态减排工程，加大对 332 家重点排污企业和列入省"双三十"目标考核县（市）的治理、监督和考核力度，加强对 110 家燃煤大户和 150 家用水大户的监控管理，积极推进 5 家循环经济示范试点和 3 个示范项目建设，削减火电、钢铁、水泥等行业的大气污染物排放量。与此同时，加快新能源、清洁能源的利用步伐，以清洁高效的天然气替换煤气。在产业结构调整方面，重点打造生物医药产业、装备制造业、循环化工产业和现代服务业四大主导产业，抓好纺织和电子信息两个优势产业，大力发展电子信息、新能源、新材料、节能环保等战略性新兴产业。2012 年 11 月，石家庄市被确定为全国第二批低碳试点城市。2013 年，市政府办公厅印发《石家庄市"十二五"低碳城市试点工作要点》，"十二五"期间，石家庄市将采取建设低碳新区、发展低碳交通、每年人工造林 16 万亩和封山育林 200 万亩、构建低碳产业体系等八大措施打造低碳城市。

石家庄市低碳经济发展模式可概括为：以集群经济为核心，推进产业结构创新；以循环经济为核心，推进节能减排创新；以知识经济为核心，推进内涵发展创新。政府部门是低碳生活的引擎，企业、高校、科研机构是低碳科技的先锋，全社会形成全民动员、全民参与、全民实践的氛围。

（三）张家口市发展低碳经济、应对气候变化的重点

从 2003 年起，张家口市抓住国家加大新能源开发扶持力度的有利时机，根据自身的优势，把风电产业列入经济发展的战略重点，打造大型风电开发项目，几年来，中国国电集团公司、中国华能集团公司、国华电力有限责任公司、烟台龙源电力技术股份有限公司、大唐国际发电股份有限公司、中国节能环保集团公司等国内风电开发大公司、大集团先后在张家口市落户。2010 年，张北县与河北新能源开发有限公司签订协议，开发建设总规模为 200 兆瓦的太阳能发电项目，成为张北县继风电产业之后的又一支柱产业。同年，世界最大的风光储示范工程在张北县和尚义县全面开工建设。通过风电、太阳能发电等项目的建设，张家口力争打造华北新能源供应基地。

为了增强应对气候变化的能力，张家口市致力于调整产业结构，打造生态

经济循环区，发展生态畜牧业、生态旅游业等生态产业，兼顾生态保护与经济发展。

（四）承德市低碳经济发展模式

承德市遵循"绿色、低碳、循环"理念，以"低碳经济"为发展取向，以创新产业区提升传统产业，抓好重点产业聚集区、生态工业园区和产业转移创业园区建设，集中突破一批核心技术和关键技术，加快产业结构转型升级的步伐。立足生态优势，按照"减量化、再利用、资源化"的思路，通过延长产业链打造生态产业。通过培育风电、水电等清洁能源，实施风电、水电"双百万级"建设工程，发展新兴产业，实现由"打基础"向"兴产业"的转折。

在应对气候变化方面，承德市依托"三北"防护林体系建设、退耕还林、京津风沙源治理等林业重点工程，以库区周围、风沙前沿、河流源头等生态脆弱区和环城镇周围等生态敏感区为重点，推广先进造林技术，进行山、水、林、田、路综合治理，初步建成了以滦潮河上游水源涵养林、沿边沿坝防风固沙林、低山丘陵水保经济林等五大防护林为主的"生态屏障"，把提高森林覆盖率作为建设美丽承德的基础，打造"绿色名片"，以实现生态、文化、经济、社会的高度融合与良性互动。

（五）唐山市低碳经济发展措施

近年来，唐山市以实现低碳发展为目标，以推进新型工业化、新型城镇化、城乡等值化、社会治理和谐化为支撑，着力推进低碳发展。具体表现在：在传统产业发展方面，通过淘汰钢铁、水泥、化工等传统优势产业的落后产能，在全省率先实现装备的大型化和现代化，加快向产业高端挺进。通过推进水泥、陶瓷等产业整合和技术改造，打造北方重要的新型建材基地。以曹妃甸工业区、南堡开发区、乐亭新区为依托，加快化工产业发展，打造全国重要的现代化工临港产业基地。通过实施"产业降碳"、推广低碳技术、发展低碳产业，钢铁、化工、装备制造"三足鼎立"和新能源、环保、生物医药"三足鼎立"的产业格局正在加速形成。

在发展第三产业尤其是现代服务业方面，唐山市整合物流资源，壮大港口、煤炭、钢铁、商贸、农产品等专业物流，全力推进大型综合性物流园区和物流重点项目建设，打造唐山海港物流产业聚集区、曹妃甸物流产业聚集区、唐海曹妃甸新区临港产业园区、唐山丰润北方现代物流城、迁安北方钢铁物流产业聚集区 5 个省级物流集聚区。

同时，唐山市围绕做优做强精品钢铁、先进装备制造、现代化工等重点产业的优化升级，研究开发和引进示范一批新技术、新工艺，加快科技成果转化，以突破发展的资源、能源路径依赖。

（六）秦皇岛市低碳经济发展经验

在新农村建设过程中，秦皇岛市大力发展清洁、低排放、循环利用的低碳农业，使用微滴灌设施实现节水、节肥。按照"规模养殖，集中建池"原则，发展户用沼气和规模化畜禽养殖场沼气工程，形成以沼气为纽带的农业循环经济产业链。充分利用太阳能，拓宽循环经济发展领域，全方位促进资源、能源综合利用。

立足于得天独厚的旅游资源，秦皇岛市以旅游业为龙头，发展休闲度假旅游、装备制造、葡萄酒等重点产业，推进旅游业转型升级。同时，注重加快产业结构调整和发展方式转变，构建以旅游业为中心，高新技术产业为先导，先进制造业和现代服务业为支撑，现代农业集约发展的多业并举、共同发展的现代产业体系。

此外，秦皇岛市在构筑节能建筑、开发可再生能源和节能产品等方面不断追求自主创新，政府部门则制定扶持企业自主创新的政策，以激励企业创新。

（七）廊坊市低碳经济发展模式

廊坊市坚持"低碳、生态、科技"的发展理念，立足区位优势，依托京津资源，全力打造承接京津新兴产业转移（配套）试验区、高新技术产业孵化区和低碳经济示范区，示范区内重点培育电子信息、生物医药、高端装备制造、新能源和新材料五大产业。

在以科技促进低碳经济发展方面，廊坊市支持新能源技术的研究开发，鼓励太阳能光伏发电站建设；通过实施科技示范项目，推进高耗能行业技术改造；同时加快汽车节能技术的研发。

（八）沧州市低碳经济发展措施

2010 年，沧州市加大节能降耗工作力度，淘汰 31 条生产线和 136 台

（套）设备，对不符合节能减排要求的企业进行停产整改。同时，沧州市积极发展高新技术产业，强化节能技术研发与推广，对石油化工、管道装备、机械加工与制造等支柱产业进行提档升级，并大力扶持服务业发展。

在生态建设方面，"十一五"以来，沧州市主要污染物化学需氧量和二氧化硫排放总量在2005年的基础上分别削减18.2%和12.9%，圆满完成了"十一五"的减排目标，城市环境空气质量明显改善，重点流域水质得到改善。2011年，沧州市化学需氧量削减2.51%，二氧化硫削减1.75%，二级以上天气达到345天，均超过全省平均水平和省政府下达的考核指标。

（九）衡水市低碳经济发展措施

作为农业大市，衡水市在发展低碳农业方面采取秸秆粉碎还田、秸秆过腹还田、粪便沤肥等综合措施，增加土地有机肥使用量，以提高农作物品质，实现资源低消耗、废弃物有效利用。

衡水市立足于享有"京南第一湖"和"京津冀最美湿地"美誉称号的衡水湖的优势，重点抓好现代物流、文化创意、绿色健康、现代生态观赏四大新兴产业，助力低碳经济，并注重发挥生态化工、电子信息、现代食品等十大基础好、潜力大的特色产业。在项目建设和招商引资方面，衡水市确立了建设"宜居、宜业、宜商、宜学、宜游"的现代"水市湖城"发展战略，择优选择引进低碳项目。

（十）邢台市低碳经济发展模式

邢台市是矿产资源大市。小选矿、小水泥、小炼铁等高耗能、高污染项目严重破坏了生态环境，也浪费了大量能源。所以，邢台市立足于转变经济发展方式，引进资源循环利用项目，打造循环经济产业链，培育医药、旅游、农副产品加工等新兴产业，优先发展新能源、装备制造等新兴产业，使传统的高碳增长模式转向低碳发展模式。在淘汰落后产能、调整产业结构的同时，邢台市注重清洁能源的推广，应用太阳能热水系统与建筑一体化技术，依托现有的基础和优势，以低碳经济、绿色经济、循环经济、节能减排和可持续发展为城市理念，重点打造光伏、光热、风电产业。

目前，邢台市已形成以钢铁、煤炭、电力、建材、机械、纺织服装、食品医药等工业为支撑，以新能源、煤盐化工、汽车制造等产业为引领的新型工业体系，被国家命名为"中国太阳能建筑之城""国家火炬计划硅材料产业基地""国家光伏高新技术产业化基地"。

在循环农业发展方面，邢台市积极探索发展低碳循环农业，形成了多种低碳、循环农业新模式，包括"林—草—畜"模式、"猪—沼—菜"模式和"立体生态"养殖模式。

（十一）邯郸市低碳经济发展措施

在产业改造与结构调整方面，邯郸市实施了化工产业"退城进郊"战略，强化产业平台、重大项目、主导产品对产业发展的支撑，推动各类产业聚集区向低碳循环方向发展，加快传统产业的调整升级，培育壮大战略性新兴产业，激活现代服务业的后发优势。

在发展循环经济方面，"十一五"以来，邯郸市按照"减量化、资源化、再利用"的原则，根据产业结构特征，适应循环经济发展的内在要求，在强化有关技术支撑和制度保障的基础上，加快了对冶金、电力、煤炭、化工等重点行业的循环经济改造，促进产业进行循环式组合，鼓励企业采用循环生产方式，推进循环经济发展模式，形成了"微循环—小循环—中循环—大循环"高度集成的循环经济网络体系。通过改变粗放型经济增长方式，邯郸市逐步走上了延长优势产业链条、着力发展循环经济的可持续发展道路。

总之，"十一五"以来，河北省各地在调整产业结构、发展生态农业和战略性新兴产业、建设产业聚集区、推动技术创新等方面采取各种措施，初步形成了各具特色的低碳经济模式。

二　河北省发展低碳经济、应对气候变化的经验

鉴于在应对气候变化方面河北省面临以下七个方面的挑战：气候变化对现有发展模式的挑战，对以煤为主的能源结构的挑战，对工业结构和能源利用水平的挑战，对森林资源保护和发展的挑战，对农业适应气候变化的挑战，对水资源开发和保护适应气候变化的挑战，对沿海地区增强应对气候变化能力的挑战，在兼顾经济发展和生态环境保护的过程中，河北省以控制温室气体排放、增强可持续发展能力为目标，以节约能源、优化能源结构、加强生态保护和建设为重点，确立了自身发展低碳经济的基础与领先优势，在发展低碳经济、应

对气候变化方面积累了如下经验。

（一）实施"双三十"工程，形成减排的动力机制

2008 年初，针对严峻的减排形势，河北省在全省范围内确定了 30 个重点县（市、区）和 30 家排污与能耗大的企业，作为考核污染减排的重要对象和改善环境的重要突破口。在"双三十"工程的示范带动下，各地市企业参照"双三十"工程的制度设计模式，积极推动自身的节能减排工作。2012 年，参加考核的 116 个新老"双三十"单位全部完成节能目标任务，106 个单位完成减排目标任务，其中新老"双三十"重点县（市、区）全部完成节能和减排目标任务。

（二）运用经济手段，形成减排的激励机制

在考核、监督"双三十"单位减排的同时，河北省建立健全各项激励、服务机制，重视利用补偿、奖惩等经济手段推进治污减排。

1. 落后产能退出补偿政策

在水泥、钢铁、造纸、化工等重污染行业退出方面，河北"双三十"单位探索出有效的落后产能退出补偿政策。例如，鹿泉市通过"水泥整合，等量置换"的方式，建立了合理的落后产能退出补偿机制，把所拆除企业土地转让款中本应由政府受益的部分留给企业。对于拆除后转向其他行业的企业，可享受税收地方留成部分"免二减三"的优惠政策。仍从事水泥生产的企业，可通过"等量替代、现金入股"的方法进入大型新型干法水泥企业，或优先从大型旋窑企业获得熟料。

2. 推行生态补偿金扣缴政策

为加快改善水环境质量，河北省借鉴子牙河流域的经验，在全国率先推行流域生态补偿金制度，在全省七大水系的 56 条主要河流、201 个断面实行跨界断面水质目标责任考核，根据出境断面水质超标程度，向超标排污城市扣缴最少 10 万元、最多 300 万元的生态补偿金，扣缴资金用于补偿下游经济损失和保障饮水安全，倒逼各地加大污染治理力度。

3. 在资金、项目审批、征用土地等方面加大支持力度

河北省把节能减排与融资、用地、价格等结合起来，形成要素供给联动制约机制。各级财政对"双三十"单位要重点扶持，各级污染治理和资源节约

专项资金重点向"双三十"单位倾斜；"双三十"单位的新、扩、改与节能减排有关的项目按省重点项目对待，在项目审批、征用土地等方面予以支持。许多"双三十"单位也都结合实际制定了各具特色的资金投入政策，例如采用BOT 模式、申报国债资金、依靠大企业加快基础设施建设，以及加大财政补贴力度，等等。

4. 加大奖惩力度

例如，迁安市拿出 1000 万元作为节能减排奖励资金；武安市对年终完成节能减排任务的企业奖励 10 万元～100 万元，对完不成任务的处罚 30 万元～300 万元。[①]

（三）引进、推广、自主创新清洁能源技术

1. 河北省张家口、承德两市风能资源丰富，适宜开发风力发电项目

2007 年，河北省成立了大型风力发电机组工程技术研究中心，重点开展风电机组整机优化、风电机组载荷和疲劳结构强度、风电机组装配工艺技术研究。同年，自主研制的首片大功率风电叶片在保定市下线，标志着我国自主研制能力的提高，对于发展风电设备国产化具有重要的作用。2001～2007 年，红松风电通过自主创新，走出了一条"风机国产化、设备属地化"的"承德模式"发展之路。2009 年，河北省引进韩国双转子风力发电技术项目。

2. 利用焚烧城市垃圾、填埋气甲烷回收发电

廊坊市生活垃圾焚烧发电项目采用国际先进的炉排式垃圾焚烧炉工艺，使用发电方式回收焚烧产生的热能，对垃圾产生的灰渣进行综合利用，用于生产地砖与其他建筑材料。2010 年，沧州市建设 2 条生活垃圾处理焚烧线，配 2台 7.5 兆瓦凝汽式汽轮发电机组。2012 年 7 月，秦皇岛市总投资 4.5 亿元的垃圾焚烧发电供热项目正式投入运行。

3. 太阳能光伏发电技术创新

河北省处于太阳能资源较丰富的地带，年辐射量为 4981～5966 兆焦/平方米。2010 年初，太阳能光伏发电技术国家重点实验室在河北保定英利集团奠

基，实验室依托英利集团的光伏产业链生产和技术模式，从事全产业链的晶体硅光伏材料、太阳电池与光伏组件、光伏发电系统的基础及应用研究。截至2013年5月，河北省已经投产的光伏发电项目装机容量为115兆瓦。目前，河北省正在研究制定光伏规模化应用示范省建设实施方案。

4. 生物质能发电技术

作为农业大省，河北省农作物秸秆和油料植物储量丰富，为发展生物质能源提供了丰富的资源和发展空间。河北省电力公司成立了专门的领导小组，建成成安、威县、晋州3个秸秆电厂。2006年，大名县生物质能发电厂与日方签约，合作建设河北省第一个CDM（清洁发展机制）项目——大名生物质能发电项目。2012年，河北省科技厅组织召开了生物质能源产业技术创新研讨会，确定了未来生物质能产业重大技术需求和创新重点。

第三节 河北省低碳经济发展模式设计

作为一种新型的发展模式，低碳经济涉及经济、政治、社会、科技、环境以及国际合作诸多领域，具有系统性。我国应对气候变化与环境危机的根本出路是发展低碳经济，构建低碳经济发展模式的关键则在于制度保障。在各地市发展低碳经济的做法与模式的基础上，结合国内外发展经验，结合应对气候变化的需要，河北省低碳经济发展模式应包括以下三个层面。

一 宏观层面的低碳经济发展模式

个体经济行为取决于制度环境、组织环境和文化环境。与以往的工业社会相比，低碳经济模式下的社会需要整个社会环境发生从内到外、从上至下的变化。所以，构建宏观层面的低碳经济发展模式的关键在于创造一整套有利于低碳经济生存发展的制度，形成配套的制度环境和制度保障。

宏观层面的低碳经济发展模式包括低碳经济发展模式目标、宏观政策以及公众参与，具体模式见图7-1。

（一）发展目标

结合《河北省国民经济和社会发展第十二个五年规划纲要》，河北省低碳

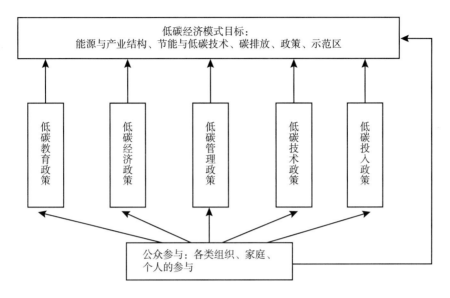

图 7 - 1　河北省低碳经济发展模式（宏观层面）

经济发展目标是：

（1）能源结构趋于合理。推进用能方式转变，提高用能效率，降低煤炭消费强度，支持煤炭清洁、高效和低碳化利用，控制不合理用电需求，优先安排可再生能源、清洁能源和高效电源，提高天然气普及利用水平。

（2）产业结构趋于合理。大力发展低耗高效产业，构建以一批综合竞争实力较强的特大型企业集团和具有河北品牌效应的优质产品为标志的现代产业体系，重点产业实现协调互动发展，重大生产力布局趋于合理，先进制造业以装备制造、钢铁、石化、新能源、电子信息、生物医药等产业为支撑，现代服务业以现代物流、金融、旅游、文化创意等产业为主体，现代农业占据第一产业主导地位。

（3）采用先进节能技术和低碳技术。低碳技术的研发能力全面提升，若干技术和产业规模达到国内领先水平。加大节能和低碳共性、关键技术研究开发力度，着力解决技术瓶颈制约，采用高新技术和先进适用技术改造冶金、建材、化工、电力等高耗能行业。推行合同能源管理等新机制，加快中小企业节能改造步伐。

（4）加大城镇供热、供气、供电设施改造力度，推进农村能源基础设施建设。

（5）温室气体排放得到有效控制，碳汇能力明显提高。建立温室气体排放统计监测制度，逐步建立碳排放交易市场，到 2020 年，实现单位 GDP 能耗比 2005 年降低 40% ~ 60%，单位 GDP 的二氧化碳排放量降低 50% 左右。加快绿化造林步伐，增加活立木蓄积量，增强森林固碳能力。

（6）基本建立与低碳经济社会发展相适应的法规、政策和管理体系，全面建立在低碳领域与国内外交流合作的平台，确立国际低碳经济交流合作中心的地位。随着河北省经济的快速增长，能源消费和二氧化碳排放量必然增长。鉴于美国、欧盟等发达国家会从各方面施压，利用其技术优势推行与碳有关的贸易规则，以制约我国的发展，要求我国承担更多的节能减排责任，所以，河北省要抓住新的国际合作机遇，充分利用低碳技术创新发展的国际环境，开展应对气候变化的国际合作，积极参与全球碳贸易。

（7）抓好保定国家低碳城市试点和一批省级低碳产业、园区、企业示范试点，实施石家庄、保定国家"十城万盏"LED 应用示范工程及唐山国家"十城千辆"新能源汽车城市试点，积极推进承德可再生能源示范城市、邢台太阳能应用示范城市建设。

（二）宏观政策

推动低碳经济发展模式的宏观政策主要包括：

1. 低碳教育政策

把低碳教育纳入国家和地方教育体系，使低碳教育由目前的个体自发行为变成政府行为；向公民宣传普及各种低碳科技知识，提高公民低碳意识；制定低碳消费政策，通过宣传、教育等各种措施，引导人们形成低碳生活模式和消费方式。

2. 低碳经济政策

推行基于配额交易的碳排放权交易，建设基于配额交易的碳交易所，完善碳交易所的相关法规，加快二氧化碳排放权衍生产品的金融创新工作；开征针对煤、石油、天然气等化石燃料的二氧化碳税；建立征收生态环境补偿费制度，采用产品收费、使用者收费等方式，对直接影响生态环境的各项行为活动开征生态环境补偿费。

3. 低碳管理政策

构建低碳经济发展的组织机构和战略规划，加快低碳经济技术标准体系建设，健全科学的计量手段和自动监测系统，实现低碳经济工作的规范化、定量化和系统化；建立针对地方政府和企业的低碳考核制度，通过法律、法规规范政府发展低碳经济的权利和义务，推行"低碳 GDP"考核制度，将实施低碳发展的评价指标纳入地方的经济核算体系和政府官员的政绩考核；制订和实施低碳认证制度，建立健全低碳标志标准，鼓励企业进行认证；建立押金退款政策，由自然资源开发者和新建工业项目者向环境管理部门交纳一定数额的押金，以此来保证其在自然资源开发过程中和开发后对生态环境的恢复以及对新建项目"三同时"制度的执行。

4. 低碳技术政策

完善低碳技术创新的激励政策，采取期权、期股等各种分配激励方式，奖励在低碳技术创新方面有突出贡献的科技人员和经营管理人员，放宽低碳技术入股的比例限制，使低碳技术人员的收入与岗位技能、工作业绩以及经济效益紧密挂钩；实施促进低碳技术创新的采购政策，制订政府低碳采购标准、清单和指南；由低碳技术风险投资机构承担低碳技术成果研究、开发和产业化过程中的风险，并可从企业生产新产品所得利润中提取一定比例作为风险投资的回报；帮助大中型企业开展科技创新研究，开发减少二氧化碳排放的新技术，实施绿色煤炭计划。

5. 低碳投入政策

把低碳经济发展资金列入财政预算的支出范畴，作为财政的经常性支出；建立政府低碳经济发展投资增长机制，通过立法形式确定一定时期内政府低碳经济发展投资占 GDP 的比例或占财政支出的比例；完善调动企业、个人等主体投资低碳经济积极性的政策，在贷款额度、贷款利率、还贷条件等方面对企业低碳经济投资项目给予优惠，支持企业投资于防污设备，给予投资抵免、税前还贷、加速折旧，对低碳经济融资给予税收优惠，对低碳产业和有明显污染削减的技术改造项目进行贴息。

6. 低碳产业政策

通过调整产业结构，构建低碳产业支撑体系，加快发展低能耗新型产业，同时利用新技术改造高能耗传统产业，大幅降低单位 GDP 的能源消耗。提高第三产业在生产总值中的比重，减少经济发展对工业增长的过度依赖，从而相对控制对能源消费总量的过度需求。通过发展循环经济，导入低碳模式。调整并优化能源利用结构，继续发展风能、生物质能源以及太阳能发电，促进能源结构向低碳化、洁净化、生态化转变和发展。

各类组织、家庭和个人的广泛参与是低碳经济目标得以实现的保障。公众通过接受宣传教育、选择低碳生活方式、为政府决策提出建议、为企业提供咨询服务、加强社会监督和开展民间国际交流合作等方式参与低碳经济发展。

二 中观层面的低碳经济发展模式

中观层面的低碳经济发展模式指低碳经济发展路径，包括三个层次：构建新兴低碳产业集群、传统低碳产业的低碳保持和传统高碳产业的低碳化创新。三个层次之间存在相辅相成的关系。见图 7 – 2。

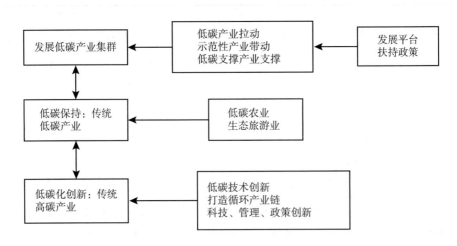

图 7 – 2 河北省低碳经济发展模式（中观层面）

（一）构建新兴低碳产业集群

围绕风电、光伏、节能等低碳产业板块开展低碳工业项目招商活动，采用嫁接、整合、升级改造等方式建立低碳工业园区，实现低碳产业链延伸。在保障措施上，完善企业发展平台，包括项目申报平台、产品应用平台和学术交流平台；实施产业扶持政策，在科技、资金、税收、用地等方面给予政策激励，加强银企沟通合作；实施"走出去引进来"战略，向国内和境外推介集群内的企业，加大人才引进与利用的力度。

（二）传统低碳产业的低碳保持

传统低碳产业是指农业、手工业、旅游业等相对低碳排放的产业，可通过发展低碳农业和生态旅游业维持其低碳现状。从低碳农业技术层面来看，遵循低碳农业的节碳固碳机理，研发并推广各种节碳固碳技术和模式，包括重建农业湿地系统、减少高碳能源及化肥应用、改良固碳型农业品种、推广农业固碳技术；从低碳农业制度建设层面来看，要建立利益联结机制，包括碳汇交易机制、农民合作组织订单机制、农民利益共享机制。从政府推动低碳生态旅游业发展的层面来看，政府应发挥主导性作用，积极营造助推低碳生态旅游发展的制度环境，在法律、政策、规划管理、资金、技术、宣传引导等方面为河北省旅游业的低碳化、生态化发展提供有力保障；旅游景区要进行运营模式和技术创新，包括采用现代信息技术开启智能管理模式，开发低碳生态旅游产品，在技术创新方面改进旅游交通工具，广泛利用太阳能、生物能、风能、水能等可再生能源来替代当前的高碳化能源，加大对"绿色酒店"的创新力度，降低酒店的能源消耗和废物排放量；旅游者要践行生态低碳理念，主动参与碳补偿。

（三）传统高碳产业的低碳化创新

传统高碳产业包括能源、钢铁、汽车、交通、冶金、化工、建材、机械制造等，涉及河北省的主导产业和支柱产业，需要在技术、流程、制度等方面进行创新，实现低碳排放。通过生态技术创新和开发各种节能产品，可提高原材料和能源的利用率，降低生产过程中的环境污染。通过纵向延长生产链和横向拓宽技术支撑体系，从产品的开发、设计、生产到废旧产品的回收处理或再生等环节进行把控，以最大限度地减少资源的开采及污染物的排放。政府需要综合运用法律、经济、技术和行政等手段，为传统高碳产业低碳化创新提供科技支撑、管理支撑、政策支撑。

三 微观层面的低碳经济发展模式

微观层面的低碳经济发展模式指低碳经济发展方法，主要包括低碳技术的开发及应用。技术创新是低碳经济发展的核心动力。

低碳或无碳技术也称为碳中和技术，指通过计算二氧化碳排放总量，然后通过植树造林（增加碳汇）、二氧化碳捕捉和埋存等方法吸收碳排放量。碳中和技术包括：①温室气体的捕集技术，即燃烧前脱碳、燃烧后脱碳和富氧燃烧。②温室气体的埋存技术，将捕集起来的二氧化碳气体深埋于海底或地下，以达到减少排放温室气体的目的。③低碳或零碳新能源技术，如太阳能、风能、光能、氢能、燃料电池等替代能源和可再生能源技术。到 2015 年，河北省应初步形成节能减排、清洁能源、自然碳汇等关键低碳技术研发、推广和应用体系，初步建立低碳技术基地，建设省级新能源特色产业基地，建成碳汇计量、监测体系和标准，使低碳技术创新能力不断增强，关键技术领域取得突破，低碳产业比重逐步提升，实现万元国内生产总值能耗降低和工业固体废物综合利用，新能源产业获得长足发展。河北省低碳技术路线图见图 7 – 3。

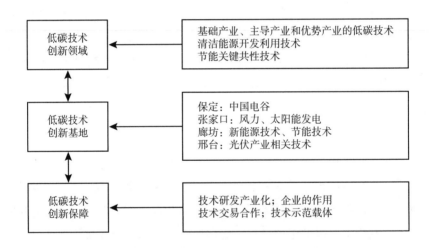

图 7 – 3　河北省低碳经济发展模式（微观层面）

"十二五"期间，河北省围绕能源、信息、高新技术、冶金、医药、建材、化工、机械制造等基础产业、主导产业和优势产业领域，以提升产业低碳化水平和减少温室气体排放为目标，重点发展洁净煤、循环经济模式与关键技术研究，以及余热余压利用、智能电网技术和火电厂循环冷却水余热利用、新型水泥窑技术和余热利用、新能源汽车产业等技术研究，组织实施新能源、建材、冶金、化工等行业的节能减排重大技术创新；围绕清洁能源的开发利用，发展风能、生物质能、太阳能光伏利用技术，在新能源和可再生能源产业中组织开展光伏发电技术、锂电池储能技术、自动控制技术等科技攻关；在节能关键共性技术研发方面，推动半导体照明产业节能产品开发和钢铁行业技术升级。

要重点支持建设保定、张家口、廊坊、邢台低碳技术创新基地。其中，保定基地以新能源及能源设备制造产业为核心，全力打造"中国电谷"，进一步完善太阳能光伏发电、风力发电、高效节电、新型储能、输变电和电力自动化六大产业体系，培育壮大具有一定规模的低碳产业集群，组织实施光伏发电、风力发电、生物质能发电等重大科技专项以及光伏屋顶、光伏幕墙等建筑一体化科技示范项目；张家口基地重点发展风力发电、太阳能发电技术，建设风光储示范工程，建成华北新能源供应基地；廊坊基地重点发展电子信息、生物制药、新能源、高端装备制造产业，支持新能源技术研究开发、高耗能行业技术改造和汽车节能技术研发；邢台基地重点发展光伏产业，依托一批核心技术和自主知识产权技术，打造从硅材料、太阳能电池到系统集成、电厂工程总承包的完整产业链，建设"中国太阳能建筑城"和"国家火炬计划硅材料产业基地"。

在低碳技术保障体系建设方面，要实现技术研发产业化，提高自主创新水平；发挥企业主体作用，提高低碳技术产品的核心竞争力；建立低碳技术交易合作平台，支撑产业技术发展与扩散；打造低碳技术示范载体，引领低碳技术发展。

综上所述，根据低碳经济发展模式，河北省低碳经济发展路径如下：按照低碳标准调整经济发展目标，制定低碳经济发展路线图；通过产业结构调整，构建适应低碳要求的现代产业体系，形成低碳产业集群；构建工业、农业、建筑、交通"四位一体"的低碳经济发展网络；推进能源技术和减排技术创新，研发并储备低碳技术；逐步建立并完善低碳经济法律法规体系，形成低碳发展的长效机制；营造低碳发展的社会氛围。

第四节　基于低碳经济发展的河北省应对气候变化对策

"十二五"期间，河北省要在现有低碳经济模式的基础上，充分发挥区位、技术、资金、市场、人才和自然资源优势，打造低碳能源体系、低碳技术体系和低碳产业结构，建立与低碳经济社会发展相适应的生产和消费模式，把应对气候变化与可持续发展战略相结合，长远减排目标与中近期对策相结合，明确重点领域，完善考核体系，健全法律机制与经济激励机制，形成"以政府为主导、以市场为主体"的低碳经济发展路径，完善应对气候变化的市场机制，发挥碳价格的市场信号和激励作用。

一 明确实现低碳发展的指导思想、战略目标和障碍因素

（一）指导思想

河北省发展低碳经济的指导思想应体现在以下几方面：以科学发展观为指导，以实现经济发展方式的根本转变为根本，以优化能源结构、提高能源利用效率、降低单位国内生产总值碳排放强度为核心，以减少温室气体排放、增强可持续发展能力为目标，以技术创新和制度创新为动力，以构筑特色低碳产业体系、建设低碳经济支撑工程、开发新能源为手段，大力发展低碳产业，实现经济发展与资源环境保护双赢。

（二）战略目标

中近期以大幅度降低碳排放强度为核心，促进经济发展方式转变；长期内，实现经济社会发展与碳排放脱钩，形成低碳发展的经济和社会形态，控制并逐渐降低二氧化碳排放总量。

（三）存在的障碍

河北省发展低碳经济存在的障碍因素包括：自身的发展阶段、能源消费结构和目前的低碳技术水平。

河北省处于工业化、城镇化和农业现代化加速发展时期，消费结构和产业结构面临升级；面临着沿海地区发展规划上升为国家战略、京津冀区域经济一体化、首都经济圈纳入国家"十二五"规划、冀中南地区列为国家层面的重点开发区域四大发展机遇；新的经济增长点将加速形成。另外，经济发展也面临着以下困难和挑战：企业生产经营困难，消费、出口出现回落趋势，财政收支矛盾亟待缓解，环境污染治理压力较大。根据英国、美国、日本等发达国家的历史经验，工业化的加速发展必然伴随着不断增加的温室气体排放，在未来较长一段时期内，河北省温室气体排放量必然呈现增长趋势。发达国家在完成了工业化之后

才面临节能减排问题，而中国以及河北省在城市化和工业化的进程中就面对严峻的温室气体过量排放形势。这无疑对河北省走新型工业化道路提出了挑战。

河北省能源结构以煤为主。2005 年全球平均煤炭资源消耗占能源结构的比例是 27.8%，但是根据 2000~2007 年的数据来看，河北省能源生产结构和消费结构中，煤炭均占到 80% 以上；煤炭发电投资在能源工业分行业固定投资中所占的比重超过了 70%；第二产业能源消费量占能源消费总量的比重超过 80%。所以，在未来相当长一段时间里，由于资源禀赋制约，河北省煤炭资源占能源消耗的比重仍然无法发生根本性改变。单位热量燃煤引起的二氧化碳排放量远高于石油和天然气，所以河北省在进行能源结构调整，向低碳发展模式转变中面临着更多的压力和技术障碍。

与发达国家和国内发达省份相比，河北省在节能减排关键设备制造领域、技术开发领域存在较大差距。薄弱的产业体系、偏重的产业结构、缺失的先进技术模式、大量存在的落后工艺，决定了在未来较长一段时期内，河北省由于工业生产和基础设施建设而引致的温室气体排放量将继续呈现增长趋势，形成"锁定效应"。如何开发利用新型低碳技术以应对气候变化，对于河北省来说是一个不容忽视的障碍因素。

二 确定发展低碳经济、减缓二氧化碳排放的重点领域

根据河北省经济发展、产业结构、温室气体排放现状，确定如下发展低碳经济、减缓二氧化碳排放的重点领域。

（一）优化能源结构，提高能源效率

必须改变目前依赖化石能源的高消耗、高污染的经济发展模式，寻求化石资源的替代，建立低排放、低消耗、附加值高的低碳经济发展模式。具体包括：①降低煤炭在能源结构中的比例。加速能源消费从传统煤炭矿种为主向现代石油和天然气矿种为主的结构转变，提高煤炭净化比重，实施煤炭净化技术，加强相关基础设施的建设。②提高能源效率，改善能源消费结构。将提高能源效率作为应对气候变化能源战略的核心目标之一，研发低碳燃料，把传统化石燃料的清洁以及先进的发电技术作为实现低碳经济的关键领域；注重车用燃料生产技术，清洁煤、太阳能和风能等先进发电技术，先进节能技术，碳捕获和贮存技术，可再

生能源等能源新技术的开发；建立高效和快捷的公共交通运输系统。

（二）建设低碳城市

（1）转变唐山、邯郸、邢台市三大重工业城市的发展模式，形成以创新为主要驱动力的低碳经济发展模式。在高耗能行业推行煤炭制取氢气技术、氢气储存与运输技术、碳中和技术、碳捕获和埋存技术等低碳经济技术，改变城市能源供给，充分利用水能、风能、太阳能等清洁、可再生能源发电，加速从"碳基能源"向"低碳能源"和"氢基能源"转变，实现城市的低碳和零碳发展。

（2）抓好保定市第一批国家低碳试点城市建设，在秦皇岛、承德市等环境较好的城市开发低碳居住空间，发展低碳化的城市公共交通系统。在建筑设计上引入低碳理念，充分利用太阳能，选用隔热保温的建筑材料，合理设计通风和采光系统，选用节能型取暖和制冷系统。在社区规划设计、建材选择、供暖供冷供电供热水系统、照明、交通、建筑施工等方面落实绿色低碳要求，推广应用节能低碳产品和技术。鼓励城市发展公共交通系统和快速轨道交通系统，倡导发展混合燃料汽车、电动汽车、氢气动力车、生物乙醇燃料汽车、太阳能汽车等低碳排放的交通工具，以实现城市运行的低碳化目标。

（3）强化唐山、邯郸、张家口市等资源型城市的经济转型。建立资源开发补偿机制和衰退产业援助机制，推动产业升级，发展现代服务业，实施造林绿化、矿区生态修复治理等工程，构筑园区、城市、生态三大转型平台。

（三）引进、自主研发低碳技术

（1）通过清洁发展机制（CDM）引进发达国家的成熟技术，包括清洁、高效和低排放的能源技术，低碳发电站技术，创新型太阳能发电技术，生物燃料新技术，贮氢技术和脱碳产氢技术，碳捕获与封存技术，等等。

（2）建立低碳技术研发平台。鼓励科研院所、高校和企业建立产学研联盟、低碳技术孵化器和中介服务机构，鼓励企业组建工程技术中心，推进保定风电设备及系统、光伏发电技术等国家重点实验室建设，研发控制温室气体排放领域共性关键技术。

（3）加快低碳技术推广应用和高排放产品的节约替代。推广国家低碳技术推广目录中的技术，选择具有重要推广价值的替代产品或工艺进行推广示范，实施水泥、钢铁、石灰、电石等高耗能、高排放产品替代工程，鼓励开发和使用高性能、低成本、低消耗的新型材料替代传统钢材，鼓励使用缓释肥、有机肥等替代传统化肥。①

（四）优化产业结构，推进清洁生产

根据《河北省"十二五"控制温室气体排放工作方案》，在调整产业结构方面的具体措施包括：①严格控制新上高耗能项目，所有新上工业项目必须采用国内最先进技术工艺，按照循环经济理念考虑产业链延伸，达到同行业能耗先进水平，将能耗控制在核定增量范围内。②加快运用高新技术和先进适用技术改造提升传统产业，组织实施锅（窑）炉改造、电机系统节能、能量系统优化、余热余压利用、节约替代石油、热电联产改造六大节能技改专项，采用新工艺、新技术、新装备改进落后工艺、技术和设备。③坚定有序淘汰电力、钢铁、建材、造纸、印染、制革等行业落后产能、装备以及国家明令淘汰的落后电动机、变压器等耗能产品，完善落后产能退出机制，把淘汰落后与新上产能相结合。④加快发展新能源、新一代信息、生物医药、高端装备制造、新材料、节能环保等战略性新兴产业以及现代物流、文化旅游、金融保险、商贸流通等服务业。

（五）减少控制碳源，开发碳汇潜力，推进生物固碳

在控制碳源方面，开展重点领域和重点区域节能，在钢铁、建材、电力、煤炭、石油、化工、纺织、食品、造纸、交通、铁路、建筑等行业实施温室气体排放控制行动方案，开展温室气体排放对标行动，在重点企业试行"碳披露"和"碳盘查"，切实控制工业生产过程温室气体排放。

在开发碳汇潜力、推进生物固碳方面，增加森林碳汇，全面推进造林绿化工作进程，重点实施好京津风沙源治理、退耕还林、三北五期、沿海防护林、太行山绿化和平原绿化等造林绿化工程，加强交通干线路界内绿化、两侧林带及可视范围内荒山荒地绿化，逐步建立合理的森林生态效益补偿制度，积极增加湿地、农田、草地等生态系统碳汇。

三　完善温室气体排放统计、监测和考核体系，实施碳信息披露

河北省要针对各地市的节能减排行动，建立信息管理和行动控制体系，保

---

① 河北省人民政府：《关于印发河北省"十二五"控制温室气体排放工作方案的通知》（冀政〔2012〕80号），2012。

证对温室气体减排等气候变化减缓政策和自主行动进行系统性测量、报告和核实，及时掌握节能减排政策实施情况以及目标完成情况。要形成自下而上报告数据和自上而下审核数据的机制，将节能减排绩效直接与个人职责挂钩。

除了在行政区域范围内进行节能减排统计、监测和核实，河北省也要在主要能耗产业部门、行业和企业开展温室气体排放统计、监测和考核工作，监测对象包括纳入国家约束性规划和指令性要求的项目，例如关停小火电、重点工程节能工程、淘汰落后产能，也包括未列入国家计划的减缓行动，例如发展非化石能源、发展低碳技术、农业机械节能等。

在考核指标的设计方面，河北省要制定钢铁、水泥、电力、交通等行业的节能降耗考核指标体系，逐步强化能源活动、工业过程、土地利用变化和林业中的碳排放和碳吸收指标，增加应对气候变化所投入的资金和所需的国际资助等指标，反映政策实施的效果以及投入状况。

作为碳交易市场的重要组成部分，碳信息披露反映了碳交易给企业带来的风险、机遇和战略，不仅促进了碳市场的健康稳定发展，而且有利于碳交易主体的决策。在国际碳信息披露（CDP）框架的基础上，河北省的碳信息披露框架应包括核算、管理和审计三个部分。其中，核算部分涉及收集记录减排数据并在此基础上编制碳排放报告；管理部分包括确定减排目标、制定和实施减排计划、编制减排报告；审计部分包括减排报告的审核和减排数量的鉴证。为了完善碳信息披露机制，政府需制定相应的政策、措施来激励企业积极从事碳管理以及披露碳减排信息，确定审计和鉴证服务主体，制定核算企业碳管理成本和效益的方法。

四　开展低碳经济试点工作

（一）在区域层面上，开展低碳城市、城镇和社区建设试点

抓好保定市、秦皇岛市、石家庄市国家低碳试点城市建设，选取若干小城镇与社区开展省级低碳镇试点。试点城市、城镇和社区要编制低碳发展规划，建立温室气体排放数据统计和管理体系，实施控制温室气体排放目标责任制，积极倡导低碳绿色生活方式和消费模式。为了处理好经济发展和应对气候变化的关系，在试点城市建立低碳产业体系，结合产业特色和发展战略研发示范和

推广应用低碳技术，推广绿色节能建筑，建设低碳交通网络，发展新兴产业和现代服务业，在节能准入门槛制度的基础上，探索建立重大新建项目温室气体排放准入门槛制度等。

（二）在园区和企业层面上，开展低碳技术与管理试点

选取一定数量的园区和企业开展省级低碳技术与管理体制试点。在试点园区建立、健全碳管理制度，编制碳排放清单，打造园区碳排放信息管理平台，加强低碳基础设施建设，采用合理用能技术、能源资源梯级利用技术、可再生能源技术和资源综合利用技术，优化产业链和生产组织模式，在改造传统产业的同时发展集聚低碳型战略性新兴产业，培育低碳产业集群。在具备条件的园区开展国际合作，建设低碳产业国际合作的实验、交流与示范平台。

在试点企业推行清洁生产方式，进行低碳生产设计，强化从生产源头、生产过程到产品的生命周期碳排放管理，把低碳发展的理念和方法落实到生产全过程，减少生产过程中温室气体排放。在试点企业建立低碳技术创新研发、孵化和推广应用的公共综合服务平台，推动企业低碳技术的研发与应用。

（三）在商业机构和产品层面上，开展低碳营销与产品推广试点

选取能耗高、排放量大的商业机构和旅游景区开展低碳营销试点，具体措施包括改进营销理念和模式，推广节能、可再生能源等新技术和产品，加强资源节约和综合利用，改善运营管理模式，推行国家低碳产品标准、标识和认证制度，引导顾客采取绿色消费行为，以减少试点商业机构的温室气体排放。

五　健全政策保障体系，建立激励机制

在加大低碳技术研发投入，以技术创新和产业升级推动低碳经济发展、应对气候变化的同时，要健全法律、法规和政策保障体系，利用市场机制和经济杠杆形成激励机制，为低碳发展提供支撑。

（一）河北省低碳发展政策保障体系建设

为低碳经济发展创造政策环境，将发展低碳经济纳入河北经济和社会发展规划，在河北省科技规划中列出低碳技术研发专项，设计低碳经济统计和考核指标，制定重点行业和部门的低碳发展规划。

（二）强化金融杠杆的运用

在强化金融杠杆的运用方面，河北省要引导商业性金融机构在发放信贷时重视和警惕高耗能、高污染企业的信贷风险。在金融机构中建立环保和节能减排信息机制，政府对信贷政策予以窗口指导。企业征信系统需要反映企业污染物排放信息和环境违法信息，并由银行共享。针对河北省大气污染形势严峻的现状，商业银行要利用排污权抵押贷款加大对大气污染防治项目的信贷支持，推进减排工程建设。

（三）进一步完善碳排放交易体系

在唐山等设区市相继启动了主要污染物排污权交易的基础上，河北省应发挥现有的排放权交易所、CDM 技术服务中心等机构在构建区域性信息平台和交易平台中作用，积极构建碳交易试验平台，启动碳排放交易市场，逐步推进节能量、碳排放量等产品交易。

（四）发挥财政政策杠杆的作用

河北省要完善促进低碳经济发展的财政政策。从财政收入的角度来看，利用税收杠杆淘汰落后产能，促进重点产业领域节能减排；从财政支出的角度来看，建立低碳经济专项基金，加大对节能减排工作的投入力度，依据节能减排绩效给予适量财政补贴。

第八章
河北省应对气候变化的低碳生活模式研究

自改革开放以来，我国经济实力明显增强，人民群众的物质文化生活水平有了大幅度提高。随着广大城乡居民居住条件和舒适度的较大改善、文化娱乐活动的极大丰富，我国居民生活用能也越来越大。生活用能主要包括建筑房屋采暖、交通运输以及与居民生活息息相关的照明、家用电器、炊事热水等方面的能源消耗。据统计资料显示，全国民用能源消费量在 1990 年以前增长较快，之后增速相对放缓，其占全社会能源消费的比重一直维持在 20% 左右（含交通运输能耗），是控制温室气体排放和应对气候变化的重要领域。

低碳生活（Low Carbon Living），是指生活作息时所耗用的能量要尽力减少，从而降低碳，特别是二氧化碳的排放量，减少对大气的污染，减缓生态恶化。有关研究表明，居民个人的消费行为能够影响到社会全部能源消费的 45% ~ 55%，因此，研究居民低碳生活方式，对建设低碳型社会具有重要意义。本研究将主要从与居民生活息息相关的交通、建筑、消费等领域入手，探究河北省在上述领域的碳排放现状及发展趋势，分析存在的问题及减排潜力，并提出增强适应气候变化能力的措施建议，以此推动全省形成积极践行低碳生活的良性循环。

第一节　河北省低碳生活发展与应对气候变化

一　河北省生活消费领域温室气体排放现状

（一）河北省民用能源消费状况

1. 河北省民用能源总体消费情况

民用能源主要包括房屋采暖、空调、家用电器、照明、炊事热水等方面的能源消耗。改革开放以来，人民群众的物质文化生活水平有了大幅度提高，民用能源消费量也越来越大，其中优质能源的需求尤为迅速。据统计，河北省2010年人口达到7194万，较2000年增加了520万人，年均增长率达到7.8‰；河北省人口中，城镇人口约3201万，农村人口3993万，城市化率达到44.5%。

根据《中国能源统计年鉴》，最终能源消费种类包括9类，即煤炭、焦炭、原油、汽油、煤油、柴油、燃料油、天然气和电力。据此计算河北省2010年民用终端能源消费量为1461.0万吨标准煤，约占全国民用终端能源消费量的9.08%。在全省民用终端能源消费中，城镇民用终端消费能源643.4万吨标准煤，约占总能耗的44.04%，与其人口所占比例基本相当。除此之外，民用能源消费中还涉及液化石油气和热力能源的消耗，2010年消耗量分别为124.0万吨标准煤和168.3万吨标准煤，民用生活领域能源消费总量为1753.4万吨标准煤。①

与全国及周边省份民用能源消耗情况相比，如表8-1所示，除河南省因部分地区冬季不供暖，致使其人均民用能源消耗低于全国平均水平外，其余省份人均民用能源消耗均高于全国平均水平。其中，河北省、山东省在所列省份中民用能源消费量最高，内蒙古人均民用能源消费量最高，约为全国平均水平的4倍。

表8-1　河北省与周边省份民用能源消费情况对比表

	民用能源消耗（万吨）	城市（万吨）	农村（万吨）	总人口（万人）	人均能源消耗（千克/人）
中　国	20893	11592	9302	134091	155.8
河　北	1753	931	822	7194	243.7
内蒙古	1605	1162	443	2472	649.3
河　南	1144	478	666	10437	109.6
山　西	1163	607	557	3593	323.8
山　东	1905	1286	620	9685	196.7
辽　宁	1417	1164	254	4375	323.9

资料来源：《中国能源统计年鉴2011》。

2. 河北省民用能源消费结构

根据各领域能源消耗量，可以计算其在整个能源消费结构中的比重。图

---

① 由于统计数据来源的差异，本节民用生活领域能源消费规模指标同第三章相应指标存在一定程度的不同。

8－1、8－2 和 8－3 分别反映了河北省 2010 年城市民用能源消费结构、农村民用能源消费结构和全省民用能源消费结构。

由以上图表可知，煤炭、电力在全省民用能源中占据主导地位，约占全社

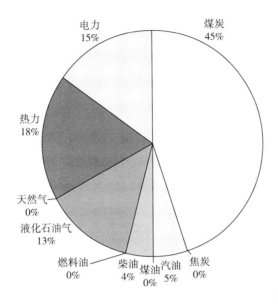

图 8－1 2010 年河北省城市民用能源消费结构图

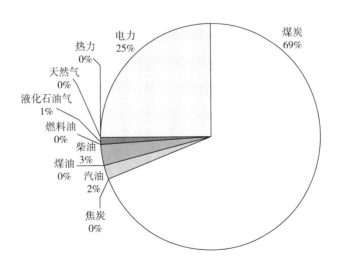

图 8－2 2010 年河北省农村民用能源消费结构图

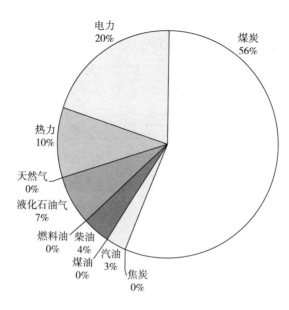

图 8 - 3　2010 年河北省民用能源消费结构图

资料来源：图 8 - 1、图 8 - 2、图 8 - 3 数据均源自
《中国能源统计年鉴 2011》。

会消耗的 76%，其次为热力、液化石油气、柴油和汽油。农村民用能源消费
消费中煤炭消费约占 70%，其次为电力，约占 25%，其他能源消耗共计占
5%。

3. 建筑节能情况

"十一五"时期，河北省人大常委会先后颁布实施了《河北省民用建筑节
能条例》，制订实施了《河北省民用建筑节能管理实施办法》《河北省既有居
住建筑供热计量及节能改造实施方案》等规范性文件，建筑用能法律规章体
系进一步完善，国家机关办公建筑和大型公共建筑运行节能监管体系初步建
立。上述法规制度的不断出台，极大地推动了全省建筑节能进程，确保河北省
实现"城镇建筑中节能建筑比重达 20%，实现年节约 300 万吨标煤"的目标。
据统计，到"十一五"末，全省累计新建节能建筑 1.7 亿平方米，新建建筑
施工图设计阶段节能标准执行率达 100%，竣工验收阶段达 99.1%。既有居住
建筑供热计量及节能改造累计完成 3230 万平方米，全省城镇按用热量收费面
积达 5000 万平方米；可再生能源建筑一体化应用水平得到提高，全省太阳能、

浅层地能等可再生能源建筑面积达 7222 万平方米，新竣工建筑可再生能源建筑应用率达 35% 以上，并有 20 个项目列入国家可再生能源建筑应用示范项目，唐山市、承德市被列入全国可再生能源建筑应用城市示范中；农村新民居建设加速推进，2010 年确定的 2000 个新民居示范村全部建成竣工。

4. 民用能源供应设施建设情况

城市集中供热覆盖面积逐年增大，2005 年全省集中供热能力为 9290 吨/小时，管道长度为 6466 公里，集中供热面积为 18552.2 平方米。到 2010 年，全省集中供热能力为 11570 吨/小时，管道长度达到 9691 公里，集中供热面积达到 38682.9 万平方米，集中供热面积增长了 108.5%。在能源供应方面，生物质能、太阳能、地热能等新能源应用有序推进，晋州、威县、成安三个秸秆直燃发电厂投产运行，总装机容量为 72 万千瓦；石家庄、承德两个垃圾发电厂正式运行，总装机容量为 54 万千瓦；累计建成沼气池 274 万户，普及率达 18%。全省推广太阳能热水器使用范围进一步扩大，到 2010 年年底，太阳能热水器集热面积达到 500 万平方米。地热能开发利用向梯级模式发展，累计开发地热能井点 139 处，利用地热采暖达 175 万平方米。农村基础设施建设明显加强，农村基本实现户户通电，50 户以上的自然村实现了村村通广播电视，2010 年新建农村沼气达 16 万户，累计完成 300 多万户，总量居全国第 4 位。

（二）河北省居民生活消费领域碳排放核算

1. 生活用能碳排放核算

鉴于现有的统计资料中没有温室气体排放数据，本研究将依据二氧化碳排放因子来估算河北省民用生活能源的碳排放量。参照《省级温室气体清单编制指南》（发改办气候〔2011〕1041 号）中所列各类能源消费产生的二氧化碳排放因子可以测算河北省 2010 年居民生活消费领域的碳排放量，详见表 8 - 2。

表 8 - 2　2010 年河北省生活消费领域终端碳排放量表

单位：万吨

项目	煤炭	焦炭	汽油	煤油	柴油	燃料油	天然气	电力	合计
城市	1100.9	0.0	125.3	0.0	110.8	0.0	370.1	10.8	1895.9
农村	1497.1	0.0	44.5	4.7	87.0	0.0	14.5	0.0	1904.0
合计	2598.0	0.0	169.9	4.7	197.9	0.0	384.7	10.8	3800.0

由上表可以看出，2010 年全省生活消费领域终端用能碳排放量为 3800 万吨，其中城市排放 1896 万吨，农村排放 1904 万吨，所占比例基本相当。

根据表 8 -2 数据，可以计算河北省居民生活消费领域不同能源碳排放量的结构，用于反映不同能源碳排放量的比重，结果见图 8 -4、图 8 -5、图8 -6。从不同能源碳排放量来看，消耗煤炭的碳排放量最大，约占总量的 76.1%，特别

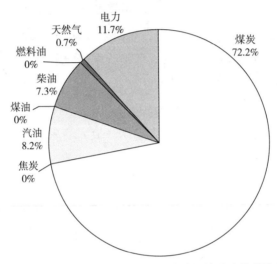

图 8 - 4　河北省 2010 年城市居民生活领域能源终端消费碳排放结构图

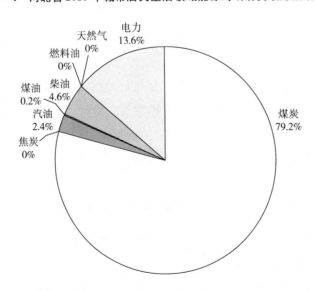

图 8 - 5　河北省 2010 年农村居民生活领域能源终端消费碳排放结构图

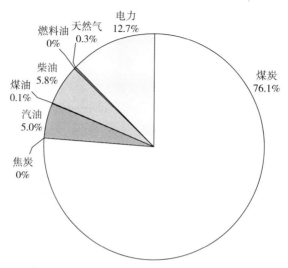

图 8 - 6　河北省 2010 年居民生活领域能源终端消费碳排放结构图

是农村居民生活碳排放中，煤炭燃烧所排放的碳约占总量的 80% 。因此，改善居民生活能源消费结构，是减少碳排放的重要途径。

2. 河北省生活用能碳排放变化趋势

自 1995 年以来，全省居民生活终端用能碳排放量由 2949.2 万吨增加至 2011 年的 3530.8 万吨，增幅为 19.7%。其中汽油、柴油、煤油、天然气和电力能源消耗碳排放量均呈上涨趋势，煤炭碳排放量较之 1995 年相比，总体呈下降趋势，但其间波动较大，详见表 8 - 3 及图 8 - 7。

表 8 - 3　1995 ~ 2011 年河北省生活碳排放变化趋势表*

单位：万吨

年份	煤炭	汽油	煤油	柴油	天然气	电力	合计
1995	2857.9	0.0	9.2	4.3	0.0	77.7	2949.2
2000	2871.8	0.0	7.9	3.2	0.0	135.6	3018.5
2005	2678.8	90.1	0.0	0.0	14.0	192.3	2975.3
2006	2264.9	90.7	6.1	91.9	0.9	273.0	2727.6
2007	2098.5	70.6	6.4	82.1	0.9	304.2	2562.8
2008	2420.7	89.4	6.2	91.1	1.7	335.1	2944.3
2009	2263.4	103.6	4.5	85.4	7.5	391.2	2855.6
2010	2598.0	169.9	4.7	197.9	10.8	434.0	3415.3
2011	2554.0	236.3	6.9	236.4	12.7	484.5	3530.8

* 参照《省级温室气体清单编制指南》（发改办气候［2011］1041 号）中所列各类能源消费产生的二氧化碳排放因子测算。

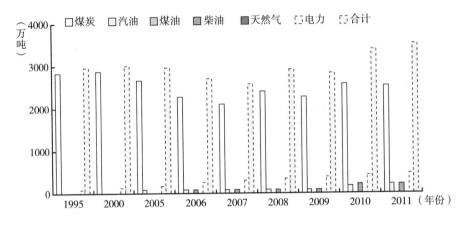

图8－7　1995～2011年河北省民用终端能源消费碳排放量变化趋势图

3. 生活排放污染物碳排放核算

2005年河北省排入环境的COD为271360吨，污水处理厂处理去除的COD为255800.8吨（《2006年河北省环境统计综合年报》数据）；2010年河北省排入环境的COD为328088.81吨，污水处理厂处理去除的COD为314104.25吨。根据《省级温室气体清单编制指南》（发改办气候〔2011〕1041号）有关规定，测算河北省2005年和2010年生活污水处理甲烷排放量分别为23485.01吨和28609.70吨。

（三）存在问题

1. 能源消费结构不尽合理。在河北省生活用能中，煤炭能耗占比为56%，农村地区更是高达近70%，远远高于全国煤炭耗能所占的31%。同时因燃烧煤炭的碳排放系数远高于电力、天然气等，造成河北省燃煤碳排放量占整个生活领域碳排放量的比重高达76%，农村地区更是接近于80%，能源消费结构极不合理。

2. 建筑节能推进力度有待进一步加强。尽管河北省在建筑节能领域做了大量的工作，并取得了阶段性的成效，但是仍存在一些较为突出的矛盾和问题：一是建筑节能法律法规的贯彻力度有待进一步加强，相关政策措施尚需完善；二是建筑节能领域尚缺乏财政、税收政策等有效的激励措施，建筑节能的市场机制尚未完全形成；三是从消费需求端开始推动建筑节能的局面尚未真正形成，全社会建筑节能意识需进一步增强；四是全省市、县（市）城镇既有建筑节能改造的任务还很艰巨；五是建筑节能工作开展情况不平衡，少数市、县（市）重视不够，没有很好地落实有关政策要求。

3. 终端处理设施能力仍显不足。"十一五"期间，全省新建城市生活垃圾处理场137个，新增垃圾处理能力30802.42吨/日，城市生活垃圾无害化处理率达到78.7%，但广大农村地区生活垃圾仍未得到妥善处置，多就近堆放于村旁路旁，垃圾围村现象仍很严重。城市垃圾分类收集系统尚未建立起来，废旧电器、废玻璃、废塑料等城市矿产尚不能够有效收集，资源化处置利用率不高，终端排放碳量仍较大。

4. 低碳生活习惯尚未形成。低碳出行、低碳消费的观念尚未在广大群众中形成，碳排放对气候变化影响的重要性尚未得到普遍认识，媒体、舆论对人群低碳消费的引导作用还有待加强，亟待建立一套完善的推动体系和机制，加大宣传引导力度，逐步构建起倡导低碳、绿色的生活方式。

二　河北省生活终端能源消费碳排放预测

（一）基于人均碳排放系数的分析

根据河北省2000～2011年人口变化情况，按人口增长率7.8‰进行预测，2015年和2020年河北省人口规模将分别达到7470万人和7765万人。从2000～2011年人均碳排放量变化情况看，除2006、2007年排放量较低外，其余年份基本相当，故取其平均值为0.38吨/人，据此计算全省2015年和2020年生活终端用能碳排放量分别为2840万吨和2950万吨。

（二）基于能源结构变化的分析

根据《河北省大气污染防治行动计划实施方案》，到2017年全省煤炭消费量将比2012年净削减4000万吨，煤炭在一次能源消费中所占的比重预计将下降。同时，随着河北省城市化进程的加快，到2015年城市化率预计将由2010年的44.5%提高到51.%，能源结构也将随之改善。预计到2015年居民生活煤炭消耗将下降至990万吨，在居民能源消费中所占的比重下降至40%左右，新能源和可再生能源比例将达到4%，石油天然气等清洁能源在一次能源中的比例达到20%。

预计单位能耗碳排放系数将下降至 2.20 吨标碳/吨标准煤，据此计算 2015 年和 2020 年全省碳排放量为 3770 万吨和 4040 万吨。

取上述两种情景预测结果的平均值作为本次碳排放量的预测结果，则 2015 年和 2020 年全省居民生活终端能源消费碳排放量分别为 3305 万吨和 3495 万吨。

三 河北省加快发展低碳生活的对策建议

（一）低碳建筑领域

1. 合理规划城市空间布局，促进低碳城市建设。以保定低碳城市为试点示范，合理规划各市、县城市布局，构建多个城市综合体，满足不同片区服务功能，缩小出行交通半径。加快推进绿色低碳社区、镇村、县、市创建活动，开展"十佳绿色建筑""十佳绿色小区"评选活动。广泛开展绿色建筑评价标识工作，激励绿色建筑的建设与发展。选择具备条件的区域、城市、片区开展不同层次、不同类型的绿色建筑试点示范。

2. 大力推广低碳建筑，减少建筑领域碳排放。全面推进建筑节能，使全省城镇节能建筑在既有建筑面积中占比提高 20 个百分点。新建城镇建筑严格执行强制性建筑节能标准，设计、施工阶段建筑节能标准执行率均达到 100%。加快老旧住宅的节能改造，对达到节能 50% 强制性标准的既有建筑强制推行完成供热计量改造。大力发展新能源和可再生能源，使新建建筑可再生能源建筑一体化应用比例达到 50% 以上。抓住国家大力推行绿色建筑工业化机遇，以保障房和新民居为重点，加快研究制定住宅产业化体系标准，强力推进住宅建筑模块化和标准化，降低建筑施工能耗。

3. 推进公共机构低碳化改造。各级机关、事业单位、团体组织等公共机构要率先垂范，加快实施低碳化改造。加快公共机构节能改造，完成办公建筑节能改造 200 万平方米。推行公务用车制度改革，严格公务用车油耗定额管理。组织实施公共机构百家示范单位创建工程、绿色照明工程、零待机能耗工程、资源综合利用工程等。建立完善公共机构能耗统计、能源审计、能效公示和能耗定额管理制度，加强能耗监测平台和节能监管体系建设。

4. 以新农村建设为抓手，促进农村低碳生活。以新农村建设为抓手，统筹城乡垃圾处理设施建设，推进城乡垃圾一体化进程，彻底解决农村脏、乱、差的面貌。以新民居建设为抓手，加快推进农村节能建筑推广，鼓励农村居民选择适合本地发展的循环经济模式，鼓励利用沼气、太阳能等清洁能源，减少一次能源的消耗，促进农村低碳生活。

（二）低碳消费领域

1. 加大宣传教育力度，营造低碳生活氛围。运用各种媒介、节庆活动，宣传低碳生活理念，编制低碳生活知识读本，通过低碳家庭、低碳社区等创建活动，促进居民生活向低碳化方向发展。组织开展"节能宣传周""地球一小时"熄灯、能源紧缺体验日等活动，通过典型示范、专题活动、展览展示等多种形式，倡导绿色低碳、健康文明的生活方式和消费模式，使低碳理念深入人心，成为全社会的共识。

2. 实施节能产品惠民工程，促进居民低碳消费。对居民购买能效等级 1 级或 2 级以上的空调、冰箱、平板电视、洗衣机等 10 大类高效节能产品给予补贴，引导居民选用低碳节能产品。

3. 加快完善污染物终端处理设施，减少终端碳排放。加快推进全省污水、垃圾收集处理设施建设。到 2015 年，全省城镇生活垃圾无害化处理率达到85%。其中，设市城市生活垃圾无害化处理率达到95%以上、县城达到90%以上、建制镇达到30%以上。全省城镇生活垃圾焚烧处理设施能力达到无害化处理总能力的35%以上。全面推进生活垃圾分类试点，各设区市基本实现餐厨垃圾分类收运处理，建成一个以上生活垃圾分类示范县（市）。

第二节　河北省低碳交通建设与应对气候变化

一　河北省交通运输领域温室气体排放现状

（一）河北省交通运输体系发展现状

"十一五"期间，河北省大力推进交通基础设施建设，综合交通体系框架初步形成。5 年累计完成投资 2435 亿元，是"十五"时期的 28 倍，港口、公路、铁路等运输方式的综合水平均处于全国前列，民航事业实现突破，综合交通供给能力由瓶颈制约到基本适应，有力支撑了全省经济社会又好又快发展。

1. 综合交通运输体系初步建立

（1）港口体系初步建立。根据河北省委、省政府建设沿海强省的要求，河北省加快推进曹妃甸港区、黄骅港等港口建设，以秦、唐、沧三大港口为主的全省港口体系基本形成，并在渤海湾乃至全国港口中占有一席之地。到2010年年底，全省沿海港口生产性泊位达到116个（其中深水泊位有97个），吞吐能力达486亿吨，比2005年增加36个泊位，吞吐能力增长了604%；全省港口货物吞吐量达到60344万吨，比2005年增加了33003万吨。

（2）铁路建设力度空前。"十一五"期间，河北省以高速铁路、客运专线、重要货运及港口集疏运通道为重点，大力推进铁路项目建设。全省新建铁路开工3000公里，其中客运专线和高速铁路达1600公里，干线铁路基本完成电气化和复线改造。到2010年年底，通车里程达到5490公里，比2005年增加了603公里，路网密度达289公里/百平方公里，高于全国0.94公里/百平方公里。2010年铁路运输客运量达7558万人，旅客周转量达730.61亿人公里，分别占同期全社会总客运量和旅客周转量的比例达8.32%和62.29%，比2005年分别提高了1.54个和11.32个百分点。铁路货运量达31964万吨，货物周转量达3208.7亿吨公里，分别占同期全社会总货运量和货物周转量的比例达21.41%和41.82%。

（3）公路网络日臻完善。高速公路网已覆盖全省各设区市，连接95%的县（市），通达沿海各港口，联通京津及周边省区主要城市，99%的建制村通沥青（水泥）公路。到2010年年底，全省公路通车里程达到154万公里，比2005年增加78万公里，路网密度达821公里/百平方公里，其中，高速公路通车里程突破4000公里，达到4307公里，比2005年增加了2172公里。二级及以上公路达到177万公里，比2005年增加了3868公里。农村公路达到133万公里，比2005年增加了9356公里。

（4）民航运输体系快速发展。随着石家庄正定机场奥运扩建、秦皇岛山海关军民合用机场奥运保障项目、邯郸机场、唐山军民合用机场等机场建成通航，河北省民航运输体系运力显著增强。到2010年，全省拥有民航机场（含军民合用）4个，比2005年增加了2个，旅客吞吐能力达到330万人次，比

2005 年增加 230 万人次。

2. 交通运输能力显著提升

交通运输系统包括交通和运输两大系统。如表 8 - 4 所示，改革开放以来，伴随着河北省设施能力和水平的不断提高，带动了全省交通运输量的快速增长，20 世纪 90 年代后全省客货运量、客货周转量更是进入高速增长阶段。2010 年，河北省全社会客运量达 90847 万人次，全社会旅客周转量达 1172.86 亿人公里，全社会货运量达 177308 万吨，全社会货物周转量达 7673.09 亿吨公里，分别比 1990 年增长 252.9%、227.5%、204.6% 和 396.2%，年均增长率分别为 4.75%、4.20%、3.64% 和 7.13%。其中，"十一五"期间全省铁路、公路旅客运输量和周转量达到 8 亿人和 1100 亿人公里，与 2005 年相比，全省铁路、公路旅客运输量保持持平，周转量增长了 111%，货物运输量和周转量达 117 亿吨和 6827 亿吨公里，分别比 2005 年增长 33% 和 107%。

表 8 - 4　全省交通运输基本情况

年份	全社会客运量 （万人）	全社会旅客周转量 （亿人公里）	全社会货运量 （万吨）	全社会货物周转量 （亿吨公里）
1990	25745	358.09	58203	1546.47
1991	26745	386.23	58735	1619
1992	31525	466.66	60648	1782.31
1993	35686	489.95	61979	1858
1994	35109	499.63	73510	1945.85
1995	36714	493.92	74214	2029.48
1996	36589	480.14	76786	2098.49
1997	38021	514.21	76347	2063.13
1998	58403	676.38	75559	1956.15
1999	61575	729.94	76141	2116.34
2000	65255	782.87	76808	2325.85
2001	72229	849.33	80835	2760.82
2002	76094	897.84	84315	2862.79
2003	65219	780.46	80551	3023.79
2004	77784	945.4	87265	3796.05
2005	80918	989.77	91330	4750.64
2006	83988	1068.57	96784	5157.4
2007	88935	1165.28	104188	5507.02
2008	94622	1236.65	111383	5209.01
2009	77773	1043.3	136804	5981.61
2010	90847	1172.86	177308	7693.09

资料来源：表 8 - 4、表 8 - 5、表 8 - 6、表 8 - 7、表 8 - 8、表 8 - 9 数据均源自《河北经济年鉴2011》。

3. 运输方式向多元化发展

随着经济的快速发展以及收入阶层的多样化，人们对交通运输的要求不仅仅停留在出行的简单层面上，而是要求高效、快捷、舒适，因而不同运输方式所承担的客货运输量的增长水平也出现了较大差别，表 8 - 5、8 - 6、8 - 7、8 - 8、8 - 9 反映了河北省 1990 ~ 2010 年铁路、公路、水运、民航、管道等五种运输方式承担的客货运量及其增长情况。

表 8 - 5　铁路交通运输变化情况

年份	客运量 （万人）	客运周转量 （亿人公里）	货运量 （万吨）	货物周转量 （亿吨公里）
1990	5034	249.44	11501	1256.80
1991	4849	268.41	11460	1291.43
1992	4832	290.09	11734	1375.26
1993	5118	305.32	11929	1428.66
1994	5093	307.03	12056	1478.67
1995	4655	287.72	12106	1534.74
1996	4272	264.97	12159	1514.31
1997	4254	287.75	12452	1504.09
1998	4633	313.09	11720	1345.11
1999	4704	338.23	11723	1371.23
2000	4902	377.24	12546	1474.77
2001	4841	402.56	14954	1613.04
2002	5004	415.26	15368	1658.24
2003	4441	383.76	16646	1787.73
2004	5270	479.07	18216	1955.54
2005	5492	504.44	19051	2120.98
2006	6024	552.45	19646	2331.11
2007	6238	595.48	20920	2581.86
2008	6816	639.17	23808	2738.05
2009	7194	672.40	28308	2743.10
2010	7558	730.61	37964	3208.70

表8－6　公路交通运输变化情况

年份	客运量 （万人）	客运周转量 （亿人公里）	货运量 （万吨）	货物周转量 （亿吨公里）
1990	20525	108.44	44258	215.42
1991	21721	117.68	44900	248.71
1992	26693	176.56	46571	333.94
1993	30567	184.63	47722	346.08
1994	30013	192.61	59097	372.56
1995	32038	206.20	59860	397.36
1996	32303	215.17	62235	473.62
1997	33755	226.46	61568	455.01
1998	53761	363.29	61564	501.78
1999	56862	391.71	62340	537.52
2000	60341	405.63	62321	555.42
2001	67377	445.35	63696	608.01
2002	71081	482.58	66655	632.40
2003	60767	396.69	61570	591.60
2004	72500	466.33	66227	658.59
2005	75402	485.33	68652	691.45
2006	77931	516.12	73263	748.86
2007	82648	569.80	79822	843.23
2008	87746	597.47	84486	890.96
2009	70579	370.90	106530	2998.49
2010	83289	442.25	135938	4011.23

表8－7　水路交通运输变化情况

年份	客运量 （万人）	客运周转量 （亿人公里）	货运量 （万吨）	货物周转量 （亿吨公里）	港口货物吞吐量 （万吨）
1990	183	0.20	363	48.53	6960
1991	172	0.14	345	52.61	7236
1992	0	0	354	51.40	8156
1993	0	0	340	52.80	7877
1994	0	0	409	65.86	8404
1995	0	0	404	67.88	8815
1996	0	0	439	78.97	8944
1997	0	0	363	70.82	8426

续表

年份	客运量 （万人）	客运周转量 （亿人公里）	货运量 （万吨）	货物周转量 （亿吨公里）	港口货物吞吐量 （万吨）
1998	0	0	414	80.74	8420
1999	0	0	504	180.78	9012
2000	0	0	571	267.97	10771
2001	0	0	945	512.70	12558
2002	0	0	1105	543.34	14432
2003	0	0	1172	612.19	18002
2004	0	0	1700	1150.00	22515
2005	0	0	2539	1908.07	27341
2006	0	0	2778	2051.41	33805
2007	0	0	2162	2057.28	39962
2008	0	0	1762	1554.62	44065
2009	0	0	1008	216.82	50874
2010	0	0	2149	432.11	60344

表 8 - 8　民航运输变化情况

年份	客运量（万人）	货运量（万吨）	年份	客运量（万人）	货运量（万吨）
1990	4.0	0.10	2001	10.7	3.80
1991	3.0		2002	9.1	2.62
1992			2003	10.7	2.48
1993	1.0		2004	13.8	1.81
1994	3.0	…	2005	23.8	1.45
1995	21.0	…	2006	33.3	0.88
1996	13.6	0.10	2007	48.8	0.77
1997	12.0	2.00	2008	59.4	0.98
1998	8.7	2.70	2009	76.7	1.16
1999	8.6	3.70	2010	156.8	1.68
2000	12.0	3.09			

表 8 - 9　管道运输变化情况

年份	货运量(万吨)	货物周转量(亿吨公里)	年份	货运量(万吨)	货物周转量(亿吨公里)
1990	2080	25.72	2001	1236	27.07
1991	2030	26.25	2002	1184	28.82
1992	1989	21.70	2003	1161	32.28
1993	1988	30.45	2004	1120	31.93
1994	1949	28.75	2005	1087	30.14
1995	1844	29.50	2006	1096	26.02
1996	1953	31.59	2007	1283	24.64
1997	1962	33.21	2008	1326	25.38
1998	1858	28.51	2009	958	23.21
1999	1570	26.81	2010	1258	21.05
2000	1366	27.69			

由以上表格可以看出，随着人们生活水平的提高及生活节奏的加快，一些舒适方便运输方式的运输量增长速度较快，如公路、航空运输的旅客发送量均有较大幅度的提高，而一些传统的运输部门，如铁路、水路等运输方式的运量增长势头明显放缓，表现在客运量上尤为明显，有的年份甚至出现了负增长，特别是水路运输自 1991 年后客运量为零。

在各种交通运输工具中，铁路、公路运输仍占主导地位，民航、管道、港口、水运等其他交通运输方式发展迅速，全社会运输方式呈多元化发展。2010 年，河北省铁路、公路货运量为 173902 万吨，货物周转量为 7219.93 亿吨公里，分别占同期全社会总货运量和货物周转量的比例达 98.08% 和 94.09%；民航客运量达到 156.8 万人，比 2005 年增加了 133 万人；管道货运量达到 1258 万吨，比 2005 年增加了 171 万吨；港口货物吞吐量达到 60344 万吨，比 2005 年增加了 33003 万吨。

4. 私人车辆增长显著

2010 年，全社会民用车辆达到 1334 万辆，其中私人车辆拥有量达 850 万辆，占比超过 60%。私人车辆中汽车有 471 万辆、摩托车有 369 万辆、挂车有 10 万辆，汽车拥有量较 2005 年增长了 137.88%，增速较快。

（二）交通运输能耗状况

2010 年，河北省全社会能源消耗为 27531 万吨标准煤，较 2005 年增加了

7695 万吨标准煤，增幅达 38.8%。全省交通运输、仓储和邮电通信业能源消耗为 973.97 万吨标准煤，比 2005 年增加 264.97 万吨标准煤，增幅达 37.37%；交通运输领域能源消耗占河北省全社会能源消耗的 3.5%，与 2005 年基本一致，比全国平均水平低 4.5 个百分点，详见表 8-10。

表 8-10   河北省交通运输领域能源消耗状况

单位：万吨标准煤

年份	2005	2006	2007	2008	2009	2010
河北省	709	766.82	808.79	827.11	831.68	973.97
全　国	18391.01	20284.23	21959.18	22917.25	23691.84	26068.47
占比(%)	3.86	3.78	3.68	3.61	3.51	3.74

资料来源：《中国能源统计年鉴》（2006~2011）。

就能源消耗构成而言，河北省交通运输以消耗汽油、柴油为主，2010 年共消耗油品 491 万吨，其中消耗汽油 103.99 万吨、柴油 374.35 万吨、煤油 3.2 万吨、燃料油 9.27 万吨。此外，还消耗液化石油气 0.19 万吨，天然气 1.89 万吨，热力 86.31×1010 千焦，电力 58.96 亿千瓦时。

（三）交通运输领域能源终端消费的碳排放现状

1. 碳排放测算

温室气体是导致全球气候变暖的主要因素，本报告在研究温室气体排放时，主要研究 CO_2 排放问题。根据《中国能源统计年鉴》，最终能源消费种类包括 9 类，即煤炭、焦炭、原油、汽油、煤油、柴油、燃料油、天然气和电力。上述能源消费折标准煤系数采用《综合能耗计算通则》（GB/T2589~2008）中所列折标系数，产生的二氧化碳排放因子参照《省级温室气体清单编制指南》（发改办气候［2011］1041 号）中所列排放因子。

根据河北省交通运输领域能源消费总量、消费结构，测算全省交通运输领域碳排放系数为 2.88 吨二氧化碳/吨标准煤，全国交通运输领域碳排放系数约为 2.92 吨二氧化碳/吨标准煤。由此测算全省及全国 2010 年交通运输领域碳排放量分别为 2808.40 万吨和 76119.93 万吨。全省及全国 2005~2010 年交通运输领域碳排放情况详见表 8-11。

表 8 - 11　河北省 2005 ~ 2010 年交通运输领域碳排放情况与全国对比表

单位：万吨

年　份		2005	2006	2007	2008	2009	2010
河北省	能源消耗量	709	766.82	808.79	827.11	831.68	973.97
	碳排放量	2041.92	2208.44	2329.32	2382.08	2395.24	2805.03
中　国	能源消耗量	18391.01	20284.23	21959.18	22917.25	23691.84	26068.47
	碳排放量	53701.75	59229.95	64120.81	66918.37	69180.17	76119.93

注：由于数据来源不同，2006 年河北省能源消耗量数据同第六章略有差异。

2. 碳排放与能源消费结构分析

自 2005 年以来，河北省交通运输领域碳排放量逐年上涨，2010 年较 2005 年上涨 37.4%。全省交通领域能源消费结构及碳排放结构详见图 8 - 8、图 8 - 9、图 8 - 10、图 8 - 11。

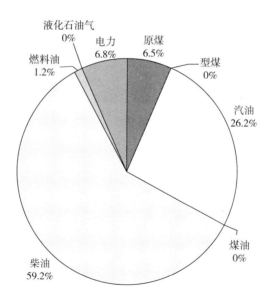

图 8 - 8　2005 年河北省交通运输领域能源消费结构图

由上图可以看出，在河北省交通运输领域中，柴油消费占主导地位，其次为汽油、电力等。在碳排放方面，碳排放系数最高的能源为燃料油（3.1705 千克碳/千克），其次为柴油（3.0959 千克碳/千克）、煤油

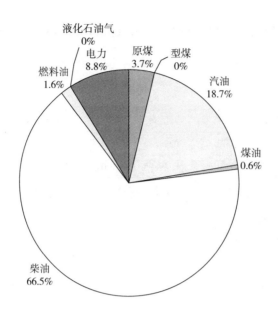

图 8 - 9 2010 年河北省交通运输领域能源消费结构图

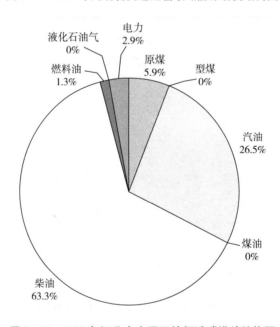

图 8 - 10 2005 年河北省交通运输领域碳排放结构图

（3.0179 千克碳/千克）和汽油（2.9251 千克碳/千克），故柴油碳排放量占总排放量的比重更高。

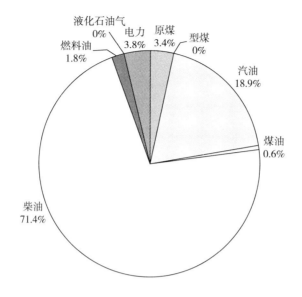

图 8 - 11   2010 年河北省交通运输领域碳排放结构图

资料来源：图 8 - 8、图 8 - 9、图 8 - 10、图 8 - 11 数据均源自
《中国能源统计年鉴》（2006、2011）。

（四）存在主要问题

1. 交通运输系统有待进一步优化

一是综合运输能力仍然不足。铁路货运能力和节假日等节点的客运能力紧张，瓶颈制约依然存在，且近期难以缓解；高速公路、干线公路、农村公路通达深度和服务水平有待提高，相互之间缺乏有机衔接；民航规模小、质量低的问题依然突出。二是交通运输结构不尽合理。沿海港口功能单一、货种单一，对临港产业集聚、港城及区域经济发展带动作用有限；部分货运通道公路、铁路分担不合理，适于铁路长距离运输的煤炭、矿石等大宗散货仍大量依赖公路运输；公路网等级结构仍需进一步优化。三是综合交通体系网络化水平和管理水平仍较低。公路、铁路、港口、民航内部及相互之间缺乏必要的有机联系，管理粗放，离实现网络快速、便捷、安全、低成本还有较大差距。四是城市交通问题突出。市区交通拥堵，公交化比例和水平偏低，枢纽转换效率不高，城市轨道交通尚属空白。

2. 交通运输能源结构欠合理

不同的运输方式，单位周转量的能源消费量差别很大。一般而言，民航运输的能源消耗水平最高，管道（水运、铁路）较低，其间差别高达几十倍。2010 年，河北省营运车辆单位运输周转量能耗为 7.9 千克标准煤/百吨公里，运营船舶单位运输周转量能耗为 9.4 千克标准煤/千吨公里，港口生产单位吞吐量综合能耗为 7.4 吨标准煤/万吨公里，铁路单位运输工作量综合能耗为 5.01 吨标准煤/百万换算吨公里，民航业单位运输周转量能耗为 0.45 千克标准煤/吨公里。其中，运营船舶单位运输周转量能耗较我国平均水平高 2.4 千克标准煤/千吨公里，亟待改善。此外，在交通所有领域能源消费中，柴油所占比重过高，碳排放所占比例更高，也是一个不容忽视的问题。

3. 交通运输工具的能耗水平较高

有关部门对我国与日本各类交通工具运输能耗进行了对比，详见表 8 - 12。

表 8 - 12　中国与日本不同交通运输方式能耗对比表

项　目	中国		日本	
	2005 年	2008 年	2005 年	2008 年
客运（千卡/人·公里）				
小汽车	950	840	599	564
公共汽车	155	155	169	161
铁路	42	41	49	47
民航	481	445	433	474
货运（千卡/吨·公里）				
汽车	1060	1050	776	723
铁路	68	67	60	58
水运	327	263	239	201
民航	5380	4980	5179	5059

资料来源：《中国能源统计年鉴 2011》。

由上表可以看出，我国各种交通运输方式与日本相比，能耗均较高。特别是汽车领域比日本能耗水平高将近 50%。因此，降低各类交通工具能耗水平，将是我国缓解交通运输领域碳排放压力的重要途径。

4. 交通运输管理方式粗放

公路、铁路、港口、民航内部及相互之间缺乏必要的有机联系，管理粗放，离实现网络快速、便捷、安全、低成本还有较大差距。全省各级道路运输部门的网站各自独立建设，没有进行整合，尚未形成统一的信息门户和统一的信息发布出口，同时面向公众提供的交通信息服务的内容不够丰富，远不能满足公众出行的需要，如城市交通不能及时发布道路拥堵信息，造成个别路段过于拥堵，这也在一定程度上增加了交通领域能源消耗，增大了碳排放量。

二　河北省交通运输领域碳排放预测

据《河北省综合交通体系建设"十二五"规划》预测，"十二五"期间，全省客货运输需求呈现规模持续增长、结构不断升级的态势。铁路、公路货物运输和周转量年均分别增长10%和12%，全省铁路、公路旅客运输和周转量年均分别增长11%和14%，2015年沿海港口货物吞吐需求量将达到8亿吨，全省民航客运需求量将达到800万人次。

根据《河北省综合交通体系建设"十二五"规划》，到2015年和2020年全省铁路货物周转量将达到5655万吨和9966万吨，公路货物运输量将达到7069万吨和12458万吨；2015年和2020年铁路旅客周转量将达到1407亿人公里和2709亿人公里；2015年和2020年沿海港口货物吞吐量将达到8亿吨和10亿吨，民航客运需求量将达到800万人次；管道运输近年来变化不大，甚至出现负增长，故仍按2010年基数计算。

根据《河北省节能减排"十二五"规划》确定的节能目标，运营车辆单位运输周转量能耗、港口生产单位吞吐量综合能耗、铁路单位运输工作量能耗、民航业单位运输周转量能耗均较2010年下降了5%，按照营运船舶单位运输周转量能耗下降10%的目标进行计算，由于河北省水路运输周转量占全社会货物运输周转量比重较小，其单位能耗下降率可忽略不计。由此推测，到2015和2020年河北省交通运输领域单位运输能耗和碳排放率下降5%，即2015年和2020年全省交通运输领域单位货运周转量能耗降为0.11吨标准煤/万吨公里和0.10吨标准煤/万吨公里，碳排放系数降为2.74吨碳/吨标准煤和2.60吨碳/吨标准煤。由此计算2015年和2020年河北省交通运输领域碳排放量将达到4260万吨和6840万吨。

三　加快推进河北省低碳交通建设的对策建议

（一）加快构建立体化交通运输体系

以公路能耗为例，据有关部门预测，不同等级公路对车辆的百公里油耗影响程度不尽相同，汽车在普通公路上行驶的油耗比在高等级公路上行驶高19.5%，一般公路比一类路高23%，等外路比一类路高40%，砂石路面比沥青路面高40%。因此加快推进立体化综合交通网络建设，对减少交通运输领域能源消耗和碳排放具有重要意义。

建议以高速铁路及客运专线为重点，加快城际、高铁等铁路工程建设，适时推进石家庄、唐山等较发达的城市开展轨道交通建设，构建京津冀一体化并服务全省发展的城际轨道交通网络，并形成"环京津""环省会"等多个"一小时交通圈"。公路建设要建立围绕京津、环绕渤海，通达重点部位（港口和其他重要节点），与相邻5省区连通的高速公路网，基本实现各县内半小时上高速公路，使全省路网密度达到85公里/百平方公里。港口建设以曹妃甸、黄骅港为重点，适时推进有条件地区港区建设，到2015年使生产性泊位达到169个，年吞吐能力达到8亿吨，并形成分工合理、集疏运体系完善的现代化港群系统。全省有条件的设区市均要推进民航机场建设，到2015年使建成通航运输机场数量达到7个以上。农村地区要全面提升县乡村公路通行能力和通行水平，建设方便农民出行的农村公路网络。

（二）大力发展城市公共交通，缩短人群出行半径

坚持远近结合，统筹公共汽车、地铁、轻轨、郊区铁路等交通方式，根据不同城市特点，形成各具特色的城市公共交通系统。加快石家庄、唐山等人口集中城市的轨道交通规划和建设；加快各设区市城市地面快速公交网络建设，积极采用天然气客车、电动客车等环保型公交设备，建立智能化的指挥调度系统；各县城根据自身特点和经济实力，有序发展公共交通。

（三）加快交通运输信息化建设

以道路运输行业及公众服务等应用系统建设为重点，完善以往信息化建设的薄弱环节，提高公共实时信息服务能力，增强道路运输行业管理的科学性和协调性，加快数据中心、公路安全畅通运输应急处置系统、出行信息服务系统等信息服务平台建设，及时通报路况信息，尽量减少交通拥堵状况的发生。适时推出购车摇号、单双号限行的政策措施，缓解城市交通拥堵状况。

参考文献

［1］ 邓聚龙：《灰色系统理论教程》，华中理工大学出版社，1992。

［2］ 国家发展和改革委员会能源研究所课题组：《中国 2050 年低碳发展之路：能源需求暨碳排放情景分析》，科学出版社，2010。

［3］ 李士、方虹、刘春平：《中国低碳经济发展研究报告》，科学出版社，2011。

［4］ 刘卫东等：《我国低碳经济发展框架与科学基础》，商务印书馆，2010。

［5］ 孟赤兵、芶在坪、徐怡珊：《人类共同的选择：绿色低碳发展》，冶金工业出版社，2012。

［6］ 牛建高等：《河北省工业节能研究报告》，社会科学文献出版社，2012。

［7］ 谢振华主编《中国应对气候变化的政策与行动——2011 年度报告》，社会科学文献出版社，2012。

［8］ 熊焰：《低碳转型路线图：国际经验、中国选择与地方实践》，中国经济出版社，2011。

［9］ 张玉柱等：《钢铁产业节能减排技术路线图——河北省钢铁产业科技管理创新实践》，冶金工业出版社，2011。

［10］ 中国 – 联合国应对气候变化伙伴框架项目"黄河流域应对气候变化的环境友好型生态农业技术发展战略研究"项目组：《农业应对气候变化行动方案》，科学出版社，2011。

［11］ 周大地：《2020 中国可持续能源情景》，中国环境科学出版社，2005。

［12］ 国家统计局：《中国统计年鉴》（2006～2012），中国统计出版社。

［13］ 国家统计局国民经济综合统计司：《新中国六十年统计资料汇编》，中国统计出版社，2010。

［14］ 国家统计局能源统计司：《中国能源统计年鉴》（2000～2012），中国统

计出版社。

[15] 河北省第二次经济普查领导小组办公室:《河北经济普查年鉴2008:第二产业卷第五册》,中国统计出版社,2011。

[16] 河北省统计局:《新河北60年》,中国统计出版社,2009。

[17] 河北省统计局:《河北经济年鉴》(2006～2013),中国统计出版社。

[18] 河北省统计局:《河北统计提要2011》。

[19] BP公司:《BP世界能源统计年鉴2011》。

[20] 北京市农林科学院农业科技信息研究所:《低碳经济与北京农业发展的思考》,《农业科技参考》2010年第4期。

[21] 毕君、王超、李联地、史靖:《基于IPCC的河北省2005年森林碳储量》,《东北林业大学学报》2011年第12期。

[22] 曾静静等:《国际温室气体减排情景方案比较分析》,《地球科学进展》2009年第4期。

[23] 曾贤刚等:《我国工业SO_2排放趋势及影响因素分析》,《中国环境保护产业》2009年第10期。

[24] 陈诗一:《能源消耗、二氧化碳排放与中国工业的可持续发展》,《经济研究》2009年第4期。

[25] 陈武、常燕、李云峰:《中国低碳发展的国际比较——基于历史和经济发展阶段的审视》,《中国人口资源与环境》2012年第7期。

[26] 仇环等:《GM(1,1)模型的改进》,《山东理工大学学报(自然科学版)》2008年第2期。

[27] 仇耀辉等:《河北省铁矿资源可持续发展的问题探讨及对策研究》,《资源与产业》2010年第5期。

[28] 仇耀辉等:《河北省铁矿资源循环利用可持续发展对策探讨》,《河北省科学院学报》2011年第1期。

[29] 丑洁明、封国林、董文杰:《构建中国应对气候变化的低碳经济发展模式》,《气候变化研究进展》2011年第1期。

[30] 邓国用、陈敏娟:《中国农村低碳生活方式探讨》,《黄海学术论坛》2010年第1期。

[31] 董慧芹、蒋栋、冯士军：《河北省清洁发展机制现状及发展对策建议》，《能源研究与信息》2007 年第 4 期。

[32] 樊元、王红波：《节能指标分解模型探析》，《河南科技大学学报（社会科学版)》2008 年第 6 期。

[33] 符淼、黄灼明：《我国经济发展阶段和环境污染的库兹涅茨曲线》，《中国工业经济》2008 年第 6 期。

[34] 傅东平：《广西应对气候变化的政策选择研究》，《经济与社会发展》2011 年第 1 期。

[35] 官义高：《GDP 能耗降低指标如何分解》，《中国能源》2006 年第 9 期。

[36] 郭熙保等：《经济全球化与产业生态经济发展》，《当代经济研究》，2005 年第 8 期。

[37] 何建坤：《建设低碳产业体系，积极应对气候变化》，《毛泽东邓小平理论研究》2011 年第 1 期。

[38] 何建坤：《中国的能源发展与应对气候变化》，《中国人口·资源与环境》2011 第 10 期。

[39] 贺铿：《中国投资、消费比例与经济发展政策》，《数量经济与技术经济研究》2006 年第 5 期。

[40] 胡初枝等：《中国碳排放特征及其动态演进分析》，《中国人口·资源与环境》2008 年第 3 期。

[41] 匡耀求等：《广东省碳源碳汇现状评估及增加碳汇潜力分析》，《中国人口·资源与环境》2010 年第 12 期。

[42] 李惠民等：《中美应对气候变化的政策过程比较》，《中国人口·资源与环境》2011 年第 7 期。

[43] 李晓燕、王彬彬：《低碳农业：应对气候变化下的农业发展之路》，《农村经济》2010 年第 3 期。

[44] 李滢等：《河北省农业结构调整的水资源分析》，《安徽农业科学》2011 年第 1 期。

[45] 刘晨阳：《中国实施应对气候变化的财政政策内外部动因及效果初探》，《现代财经》2010 年第 10 期。

[46] 刘海啸等:《基于发展视角的各产业部门碳减排责任研究》,《燕山大学学报》2011 年第 3 期。

[47] 鲁奇等:《河南省产业结构演进和经济增长关系的实证分析》,《中国人口·资源与环境》2008 年第 1 期。

[48] 马树才、胡立杰、王威:《地方行政、事业机构编制配置与总量调控研究》,《统计研究》2005 第 9 期。

[49] 马树才:《总额分配的辅助决策系统及数学模型》,《统计研究》1995 年第 3 期。

[50] 马树才等:《地方机构编制总额配置决策系统及数学模型》,《系统工程理论方法应用》1994 第 3 期。

[51] 齐绍洲:《中国经济增长与能源消费强度差异的收敛性及机理分析》,《经济研究》2009 年第 4 期。

[52] 秦志飞、李素英、王琳:《河北省支柱产业发展低碳经济对策探讨》,《石家庄铁道大学学报(社会科学版)》2010 年第 3 期。

[53] 史丹:《结构变动是影响能源消费的关键因素》,《中国工业经济》1999 年第 11 期。

[54] 斯国新:《低碳发展视角下的杭州工业经济转型升级研究》,《中共杭州市委党校学报》2010 年第 6 期。

[55] 苏明:《中国应对气候变化财政政策的若干建议》,《中国能源》2010 年第 7 期。

[56] 苏永强、沙永华:《基于库兹涅茨模型的西部经济发展阶段》,《当代经济》2009 年第 9 期。

[57] 孙静、徐文苓:《河北发展低碳经济的政策建议》,《合作经济与科技》2011 年第 4 期。

[58] 谭德明、邹树梁:《碳信息披露国际发展现状及我国碳信息披露框架的构建》,《统计与决策》2010 年第 11 期。

[59] 谭秋成:《中国农业气体排放:现状及挑战》,《中国人口·资源与环境》2011 年第 10 期。

[60] 王海鲲等:《中国城市碳排放核算研究——以无锡市为例》,《中国环境

科学》2011 年第 6 期。

[61] 王莉玮等:《重庆市农业温室气体减排潜力分析》,《安徽农业科学》2012 年第 5 期。

[62] 王淑新等:《中国低碳经济演进分析:基于能源强度的视角》,《中国软科学》2010 年第 9 期。

[63] 王焱侠:《日本应对气候变化的行业减排倡议和行动》,《中国工业经济》2010 年第 1 期。

[64] 武红等:《河北省能源消费、碳排放与经济增长的关系》,《资源科学》2011 年第 10 期。

[65] 徐国泉等:《中国碳排放的因素分解模型及实证分析:1995~2004》,《中国人口·资源与环境》2006 年第 6 期。

[66] 许涤龙、钟雄、欧阳胜银:《经济发展阶段对能源消耗与经济增长的协同影响分析》,《湖湘论坛》2012 年第 2 期。

[67] 杨潇等:《"十二五"环境规划中应对气候变化问题的思考》,《中国人口·资源与环境》2010 年第 2 期。

[68] 于宏源:《权力转移中的能源链及其挑战》,《世界经济研究》2008 年第 2 期。

[69] 岳瑞峰:《1990~2007 年中国能源碳排放的省域聚类分析》,《技术经济》2010 年第 3 期。

[70] 张焕波等:《中国地方政府应对气候变化的行为及机制分析》,《公共管理评论》2009 年第 8 卷。

[71] 中国钢铁工业协会:《"十二五"钢铁工业节能环保面临的挑战与对策建议》,《冶金管理》2011 年第 7 期。

[72] 中国社会科学院工业经济研究所课题组:《中国工业绿色转型研究》,《中国工业经济》2011 年第 4 期。

[73] 周兴等:《2003~2009 年中国污水处理部门温室气体排放研究》,《气候变化研究进展》2012 第 2 期。

[74] 周亚非:《GM (1, 1) 的 MATLAB 实现及其应用》,《长春师范学院学报(自然科学版)》2010 年第 1 期。

[75] 张军扩：《"七五"期间经济效益的综合分析——各要素对经济增长贡献率测算》，《经济研究》1991年第5期。

[76] 何枫等：《我国资本存量的估算及其相关分析》，《经济学家》2003年第5期。

[77] 张军等：《中国省际物质资本存量估算：1952～2000》，《经济研究》2004年第10期。

[78] 张雷、李艳梅：《结构节能：中国低碳经济发展的基本路径选择》，《中国环境科学会学术年会论文集》2010第1卷。

[79] 娄伟、李萌：《低碳经济规划：理论·方法·模型》，社会科学文献出版社，2011。

[80] 王海兰、牛晓耕：《我国服务贸易的进出口结构优化研究——基于VAR模型的实证分析》，《中央财经大学学报》2011年第9期。

[81] 张雷、黄园淅：《中国产业结构节能潜力分析》，《中国软科学》2008年第5期。

[82] 牛晓耕、王海兰：《黑龙江省能源消费结构与碳排放关系的实证分析》，《财经问题研究》2011年第8期。

[83] 朱登远、常晓凤：《灰色预测GM（1，1）模型的Matlab实现》，《河南城建学院学报》2013年第3期。

[84] 巢惟忐、米卫红：《气候变化背景下长三角低碳经济发展状况与对策》，《第八届长三角气象科技发展论坛论文集》，2011。

[85] 郁宇青：《节能降耗行动的统计监测考核：可测量可报告可核实的中国实践》，《第十三届中国科协年会第7分会场——实现"2020年单位GDP二氧化碳排放强度下降40%~45%的途径"研讨会论文集》，2011。

[86] 陈海珊：《长沙市低碳生态旅游发展评价体系构建》，中南林业科技大学硕士学位论文，2012。

[87] 杜蕴杰：《河北省风力发电行业发展战略研究》，燕山大学硕士学位论文，2010。

[88] 郭杰：《中国碳减排政策分析与评估方法及应用研究》，中国科学技术大学博士学位论文，2011。

［89］ 刘华容：《我国低碳经济发展模式研究》，湖南大学博士学位论文，2011。

［90］ 刘娜：《河北省低碳经济发展评价与对策研究》，河北经贸大学硕士学位论文，2013。

［91］ 牛晓姿：《气候变化背景下中国低碳经济的发展路径》，天津大学硕士学位论文，2010。

［92］ 曲建升：《中国欠发达地区温室气体排放特征与对策分析——基于甘肃省温室气体排放评估与情景分析的案例研究》，兰州大学博士学位论文，2008。

［93］ 王伟男：《欧盟应对气候变化的基本经验及其对中国的借鉴意义》，上海社会科学院博士学位论文，2009。

［94］ 徐思源：《重庆市二氧化碳排放基准初步测算研究》，西南大学硕士学位论文，2010。

［95］ 张敏高：《苏州工业园区低碳经济发展路径研究》，苏州大学硕士学位论文，2013。

［96］ 朱莉娜：《成都市碳排放量及排放特征分析》，西南交通大学硕士学位论文，2010。

［97］ 安徽省科学技术厅：《安徽省农业科技应对气候变化方案》。

［98］ 国家发展和改革委员会：《中国应对气候变化的政策与行动——2009 年度报告》，2009。

［99］ 国家发展和改革委员会：《中国应对气候变化的政策与行动——2010 年度报告》，2010。

［100］ 国家发展和改革委员会：《中国应对气候变化国家方案》，国家发展和改革委员会网站，2007。

［101］ 《河北省气候概况》，http：//wenku.baidu.com/view/d8e604d049649b6648d74766.html。

［102］ 河北省发展和改革委员会：《河北省新能源产业"十二五"发展规划》，2011。

［103］ 河北省发展和改革委员会：《河北省"十二五"能源发展规划》，2011。

［104］河北省发展和改革委员会：《河北省"十一五"应对气候变化工作情况及"十二五"工作设想》，2011。

［105］河北省发展和改革委员会：《河北省国民经济和社会发展第十二个五年规划纲要》，2012。

［106］河北省发展和改革委员会：《河北省应对气候变化"十二五"规划思路》，2010。

［107］河北省人民政府：《河北生态省建设规划纲要》，2006。

［108］河北省人民政府：《河北省应对气候变化实施方案》，2008。

［109］河北省人民政府办公厅：《河北省节能减排"十二五"规划》，2012。

［110］河北省人民政府办公厅：《河北省现代农业发展规划（2012～2015年)》，2012。

［111］河北省人民政府办公厅：《河北省综合交通体系建设"十二五"规划》，2011。

［112］河北省住房和城乡建设厅：《河北省建筑节能"十二五"规划》，2011。

［113］R. E. Hall：C. I. Jones，"Why do some countries produce so much more output per worker than others?" *The quarterly journal of economics*，1999，114（1）：83 – 116.

［114］International Energy Agency. CO_2 Emissions from Fuel Combustion，Paris：IEA Statistics 2012.

［115］Ang B W，"Decomposition Analysis for Policymaking in Energy：Which is the Preferred Method"，*Energy Policy*，2004，32（9）：1131 – 1139.

附录一

"十一五"期间河北省应对气候变化相关政策文件汇总

序号	发文日期/文号	文件名称	主要政策措施
1	2006年2月	河北省国民经济和社会发展第十一个五年规划纲要	将推进产业结构优化升级、建设资源节约型和环境友好型社会纳入"十一五"时期的重要任务,并提出到"十一五"末,服务业增加值占全省生产总值比重达到37%,单位生产总值能源消耗降低20%左右,单位工业增加值取水量降低36%,工业固体废物综合利用率提高到60%,农业灌溉用水有效利用系数提高到0.74,主要污染物排放总量减少15%,森林覆盖率达到26%等发展目标。
		节约能源类	
2	2005年2月	河北省清洁生产审核暂行办法	对污染物超标排放或污染物排放总量超过规定指标的企业,应强制实施清洁生产审核;所有使用有毒有害原料进行生产或在生产过程中排放有毒有害物质的企业,应定期强制实施清洁生产审核。本办法自2005年1月1日起实施。
3	2006年3月	河北省人民政府关于加快发展循环经济的实施意见	提出全省发展循环经济的总体目标,从企业层面、产业层面、园区层面、区域层面提出工作重点和主要任务。加强政策激励,各级财政部门要进一步加大公共财政对发展循环经济的支持力度,安排一定资金,用于发展循环经济的政策研究、技术推广、试点示范和宣传培训等。完善市场机制,深化水价改革,2006年起,在电力、钢铁、石化、纺织、造纸、酒精、啤酒等高耗水行业,积极推行阶梯式水价和超计划、超定额用水加价收费制度;加强电力需求侧管理,对电解铝、铁合金、电石、烧碱、水泥、钢铁行业,按照国家产业政策划分的限制类和淘汰类企业,实施差别电价。开展试点示范。2006年起,在冶金、石化、建材、电力、医药、煤炭、轻工7个行业,曹妃甸循环经济示范区等10个园区和石家庄市、邯郸市、唐山市、秦皇岛市、廊坊市5个城市组织开展循环经济试点示范工作。

序号	发文日期/文号	文件名称	主要政策措施
4	2006 年 11 月	河北省人民政府关于加强节能工作的决定	提出重点耗能行业淘汰落后产能的任务:钢铁行业淘汰 300 立方米以下高炉和 20 吨以下转炉、电炉;焦化行业淘汰土法炼焦(含改良焦炉)和炭化室高度小于 4.3 米焦炉(3.2 米及以上捣鼓焦炉除外);造纸行业淘汰 1.7 万吨以下化学制浆和 3.4 万吨以下草浆生产装置;建材行业淘汰水泥土窑、普通立窑和窑径 2.2 米及以下机械化立窑生产线,直径 1.83 米以下水泥粉磨设备,淘汰 18 门以下黏土实心砖窑、移动式混凝土砌块成型设备和非机械化墙板生产线;电力行业淘汰单机容量 5 万千瓦以下的常规火电机组、以发电为主的燃油锅炉和机组等。明确重点节能领域和目标。
5	2006 年 5 月	河北省节约能源条例	1. 节能管理:固定资产投资工程项目的设计和建设,应当严格执行国家规定的市场准入标准、合理用能标准和节能设计规范。鼓励企业制度严于国家标准、行业标准或者地方标准的企业标准。……2. 合理使用能源:用能单位应当采用先进的节能工艺、技术、设备、产品和材料,优先使用清洁能源和可再生能源。对国家明令淘汰的高耗能落后工艺技术、用能产品、设备,实行强制淘汰制度,必须在规定的期限内停止生产、销售和使用,并不得向其他单位或个人转让。……3. 节能技术进步:政府及有关部门应当支持和鼓励能源梯级利用技术和综合利用技术的开发和推广。4. 节能保障:县级以上人民政府及其有关部门对节能示范工程和节能重大推广项目,应予以支持,优先列为重点项目,优先安排贴息和资金补助,并依照国家有关规定落实税收减免、加速设备折旧等优惠政策。对在节能工作中取得显著成绩的单位和个人应当给予表彰和奖励。
6	2007 年 8 月 冀政〔2007〕82 号	河北省人民政府关于印发节能减排综合性实施方案的通知	强化目标责任和协调督导;提高市场准入门槛,严把源头控制关口;坚决淘汰落后产能,调整和优化产业结构;发挥项目支撑作用,全面推进节能减排;加强科技创新,加快技术开发和推广;突出重点领域,切实加强管理;强化政策支持,建立长效机制;加快法制化进程,加大监督检查力度;广泛开展宣传教育,增强全民节约意识。
7	2008 年 1 月 冀政〔2008〕11 号	河北省人民政府关于推进节能减排工作的意见	提出节能减排总量目标和重点领域节能减排和淘汰落后产能目标,加强激励约束,提高温室气体排污费和污水处理费征收标准。
8	2008 年 7 月 冀政办函〔2008〕20 号	河北省固定资产投资项目节能评估和审查暂行办法	明确了需开展节能评估和审查的项目范围、节能专项报告和评估报告的编制内容、评估机构资质要求等。

续表

序号	发文日期/文号	文件名称	主要政策措施	
9	2008 年 10 月 冀政〔2008〕19 号	河北省人民政府办公厅关于深入开展全民节能行动的通知	开展能源紧缺体验活动;认真落实每周少开一天车的规定;严格控制室内空调温度;减少电梯使用;控制路灯和景观照明;普及使用节能产品;使用节能环保购物袋;减少使用一次性用品;夏季公务活动着便装;培养自觉节能习惯。	
10	2009 年 11 月 河北省人民政府令〔2009〕第 10 号	河北省公共机构节能办法	公共机构的节能工作实行目标责任制和考核评价制度。	
11	2008 年 10 月 冀政〔2008〕18 号	河北省人民政府办公厅印发关于进一步加强节油节电工作实施方案的通知	汽车船舶节油	严格执行车辆淘汰制度;鼓励使用低油耗节能环保型汽车和清洁能源汽车;贯彻汽车燃油经济性标准;加强运输节油管理;大力发展公共交通;积极推进船舶节油;加强农用车辆和农业机械节油工作;抓好公共机构车辆节油工作;大力开展港口设施节能。
			锅炉(窑炉)节油	加大电力行业节油力度;加快工业窑炉燃油替代。
			电机系统节电	加快淘汰低效电机及拖动设备;推广高效节能电机及相关设备;推进电机系统节电改造;加强电机系统节电管理。
			空调、冰箱节电	加快推广高效节能空调、冰箱(柜);强化空调运行管理;加强现有空调系统的改造和维护。
12	2007 年 12 月 冀建科〔2007〕635 号	河北省建筑节能(2007 ~ 2010 年)发展规划	加快新建建筑节能标准执行工作;加快既有建筑热计量与节能改造步伐;加强政府公共建筑和大型公共建筑节能管理;积极推进供热体制改革;积极推进可再生能源在建筑中应用;做好禁止使用实心黏土砖工作。	
13	2007 年 9 月 冀政〔2007〕92 号	河北省人民政府关于进一步加强城市污水和垃圾处理工作的实施意见	明确目标,加快发展城市污水、垃圾处理事业;落实现有城市污水、垃圾处理收费政策;提高污水、垃圾处理费收缴率;完善污水、垃圾处理收费政策和补偿机制;建立多元化的污水、垃圾处理投融资体制;推进污水、垃圾处理行业改革。	
14	2008 年 7 月 17 日 冀财建〔2008〕184 号	河北省财政厅、河北省发展和改革委员会关于印发《河北省节能技术改造财政奖励资金管理暂行办法》的通知	为了保证节能技术改造项目的实际节能效果,节能资金采取奖励方式,实行资金量与节能量挂钩,对完成节能量目标的项目承担企业给予奖励。	

续表

序号	发文日期/文号	文件名称	主要政策措施
15		河北省节约能源专项规划（2006～2010年）	以提高能源利用效率为核心，以工业、建筑节能为重点，提出总的节能目标和重点领域节能目标和任务以及重点节能工程，提出完善激励政策，健全市场机制，改善消费结构，提高利用效率等一系列政策措施。
16	2009年7月	河北省民用建筑节能条例	县级以上人民政府应当将民用建筑节能工作纳入国民经济和社会发展规划。民用建筑项目可行性研究保护或者项目申请报告以及民用建筑初步设计文件应当设建筑节能专篇。不符合民用建筑节能要求的，有关部门不予审批、核准或者备案。城乡规划主管部门依法对民用建筑进行规划审查，对不符合民用建筑节能标准的，不得颁发建设工程规划许可证。
17	2010年5月 冀政〔2010〕68号	河北省落实国务院节能减排工作部署确保实现河北省"十一五"节能减排目标的十项措施	提出十项措施：严控高耗能、高污染行业过快增长；坚决有序淘汰落后产能；加快节能减排重点工程建设进度；组织能耗污染大户开展对标活动；切实加强用能管理；严把新建项目准入关口；推进重点领域节能减排；完善节能减排激励约束政策；加大监察督查力度；实行严格的考核和问责制。并制定"十项措施"具体任务分解表。
产业结构调整类			
18	冀政函〔2006〕175号	河北省服务业振兴规划	1. 推进服务业市场化、产业化和社会化。加快国有服务业企业改组改造，完善产权结构、法人治理结构和激励约束机制。放宽市场准入，鼓励民间资本参与对外贸易、交通运输、水利、通信、城市基础设施、医疗机构、港口等领域的投资经验。对新办独立核算的服务业企业，给予一定的财税政策扶持。促进非公共服务的产业化，推进后勤服务社会化。2. 强化服务意识，优化发展环境。对服务业市场准入条件、资质及审批程序等相关规定进行重新评估，简化前置审批，清理不合理收费。3. 加强项目建设，增加资金投入。建立全省服务业重点建设项目库，发挥政府投资的引导、带动和放大作用。
19	冀政函〔2007〕10号	河北省高技术产业"十一五"专项规划	产业发展重点主要是电子信息、生物、新材料、新能源等优势产业。主要政策措施有：加强对外开放和战略合作，主动承接外部产业转移和要素扩散，密切与京津在高技术领域的合作，加快建立科技成果转化和产业化基地。加强政策性银行对高技术产业发展项目的支持，充分利用贴息、补助和担保等方式，引导商业银行支持高技术产业发展。

续表

序号	发文日期/文号	文件名称	主要政策措施
20	冀政〔2008〕1号	关于促进现代物流业发展的实施意见	重点建设十大园区和三十大专业物流(配送)项目,加紧培育龙头物流企业,努力完善物流基础设施,大力推进物流信息化和标准化。加大物流项目招商引资力度,全面落实已出台的各项优惠政策。全面清理向货运车辆收取的各种行政事业性收费、政府性集资、政府性基金和罚款项目,取消不符合国家规定的各种收费项目,整顿道路收费站点,严禁乱检查、乱收费。减少交通车辆规费,完善运输方式,拓展港口物流服务范围,积极发展无水港。
21	冀政〔2008〕4号	关于促进全省服务业发展若干政策措施	一、放宽市场准入。实行注册资本分期缴付,简化连锁企业证照办理。二、实施税收优惠。对符合条件的服务企业,经认定后可享受相应的高新技术企业优惠政策。对认定的信息服务企业,依照鼓励软件产业发展的政策予以支持。三、实行规费减免。经省政府投资主管部门批准的在建物流园区、道路运输站场和物流配送中心等现代物流项目,减半征收城市基础设施配套费、人防结建费和道路临时占用费,免收征地管理费。四、加大财政资金支持。省级财政视财力情况每年安排一定规模的服务业发展引导资金,主要与国家引导资金配套,支持带动性强、聚集效应明显的关键领域、薄弱环节、新兴业态以及产业化初期的服务业发展。各市、县也应设立相应资金。对引进的国内外著名服务业企业总部、地区总部、采购中心、研发中心等自建、购买或租赁办公用房的,所在地政府可给予适当补贴。对银行金融机构在河北省设立总部或一级分支机构,经省政府批准后,省财政可给予适当补贴;其自建、购买或租赁办公用房的,所在地政府可给予适当支持。支持省内软件和信息服务企业通过国际标准认证与评估;五、实行价格和土地扶持。对列为省重点建设项目的服务业项目用地,优先按程序调整土地利用总体规划,进行建设用地预审。六、优化发展环境。大力推进网上审批、网上年检和网上登记,采取取消、合并、延长年限等办法,完善各类证照年检制度。
22	冀政〔2008〕5号	河北省人民政府关于促进服务业发展的若干意见	加快发展现代物流、文化产业、信息服务、旅游业、商贸物流、金融、研发设计等重点领域。
23	2009年	河北省贯彻落实国家《钢铁产业调整和振兴规划》实施意见	遵循"抓品种、抓质量、抓整合"的指导方针和"增高减低、上大压小、扶优汰劣"的实现途径,通过企业组织结构调整和高水平技术改造、创新,优化钢铁生产力布局,带动产品结构、技术装备结构升。严格控制钢铁产能总量规模,加快淘汰落后步伐,促使落后钢铁产能尽快退出市场、让出容量。并制定了钢铁产业结构调整与振兴工作分工安排表和钢铁产业结构调整与振兴专项表。

序号	发文日期/文号	文件名称	主要政策措施
24	2009 年	河北省贯彻落实国家《电子信息产业调整和振兴规划》实施意见	提出壮大延伸优势产业链,构建产业聚集发展格局,培育新的增长点的主要任务,提出保障措施,推进重点项目建设,加快拓宽投融资渠道,增强产业自主创新能力等。
25	2009 年	河北省贯彻落实国家《装备制造业调整和振兴规划》实施意见	主要任务:加快发展车辆装备,做大做强能源装备,发展壮大工程装备,提升专用设备水平,努力发展船舶产业,加强基础产品开发。
26	2009 年 12 月	河北省关于加快构建现代产业体系的指导意见	加快结构调整,努力构建以高新技术产业为先导、先进制造业和现代服务业为主体、现代农业为基础的现代产业体系。优化整合钢铁工业,加快淘汰落后产能;石化工业坚持发展循环经济;培育发展高新技术产业和新兴产业,鼓励发展可再生能源,大力发展现代服务业,加快发展现代农业。
27	2010 年 4 月冀政〔2010〕52 号	河北省关于进一步加强淘汰落后产能工作的实施意见	制定 2010 年重点行业淘汰落后产能的具体任务,包括电力行业、煤炭行业、钢铁行业、建材行业、轻工行业、纺织行业。
28	2011 年 10 月	河北省钢铁产业结构调整规划	提出总量规模、联合重组、优化布局、装备结构、产品结构、节能减排、产业链建设、创新质量与品牌、经济效益等调整目标,制定联合重组、优化布局、减量调整、产品结构调整等具体方案,并制定产能退出机制、差别政策引导、行政问责制度等保障措施。
能源结构调整类			
29	2007 年 4 月冀政函〔2007〕45 号	河北省"十一五"能源发展规划	工作重点为优先发展新能源和可再生能源:大力开发风力发电,积极开发利用生物质能,稳步推进水电,搞好其他可再生能源利用。加强能源节约和综合利用:推进产业结构调整,推广节能技术的应用,强化节能管理和节能宣传,促进资源综合利用。
30	2010 年 10 月冀政〔2010〕113 号	河北省政府关于促进光伏产业发展的指导意见	重点支持大容量光伏电站、光电建筑一体化和分布式照明电源建设。以张家口、承德市为重点,集中建设一批 10 兆瓦及以上规模的大型光伏电站,优先发展风光储输、风光互补电站。鼓励其他地区在未利用土地上建设 1 兆瓦及以上光伏电站。支持机关、学校、体育馆、会展中心、宾馆饭店、大型超市等公共建筑实施光电建筑一体化;支持蔬菜大棚、农业观光园、畜禽养殖、农村新民居等设施建设太阳能屋顶发电系统;鼓励城市景观照明、路灯、信号灯等采用光伏产品。提出对光伏电站及光电建筑一体化项目给予入网支持和价格补贴等支持政策。

续表

序号	发文日期/文号	文件名称	主要政策措施
31	2011年9月	河北省新能源产业"十二五"发展规划(2011~2015年)	大型风电基地建设工程;太阳能利用工程;生物质能开发利用工程;智能电网建设工程;煤炭清洁综合利用工程;新能源科技装备工程;新能源汽车供能设施示范工程;热力集中利用示范工程。
32	2011年9月 冀政函〔2011〕158号	河北省能源"十二五"发展规划(2011~2015年)	提出规模发展、能源结构调整、节能减排目标,重点任务为推进煤炭集约开发利用:提高煤炭产业集中度,促进煤炭资源安全开发,鼓励煤炭清洁转化利用。加快支撑电源优化升级。大力开展新能源和可再生能源。继续加强油气资源开发利用。完善能源运输通道及储配设施。提升能源科技与装备制造水平。统筹资源综合利用与环境保护。
33	2010年4月 办字〔2010〕41号	河北省甲醇燃料示范应用工作实施方案	自2010年12月1日起在唐山市进行甲醇燃料示范应用工作。实现政府指导价管理;加强安全监管与环境监测,对应用甲醇燃料前后城市空气质量变化、使用甲醇燃料汽车尾气排放等情况进行跟踪分析。
34	2010年12月 办字〔2010〕161号	河北省新能源汽车供能设施示范工程方案	在石家庄、唐山、保定、廊坊市推广新能源公交车,实现公共交通由传统能源汽车向新能源汽车的转变。供能设施建设以保障新能源汽车供能需要为目标,逐步实现功能设施便利化、网络化。购置新能源公交车,与其相同规格的传统燃油车差价部分,由财政给予一定补助。
35	2011年3月 冀发改能源〔2011〕136号	河北省天然气开发利用"十二五"规划(2011~2015年)	到2015年,全省天然气利用量比重达到4%,设区市城区100%实现管道同期。加强资源保障工程,加快冀东油田勘探开发和配套设施建设,推进华北油田提高采收率;大力普及城市燃气,稳定发展工业用户,加快发展车用燃气,推进燃气发电和分布式能源建设。
36	2010年11月 冀政函〔2010〕141号	河北省电力"十二五"发展规划(2011~2015)	发展方向和重点为调整火力发电结构,加快风电、光伏发电、生物质发电、水力发电、核电等新能源发展步伐,建设智能电网,增强装备制造业竞争力,加大节能减排力度,推进用电方式转变。
37	2011年4月 冀发改能源〔347〕号	河北省煤炭"十二五"发展规划	以转变煤炭发展方式和优化调整产业结构为主线,推进煤矿企业兼并重组,提高产业集中度,建立开采技术研发中心,加强重点技术研究,推动生态矿山建设,研究建立高瓦斯和瓦斯突出矿井地面永久瓦斯抽采系统。
38	2011年4月 冀发改能源〔343〕号	河北省能源科技与装备"十二五"发展规划(2011~2015年)	以转变能源科技与装备发展方式为主线,提高能源科技水平和能源装备自主创新能力,培育壮大能源装备龙头企业,打造能源装备制造基地。

序号	发文日期/文号	文件名称	主要政策措施
生态保护和建设类			
39	2007 年	河北省义务植树条例（2007 年修订本）	本省行政区域内的适龄公民,除丧失劳动能力者外,应当参加义务植树。各级人民政府应当将义务植树工作纳入国民经济和社会发展规划。县级以上人民政府绿化委员会对在义务植树和国土绿化活动中做出突出贡献的单位和个人,应当予以表彰、奖励。适龄公民每人每年应当义务植树三至五棵,或者义务完成相当于一个劳动日的与义务植树直接相关的活动……
40	2009 年 12 月冀林办发〔2009〕85 号	河北省造林绿化工程以奖代补、先造后补、多造多补资金管理办法（试行）	以奖代补专项资金纳入省级财政预算,由省林业行政主管部门根据全省设区市年度森林覆盖率净增量考核综合排名,以奖励形式对设区市进行资金补助。国家和省安排的重点造林绿化工程资金要实行先造后补。
41	2006 年 5 月冀政〔2006〕33 号	河北生态省建设规划纲要	将全省划分为坝上高原、山地、平原和海岸海域 4 个生态功能区,着力构建以循环经济为主导的生态经济体系、可持续利用的资源支撑体系、与自然和谐的环境安全体系、优美舒适的人居环境体系、"以人为本"高度文明的生态社会体系和务实高效的科学管理体系。
适应措施类			
42	2005 年 11 月	河北气象事业"十一五"发展规划	主要发展任务:提高气象灾害防御与应急管理能力;提高人工影响天气装备水平与作业能力;提高公共气象服务能力;提高气象为新农村建设服务能力;提高气候变化应对能力;提高基层台站可持续发展能力。
43	2006 年 9 月 4 日冀政〔2006〕70 号	河北省人民政府关于进一步加快气象事业发展的实施意见	建立现代化气象业务体系,加强气象基础保障能力建设,包括加快综合气象观测系统建设,推进气象信息共享平台建设,完善预报预测系统,建立气象灾害预警应急体系,健全公共气象服务体系。加强气象综合服务及保障能力建设,包括农业、森林草原防火、交通安全、城市公共卫生和旅游等气象服务。科学合理开发利用气候资源,做好风能、太阳能开发利用的气象服务。
44	冀气发〔2007〕38 号	河北省气象局防范和应对全球变暖引发极端天气气候事件工作方案	加强多轨道业务系统建设,增强监测、预测、应对和防范极端天气气候事件的能力,加强科学研究和技术开发工作,为防范和应对极端天气气候事件提供科技支撑。

续表

序号	发文日期/文号	文件名称	主要政策措施
45	2008 年 2 月 冀政〔2008〕29 号	河北省应对气候变化实施方案	分别提出减缓目标和适应目标,以及减缓温室气体排放的重点领域和适应气候变化的重点领域。减缓的重点领域包括能源生产和转换:加快火力发电技术进步,淘汰落后小火电机组;大力发展煤气层产业;积极扶植太阳能、地热能、海洋能等的开发和利用;加强能源战略规划研究和制度,提高河北省能源可持续供应能力。提高能源效率与节约能源:实施十大重点节能工程;强化节能政策措施的落实。加大农田保护力度,推广从业、农村节能减排、节支增效技术,充分利用农村废弃物资源,开发推广环保型肥料关键技术。加强林业法制建设。提高城市废弃物资源综合利用率。适应的重点领域包括加强农业基础设施建设,选育抗逆品种,遏制草地荒漠化加重趋势,提高农业应用新技术的范围。强化对现有森林资源和其他自然生态系统的有效保护,继续实施重要湿地保护工程,强化林业有害生物防治体系建设,促进生态恢复,提高预警和应急能力。强化水资源管理。研究应对海平面升高的适应性对策,提高监视监测能力。加强极端天气气候事件的监测预报预测能力,提高重大气象灾害预报的准确率和实效性。
46	2009 年	河北省农业灌溉适应气候变化行动计划建议报告	计划在大中型水利工程难以覆盖的地方,引导农民因地制宜地兴建一批水窖、集雨池等积水灌溉工程;在山区每 3~5 亩旱作农田建一座简易水池、水窖、水闸或其他储水设施。
47	冀发改环资〔2010〕531 号	河北省发展和改革委员会关于印发《河北〈应对气候变化领域对外合作管理暂行办法〉实施细则》的通知	明确省发展和改革委员会是全省应对气候变化领域对外合作的主管部门,负责会同有关部门研究提出应对气候变化领域的规划和政策,协调开展应对气候变化领域对外合作工作,并对应对气候变化领域对外合作进行审核监督管理。各设区市政府、省政府有关部门及各级行业协会、科研机构、高等院校、国有及国有控股企业在开展应对气候变化领域对外合作中,应接受主管部门的指导和监督管理,按照国家及省有关规定,规范开展应对气候变化领域相关合作,及时向主管部门报告有关情况,同时将合作方案或相关资料送主管部门备案。
48	2011 年 4 月	河北省温室气体排放权交易管理办法(草案)(通过但未实施)	明确了温室气体排放权交易的管理体制,明确了可以转让温室气体排放权的具体情形,设定了温室气体排放许可制度,确立了建设项目投产后温室气体排放量验收制度。该办法的实施,有利于规范温室气体排放权交易的管理工作和交易行为,保障排放权交易活动的顺利进行。
49	2011 年 3 月	河北省农业综合开发资金支出管理办法(试行)	目的是加强农业综合开发资金管理,规范农业综合开发县级财政账制,提高农业综合开发资金会计整体水平,实现农业综合开发资金管理规范,运行有序,监督有力的管理目标。办法明确了农业综合开发资金使用范围、县级财政报制规程等具体内容。

附录二
全国工业能源终端消费与碳排放量情况

附表 2 – 1　2005 年全国工业能源终端消费与碳排放量

单位：万吨

省　份	煤合计	焦炭	油品合计	天然气	电力	工业碳排放总量
北　京	1685.6	221.9	934.8	26.6	2615.5	5484.4
天　津	2220.8	281.3	523.4	42.3	3358.3	6426.2
河　北	16143.1	3845.4	604.7	87.6	12680.7	33361.5
山　西	8215.7	1744.6	178.6	26.5	9139.3	19304.7
内蒙古	7623.6	564.8	164.5	60.6	7060.7	15474.2
辽　宁	7164.1	718.7	1646.8	156.9	8585.2	18271.7
吉　林	4515.2	288.1	921.8	49.7	2871.2	8646.0
黑龙江	4521.8	86.5	1107.6	156.6	4104.2	9976.6
上　海	2319.4	515.7	1636.6	74.6	5273.7	9820.0
江　苏	11546.6	1340.6	2343.4	92.4	14838.8	30161.8
浙　江	8860.3	139.0	1316.1	9.6	11031.2	21356.3
安　徽	8744.6	459.7	355.7	4.8	3999.5	13564.2
福　建	5426.9	240.2	697.5	5.4	4461.3	10831.2
江　西	3244.8	278.2	186.7	0.1	2040.6	5750.4
山　东	21506.3	1702.3	1876.4	113.3	19781.6	44979.9
河　南	16306.0	736.6	614.8	172.1	7994.0	25823.5
湖　北	10108.1	584.6	858.6	43.5	4505.9	16100.8
湖　南	11965.8	534.8	464.2	2.9	3044.7	16012.3
广　东	7034.4	251.5	3721.1	14.8	19309.0	30330.8
广　西	4683.7	198.1	244.9	11.9	3843.0	8981.5
海　南	253.1	1.4	46.9	151.1	436.7	889.1
重　庆	3623.9	298.4	79.6	275.5	1671.3	5948.7
四　川	6230.1	751.8	216.8	593.8	4665.5	12458.1
贵　州	6868.1	251.7	66.7	53.3	4402.9	11642.7
云　南	5091.1	969.4	71.6	62.7	4207.9	10402.8
陕　西	5309.8	211.9	125.7	101.6	3242.1	8991.1
甘　肃	2495.2	362.6	380.0	77.8	3350.5	6666.0
青　海	554.4	35.8	57.5	39.4	1834.6	2521.6
宁　夏	2534.4	59.2	80.3	65.1	2541.2	5280.1
新　疆	2126.8	152.9	1111.2	296.2	1894.9	5582.0

资料来源：《中国能源统计年鉴 2006》。

附表 2－2　2006 年全国工业能源终端消费与碳排放量

单位：万吨

省　份	煤合计	焦炭	油品合计	天然气	电力	工业碳排放总量
北　京	1848.8	193.3	952.7	37.8	2834.5	5867.2
天　津	2175.7	462.6	501.8	52.1	3802.5	6994.9
河　北	16344.0	4667.7	810.2	16.4	15070.4	36908.7
山　西	8775.9	1982.7	202.5	37.7	10728.1	21726.8
内蒙古	7340.6	188.2	171.4	126.9	9604.3	17431.4
辽　宁	7778.9	775.8	1990.7	138.8	9485.0	20169.2
吉　林	6115.6	314.0	1080.5	49.8	3148.8	10708.7
黑龙江	5098.3	180.1	1319.7	190.5	4370.6	11159.3
上　海	2344.8	528.3	2238.2	99.5	5610.6	10821.5
江　苏	11930.0	1577.0	2340.8	134.7	17643.2	33625.7
浙　江	8892.8	238.3	13357.3	10.8	12987.0	23465.8
安　徽	9644.4	510.9	378.9	11.9	4546.3	15092.4
福　建	6086.5	256.1	732.8	6.0	5099.5	12181.0
江　西	3609.4	450.8	250.8	2.2	2237.1	6550.3
山　东	23820.9	1453.8	1760.7	155.3	23007.4	50198.1
河　南	19429.0	1004.6	625.0	259.9	8859.1	30177.6
湖　北	10902.7	643.1	914.4	46.2	4949.1	17455.6
湖　南	12600.6	641.5	521.0	35.1	3366.6	17164.7
广　东	8469.1	252.3	4630.7	32.3	21138.6	34523.1
广　西	5462.3	385.8	151.1	7.7	4396.6	10403.7
海　南	190.7	15.9	45.4	167.6	436.7	856.4
重　庆	3831.0	249.4	96.2	291.0	1893.6	6361.2
四　川	6628.1	843.6	269.9	598.9	5700.6	14041.0
贵　州	7497.3	372.5	73.1	51.7	5102.3	13096.8
云　南	5271.9	985.2	78.5	55.6	4963.4	11354.6
陕　西	4909.8	246.4	106.0	101.1	3438.2	8801.5
甘　肃	2578.6	401.0	426.5	98.0	3643.2	7147.3
青　海	837.3	76.5	78.4	53.6	2187.1	3233.0
宁　夏	2327.6	107.9	87.6	71.5	3180.2	5774.8
新　疆	3347.5	197.2	919.6	438.2	2151.8	7054.3

资料来源：《中国能源统计年鉴 2007》。

附表 2–3　2007 年全国工业能源终端消费与碳排放量

单位：万吨

省　份	煤合计	焦炭	油品合计	天然气	电力	工业碳排放总量
北　京	1770.9	204.6	935.4	56.8	2916.6	5884.3
天　津	2271.3	570.9	515.9	73.3	4394.4	7825.8
河　北	19071.1	4382.8	802.2	113.9	17455.0	41824.9
山　西	10704.6	2096.6	220.2	45.8	13436.1	26503.3
内蒙古	5622.6	1020.6	221.7	179.3	12931.6	19975.9
辽　宁	8719.8	1419.3	2032.9	147.4	11058.7	23378.1
吉　林	6410.1	349.2	1246.7	56.8	3589.1	11651.8
黑龙江	5766.6	192.6	1341.1	262.0	4855.7	12418.1
上　海	2261.7	591.1	2249.0	112.5	6030.3	11244.7
江　苏	13792.9	1611.2	2366.8	191.5	20462.3	38424.7
浙　江	9090.0	247.6	1405.6	44.5	14960.3	25748.0
安　徽	10214.1	692.3	330.7	22.5	5316.9	16576.5
福　建	6426.6	304.4	812.7	5.1	5874.7	13423.5
江　西	3932.5	511.0	280.0	4.2	2562.5	7290.2
山　东	23815.7	2203.5	2110.2	158.9	25846.5	54134.8
河　南	20188.7	1228.7	698.2	283.5	10988.9	33388.0
湖　北	11948.7	701.1	1029.7	55.7	5833.5	19568.8
湖　南	13622.6	610.6	516.9	37.2	3885.5	18672.8
广　东	9510.4	379.1	4921.4	49.3	24036.9	38897.0
广　西	6139.9	443.5	158.0	6.3	5257.2	12004.9
海　南	191.6	19.7	170.9	177.5	527.5	1087.1
重　庆	3578.6	244.3	95.9	328.3	2158.7	6405.9
四　川	7832.1	961.5	345.2	744.8	6122.7	16006.3
贵　州	6469.1	379.9	167.7	53.4	6049.5	13119.6
云　南	4974.6	1092.8	80.0	56.0	5903.5	12106.9
陕　西	5261.7	348.0	143.4	221.6	3909.5	9884.2
甘　肃	2495.2	479.8	372.9	107.9	4270.6	7726.4
青　海	893.6	82.6	77.4	43.7	2567.6	3664.8
宁　夏	2293.1	55.6	96.9	75.3	3732.4	6253.4
新　疆	3585.7	243.5	852.3	509.9	2520.4	7711.7

资料来源：《中国能源统计年鉴 2008》。

附表 2 – 4　2008 年全国工业能源终端消费与碳排放量

单位：万吨

省　份	煤合计	焦炭	油品合计	天然气	电力	工业碳排放总量
北　京	1452.8	137.3	902.3	71.6	2868.0	5432.1
天　津	2226.2	614.9	715.4	93.0	4532.1	8181.7
河　北	19278.0	5135.5	541.1	152.5	18056.7	43163.7
山　西	10915.8	2015.9	227.5	48.9	12793.7	26001.7
内蒙古	7214.5	1173.9	279.3	230.8	13477.1	22375.5
辽　宁	7823.0	1611.8	2232.6	162.1	11420.9	23250.4
吉　林	6642.4	463.3	963.8	61.6	3815.1	11946.1
黑龙江	6477.7	194.3	966.8	254.0	4950.9	12843.6
上　海	2353.0	585.6	2145.4	114.5	6195.2	11393.8
江　苏	15380.8	1614.0	2185.4	274.3	21155.4	40610.0
浙　江	8746.1	387.2	1426.0	44.1	15729.1	26332.4
安　徽	10845.5	727.8	237.1	28.8	5871.9	17711.2
福　建	7226.6	314.7	615.3	7.7	6878.7	15043.0
江　西	4705.6	497.1	284.5	16.1	2667.3	8170.6
山　东	28121.0	2218.7	2122.2	264.9	26809.4	59536.3
河　南	19683.3	1272.4	674.9	326.9	12436.1	34393.5
湖　北	12101.8	814.2	1080.9	56.5	6190.4	20243.8
湖　南	12560.5	721.2	564.3	44.1	5729.5	19619.6
广　东	11570.3	371.1	4994.2	78.3	24622.6	41636.5
广　西	6079.3	494.4	135.3	130.2	5889.1	12728.3
海　南	297.5	12.7	146.8	207.3	553.9	1218.2
重　庆	6807.2	256.9	87.9	384.3	2295.3	9831.7
四　川	12066.1	946.1	479.0	657.7	6131.3	20280.2
贵　州	5153.0	381.2	157.2	49.2	5446.2	11186.7
云　南	5420.2	1132.1	121.5	53.8	6562.2	13289.8
陕　西	5778.2	331.7	228.3	331.5	4187.9	10857.6
甘　肃	2765.1	461.7	476.3	99.4	4730.0	8532.5
青　海	922.4	128.4	158.7	121.9	2704.6	4036.0
宁　夏	2416.4	203.5	120.2	87.4	3714.9	6542.5
新　疆	3835.8	389.9	737.6	559.8	2988.5	8511.7

资料来源：《中国能源统计年鉴 2009》。

附表 2 - 5　2009 年全国工业能源终端消费与碳排放量

单位：万吨

省　份	煤合计	焦炭	油品合计	天然气	电力	工业碳排放总量
北　京	1444.1	120.8	865.5	71.3	2840.8	5342.4
天　津	2216.4	742.7	716.8	97.1	4764.2	8537.2
河　北	19746.6	5307.6	468.4	176.3	20068.1	45767.0
山　西	10356.5	2082.2	226.6	72.2	11917.2	24654.7
内蒙古	8560.6	1317.6	309.5	371.9	13938.9	24498.5
辽　宁	8634.5	2024.1	2407.1	153.7	11913.5	25133.0
吉　林	7295.5	507.1	849.7	65.4	3855.1	12572.8
黑龙江	6060.8	206.9	1482.1	221.9	4975.5	12947.1
上　海	2479.4	562.9	2221.7	118.3	5953.9	11336.1
江　苏	15002.5	1897.4	2499.3	275.2	22257.2	41931.4
浙　江	8312.8	385.4	1328.1	60.5	16548.9	26635.6
安　徽	11708.1	732.1	229.7	48.5	6432.4	19150.9
福　建	7870.0	558.4	542.5	16.1	7132.4	16119.5
江　西	4485.5	607.4	262.3	16.2	2953.5	8324.9
山　东	26206.9	2474.3	2058.2	282.0	28668.2	59689.7
河　南	21622.2	1231.2	644.8	306.5	13319.3	37124.0
湖　北	13981.5	777.8	1157.6	75.9	6072.8	22065.6
湖　南	12844.9	680.7	559.9	52.0	6082.3	20219.9
广　东	12274.5	375.4	4993.0	523.8	24800.3	42967.0
广　西	6962.4	535.5	117.4	1.2	6510.1	14126.5
海　南	409.2	15.2	105.2	187.3	575.9	1292.8
重　庆	7526.1	265.5	80.4	378.0	2606.3	10856.3
四　川	14230.2	948.6	458.6	689.6	6715.4	23042.5
贵　州	6136.4	309.8	142.8	43.1	5894.9	12527.1
云　南	6615.1	1089.1	149.2	45.5	6894.2	14793.0
陕　西	5925.5	560.0	378.2	214.0	4157.8	11236.4
甘　肃	2549.3	461.6	513.2	100.1	4862.1	8486.4
青　海	968.0	158.6	83.8	123.3	2896.8	4230.5
宁　夏	2488.9	214.6	138.0	75.6	3900.1	6817.2
新　疆	5063.5	451.6	451.6	517.9	3464.2	9948.9

资料来源：《中国能源统计年鉴 2010》。

附录三
农业温室气体排放
数据计算依据及
测算结果

农业温室气体排放主要包括四个部分：一是稻田甲烷排放，二是农用地氧化亚氮排放，三是动物肠道发酵甲烷排放，四是动物粪便管理甲烷和氧化亚氮排放。

一 稻田甲烷排放

（一）计算方法

根据国家发展和改革委员会《省级温室气体清单编制指南（试行）》（发改办气候〔2011〕1041号）中"省级稻田甲烷排放的编制方法"进行计算。计算公式如下：

$$E_{CH4} = \sum EF_i \times AD_i$$

其中，E_{CH4} 为稻田甲烷排放总量（吨）；EF_i 为分类型稻田甲烷排放因子（千克/公顷）；AD_i 为对应于该排放因子的水稻播种面积（千公顷）；下标 i 表示稻田类型，分别指单季水稻、双季早稻和晚稻。

（二）计算结果

附表3-1为河北省历年稻田种植面积，附表3-2为我国各区2005年稻田甲烷排放因子。根据附表3-1和附表3-2中的数据资料，可计算稻田甲烷排放量，并按1吨甲烷是21吨 CO_2 当量的标准将其转换为 CO_2 排放量。具体结果详见附表3-3。

附表 3-1　河北省历年稻田种植面积统计表

单位：千公顷

年份	种植面积	年份	种植面积
2005	87.7	2008	81.5
2006	88.7	2009	85.1
2007	84.5	2010	79.7

资料来源：《河北农村统计年鉴2011》。

附表 3-2　我国各区 2005 年稻田甲烷排放因子

单位：千克/公顷

区域	单季稻		双季早稻		双季晚稻	
	推荐值	范围	推荐值	范围	推荐值	范围
华北	234.0	134.4~341.9				
华东	215.5	158.2~255.9	211.4	153.1~259.0	224.0	143.4~261.3
中南、华南	236.7	170.2~320.1	241.0	169.5~387.2	273.2	185.3~357.9
西南	156.2	75.0~246.5	156.2	73.7~276.6	171.7	75.1~265.1
东北	168.0	112.6~230.3				
西北	231.2	175.9~319.5				

资料来源：《省级温室气体清单编制指南（试行）》，国家发展和改革委员会。

附表 3-3　稻田甲烷排放量计算表

年份	播种面积（千公顷）	计算标准（千克/公顷）	排放量（万吨）	排放量（万吨 CO_2 当量）
1980	145.2	234.0	3.39768	71.3513
2005	87.7	234.0	2.05218	43.0958
2010	79.7	234.0	1.86498	39.1646

二　农用地氧化亚氮排放

（一）计算方法

农用地氧化亚氮排放包括两部分：直接排放和间接排放。根据国家发展和改革委员会的《省级温室气体清单编制指南（试行）》（发改办气候〔2011〕

1041 号）中"省级农用地氧化亚氮排放的编制方法"，计算公式如下：

$$E_{N2O} = \sum (N_{输入} \times EF)$$

其中，E_{N2O} 为农用地氧化亚氮排放总量（包括直接排放、间接排放）；$N_{输入}$ 为各排放过程氮输入量；EF 为对应的氧化亚氮排放因子（单位：千克 $N_2O - N$/千克氮输入量）。

1. 农用地氧化亚氮直接排放

直接排放是由农用地当季氮输入引起的排放。输入的氮包括氮肥、粪肥和秸秆还田。计算公式如下：

$$N_2O_{直接} = (N_{化肥} + N_{粪肥} + N_{秸秆}) \times EF_{直接}$$

其中，$N_{化肥} = N_{氮肥} + N_{复合肥}$

$N_{粪肥} = [$（畜禽总排泄氮量 – 放牧 – 做燃料）+ 乡村人口总排泄氮量$] \times$（1 – 淋溶径流损失率15% – 挥发损失率20%）– 畜禽封闭管理系统 N_2O 排放量

$N_{秸秆} =$ 地上秸秆还田氮量 + 地下根氮量 =（作物籽粒产量/经济系数（作物籽粒产量）×秸秆还田率（秸秆含氮率 + 作物籽粒产量/经济系数 × 根冠比 × 根或秸秆含氮率

2. 农用地氧化亚氮间接排放

农用地氧化亚氮间接排放（$N_2O_{间接}$）源于施肥土壤和畜禽粪便氮氧化物和氨挥发经过大气氮沉降引起的氧化亚氮排放（$N_2O_{沉降}$），以及土壤氮淋溶或径流损失进入水体而引起的氧化亚氮排放（$N_2O_{淋溶}$）。

（1）大气氮沉降引起的氧化亚氮间接排放

$$N_2O_{沉降} = (N_{畜禽} \times 20\% + N_{输入} \times 10\%) \times 0.01$$

（2）淋溶径流引起的间接排放

$$N_2O_{淋溶} = N_{输入} \times 20\% \times 0.0075$$

（二）具体计算

农用地氧化亚氮直接排放

$$N_2O \ 直接 = (N_{化肥} + N_{粪肥} + N_{秸秆}) \times EF_{直接}$$

$$= (N_{化肥} + N_{粪肥} + N_{秸秆}) \times 0.0057$$

（1）$N_{化肥}$

附表 3-4 为河北省历年农用化肥使用量，根据附表 3-4 资料，可计算农用化肥中氮含量，结果见附表 3-5。

附表 3-4　河北省历年农用化肥使用量统计表

单位：万吨

指　标	2005 年	2009 年	2010 年
氮肥	155.16	153.03	153.07
磷肥	48.58	47.42	47.31
钾肥	24.27	26.29	26.84
复合肥	75.38	89.43	95.64
农用化肥使用量合计	303.39	316.17	322.86

＊化肥为按折纯法计算数据。

资料来源:《河北农村统计年鉴2011》。

附表 3-5　河北省农用化肥氮计算表

单位：万吨

指　标	2005 年	2009 年	2010 年
氮　肥	155.16	153.03	153.07
复合肥	75.38	89.43	95.64
合　计	180.29	182.84	184.95

注: 复合肥纯氮含量按氮磷钾各占1/3的比例计算。

（2）$N_{粪肥}$

若不考虑粪肥中放牧和做燃料部分，畜禽封闭管理系统 N_2O 排放量占总排放量的比例按 2009 年河北省畜禽规模养殖比例计算，则粪肥中氮含量计算公式为:

$$N_{粪肥} = [畜禽总排泄氮量 + 乡村人口总排泄氮量] \times$$
$$(1 - 35\% - 畜禽封闭管理系统 N_2O 排放量)$$

根据上述公式及相关资料计算结果见附表 3-6。

附表 3 - 6　N_{粪肥}计算表

单位：万吨

	2005 年	2009 年	2010 年
人畜排泄氮总量	1084. 23	919. 25	860. 64
人畜排泄氮总量×（1 - 35%）	704. 75	597. 51	559. 42
封闭管理系统 N_2O 排放量	618. 04	518. 57	487. 09
N_{粪肥}	86. 71	78. 94	72. 33

附表 3 - 6 中数据具体计算过程如下：

①畜禽粪尿总排泄氮量的计算

根据附表 3 - 7 至附表 3 - 9 中资料，可计算畜禽粪排泄量及粪排泄量中氮含量、畜禽尿排泄量及尿排泄量中氮含量，结果见附表 3 - 10、附表 3 - 11、附表 3 - 12、附表 3 - 13、附表 3 - 14。

附表 3 - 7　牲畜存栏头数

单位：万头，万只

年份	牛	马	驴	骡	猪	山羊	绵羊	家禽	兔
1980	120. 71	78. 02	78. 26	63. 88	1293. 4	461. 1	353. 5	4210. 8	
2005	584. 92	33. 13	104. 11	40. 47	1977. 5	678. 3	1000. 8	41070. 5	1779. 6
2006	458. 93	28. 99	90. 16	34. 92	1812. 8	771. 5	781. 1	37495. 5	
2007	474. 99	24. 92	80. 72	29. 86	1907. 1	785. 5	798. 2	39106. 9	
2008	449. 01	22. 70	70. 65	27. 39	2015. 2	750. 9	866. 1	37996. 3	
2009	429. 11	20. 30	62. 89	24. 36	1968. 0	551. 4	1013. 7	34922. 4	1400. 4
2010	404. 2	18. 85	57. 73	23. 09	1846. 0	462. 2	946. 4	33106. 4	1342. 4

资料来源：《河北农村统计年鉴 2011》。

附表 3 - 8　基于文献资料测定值及引用值的畜禽粪尿排泄系数

畜禽种类及单位	粪排泄系数范围	平均值	尿排泄系数范围	平均值
猪（kg/d）	3. 50 - 5. 00	4. 25	4. 66 ~ 5. 00	4. 83
肉牛、役牛（kg/d）	23. 87 ~ 25. 00	24. 44	10. 00 ~ 11. 10	10. 55
奶牛（kg/d）	30. 00	30. 00	11. 10	11. 10
马（kg/d）	8. 00 ~ 10. 00	9. 00	4. 90	4. 90
驴、骡（kg/d）	4. 80	4. 80	2. 88	2. 88
羊（kg/d）	1. 30 ~ 2. 66	1. 98	0. 43 ~ 0. 62	0. 53
蛋鸡（kg/d）	0. 12 ~ 0. 15	0. 14		
肉鸡（kg/d）	0. 07 ~ 0. 09	0. 08		
鸭、鹅（kg/a）	39. 00 ~ 45. 99	42. 50		
兔（kg/a）	41. 00 ~ 45. 00	43. 00		

资料来源：白明刚、马长海：《河北省畜禽粪尿污染现状分析及对策》，《广东农业科学》2010 年第 2 期。

附表 3－9　吨鲜粪尿畜禽粪尿污染物平均含量汇总表

单位：公斤

类别	TN 含量	TP 含量	BOD	CODcr	NH3 - N
猪粪	5.88	3.41	37.30	52.00	3.08
猪尿	3.30	0.52	5.00	9.00	1.43
牛粪	4.37	1.18	24.53	31.00	1.71
牛尿	8.00	0.40	4.00	6.00	3.47
羊粪	7.50	2.60	4.10	4.63	0.80
羊尿	14.00	1.96	4.10	4.63	0.80
鸡粪	9.84	5.37	47.87	45.00	4.78
鸭鹅粪	11.00	6.20	30.00	46.00	0.80
兔粪	7.50	2.60	4.10	4.63	0.80
兔尿	14.00	1.96	4.10	4.63	0.80

资料来源：白明刚、马长海：《河北省畜禽粪尿污染现状分析及对策》，《广东农业科学》2010 年第 2 期。

附表 3－10　畜禽粪排泄量计算表

单位：万头，万只，吨

畜禽种类及单位	粪排泄系数平均值	2005 年		2009 年		2010 年	
		存栏数	排泄量	存栏数	排泄量	存栏数	排泄量
牛（kg/d）	27.22	584.92	58113556.76	429.11	42633365.83	404.20	40158482.60
马（kg/d）	9.00	33.13	1088320.50	20.30	666855.00	18.85	619222.50
驴骡（kg/d）	4.80	144.58	2533041.60	87.25	1528620.00	80.82	1415966.40
猪（kg/d）	4.25	1977.50	30675968.75	1968.00	30528600.00	1846.00	28636075.00
羊（kg/d）	1.98	1679.10	12134855.70	1565.10	11310977.70	1408.60	10179952.20
家禽（kg/d）	0.11	41070.50	16489805.75	34922.40	14021343.60	33106.40	13292219.60
兔（kg/a）	43.00	1779.60	765228.00	1400.40	602172.00	1342.40	577232.00

注：（1）牛的尿排泄系数平均值为肉牛、役牛、奶牛的平均值。
　　（2）羊存栏数为山羊和绵羊头数之和。
　　（3）家禽粪排泄系数为蛋鸡和肉鸡的平均值。

附表 3－11　畜禽粪总排泄氮量计算表

单位：吨

畜禽种类	TN 含量（kg/t）	2005 年		2009 年		2010 年	
		粪总排泄量	总排泄氮量	粪总排泄量	总排泄氮量	粪总排泄量	总排泄氮量
牛	4.37	58113556.76	253956.24	42633365.83	186307.81	40158482.60	175492.57
马	3.50	1088320.50	3809.12	666855.00	2333.99	619222.50	2167.28
驴骡	3.50	2533041.60	8865.65	1528620.00	5350.17	1415966.40	4955.88
猪	5.88	30675968.75	180374.70	30528600.00	179508.17	28636075.00	168380.12
羊	7.50	12134855.70	91011.42	11310977.70	84832.33	10179952.20	76349.64
家禽	10.42	16489805.75	171823.78	14021343.60	146102.40	13292219.60	138504.93
兔	7.50	765228.00	5739.21	602172.00	4516.29	577232.00	4329.24
合计		121800777.10	715580.11	101291934.10	608951.16	94879150.00	570179.66

注：马、驴、骡 TN 含量为大牲畜标准，家禽采用鸡和鸭鹅的平均值。

附表 3 – 12 畜禽尿排泄量计算表

单位：万头，万只，吨

畜禽种类 及单位	尿排泄系 数平均值	2005 年		2009 年		2010 年	
		存栏头数	排泄量	存栏头数	排泄量	存栏头数	排泄量
牛（kg/d）	10.83	584.92	23121595.14	429.11	16962503.75	404.20	15977823.90
马（kg/d）	4.90	33.13	592530.05	20.30	363065.50	18.85	337132.25
驴骡（kg/d）	2.88	144.58	1519824.96	87.25	917172.0	80.82	849579.84
猪（kg/d）	4.83	1977.50	34862336.25	1968.00	34694856.00	1846.00	32544057.00
羊（kg/d）	0.53	1679.10	3248218.95	1565.10	3027685.95	1408.60	2724936.70
家禽（kg/d）	—	41070.50	—	34922.40	—	33106.40	—
兔（kg/a）	—	1779.60	—	1400.40	—	1342.40	—

注：（1）牛的尿排泄系数平均值为肉牛、役牛、奶牛的平均值。

（2）羊存栏头数为山羊和绵羊头数之和。

（3）没有家禽和兔的尿排泄系数资料，且其极小，故未计算其尿排泄量。

附表 3 – 13 畜禽尿总排泄氮量计算表

单位：吨

畜禽 种类	TN 含量 （kg/t）	2005 年		2009 年		2010 年	
		尿总排泄量	总排泄氮量	尿总排泄量	总排泄氮量	尿总排泄量	总排泄氮量
牛	8.00	23121595.14	184972.76	16962503.75	135700.03	15977823.90	127822.59
马	8.00	592530.05	4740.24	363065.50	2904.52	337132.25	2697.06
驴骡	8.00	1519824.96	12158.60	917172.00	7337.38	849579.84	6796.64
猪	3.30	34862336.25	115045.71	34694856.00	114493.02	32544057.00	107395.39
羊	14.00	3248218.95	45475.07	3027685.95	42387.60	2724936.70	38149.11
合计		63344505.35	362392.38	55965283.20	302822.56	52433529.69	282860.79

注：马、驴、骡 TN 含量采用牛的标准。

附表 3 – 14 畜禽粪尿总排泄氮量汇总计算表

单位：万吨

畜禽 种类	2005 年			2009 年			2010 年		
	粪排泄	尿排泄	合计	粪排泄	尿排泄	合计	粪排泄	尿排泄	合计
牛	253.96	184.97	438.93	186.31	135.70	322.01	175.49	127.82	303.31
马	3.81	4.74	8.55	2.33	2.90	5.23	2.17	2.70	4.87
驴骡	8.87	12.16	21.03	5.35	7.34	12.69	4.96	6.80	11.76
猪	180.37	115.05	295.42	179.51	114.49	294	168.38	107.40	275.78
羊	91.01	45.48	136.49	84.83	42.39	127.22	76.35	38.15	114.5
家禽	171.82	—	171.82	146.10	—	146.10	138.50	—	138.5
兔	5.74	—	5.74	4.52	—	4.52	4.33	—	4.33
小计	715.58	362.39	1077.97	608.95	302.82	911.77	570.18	282.86	853.04

②乡村人口粪尿总排泄氮量的计算

附表 3 – 15　河北省乡村总人口数量及人粪尿计算统计表

年　份	1980	2005	2009	2010
总人口(万人)	4537.77	5422.28	5531.18	5570.20
粪(万吨)	828.14	989.567	1009.44	1016.56
尿(万吨)	1656.27	1979.13	2018.88	2033.12
尿折粪(万吨)	6.63	7.92	8.08	8.13
合计粪当量(万吨)	834.77	997.48	1017.52	1024.69

注：(1) 乡村人口资料来自《河北农村统计年鉴 2011》。
　　(2) 人粪尿含有机质 5 ~ 10%，氮 0.5 ~ 0.8%、磷 0.2 ~ 0.4%、钾 0.2 ~ 0.3%。[1]
　　(3) 每人每天排泄粪 0.5 kg、尿 1 kg，即每年每人排粪量 182.5 kg，尿 365 kg。其中人尿 TS（干物质含量）以 0.4% 折算成人粪。[2]
　　(4) 每年人粪尿产生量 = 排泄参数 × 乡村人口总数 × 365。
资料来源：①农业部 2008 年蔬菜主推技术，天津农业信息网。②薛立新等：《浅析我县的沼气能源潜力》，竹溪县政府门户网站，2009 年 3 月 6 日。

附表 3 – 16　河北省乡村人口总排泄氮量计算表

年　份	1980	2005	2009	2010
粪当量(万吨)	834.77	997.48	1017.52	1024.69
折合比例	0.75%	0.75%	0.75%	0.75%
排泄氮量(万吨)	6.26	7.48	7.63	7.69

③乡村人畜排泄氮量汇总计算表

根据附表 3 – 14 和附表 3 – 16 可计算乡村人畜排泄氮总数量，结果见附表 3 – 17。

附表 3 – 17　乡村人畜排泄氮量汇总计算表

单位：万吨

	种类	2005 年	2009 年	2010 年
畜禽	牛	438.93	322.01	303.31
	马	8.55	5.23	4.87
	驴骡	21.03	12.69	11.76

	种类	2005 年	2009 年	2010 年
畜禽	猪	295.42	294	275.78
	羊	136.49	127.22	114.5
	家禽	171.82	146.10	138.5
	兔	5.74	4.52	4.33
	小计	1077.97	911.77	853.04
人口		6.26	7.48	7.6
合计		1084.23	919.25	860.64

④畜禽封闭管理系统 N_2O 排放量计算

附表 3 - 18　畜禽封闭管理系统 N_2O 排放量计算表

单位：%，万吨

畜禽种类	规模养殖比例	2005 年		2009 年		2010 年	
		总排放	封闭排放	总排放	封闭排放	总排放	封闭排放
牛	60.85	438.93	267.09	322.01	195.94	303.31	184.56
马	33	8.55	2.82	5.23	1.73	4.87	1.61
驴骡	33	21.03	6.94	12.69	4.19	11.76	3.88
猪	56	295.42	165.43	294	164.64	275.78	154.44
羊	26	136.49	35.49	127.22	33.08	114.5	29.77
家禽	79	171.82	135.74	146.10	115.42	138.5	109.42
兔	79	5.74	4.53	4.52	3.57	4.33	3.42
小计	—	1077.97	618.04	911.77	518.57	853.04	487.09

注：（1）畜禽封闭管理系统 N_2O 排放量运用的是规模养殖概念。

（2）均采用 2009 年规模比例。

（3）家禽和兔按蛋鸡、肉鸡的平均值；羊按肉羊规模比例；牛按奶牛和肉牛规模养殖比例平均值；马、驴、骡均按肉牛规模养殖比例为 33%。[①]

依据I：《推进标准化规模养殖提升畜牧业发展水平》（来源：食品商务网 2010 - 06 - 0210：40：00）：截止到 2009 年年末，河北省生猪、蛋鸡、肉鸡、奶牛的规模养殖比例分别达到 56%、80%、78%、88.7%，肉牛规模养殖比例为 33%，肉羊规模养殖比例为 26%。

依据Ⅱ：考虑到农村传统养殖习惯，特别是牛、羊、鸡大部分是散养为主，在畜禽粪便总量计算时，对牛、猪、羊、家禽收集的粪便量分别按照 45%、85%、35%、40% 计算。

（3）$N_{秸秆}$

附表 3 - 19 主要农作物播种面积及产量数据表

农作物 名称	播种面积(千公顷)			产量(万吨)		
	1980 年	2005 年	2010 年	1980 年	2005 年	2010 年
小　麦	2648.9	2377.1	2420.3	378.8	1150.3	1230.6
稻　谷	145.2	87.7	79.7	83.8	51.6	54.2
玉　米	2340.9	2677.4	3008.6	663.2	1193.8	1508.7
其他谷类	—	469.1	323.2	—	57.2	50.8
大　豆	261.2	254.9	147.9	29.7	42.4	27.7
其他豆类	—	78.2	46.5	—	8.8	5.8
薯　类	473.6	295.8	256	125.2	94.5	98.1
棉　花	548.7	573.5	581.6	24.72	57.72	56.95
花　生	237.1	438.8	367.4	35.77	140.33	129.23
芝　麻	52.3	15.2	7.9	3.23	1.46	1.05
其他油料	171.6	105	89.1	6.14	10.94	10.01
麻　类	27.8	2.2	0.3	1.7785	0.7262	0.0677
甜　菜	10	10.5	14.4	9.44	42.66	48.98
烟　叶	5.6	3.7	2.9	0.59	0.9759	0.6505
蔬菜类	213.7	1104.8	1138.6	531.6	6467.6	7073.6
瓜　类	36.5	105.4	104.4	45.9	479.4	500.7

资料来源:《河北农村统计年鉴2011》。

附表 3 - 20 主要农作物参数

农作物	干重比	籽粒含氮量	秸秆含氮量	经济系数	根冠比
水　稻	0.855	0.01	0.00753	0.489	0.125
小　麦	0.87	0.014	0.00516	0.434	0.166
玉　米	0.86	0.017	0.0058	0.438	0.17
高　粱	0.87	0.017	0.0073	0.393	0.185
谷　子	0.83	0.007	0.0085	0.385	0.166
其他谷类	0.83	0.014	0.0056	0.455	0.166
大　豆	0.86	0.06	0.0181	0.425	0.13
其他豆类	0.82	0.05	0.022	0.385	0.13
油菜籽	0.82	0.00548	0.00548	0.271	0.15
花　生	0.9	0.05	0.0182	0.556	0.2
芝　麻	0.9	0.05	0.0131	0.417	0.2
籽　棉	0.83	0.00548	0.00548	0.383	0.2
甜　菜	0.4	0.004	0.00507	0.667	0.05
甘　蔗	0.32	0.004	0.83	0.75	0.26
麻　类	0.83	0.0131	0.0131	0.83	0.2
薯　类	0.45	0.004	0.011	0.667	0.05
蔬菜类	0.15	0.008	0.008	0.83	0.25
烟　叶	0.83	0.041	0.0144	0.83	0.2

资料来源:《省级温室气体清单编制指南》表3.6。

附表 3 – 21　不同区域农用地氧化亚氮直接排放因子默认值

区　域	氧化亚氮直接排放因子 （千克 N₂O – N／千克 N 输入量）	范　围
III 区（北京，天津，河北，河南，山东）	0.0057	0.0014 ~ 0.0081

资料来源：《省级温室气体清单编制指南》表 3.7。

根据附表 3 – 19 和附表 3 – 20 资料，可计算农作物籽粒产量，结果见附表 3 – 22。

附表 3 – 22　农作物籽粒产量计算表

单位：万吨

农作物 名称	干重比	1980 年		2005 年		2010 年	
		产量	籽粒产 量干重	产量	籽粒产 量干重	产量	籽粒产 量干重
小　麦	0.87	378.80	329.56	1150.30	1000.76	1230.60	1070.62
稻　谷	0.855	83.80	71.65	51.60	44.12	54.20	46.34
玉　米	0.86	663.20	570.35	1193.80	1026.67	1508.70	1297.48
其他谷类	0.83	—	—	57.20	47.48	50.80	42.16
大　豆	0.86	29.70	25.54	42.40	36.46	27.70	23.82
其他豆类	0.82	—	—	8.80	7.22	5.80	4.76
薯　类	0.45	125.20	56.34	94.50	42.53	98.10	44.15
棉　花	0.83	24.72	20.52	57.72	47.91	56.95	47.27
花　生	0.90	35.77	32.19	140.33	126.30	129.23	116.31
芝　麻	0.90	3.23	2.91	1.46	1.31	1.05	0.95
其他油料	0.82	6.14	5.03	10.94	8.97	10.01	8.21
麻　类	0.83	1.78	1.48	0.73	0.60	0.07	0.06
甜　菜	0.40	9.44	3.78	42.66	17.06	48.98	19.59
烟　叶	0.83	0.59	0.49	0.98	0.81	0.65	0.54
蔬菜类	0.15	531.60	79.74	6467.60	970.14	7073.6	1061.04
瓜　类	0.40	45.90	18.36	479.40	191.76	500.70	200.28

注：其他油料按油菜籽标准计算；瓜类按甜菜标准计算。

根据附表 3 – 20、附表 3 – 22 资料和"地上秸秆还田氮量 =（作物籽粒产量/经济系数 – 作物籽粒产量）×秸秆还田率×秸秆含氮率"公式，可计算地上秸秆还田氮量，结果见附表 3 – 23。

附表 3 - 23　地上秸秆还田氮量计算表

单位：万吨

农作物名称	经济系数	秸秆含氮率	1980 年		2005 年		2010 年	
			籽粒产量干重	地上秸秆还田氮量	籽粒产量干重	地上秸秆还田氮量	籽粒产量干重	地上秸秆还田氮量
小　麦	0.434	0.0052	329.556	1.8851	1000.761	5.7243	1070.622	6.1239
稻　谷	0.489	0.0075	71.649	0.4510	44.118	0.2777	46.341	0.2917
玉　米	0.438	0.0058	570.352	3.3957	1026.668	6.1124	1297.482	7.7247
其他谷类	0.455	0.0056	—		47.476	0.2548	42.164	0.2263
大　豆	0.425	0.0181	25.542	0.5004	36.464	0.7144	23.822	0.4667
其他豆类	0.385	0.022	—	—	7.216	0.2029	4.756	0.1337
薯　类	0.667	0.0055	56.34	0.1233	42.525	0.0931	44.145	0.0966
棉　花	0.383	0.011	20.5176	0.2909	47.9076	0.6792	47.2685	0.6701
花　生	0.556	0.0182	32.193	0.3743	126.297	1.4685	116.307	1.3523
芝　麻	0.417	0.0131	2.907	0.0426	1.314	0.0193	0.945	0.0138
其他油料	0.271	0.0055	5.0348	0.0595	8.9708	0.1058	8.2082	0.0968
麻　类	0.83	0.0131	1.476155	0.0032	0.6027	0.0013	0.056191	0.0001
甜　菜	0.667	0.00507	3.776	0.0076	17.064	0.0346	19.592	0.0397
烟　叶	0.83	0.0144	0.4897	0.0012	0.809997	0.0019	0.539915	0.0012
蔬菜类	0.83	0.008	79.74	0.1045	970.14	1.2717	1061.04	1.3909
瓜　类	0.667	0.00507	18.36	0.0372	191.76	0.3883	200.28	0.4056
合　计				7.2764		17.3499		19.0341

注：（1）其他油料按油菜籽标准计算，瓜类按甜菜标准计算。
　　（2）小麦秸秆还田率按85%计算，玉米秸秆还田按80%计算，其他均按80%计算。

根据附表 3 - 20、附表 3 - 22 资料和"地下根氮量 = 作物籽粒产量/经济系数×根冠比×根或秸秆含氮率"公式，可计算地下根氮量，结果见附表 3 - 24。

附表 3 - 24　地下根氮量计算表

单位：万吨

农作物名称	经济系数	根冠比	秸秆含氮率	1980 年		2005 年		2010 年	
				籽粒产量干重	地下根氮量	籽粒产量干重	地下根氮量	籽粒产量干重	地下根氮量
小　麦	0.434	0.166	0.0052	329.556	0.6504	1000.761	1.9751	1070.622	2.1130
稻　谷	0.489	0.125	0.0075	71.649	0.1379	44.118	0.0849	46.341	0.0892
玉　米	0.438	0.17	0.0058	570.352	1.2839	1026.668	2.3112	1297.482	2.9208
其他谷类	0.455	0.166	0.0056	—	—	47.476	0.0970	42.164	0.0861

续表

农作物名称	经济系数	根冠比	秸秆含氮率	1980 年		2005 年		2010 年	
				籽粒产量干重	地下根氮量	籽粒产量干重	地下根氮量	籽粒产量干重	地下根氮量
大　豆	0.425	0.13	0.0181	25.542	0.1414	36.464	0.2019	23.822	0.1319
其他豆类	0.385	0.13	0.022	—	—	7.216	0.0536	4.756	0.0353
薯　类	0.667	0.05	0.0055	56.34	0.0231	42.525	0.0175	44.145	0.0181
棉　花	0.383	0.2	0.011	20.5176	0.1179	47.9076	0.2752	47.2685	0.2715
花　生	0.556	0.2	0.0182	32.193	0.2108	126.297	0.8268	116.307	0.7614
芝　麻	0.417	0.2	0.0131	2.907	0.0183	1.314	0.0083	0.945	0.0059
其他油料	0.271	0.15	0.0055	5.0348	0.0153	8.9708	0.0272	8.2082	0.0249
麻　类	0.83	0.2	0.0131	1.4762	0.0047	0.6027	0.0019	0.0562	0.0001
甜　菜	0.667	0.05	0.0051	3.776	0.0014	17.064	0.0065	19.592	0.0074
烟　叶	0.83	0.2	0.0144	0.4897	0.0017	0.8010	0.0028	0.5399	0.0019
蔬菜类	0.83	0.25	0.008	79.74	0.1922	970.14	2.3377	1061.04	2.5567
瓜　类	0.667	0.05	0.0051	18.36	0.0070	191.76	0.0729	200.28	0.0761
合　计					2.8059		8.3004		9.1007

注：其他油料按油菜籽标准计算；瓜类按甜菜标准计算。

根据附表 3 - 23 和附表 3 - 24 资料，可汇总计算秸秆氮量，结果见附表 3 - 25。

附表 3 - 25　秸秆氮量计算表

单位：万吨

农作物名称	1980 年		2005 年		2010 年	
	地上秸秆还田氮量	地下根氮量	地上秸秆还田氮量	地下根氮量	地上秸秆还田氮量	地下根氮量
小　麦	1.8851	0.6504	5.7243	1.9751	6.1239	2.1130
稻　谷	0.4510	0.1379	0.2777	0.0849	0.2917	0.0892
玉　米	3.3957	1.2839	6.1124	2.3112	7.7247	2.9208
其他谷类	—	—	0.2547	0.0970	0.2263	0.0862
大　豆	0.5004	0.1414	0.7144	0.2019	0.4667	0.1319
其他豆类	—	—	0.2029	0.0536	0.1337	0.0353
薯　类	0.1233	0.0231	0.0930	0.0175	0.0966	0.0181
棉　花	0.2909	0.1179	0.6791	0.2751	0.6701	0.2715
花　生	0.3743	0.2108	1.4685	0.8268	1.3523	0.7614
芝　麻	0.0426	0.0183	0.0193	0.0083	0.0138	0.0059
其他油料	0.0596	0.0153	0.1058	0.0272	0.0968	0.0249
麻　类	0.0032	0.0047	0.0013	0.0019	0.0001	0.0001
甜　菜	0.0076	0.0014	0.0346	0.0065	0.0397	0.0074
烟　叶	0.0012	0.0017	0.0019	0.0028	0.0013	0.0019
蔬菜类	0.1045	0.1921	1.2719	2.3377	1.3909	2.5567
瓜　类	0.0372	0.0070	0.3883	0.0729	0.4056	0.0761
合　计	7.2763	2.8059	17.3450	8.3004	19.0342	9.1007
总　计	10.0822		25.6504		23.1348	

（4）农用地氧化亚氮直接排放

根据附表 3 – 5、附表 3 – 6 和附表 3 – 25 可汇总计算农用地氮总量，结果见附表 3 – 26。

附表 3 – 26　农用地氮总量计算表

单位：万吨

年份	2005	2009	2010
$N_{化肥}$	180.29	182.84	184.95
$N_{粪肥}$	86.71	78.94	72.33
$N_{秸秆}$	10.08	25.65	23.13
合　计	277.08	287.43	280.41

根据附表 3 – 26 数据资料，可计算农用地氧化亚氮直接排放量，结果见附表 3 – 27。

$$N_2O_{直接} = (N_{化肥} + N_{粪肥} + N_{秸秆}) \times EF_{直接}$$
$$= (N_{化肥} + N_{粪肥} + N_{秸秆}) \times 0.0057$$

附表 3 – 27　农用地氧化亚氮直接排放计算表

单位：万吨

年份	$N_{化肥} + N_{粪肥} + N_{秸秆}$	$N_2O_{直接}$
2005	277.08	1.579356
2009	287.43	1.638351
2010	280.41	1.598337

（5）农用地氧化亚氮间接排放计算

①大气氮沉降引起的氧化亚氮间接排放

根据附表 3 – 14 和附表 3 – 27 数据资料，利用下列计算公式，可计算大气氮沉降引起的氧化亚氮间接排放量，结果见附表 3 – 28。

$$N_2O_{沉降} = (N_{畜禽} \times 20\% + N_{输入} \times 10\%) \times 0.01$$

式中：$N_{输入} = N_{化肥} + N_{粪肥} + N_{秸秆}$

附表 3 – 28 大气氮沉降引起的氧化亚氮间接排放计算表

单位：万吨

年份	$N_{畜禽}$	$N_{畜禽} \times 20\%$	$N_{输入}$	$N_{输入} \times 10\%$	$N_2O_{沉降}$
2005	1077. 97	215. 594	277. 08	27. 708	2. 43302
2009	911. 77	182. 354	287. 43	28. 743	2. 11097
2010	853. 04	170. 608	280. 41	28. 041	1. 98649

②淋溶径流引起的间接排放

根据附表 3 – 28 数据资料，利用下列计算公式，可计算淋溶径流引起的氧化亚氮间接排放量，结果见附表 3 – 29。

$$N_2O_{淋溶} = N_{输入} \times 20\% \times 0.0075$$

附表 3 – 29 淋溶径流引起的间接排放计算表

单位：万吨

年份	$N_{输入}$	$N_2O_{淋溶}$
2005	277. 08	0. 41562
2009	287. 43	0. 431145
2010	280. 41	0. 420615

根据附表 3 – 28 和附表 3 – 29 数据资料，可计算农用地氧化亚氮间接排放量，结果见附表 3 – 30。

附表 3 – 30 农用地氧化亚氮间接排放计算表

单位：万吨

年份	$N_2O_{沉降}$	$N_2O_{淋溶}$	$N_2O_{间接}$
2005	2. 43302	0. 41562	2. 84864
2009	2. 11097	0. 431145	2. 542115
2010	1. 98649	0. 420615	2. 407105

（6）农用地氧化亚氮排放计算

根据附表 3 – 27 和附表 3 – 30 数据资料，汇总计算农用地氧化亚氮排放量，并将其折合为 CO_2 当量，结果见附表 3 – 31。

附表 3－31　农用地氧化亚氮排放计算表

年份	N₂O直接（万吨）	N₂O间接（万吨）	合计（万吨）	CO₂ 当量
2005	1.579356	2.84864	4.427996	1319.542808
2009	1.638351	2.542115	4.180466	1245.778868
2010	1.598337	2.407105	4.005442	1193.621716

说明：根据 IPCC 第四次评估报告（2007），N_2O 折合 CO_2 当量比例为 1∶298。

三　动物肠道发酵甲烷排放

（一）计算依据

动物肠道发酵甲烷排放由不同动物类型年末存栏量乘以对应甲烷排放因子得到。动物肠道发酵甲烷排放因子采用《省级温室气体清单编制指南》推荐的排放因子，详见附表 3－32。

附表 3－32　动物肠道发酵 CH_4 排放因子

单位：千克/头/年

饲养方式	奶牛	非奶牛	水牛	绵羊	山羊	猪	马	驴/骡	骆驼
规模化饲养	88.1	52.9	70.5	8.2	8.9	1	18	10	46
农户散养	89.3	67.9	87.7	8.7	9.4				
放牧饲养	99.3	85.3	—	7.5	6.7				

资料来源：《省级温室气体清单编制指南》。

（二）计算结果

根据附表 3－32 和附表 3－33 可计算动物肠道发酵 CH_4 排放量，结果见附表 3－34。

附表 3－33　牲畜存栏头数

单位：万头，万只

年份	牛	马	驴	骡	猪	山羊	绵羊	家禽	兔
1980	120.71	78.02	78.26	63.88	1293.4	461.1	353.5	4210.8	
2005	584.92	33.13	104.11	40.47	1977.5	678.3	1000.8	41070.5	1779.6
2006	458.93	28.99	90.16	34.92	1812.8	771.5	781.1	37495.5	

续表

年份	牛	马	驴	骡	猪	山羊	绵羊	家禽	兔
2007	474.99	24.92	80.72	29.86	1907.1	785.5	798.2	39106.9	
2008	449.01	22.70	70.65	27.39	2015.2	750.9	866.1	37996.3	
2009	429.11	20.30	62.89	24.36	1968.0	551.4	1013.7	34922.4	1400.4
2010	404.2	18.85	57.73	23.09	1846.0	462.2	946.4	33106.4	1342.4

资料来源：《河北农村统计年鉴 2011》。

附表 3 – 34　动物肠道发酵 CH_4 排放量计算表

单位：万吨

动物种类	计算标准 （千克/头/年）	1980 年	2005 年	2010 年
牛	80.47	9.7135	47.0685	32.5260
马	18	1.4044	0.5963	0.3393
驴	10	0.7826	1.0411	0.5773
骡	10	0.6388	0.4047	0.2309
猪	1	1.2934	1.9775	1.8460
山羊	8.3333	3.8425	5.6525	3.8516
绵羊	8.1333	2.8751	8.1398	7.6974
总计		20.5503	64.8804	47.0685
折合 CO_2 当量		431.5563	1362.4884	988.4385

注：（1）牛的计算标准为奶牛和非奶牛规模化饲养、农户散养和放牧饲养方式的平均值。
　　（2）绵羊和山羊的计算标准均为规模化饲养、农户散养和放牧饲养方式的平均值。

四　动物粪便管理甲烷和氧化亚氮排放

（一）计算依据

动物粪便管理系统甲烷和氧化亚氮排放清单由不同动物类型年末存栏量乘以对应氧化亚氮排放因子得到。其中，动物粪便管理甲烷排放与粪便挥发性固体含量和粪便管理方式所占比例等因素有关，动物粪便管理氧化亚氮排放量与动物粪便氮排泄量和不同粪便管理方式所占比例等因素有关，各种动物排放因子均采用《省级温室气体清单编制指南》推荐的排放因子，见附表 3 – 35 所示。

附表 3 - 35　华北地区粪便管理甲烷和氧化亚氮排放因子

单位：千克/头/年

	奶牛	非奶牛	绵羊	山羊	猪	家禽	马	驴/骡	骆驼
甲烷	7.46	2.82	0.15	0.17	3.12	0.01	1.09	0.60	1.28
氧化亚氮	1.846	0.794	0.093	0.093	0.227	0.007	0.330	0.188	0.330

资料来源：《省级温室气体清单编制指南》。

（二）计算结果

根据附表 3 - 33 和附表 3 - 35 数据可计算动物粪便管理甲烷和氧化亚氮排放量，结果见附表 3 - 36、附表 3 - 37。

附表 3 - 36　动物粪便管理甲烷排放量计算表

单位：万吨

动物种类	计算标准 （千克/头/年）	1980 年	2005 年	2010 年
牛	5.14	0.6204	3.0065	2.0776
马	1.09	0.0850	0.0361	0.0205
驴	0.60	0.0470	0.0625	0.0346
骡	0.60	0.0383	0.0243	0.0139
猪	3.12	4.0354	6.1698	5.7595
山羊	0.17	0.0784	0.1153	0.0786
绵羊	0.15	0.0530	0.1501	0.1420
家禽	0.01	0.0421	0.4107	0.3311
总计		4.9997	9.9753	8.4577
折合 CO_2 当量	21	104.9937	209.4813	177.6117

注：牛的计算标准为华北地区奶牛和非奶牛计算标准的平均值。

附表 3 - 37　动物粪便管理氧化亚氮排放量计算表

单位：万吨

动物种类	计算标准 （千克/头/年）	1980 年	2005 年	2010 年
牛	1.320	0.1593	0.7721	0.5335
马	0.330	0.0257	0.0109	0.0062
驴	0.188	0.0147	0.0196	0.0109

续表

动物种类	计算标准 （千克/头/年）	1980 年	2005 年	2010 年
骡	0.188	0.0120	0.0076	0.0043
猪	0.227	0.2936	0.4489	0.4190
山羊	0.093	0.0429	0.0631	0.0430
绵羊	0.093	0.0329	0.0931	0.0880
家禽	0.007	0.0295	0.2875	0.2317
总计		0.6106	1.7028	1.3367
折合 CO_2 当量	298	181.9588	507.4344	398.3366

注：牛的计算标准为华北地区奶牛和非奶牛计算标准的平均值。

五 农业能源使用 CO_2 排放量计算

河北省在农业中使用的能源主要包括农用柴油、用电和农膜，其历年用量见附表 3 - 38。

附表 3 - 38 河北省农用柴油、农村用电和农膜使用量

指 标	单位	2005 年	2009 年	2010 年
农用柴油消耗量	万吨	458.11	301.87	298.47
农村用电量	亿千瓦小时	337.05	486.05	511.81
农膜使用量	万吨	11.17	11.89	11.86

资料来源：《河北农村统计年鉴》（2011、2012）。

（一）农村用电 CO_2 排放量

根据《省级温室气体清单编制指南》（发改办气候〔2011〕1041 号）："2005 年我国区域电网单位供电平均二氧化碳排放"表，华北地区为 1.246kg/kw·h。根据附表 3 - 38 数据，可计算农村用电排放 CO_2 数量，结果见附表 3 - 39。

附表 3 - 39 河北省农村用电排放 CO_2 计算表

指 标	单位	2005 年	2009 年	2010 年
农村用电量	亿千瓦小时	337.05	486.05	511.81
农村用电排放 CO_2 数量	万吨	4199.6430	6056.1830	6377.1530

（二） 农用柴油和农膜使用 CO_2 排放量

依据黄华等人的研究《四川农业生态系统碳排放测算及影响因素分析》（四川乐山师范学院学报，2012.5）：化肥使用而导致的碳排放系数为 0.8956kg/kg；农膜产品的碳排放系数为 5.18kg/kg；化石能源燃烧（农业化石能源主要为柴油）的碳排放系数为 0.5927kg/kg。根据附表 3-38 数据，可计算河北省农用柴油和农膜使用排放 CO_2 数量，结果见附表 3-40、附表 3-41。

附表 3-40 河北省农用柴油排放 CO_2 计算表

指 标	单位	2005 年	2009 年	2010 年
农用柴油消耗量	万吨	458.11	301.87	298.47
柴油排放 CO_2 数量	万吨	271.5218	178.9183	176.9032

附表 3-41 河北省农膜排放 CO_2 计算表

指标	单位	2005 年	2009 年	2010 年
农膜使用量	万吨	11.17	11.89	11.86
农膜排放 CO_2 数量	万吨	57.8606	61.5902	61.4348

（三） 农业能源使用 CO_2 排放量

根据附表 3-39 至附表 3-41 汇总计算农业能源使用 CO_2 排放量，结果见附表 3-42。

附表 3-42 河北省农膜排放 CO_2 计算表

指 标	单位	2005 年	2009 年	2010 年
农村用电排放 CO_2 数量	万吨	4199.6430	6056.1830	6377.1530
柴油排放 CO_2 数量	万吨	271.5218	178.9183	176.9032
农膜排放 CO_2 数量	万吨	57.8606	61.5902	61.4348
合 计		4529.0254	6296.6915	6615.4910

六 农业温室气体 CO_2 排放总量

根据附表 3-3、附表 3-31、附表 3-34、附表 3-36、附表 3-37、附表 3-42 数据，可汇总计算农业温室气体排放 CO_2 当量，结果见附表 3-43、附表 3-44。

附表 3 – 43 农业温室气体排放 CO₂ 当量汇总表 （一）

单位：万吨

年份	稻田甲烷排放	农用地氧化亚氮排放	动物肠道发酵甲烷排放	动物粪便管理甲烷排放	动物粪便管理氧化亚氮排放	农业能源使用排放	合计
2005	43.0958	1319.5428	1362.4884	209.4813	507.4344	4529.0254	7971.0681
2010	39.1646	1193.6217	988.4385	177.6117	398.3366	6615.4910	9412.6641

附表 3 – 44 农业温室气体排放 CO₂ 当量汇总表 （二）

单位：万吨

年份	稻田甲烷排放	农用地氧化亚氮排放	动物肠道发酵甲烷排放	动物粪便管理甲烷排放	动物粪便管理氧化亚氮排放	农业投入物使用排放	合计
2005	43.0958	1319.5428	1362.4884	209.4813	507.4344	4832.2654	8274.3081
2010	39.1646	1193.6217	988.4385	177.6117	398.3366	6929.5610	9726.7341

注：此表中农业投入物中加入了化肥直接排放量，与农业用地计算有重复。

后　记

　　本专著是 2012 年度中国清洁发展机制基金赠款项目"河北省应对气候变化规划思路研究"的研究成果。课题研究期间，我们先后举行过十几次专题讨论会和专家咨询论证会，对研究报告进行了反复讨论和论证，经多次修改，最后形成了本书。

　　本书是集体合作的结晶。本书的作者由河北省工程咨询研究院、石家庄经济学院、河北师范大学、河北省社会科学院等高等院校、科研单位的中青年专家和骨干教师组成。本书由河北省工程咨询研究院副院长袁太平正高工、河北省工程咨询研究院李智勇研究员、石家庄经济学院教授牛建高博士牵头，河北省工程咨询研究院姚秋枫院长、石家庄经济学院牛晓耕和于振英博士协助，写作组全体成员共同研究、拟订写作大纲，共同对全书进行讨论、修改并定稿，写作的具体分工如下：第一章，田兴然；第二章，李国柱；第三章，牛晓耕；第四章，于振英、贾淑军；第五章，王明吉；第六章，牛晓耕、韩劲；第七章，于振英；第八章，李梧森；附录一，田兴然；附录二，于振英；附录三，王明吉。

　　在课题研究过程中，我们得到了河北省工程咨询研究院原院长苗文昌、河北省发展和改革委员会副主任吴晓华、河北省发展和改革委员会应对气候变化处赵振兴、刘金河、袁业等领导的大力帮助和支持。我院教师王必锋、李军峰、吴文盛、穆书涛、赖志华、曹楠楠、周文捷、邓兴平以及研究生王雪、时培凤、马乐乐、陈凡、刘明通、曹耀、荣小培、张彦彦、武兴龙等也协助做了大量工作。在此，向所有这些提供帮助的人们表示衷心的感谢。本书的出版，还得到了人口、资源与环境经济学河北省重点学科的资助，得到了社会科学文献出版社的大力支持，许秀江博士和刘宇轩编辑给予了认真的编辑处理，使本书得以顺利出版，对他们的工作表示衷心感谢！在本书写作过程中，我们参考了大量文献，书后参考文献均已列示做了交代，在此向这些作者表示感谢。当然，对于书中所涉及的知识产权责任以及所有可能发生的错误，均由各位作者本人承担。

牛建高

2013 年 11 月

图书在版编目（CIP）数据

河北省应对气候变化研究报告/袁太平等著. —北京：社会
科学文献出版社，2013.12
ISBN 978 - 7 - 5097 - 5453 - 5

Ⅰ.①河… Ⅱ.①袁… Ⅲ.①气候变化 - 对策 - 研究报告 -
河北省 Ⅳ.①P467

中国版本图书馆 CIP 数据核字（2013）第 303360 号

河北省应对气候变化研究报告

著　者／袁太平　李智勇　牛建高　姚秋枫　牛晓耕　于振英　等

出 版 人／谢寿光
出 版 者／社会科学文献出版社
地　　址／北京市西城区北三环中路甲 29 号院 3 号楼华龙大厦
邮政编码／100029

责任部门／经济与管理出版中心（010）59367226　　责任编辑／陈凤玲　刘宇轩
电子信箱／caijingbu@ ssap. cn　　　　　　　　　责任校对／岳中宝
项目统筹／许秀江　　　　　　　　　　　　　　　责任印制／岳　阳
经　　销／社会科学文献出版社市场营销中心（010）59367081　　59367089
读者服务／读者服务中心（010）59367028

印　　装／北京季蜂印刷有限公司
开　　本／787mm×1092mm　1/16　　　　　　　　印　　张／25.25
版　　次／2013 年 12 月第 1 版　　　　　　　　　字　　数／410 千字
印　　次／2013 年 12 月第 1 次印刷
书　　号／ISBN 978 - 7 - 5097 - 5453 - 5
定　　价／89.00 元